— 编委会 —

宁夏主要类型草地资源监测与评价研究

NINGXIA ZHUYAO LEIXING CAODI ZIYUAN JIANCE YU PINGJIA YANJIU

蒋 齐 王占军 张 蓉 谢高地●著

黄河出版传媒集团
阳 光 出 版 社

图书在版编目（CIP）数据

宁夏主要类型草地资源监测与评价研究 / 蒋齐等著. -- 银川 : 阳光出版社, 2023.11

ISBN 978-7-5525-7132-5

Ⅰ. ①宁… Ⅱ. ①蒋… Ⅲ. ①草地资源－环境质量评价－研究－宁夏 Ⅳ. ①S812.6

中国国家版本馆CIP数据核字(2023)第244232号

宁夏主要类型草地资源监测与评价研究

蒋 齐 王占军 张 蓉 谢高地 著

责任编辑 马 晖
封面设计 赵 倩
责任印制 岳建宁

黄河出版传媒集团 阳光出版社 出版发行

出 版 人 薛文斌
地　　址 宁夏银川市北京东路139号出版大厦（750001）
网　　址 http：//www.ygchbs.com
网上书店 http：//shop129132959.taobao.com
电子信箱 yangguangchubanshe@163.com
邮购电话 0951-5047283
经　　销 全国新华书店
印刷装订 宁夏银报智能印刷科技有限公司
印刷委托书号 （宁）0027838
地图审图号 宁 S [2024]第015号

开　　本 880 mm × 1230 mm 1/16
印　　张 19
字　　数 300千字
版　　次 2023年11月第1版
印　　次 2024年5月第1次印刷
书　　号 ISBN 978-7-5525-7132-5
定　　价 168.00元

前 言

草原资源是我国生态系统的主体，是我国最大的绿色生态屏障、北方重要的生态防线，也是畜牧业发展的重要物质基础。宁夏是我国“三区四带”国家生态安全格局中黄河重点生态区和北方防沙带的重要组成部分，是全国重要的生态节点、生态屏障和生态通道，在生态文明建设国家战略中的地位尤为重要。草原资源作为宁夏面积最大的土地类型和主要的可更新资源，不仅是草原畜牧业发展的物质基础，而且在维持和保护生物多样性、防风固沙、水土保持、水源涵养、饲草生产、固碳释氧、养分循环等方面发挥着重要功能。

宁夏的草原位于我国的西北干旱、半干旱区，是我国农牧交错区的主要组成部分，从南向北由温性典型草原逐步过渡到温性荒漠草原，草原面积 3 046 万亩（三调数据），占全区总面积的 30.57%，是宁夏生态建设和畜牧业发展的主战场。2000 年以来，国家先后在宁夏实施草原禁牧封育、退耕还林、退牧还草工程及沙化草原的综合治理等重大草原生态文明建设项目，快速推进了宁夏草原生态的修复和改善，并取得了良好的生态效益和经济效益。2003 年起，宁夏在全国率先实行全域禁牧政策，通过封山禁牧和补播改良等一系列措施，使得草原得到休养生息，天然草地生产力、植被覆盖度明显提高，生态环境有效改善，草原生态恶化趋势得到有效遏制。然而，由于长期受到气候变化和人类扰动的叠加影响，草原过度开发及人为破坏导致草原面积逐步减少，天然草原草地生产力等级降低，草原有害生物危害逐步加剧，部分区域草地生态系统稳定性较差、质量不高且提升难度大，草原生态建设及可持续发展动力不足、不确定性较大的基本面尚未根本改变，严重威胁着区域生态安全和社会经济可持续发展。

为此,宁夏农林科学院"宁夏草地资源评价及管理技术研究与示范"项目组历时5年,运用野外调查和室内分析,结合遥感等技术手段,开展了全区草地资源的调查与监测,构建了集植被、土壤水气环境、昆虫群落为一体的草地生态系统监测体系,摸清了宁夏草原土壤环境特征、主要植物种类及空间分布,对区域草地生态服务功能、草地健康与生态安全进行了评价。

本书的著成是项目5年执行期间取得成果的系统整理和总结,主要内容包括宁夏草地景观动态及质量评价,宁夏草原植物区系特征及资源评价,宁夏主要类型草地土壤环境、植被群落结构及生产力监测及评价,宁夏主要类型草原植被和土壤碳储量特征,宁夏草地生态系统服务功能评价,宁夏草原昆虫群落及安全性评价,以及基于多源指标的宁夏草地健康综合评价研究等。本书研究成果为宁夏草地资源的管理和可持续利用提供了基础数据和决策依据,也为今后继续开展宁夏天然草原的深入研究奠定了坚实基础。

在野外调查过程中,项目组得到了宁夏草原工作站、宁夏林业和草原局及相关市县草原站的大力支持。由于业务及编写水平有限,本书内容尚有不足,敬请读者指正。

编者

2024年4月

目 录

CONTENTS

第1章 草地资源监测及评价理论基础

1.1 研究意义

党的十八大将生态文明建设提到了前所未有的高度，强调要大力推进生态文明建设，实施重大生态修复工程，增强生态产品的生产能力。天然草原作为我国面积最大的绿色生态屏障，不仅是维护我国生物多样性的重要“基因库”，也是牧业发展重要的生产资料，还承载着涵养水源、防风固沙、调节气候、维护生物多样性和生态安全等重要功能。宁夏作为我国北方生态安全屏障的重要组成部分，历史上曾是“丝绸之路”的要道，银川平原素有“塞上江南”之美誉。宁夏地形从西南向东北逐渐倾斜，丘陵沟壑纵横，地形主要分为三大板块：北部引黄灌区、中部干旱带和南部山区。宁夏属温带大陆性干旱、半干旱气候。宁夏天然草原面积为3 046万亩，占宁夏全区总面积6.64万km^2的30.57%，是宁夏的“半壁河山”和面积最大的绿色生态屏障。草地资源作为宁夏面积最大的土地类型和主要的可更新资源，不仅是草地畜牧业发展的物质基础，而且在维护区域生态平衡，保护宁夏生存发展环境发挥着重要作用[1]。

2003年以来，国家先后在宁夏实施草原禁牧封育、退耕还林、退牧还草工程及沙化草原的综合治理等重大草原生态文明建设项目，取得了良好的生态效益和经济效益[2]。然而随着草原生态建设与利用，出现了草原过度开发及人为破坏导致草原面积逐步减少，天然草原的草地生产力等级降低，天然草原的有害生物危害逐步加剧，草原生态建设及可持续利用科技支撑不足等问题[3]。

本书以宁夏不同类型天然草地为研究区域，主要针对宁夏草地资源植被类型及利用方式，建立草地生态监测区，在宁夏不同区域开展基于3S技术对不同类型天然草地土壤环境监测、不同类型天然草地资源植物群落结构及生产力监测，探明其差异特征及变化机制，明确不同类型草地资源的动态变化，构建集植被、土壤、水气环境、昆虫群落及草地生产要素为一体的草地生态系统监测与健康安全评价技术体系，建立宁夏草地资源大数据平台。通过采用实地调查与遥感信息解译等方式，提取宁夏草地不同时期草地影像资料，根据不同时期、不同类型的天然草地气候、植被类型、土壤条件、社会经济等方面的定位监测和调查，建立区域草地生态系统健康评价体系，并对区域草地生态系统健康和安全进行综合评价。本书成果为宁夏草地资源监测、评价及可持续利用提供科技支撑和示范样板，对宁夏草原生态文明建设和草地畜牧业健康发展具有重要的意义。

1.2 草地资源监测与评价研究进展

1.2.1 草地资源监测研究

在草地资源监测方面，土壤形态特征是草地本底情况变化的重要指标之一[4]。就草地生产质量而言，有研究将可利用牧草产量占总产量的百分比作为指标[5]，还有研究以增加种、减少种和入侵种来反映植物群落的变化和组成，并用盖度或地上部分生物量所占的比例，揭示和衡量草地生态环境的演变情况[6]。Abraham 等从土壤状况、草地植物群落结构、草地植物适口性等方面对澳大利亚西部的天然草地基况进行监测评估，并编制开发了监测评估软件 RANGECON，实现了草地基本状况的程序化处理[7]。

随着 3S 技术的不断发展，利用遥感手段对区域植被动态变化的监测和模拟研究弥补了野外调查方式的不足，国外学者在草地资源监测及综合评价方面也做了大量研究[8-11]。早在 20 世纪 80 年代初，许多发达国家使用 NOAA 气象卫星上搭载的 AVHRR 传感器资料开展了草地植被遥感监测。美国利用遥感资料估测了内布拉斯加沙漠化地区 520 万 hm^2 草地情况，为草地资源合理利用提供科学依据[12]。也有学者将不同目的、不同结构和不同功能的草地资源与环境信息系统应用于草地生产力监测、牧草生长变化监测与立地条件评价等[13-15]。Johnson 等进行了草地制图，利用草地土壤变化的相关数据，根据草地资源面积变化，描述了草地土壤退化现状及其变化原因，并完成该区域的草地退化分布图[16]。Patillo 对草地资源的监测评估和管理进行了研究，针对牧草变异和过度放牧造成的问题进行了草地退化分级[17]。Vetter 研究分析了盐碱草地，建立了分析模型，确定了最优放牧场[18]。

我国在草地科学中应用遥感技术起步较晚，但发展较快，已经成为草地科学中成果较为丰硕的前沿研究领域之一。樊锦沼等[19]应用同步观测的气象卫星资料和产草量资料研究呼伦贝尔草原牧草产量的遥感监测方法，解决了天然草地产草量动态监测的时间差异问题。陈全功等在甘肃省定西试验区使用 TM、SPOT 的融合影像，完成了该区土地利用/土地覆盖调查，为定西地区生态环境的治理、退耕还草任务的落实提供科学依据。利用不同时相 Landsat 卫星影像资料，采用非监督分类的方法对内蒙古锡林郭勒不同时期典型草原退化与恢复特征进行研究[20]。众多学者分别利用遥感图像，解译草地类型，提出正确解译影像图与制图的原则方法，并在定量与定性分析的基础上，计算和统计草地资源[21-23]。

目前对于宁夏草地的研究，在内容上多集中在草地生物量、群落结构、生产力的研究，例如，局部地区的植物种类分布[24]、特殊草地植被的生物量及土壤理化性质的变化[25]、不同气候条件下的草地生产力的研究[26]，以及覆盖度、沙化及恢复程度的研究等[27]，对于草地内部及与其他地类之间的转化研究较少；在研究尺度上也多集中在具体少数市级、县级和部分地区的小区域层面上，如盐池县、红寺堡区等，对于全区的宏观层面把握较少，同时缺乏长时间变化动态的分析；在研究层次上，对于草地整体质量变化及影响因素的研究较少。因此，利用遥感技术开展宁夏草地景观动态及质量评价研究十分必要。

本书以 1980—2015 年 9 个土地覆被数据集为基础，利用 GIS 软件平台，结合气象及社会经济数据，对 1980—2015 年宁夏草地转化特征及驱动因子进行了分析。此外，利用遥感技术和高分辨率影像，对宁夏天然草原一级和二级类型分布进行解译，以期为宁夏草地资源的合理开发利用、优化管理保护及实现可持续发展提供参考。

1.2.2　草地生态系统服务评价

（1）生态系统服务概念　人类社会的可持续发展离不开生态系统所提供的各项服务，这些服务共同支撑人类的生存和发展，并与人类福祉息息相关。对生态系统服务进行评价有助于人类认识生态系统的重要性，从而积极地保护资源环境，也有助于资源管理决策和生态文明建设。20 世纪 90 年代以来，生态系统服务研究开始成为生态学、生态经济学等领域关注的热点，能够为政策制定、可持续发展和生物多样性保护与多尺度规划策略的制定提供支撑[28]。早期的研究主要关注生态系统服务的概念、内涵与分类。

生态系统服务概念经过长期演变，经历了生态系统的服务功能、环境服务功能[29]、全球环境服务功能、全球生态系统公共服务功能、生态系统服务等多个概念[30]，第一次使用是20世纪60年代日本采用机会成本法测算了其森林生态系统服务功能，这也是对生态系统服务功能的首次测算。最初普遍被认可的是Daily[31]提出的生态系统服务概念，强调从生态学的角度认识生态系统服务；Costanza等[32]强调生态系统提供的物品和服务。千年生态系统评估[33]认为生态系统服务是人们从自然系统中获得的益处，强调从人类福利的角度认识生态系统服务，认为生态系统服务在自然生态系统和人类社会之间起到纽带联系的作用，但是该定义过于宽泛，支持服务与其他服务之间存在交叉，导致服务度量过程中存在重复计算的问题。Haines-Young等[34]建议从使用级联模型表示生态系统与人类福利之间的相互作用的角度定义生态系统服务。该框架基于一种生产链的思路，始于生态系统生物物理结构与过程，形成的生态系统功能与服务为人类提供收益和社会经济价值。生态系统服务的概念具有作为促进自然资源管理的决策工具的潜力[35]。我国学者欧阳志云等[36]、谢高地等[37]也对生态系统服务的概念进行了改进，分别强调了生态系统提供的环境条件和与非自然资本相结合创造的人类福利，赋予了生态系统服务新的内涵。生态系统服务包含多种类型，其分类方法也是多种多样的，其中大部分是基于功能的分类。目前，应用最广泛的是千年生态系统评估提出的分类[38]，将生态系统服务功能分为4大类（供给服务，调节服务，支持服务，文化服务）20项。在此之前，Daily[31]和Costanza[32]提出了早期的权威分类系统。谢高地等[39]基于中国的实际情况，包括中国居民和政策制定者对生态系统服务的理解状况，在已有生态系统服务分类的基础上将生态系统服务重新划分为4个一级类，14个二级类，31个三级类，使生态系统服务的分类体系更符合中国国情且更加完善。

（2）生态系统服务评价方法　随着前人经验和研究的不断积累，新思路新视角的创新，多尺度多学科的融合逐渐成为生态系统服务评价发展的趋势，研究者开始以更加综合性的视角来分析和研究问题。在研究尺度上，生态系统服务研究包含了全球、地区、国家、小区域尺度或者具体的某一生态系统尺度等。在跨学科领域上，将生态学理论、经济学理论与其他相关学科结合研究。例如张伟等[40]结合地理学理论和方法，对生态系统服务功能价值核算进行研究。李双成等[41-43]在评述生态系统服务研究历程和发展趋势的基础上，分析地理学参与生态系统服务的逻辑必然性以及面临的机遇与挑战，初步提出了生态系统服务地理学的学科框架。在不同研究角度上，包括生态系统服务空间关系[44]、生态系统制图[45]等研究内容。

传统的生态服务评价主要有能值分析法、物质量评价法和价值量评价法。能值分析法是生态–经济系统研究理论和方法，是在传统能量分析的基础上创立的一种新的研究方法[46]，主要是以统一的能值标准，把系统中不同种类、不可比较的能量转化成同一标准的能值来衡量和分析，从而评价其在系统中的作用和地位，综合分析系统的能量流、物质流、货币流等，从而定量分析系统的功能特征和生态、经济效益。物质量评价法主要是从物质量的角度对生态系统提供的服务进行整体评价，即生态系统或其中的物种提供的产品和服务中所包括的净光合作用生产量或者经济产量[47]。价值量评价法主要是从价值量的角度对生态系统提供的服务进行评价，也是国际上使用较多的评价方法。谢高地等[37]基于全球静态总平衡输入输出模型的评估和基于全球静态部分平衡模型对全球生态系统服务价值进行评估。赵景柱等[47]对物质量评价和价值量评价方法进行比较，发现采用物质量和价值量两种不同的方法对同一个生态系统进行服务评价，往往会得出不同甚至相反的结论，对于不同的评价目的和空间尺度，这两类评价方法的作用存在较大区别，同时这两类评价方法在一定意义上是互相促进和互为补充的。

1.2.3　草地健康综合评价

草地生态系统健康是新型的生态系统管理学概念的一个分支，是新的环境管理和草地生态系统管理的目标。1948 年，Dyksterhuis 提出“草地基况”的概念并进一步提出“草地地境学说”[48]，即根据某一地境当前的植被组成和生产力与该地境顶级群落的相似程度，根据植物组成成分分组（减少者、增加者、入侵者）的草地基况分类法将草地分为不同的“草地地境”，从而形成不同种类和数量的顶级植被区域来进行草地基况评价，该方法成为 20 世纪后半叶草地属性评价的主要方法与标准[49]。起初，有学者认为土壤是植被的立地条件和营养源泉，土壤状况是草地基况变化的一个明确的标志，并将土壤有机质积累作为单一因子评价指标[50]。Humphrey 等[51]则从草地生产角度出发，以可以利用的牧草产量占总产量的百分比为指标对草地基况进行了评价。Dyksterhuis 以减少种、增加种和侵入种以及地上部分生物量占比反映植物群落的结构变化，以此揭示和衡量草地基况的演变程度[48]。随着草地健康评价的发展，对草地的评价逐渐发展到草、水、土、畜等多方面的生态因子研究及多因子分析研究。Pellant 等[52]提出草地健康评价指标与方法，后来又不断进行修订，确定了包括裸地、表土流失或退化、凋落物数量、年生产量、多年生植物的繁殖能力在内的 17 个可观测指标，对草地的土壤稳定性、水文学功能和生物群落的完整性进行快速评价，该评价方法是目前为止比较完善并且应用于实践的方法。李博[53]将草地退化程度划分为轻度退化、中度退化、重度退化和极重度退化4个等级，并在此基础上，编制了中国北方退化草地分布图。任继周[54]结合"草地-动物界面"和"草畜-经营管理界面"等理论，研究草地生态系统不同界面容量与有序结构的定量关系，提出了草地健康评价的4种状态、3项阈值和草地活力、组织力和恢复力指标，即CVOR评价思路，确定了不同系统的健康阈值。侯扶江等[55]根据多维生态位理论以及地境要素之间的定量关系，用土壤有机碳作为评价草地基况的重要指标，以草地生态系统中的地理环境-牧草界面的关键生态过程为基础，围绕生产力形成及其分布格局的关键生态过程，建立了草地健康评价的CVOR综合指数和测算模型，并应用于阿拉善草地健康评价，发现CVOR模型具有综合、简单、准确和实用的特点，并且能够量化放牧压力和封育对草地健康的作用、避免各单项指标容易造成的误差。高安社[56]以4个植被指标和3个土壤指标，运用模糊综合评价方法将羊草草原的健康水平定量划分成4个等级，探讨了不同放牧强度下羊草草原放牧生态系统健康因子的变化规律及各因子之间的相关性。赵玉婷[57]基于"压力-状态-响应"模型采用AHP层次分析法结合RS和GIS技术选取17个指标对甘南藏族自治州2001—2013年草地生态系统健康进行了动态评价。此外，还有研究针对草地生态系统健康评价的内容与实施方法[58]、畜牧业生态系统健康的综合评价与诊断[59]，以及草地生态系统安全等[60,61]。总体而言，相较于森林、城市等生态系统健康评价对草地生态系统健康评价研究相对较少，具体评价也多限于小部分区域。

就评价方法而言，生态系统健康评价方法的发展可分为指示物种法和指标体系法，其中指标体系法包括VOR综合指数评估法、层次分析法、主成分分析法、健康距离法等。指示物种法主要是通过监测生态系统中指示物种对环境胁迫的反应，如种群数量、生物量、年龄结构、毒理反应、多样性和重要的生理指标等间接评价生态系统的健康状况，主要是针对自然生态系统的健康评价。指示物种法最初在水生生态系统健康评价中得到广泛应用[62,63]，随后逐步成为其他生态系统健康评价基本方法，如以昆虫为指示物种监测和评价森林生态系统健康[64]，基于蜻蜓对河流生态修复效果的评价研究[65]，通过鱼类完整性指数评价小清河健康状况[66]，以及以蝴蝶为指示物种评价小陇山林区森林生态系统健康[67]。物种指示法相对简单、容易操作，但是缺乏完善的指示物种筛选标准，指示物种选取的好坏直接影响到评价结果的可靠性；由于生态系统的复杂性，单凭一些指示物种是无法完全反映整个生态系统的状态的，因此在选取指示物种时，要了解物种在生态系统所处的地位与作用，明确它们对生态系统健康指示作用的机理和强弱。指标体系法根据不同的分类标准，可以将指标分成不同的类别[68]。在进行指标设计时一般包括生态指标、物理化学指标、社会经济指标（包括人类健康）三大类。

生态指标是反映生态系统特征和状态的生物指标，它分为生态系统、群落、种群与个体等不同层次的指标或指标体系；物理化学指标是检测生态系统的非生物环境的指标；社会经济指标着眼于生态系统对人类生存与社会发展的支持作用，采用经济参数和社会发展的环境压力指标等来衡量生态服务的质量与可持续性。由于生态系统退化会增加对人类健康的威胁，人类健康已成为生态系统可持续的重要标准之一。崔保山等[69]利用“生态特征–功能整合性–社会环境”方案，基于湿地生态系统指标的概念和基本理论，分析了湿地生态特征指标体系、湿地功能整合性指标体系和湿地社会政治环境指标体系的基本内涵，特别强调了生态系统结构和内在功能是生态特征的主要表现。官冬杰等[70]通过定性和定量分析建立了基于“结构功能–可持续利用能力–动态变化”的评价指标体系，应用模糊数学方法构建评价模型，对重庆市城市生态系统健康状态进行了实例研究，发现重庆生态系统健康在结构功能方面属于病态，可持续利用能力和动态变化方面属于亚健康状态，城市生态系统健康综合状况属于亚健康状态，同时以北京、天津、上海作为参比城市进行了对比评价得出北京、天津和上海也均处于亚健康状态的结论。戴全厚等[71]基于侵蚀环境下生态系统健康特征和诊断指标筛选原则，从资源环境支持、社会经济人文影响和生态综合功能3个方面，选择17个因素作为参评因子，建立了适用于侵蚀环境小流域生态经济系统健康诊断的指标体系，运用递阶多层次综合法、线性加权函数法分别建立二级层次和综合指标健康诊断模型和健康指数，研究了侵蚀环境小流域生态经济系统健康动态，并运用通径分析对该环境小流域系统健康进行障碍和优势诊断，为该环境小流域生态环境建设提供对策和建议。陈铭等[72]利用GIS空间技术，通过模糊综合运算方法将复杂多层次评价问题转化为定量评价，研究了蛟流河流域湿地生态系统健康状况。

1.3　研究区概况

1.3.1　自然地理

宁夏位于黄河中上游的黄土高原西北部、我国西北地区的东部，是中国从半湿润区、半干旱区向干旱区的过渡带，地处35°14′~39°23′N和104°17′~107°39′E，南北相距约456 km，东西相距约250 km，南北长、东西短，呈“十”字形，地势南高北低，西部高差较大，东部起伏较缓（图1–1），总面积6.64万km^2。宁夏属典型的大陆性半湿润半干旱气候,冬季较长,夏季较短,降水量少,风大干燥。多年平均降水量 183.4~677.0 mm,呈现出南多北少的空间分布,时间上大都集中在夏季。年均温度 5.8~8.2 ℃,≥10 ℃年积温为 1 925~3 400 ℃,最冷月均温为-7.2~9.4 ℃,无霜期 103~162 d,年日照时数 2 247.2~3 083.5 h,日照百分率 51%~70%,干燥度 1.00~5.05;地带性土壤从南向北主要是黑垆土、灰钙土和灰漠土(图 1-2),各类草地面积之和占全区总面积的 58%以上,在宁夏生态环境、生物多样性保护和区域经济发展方面具有重要作用。

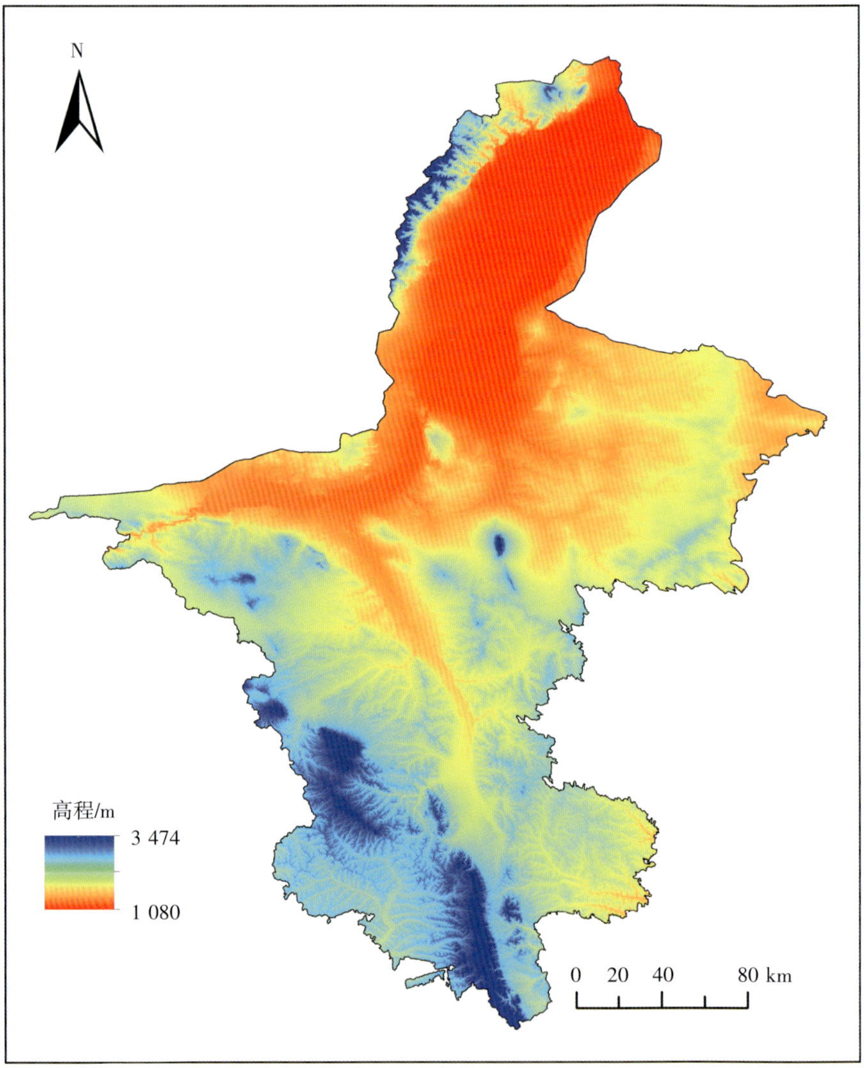

审图号:宁 S[2024]第 015 号

图 1-1 宁夏高程分布

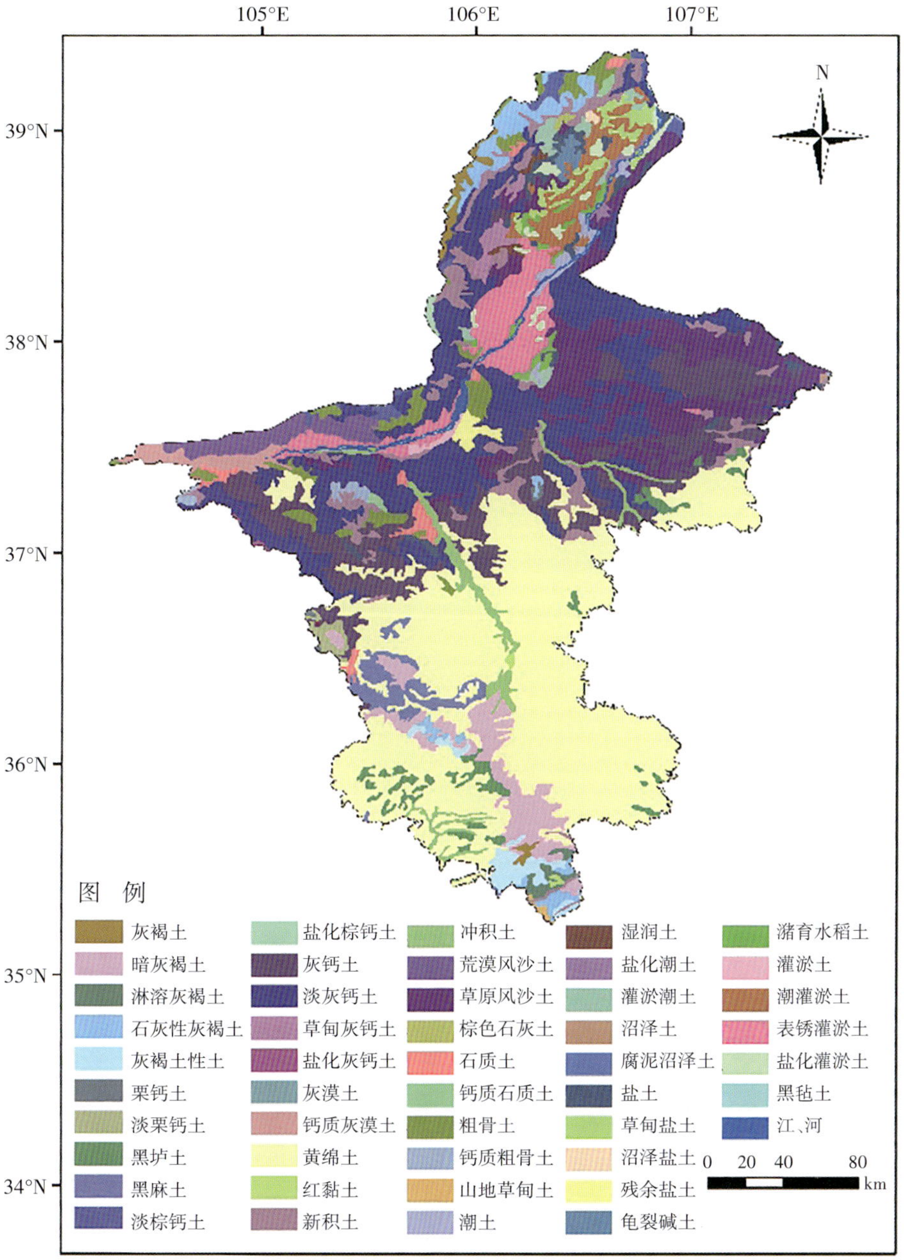

审图号：宁 S[2024]第 015 号

图 1-2　宁夏土壤类型分布图

全区从北向南 6 大地貌单元依次为①贺兰山山地：位于宁夏西北部，海拔 1 400 m 以上，年均气温为-0.8 ℃，年降水量为 429.3 mm，土壤沿山地垂直带状分布，自下而上依次为淡灰钙土、山地灰钙土、山地灰褐土、山地中性灰褐土、山地草甸土，植被在海拔 1 500 m 以下以荒漠草原为主，在海拔 1 500 m 以上随着高度增高以疏林草原、温性针叶林、灌木、高山灌丛和高寒草甸草原为主。②黄河冲积平原：位于宁夏北部，海拔1 000~1 300 m，年均降水量为 157 mm。土壤有浅色草甸土、盐渍化草甸土、沼泽土、淡灰钙土、盐土、龟裂碱土等，植被相应为河漫滩草甸、盐渍化草甸、沼泽、荒漠草原，局部有草原化荒漠，也有小片隐域性分布的沙生或盐生荒漠植被。③鄂尔多斯高原：位于宁夏东部，系鄂尔多斯高原的西南边缘地带，海拔 1 300~1 900 m，地表呈缓坡丘陵，表土不同程度的沙化，局部有呈带状的沙丘或沙地。④同心山间盆地：位于宁夏中部，海拔 1 320~1 300 m，年平均气温为 7.6 ℃，年均降水量为 295 mm，植被以发育在灰钙土上的短花针茅（*Stipa breviflora*）、猫头刺（*Oxytropis aciphylla*）、红砂（*Reaumuria soongarica*）、珍珠猪毛菜（*Salsola passerina*）等为优势种的荒漠草原，还有黑沙蒿（*Artemisia ordosica*）、甘草（*Glycyrrhiza uralensis*）等沙生植被。⑤黄土高原：位于宁夏南部，海拔1 600~2 200 m，年平均气温为 5.8 ℃，年降水量为 477 mm，地带性土壤为黑垆土，植被相应为干草原，南部阴坡的草甸草原已被大量开垦。⑥六盘山地：位于宁夏南部，海拔 2 000 m 以上，年平均气温为 4.4 ℃，年降水量为 580 mm，其南端土壤以山地棕壤、山地灰褐土为主，植被相应为山地落叶阔叶林与杂灌木丛、山地杂类草草甸相结合；北端土壤为山地灰褐土、山地暗灰褐土，植被相应为山地杂类草草甸、中生杂灌木丛与草甸草原相结合。海拔 2 700 m 以上为亚高山草甸植被。

1.3.2 社会经济概况

宁夏回族自治区下辖 5 个地级市（银川市、石嘴山市、吴忠市、固原市、中卫市），9个市辖区 2 个县级市和 11 个县。2020 年年末，全区常住人口 720.27 万人，其中城镇人口 467.87 万人，占常住人口比重 64.96%。2020 年，全区实现生产总值 3 920.55 亿元，按不变价格计算，比上年增长 3.9%。按常住人口计算，全区人均生产总值 51 605.4元，较上年增长 4.26%。三次产业对经济增长的贡献率分别为 8.60%、41.04%和 50.34%。宁夏属于典型的农牧交错区（图 1-3），北部灌区包括银川市和石嘴山市全境、吴忠市利通区和青铜峡市、中卫市沙坡头区及中宁县行政区范围，区域总面积 2.83 万km^2；中部干旱带包括盐池县、红寺堡区、同心县和海原县 4 个县（区）的行政区范围，区域面积 2.37 万 km^2；南部山区包括固原市的原州区、隆德县、彭阳县、西吉县、泾源县的行政区范围，区域面积 1.44 万 km^2。作为传统的农牧业经济区，宁夏长期推行的重农轻牧的农业模式，导致草地农业结构失衡和畜牧业生产比重低下。宁夏在西部大开发中承东启西，具有特殊的地理位置，是我国重要的能源、原材料基地以及粮食生产基地。

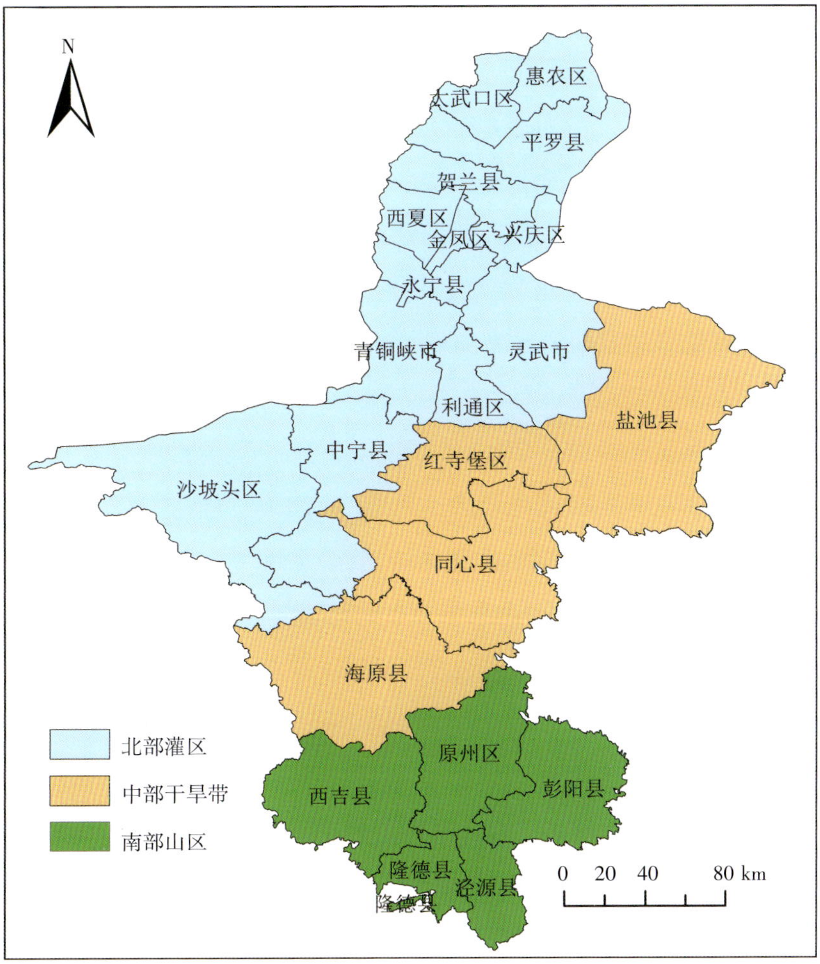

审图号：宁 S[2024]第 015 号

图 1–3　宁夏区位与行政区划

1.3.3　生态环境状况

宁夏地处中国西北内陆，位于中国自然区划东部季风区、西北干旱区和青藏高寒区 3 大自然区的交会区附近，是中国典型的气候变化敏感区及生态脆弱区，存在水土流失、土地沙漠化、土壤盐渍化、草地退化等环境问题。由于地处腾格里沙漠、毛乌素沙漠、乌兰布和沙漠与黄土高原交接地带，土壤侵蚀和沙漠化现象严重。荒漠化土地面积为 328.67×10^4 hm^2，占宁夏总土地面积的 65%，其中，水蚀面积为 178×10^4 hm^2、盐渍化面积为 8.67×10^4 hm^2、风蚀沙化面积为 152×10^4 hm^2。地域分布上，风蚀荒漠化土地主要集中在宁夏中部干旱带和引黄灌区的部分地区，水蚀荒漠化土地主要集中在南部山区，盐渍化土地主要集中在北部引黄灌区和中部干旱带的部分地区。各分区的气候、土壤、水资源、植被覆盖度等自然条件存在着较大的差异，其中水蚀风蚀交错区的侵蚀尤其剧烈。

从我国沙尘暴时空分布来看，宁夏属于沙尘暴高频省份。1958—2000 年，年沙尘暴发生日数和扬沙发生日数最高值均在宁夏盐池，平均每年有 19.2 d 出现沙尘暴、86.1 d 出现浮尘天气。黄土高原 57 个气象监测站 43 年间只有 23 条特强沙尘暴记录，其中 11 条在宁夏。宁夏的沙尘暴天气呈显著的空间分布特征，盐池地区为其高发中心，其次是中部和北部，南部相对较少，这与土壤风蚀的空间分布密切相关，风蚀为沙尘暴等沙尘天气的发生提供了丰富的风沙源。

随着各项生态环境建设措施的实施，宁夏生态环境恢复效果开始显现，生态环境质量逐渐好转。尤其是在 2000—2012 年，宁夏生态环境持续改善，但是近 27 年宁夏气候呈暖干化趋势，气温升高、降水量减少引起区域水体的蒸发量加大，加重旱情，使得河流水量减少，湖泊面积退缩，植被退化等，从而加速沙漠化的扩展，引起地区生态环境恶化。伴随着气候的暖干化，未来宁夏生态环境建设将面临新的挑战。

第 2 章
宁夏草地景观动态及质量评价

2.1 研究现状

目前对于宁夏草地的研究，在内容上多集中在草地生物量、群落结构、生产力的研究，例如局部地区的植物种类分布[73-76]、特殊草地植被的生物量及土壤理化性质的变化[77-80]、不同气候条件下的草地生产力的研究[81-85]，以及草地覆盖度、草地沙化及恢复程度的研究[86-88]，对于草地内部及与其他地类之间的转化研究较少；在研究尺度上也多集中在具体少数市级、县级和部分地区的小区域层面上，如盐池县、红寺堡区等[89-92]，对于全区的宏观把握较少，同时缺乏长时间变化动态的分析；在研究层次上对于草地整体质量变化及影响因素的研究较少。本章研究以 1980—2015 年 9 个土地覆被数据集为基础，利用 GIS 软件平台，结合气象及社会经济数据，对 1980—2015 年宁夏草地转化特征及驱动因子进行分析，以期为宁夏草地资源的合理开发利用、优化管理保护及实现可持续发展提供参考。

2.2 研究方法

2.2.1 数据来源

本研究所用 NDVI 数据来源于 USGS 官网（https://nssdc.gsfc.nasa.gov/），数据为 MODIS 数据产品 MOD13Q1，分辨率为 250 m，周期为 16 d。1980—2015 年土地利用数据（空间分辨率 30 m）来源于中国科学院资源环境科学中心（http://cdc.cma.gov.cn）。NDVI 数据来源于中国科学院计算机网络信息中心国际科学数据镜像网站（http://www.gscloud.cn）。气象数据来源于中国气象数据共享网（http://data.cma.cn/），提取宁夏及周边 24 个台站的日均风速、降水、温度、日照时数和经纬度等数据。宁夏人口数、人口密度、畜牧业产值等数据来源于中国统计年鉴、宁夏统计年鉴等。所有数据在

ArcGIS 中进行运算时，投影坐标统一为 Krasovsky 1940 Albers，空间分辨率为 30 m。

2.2.2 草地转移率及贡献率

根据土地利用覆被类型，草地景观的划分依据为以生长草本植物为主，覆盖度5%以上的各类草地，包括以牧为主的灌丛草地和郁闭度在 10%以下的疏林草地，其二级类型划分为高覆盖度草地、中覆盖度草地和低覆盖度草地，划分标准见表2–1。

表 2–1 草地及其二级类型划分标准

<table>
<tr><th colspan="2">一级类型</th><th colspan="2">二级类型</th><th rowspan="2">含义</th></tr>
<tr><th>编号</th><th>名称</th><th>编号</th><th>名称</th></tr>
<tr><td rowspan="4">3</td><td rowspan="4">草地</td><td>—</td><td>—</td><td>指以生长草本植物为主，覆盖度在 5%以上的各类草地，包括以牧为主的灌丛草地和郁闭度在 10%以下的疏林草地</td></tr>
<tr><td>31</td><td>高覆盖度草地</td><td>指覆盖度>50%的天然草地、改良草地和割草地，此类草地一般水分条件较好，草被生长茂密</td></tr>
<tr><td>32</td><td>中覆盖度草地</td><td>指覆盖度为 20%~50%的天然草地和改良草地，此类草地一般水分不足，草被较稀疏</td></tr>
<tr><td>33</td><td>低覆盖度草地</td><td>指覆盖度在 5%~20%的天然草地，此类草地水分缺乏，草被稀疏，牧业利用条件差</td></tr>
</table>

利用 ArcGIS 软件对 1980—2015 年土地覆被矢量数据进行矩阵分析，得到 3 种草地类型在 1980—1995 年、1995—2005 年以及 2005—2015 年 3 个不同时间段内的转移率和贡献率，进而分析宁夏草地在 30 多年间的类型转移变化，计算公式如下：

$$A_{ij}=\begin{vmatrix} A_{11} & A_{12} & \cdots & A_{1n} \\ A_{21} & A_{22} & \cdots & A_{2n} \\ \vdots & \vdots & & \vdots \\ A_{n1} & A_{n2} & \cdots & A_{nn} \end{vmatrix}$$

式中，n 为草地的类型数；i、j 分别为研究期初与研究期末的草地类型；A_{ij} 代表研究期内，草地类型 i 转换为草地类型 j 的面积。

2.2.3 单一草地利用类型动态度

单一草地利用类型动态度（K）[93]可以衡量单位时间内研究区各草地类型面积变化的平均幅度和速度，计算公式如下：

$$K=[(A_{it2}-A_{it1})/A_{it1}\times(t_2-t_1)]\times100\%$$

式中，A_{it1}、A_{it2} 分别为上一年份和下一年份的 i 类型草地面积；t_1、t_2 为上下两个年份。不同年份草地面积从土地覆被数据属性表中提取。

2.2.4　草地综合质量指数及变化度

按照土地覆被数据中的分类，将宁夏草地分为高覆盖度草地（覆盖度>50%）、中覆盖度草地（20%<覆盖度<50%）和低覆盖度草地（5%<覆盖度<20%）三个类型。参照草地面积质量修正方法综合评价草地质量[94]，计算公式如下：

$$GEI = [(V_{t2}-V_{t1})/V_{t1}\times(t_2-t_1)]\times100\%$$

$$V=\sum_{i=1}^{3}(A_i\times v_i)/A$$

式中，GEI 为草地综合质量变化度；V_{t1}、V_{t2} 分别为上一年份和下一年份的草地综合质量指数；t_1、t_2 为上下两个年份；V 为草地综合质量指数；A_i 为不同类型草地面积；A 为草地总面积；v_i 为草地综合质量权重系数。高、中、低覆盖度草地分别按照草地分类标准取覆盖度的平均值为 0.750、0.350 及 0.125，标准化处理后得到 v_1、v_2、v_3 分别为 0.61、0.29 和 0.10。

2.2.5　宁夏草地类型二级景观

2.2.5.1　资源三号解译

根据宁夏草地类型的空间分布图，设计采样带与采样点。基于 eCognition、ENVI、ArcGIS 平台对 2015 年宁夏土地覆被类型进行遥感解译，重点解译草地资源。选用 2015 年资源三号卫星（全色波段空间分辨率 2.1 m）、高分一号卫星（ 全色波段空间分辨率 2 m）遥感影像，结合草地样方和灌木样方的实地调查，对 2015 年宁夏草原类型进行解译。同时，利用宁夏 2000 年 1 : 100 万草地资源空间分布图和中国科学院资源环境科学数据中心的宁夏草地类型空间分布，对 2000 年、2005 年和 2010 年宁夏草地类型进行进一步划分。

本研究设置了 3 条采样带，用于宁夏草地类型解译野外调查。1 号样带为宁夏北部贺兰山区域样带，行政范围主要涉及银川市北部和石嘴山市；草原类型以温性荒漠草原和温性草原化荒漠为主。2 号样带为宁夏中部干旱区样带，行政范围主要涉及吴忠市、中卫市和石嘴山市西南部；草原类型较为丰富，包括温性荒漠草原、温性草原化荒漠和温性草原。3 号样带为宁夏南部六盘山区域样带，行政范围主要为固原市；草原类型以温性草原和温性草甸为主。

现场样点调查个数初步设定为 500~800 个（表 2-2，图 2-1），按照各草地类型的面积比例确定各类型的样点个数，60%的样点用于辅助解译和目视判断，其余 40%用于对解译结果的验证。实地样点选择和 GPS 定位的基本原则：①样点具有典型性和代表性，在类型上能够代表宁夏所有的土地覆被类型；在空间上能够较均匀地分布在整个宁夏范围内。②样点采集尽量选择在面积较大的类型斑块内，根据《全国 1：25 万土地覆盖遥感制图规范》的规定，原则上聚落、田间样点面积不小于 500 m×500 m，其他类型面积不小于 750 m×750 m。③样点采集尽量避免靠近类型的分布边界，以避免混合类型的影响，原则上样点距离类型边界距离不小于 100 m。

采样工作步骤：①坐标定位。在选定的点位处利用 GPS 定位仪进行地理坐标的三维定位；②拍摄照片。在每个选定点位拍摄实景照片，并进行编号，将这些照片作为原始资料保存；③信息记录。以表格形式记录每个样点的坐标（经纬度）、高程、土地覆被类型、对应照片编号等相关信息。

表 2-2　采样点个数初步设计

一级类型		二级类型		样点个数
编号	名称	编号	名称	
1	耕地	—	—	25
2	林地	—	—	25
3	草地	31	温性草甸	11~22
		32	温性草原	78~156
		33	温性荒漠草原	177~354
		34	温性草原化荒漠	25~56
		35	高寒草甸草原（海拔 3 100 m 以上的贺兰山山脊）	11~22
			山地草甸	根据图斑选择
			温性荒漠	6~12
4	湿地	41	草本湿地-低地草甸	35
		42	其他湿地	35
5	水体	—	—	25
6	人工表面	—	—	25
7	裸地	—	—	25

2017 年 9 月 2 日至 8 日，对宁夏主要草地类型进行核心样点调查，共调查了 95 个核心样点（图 2-1）并记录各样点经纬度、海拔、草地类型、优势草种、生物量等信息。同时利用便携式 GPS 记录沿途采点 2 385 个（图 2-2），包括样点经纬度、海拔、土地覆

被类型（草地类型或优势种）等信息。解译方法为面向对象分类方法，具体解译流程（图2-3、图 2-4）与分类体系如下（表 2-3）。

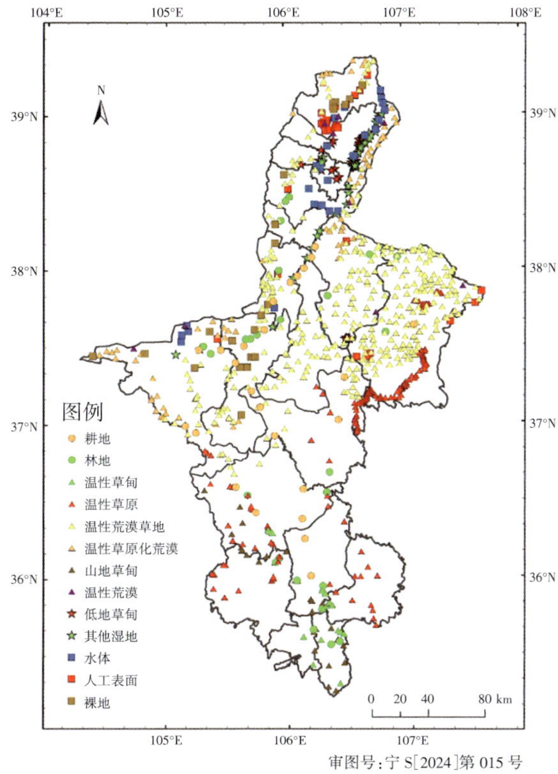

图 2-1　初步确定采样点空间分布

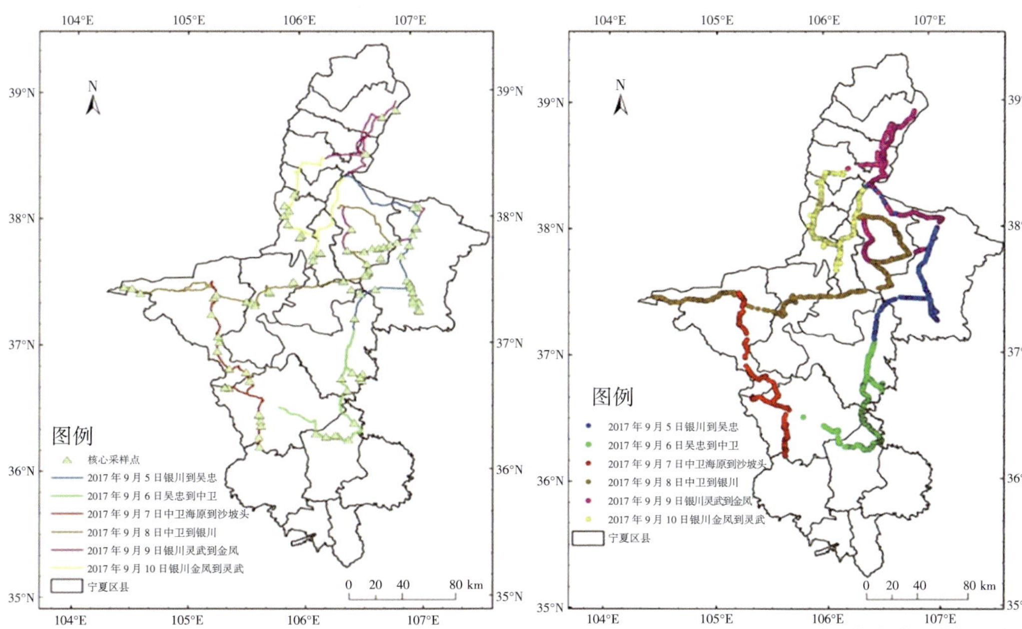

图 2-2　调研核心采样点及调研路径（左）及采样点（右）

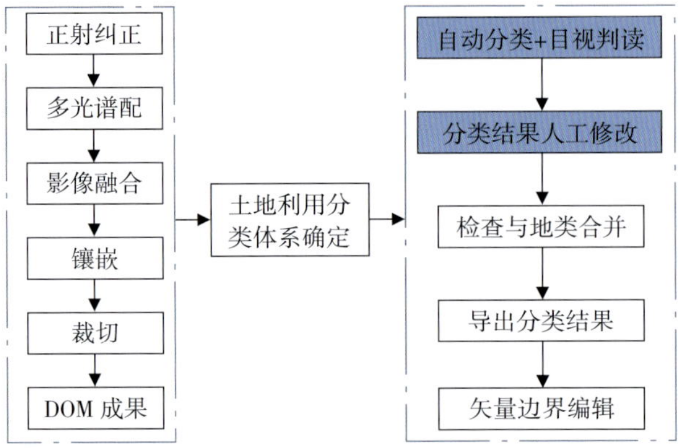

图 2-3　遥感影像解译流程

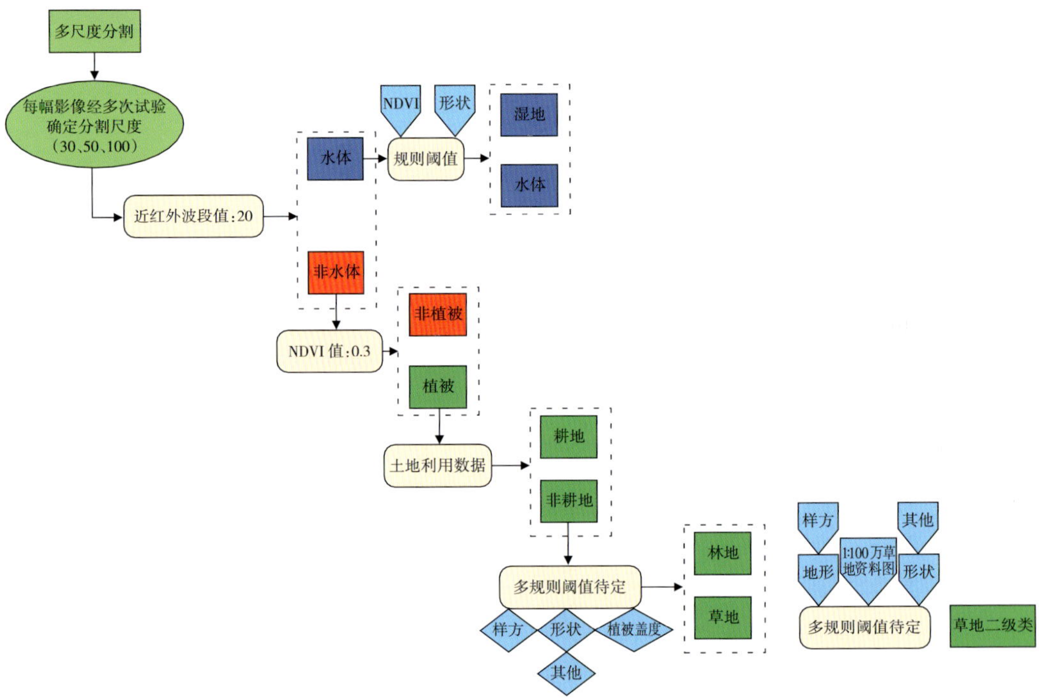

图 2-4　基于 eCognition 的遥感影像分类流程

表 2-3　宁夏土地利用/覆被遥感解译分类体系

一级类型		二级类型		含义
编号	名称	编号	名称	
1	耕地			被单一或多种农作物覆盖的地面，指无灌溉水源及设施，靠天然降水生长作物的耕地；有水源和浇灌设施，在一般年景下能正常灌溉的水生农作物或旱作耕地，包括熟耕地、新开荒地、休闲地等；以种植农作物为主的农业用地等，也包括作物收割后的裸露土地

续表

一级类型		二级类型		含义
编号	名称	编号	名称	
2	林地			指生长乔木、灌木、竹类等林业用地，包括天然林地和人工林地，主要包括落叶阔叶林、落叶针叶林、针阔混交林、灌丛(宁夏主要林地类型)
3	草地			指以生长草本植物为主，覆盖度在 5%以上的各类草地，包括以牧为主的灌丛草地和郁闭度在 10%以下的疏林草地
		31	温性草甸	自然或半自然植被，高度为 34~45 cm，覆盖度为 75%~80%，以草本植物为主的各类草地
		32	温性草原	自然或半自然植被，高度为 12~30 cm，覆盖度在 50%以上，以草本植物为主的各类草地
		33	温性荒漠	自然或半自然植被，高度为 10~50 cm，覆盖度为 20%~50%，以草本植物为主的各类草地
		34	温性草原化荒漠	自然或半自然植被，覆盖度为 10%~30%，以草本植物为主的各类草地
		35	高寒草甸	分布于海拔高度 2 100 m 以上的贺兰山山脊
4	湿地			分布于水面上有植被覆盖的沼泽性湿地，包括草本湿地和其他湿地(森林湿地、灌丛湿地等)
			草本湿地	地表长时间或频繁有水淹没，以草本植物为主，植被覆盖度≥30%，有泥炭或潜育层发育
			其他湿地	除草本湿地和水体外的藓类沼泽、灌木沼泽和森林沼泽等湿地类型
5	水体			指天然陆地水域和人工水利设施用地，包括河流、水库、湖泊、沟渠等，包括沿河分布的滩涂湿地，可以是淡水或咸水
6	人工表面			指居民点及县镇以外的工矿、交通、居住等各类用地
7	裸地			目前还未利用的土地，包括沙地、戈壁、裸岩、裸土地等难利用土地

2.2.5.2　高分二号+国土数据解译

草地的划分根据《草地分类》(NY/T 2997—2016)，草地指地被植物以草本或半灌木为主，或兼有灌木和稀疏乔木，植被覆盖度大于 5%、乔木郁闭度小于 0.1、灌木覆盖度小于 40%的土地，以及其他用于放牧和割草的土地。天然草地指优势种为自然生长形成，且自然生长植物生物量占比和覆盖度大于等于 50%的草地划分为天然草地。天然草地的类型采用类、型二级划分。人工草地为优势种由人为栽培形成，且自然生长植物的生物量占比和覆盖度小于 50%的草地划分为人工草地。人工草地包括改良草地和栽培草地。

（1）底图制作及数据预处理　从 2016 年和 2017 年，这两年内 6—8 月高分数据中，筛选出质量较好的 189 景 GF2 影像。由于云的影响，全区少部分地区高分数据无法覆盖，补充 2015 年或 2016 年、2017 年 5 月和 9 月，成像质量较好的数据。同时下载覆盖宁夏全区的 Landsat 8 数据。GF2-PMS1 为 1 级相对辐射校正产品，对影像进行正射校正、几何校正、影像融合等处理（图 2-5）。对 Landsat 8 数据进行影像融合和重投影，并按照研究区裁剪。对预处理好的 GF2-PMS1 数据进行影像分割，获得整幅影像范围的矢量图斑。将分割获得图斑和土地变更数据的图斑叠加在一起，通过两者重合的面积提取出分割获得的图斑中的草地图斑，并对草地图斑进行人工修正，获得草地资源清查底图。

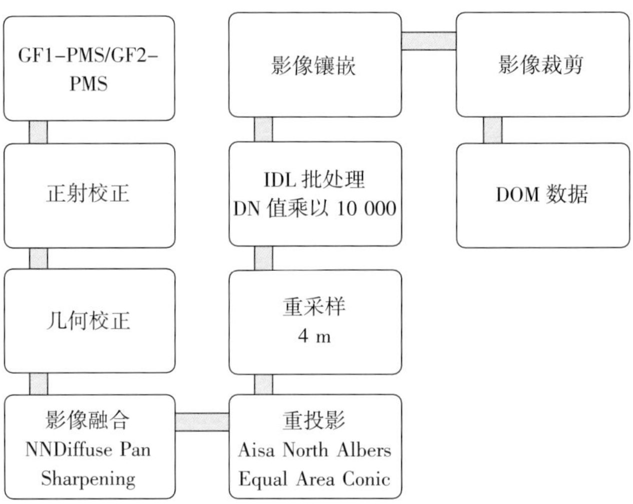

图 2-5　高分二号影像预处理流程

（2）草地图斑勾绘　采用面向对象分类方法进行遥感影像信息提取，结合目标的光谱特征、时间特征和几何特征等，对经过预处理的 GF2-PMS1 遥感影像进行多尺度分割，最终形成草地矢量图斑。多尺度分割是从一个像元对象开始的同质合并技术，在后续步骤中不断将较小的对象合并为较大的影像对象。将卫星影像中离散的栅格信息生成较为同质的对象，在对象的基础上进行几何参数分析和运算，再进行分类，这种分类方法是基于人类电脑综合思维方法进行的，能够实现较传统像元更高的分类精度，可以在大面积草地资源调查中发挥重要作用。多尺度分割过程在 ArcGIS 中进行，主要设置的参数有分割尺度、形状和紧致度因子。

图像多尺度分割后得到了多尺度分割对象，分割得到的图像对象有的是地物本身、有的是地物组成部分，对这些分割对象计算其特征，再利用这些特征实现分类与识别。此外，通过对尺度分割创建的分类影像可能会对有些像元（随机噪声）进行错误分类并形成小的无效区域。为改进分类，对这些错误分类的像元进行重新分类，将其归于可直接包围它们的类或者簇。清理分类图像的常用技术包括过滤、平滑处理类边界及移除小孤立区域。再对分割结果进行光谱差异分割，去除背景像元生产的对象并对分割结果进一步处理，得到最终的分割结果，保证 90%以上的图斑面积大于 400 m^2，最后以矢量格式导出分割图斑结果。

（3）提取草地图斑　草地图斑提取工作在 ArcGIS 中进行，首先对分割图斑数据和地理国情数据进行制表，得到两种数据的相交面积占分割图斑面积的百分比。提取占比大于 30%的分割图斑（其中占比 30%~50%的图斑须进一步目视解译确定是否为草地），删除面积小于400 m^2 的图斑，将其作为初步的草地图斑结果。为保证草地图斑数据的准确性，后续通过人工目视解译的方式对初步图斑进一步处理。此外，对于漏分的草地斑块进行手动勾绘，该部分主要包括沼泽和一些明显漏分的草地。经过以上处理后，得到草地图斑数据。最后，利用国土变更数据（耕地）与得到草地图斑数据去重，得到最终草地图斑数据。

（4）草地类型分类　以清查底图的草地图斑为基础，结合中分辨率遥感影像，地面调查样本、统计调查、气象数据和地面资料，完成草地类型及其空间分布的清查与制图。遥感清查工作主要包括建立解译标志、遥感影像解译、野外验证等步骤。建立遥感解译标志，通过面向对象监督分类法，查清草原类型、分级、草原生态状况、草原利用状况及空间分布，录入草地图斑数据信息。

将 Landsat 8 影像的 2、3、5、7 波段融合，年平均温度、年降水量、坡度、DEM 数据融合，分类方法采用面向对象监督分类法，以地面调查数据为控制点，建立了基于地面多点控制的人机交互遥感解译、分类和制图方法。利用均匀密布的地面监测点作为控制点，以遥感图像为背景，与解译获得的类、亚类拓扑数据重叠，通过人机交互的目视解译方法，根据地面控制点的地理信息和内容信息，赋予遥感数据草原型的分类信息，根据控制点的位置，通过最小距离法，进行草原型的边界信息提取，同时结合控制点的内容信息，给草原型的图斑命名。

2.3 结果分析

2.3.1 宁夏草地时间变化特征

2.3.1.1 宁夏草地结构年际变化分析

1980—2015 年，草地是宁夏土地类型中面积最大的类型，面积为 23.34×10^9~$26.28\times10^9 m^2$,其次是耕地,两种土地类型面积总和占比达到 80%以上,呈现出“草地-耕地”为主导的地域结构特征。但是随着时间变化,相对于其他土地类型,宁夏草地占比下降幅度最大，趋势最明显，从 50.76%下降到 45.75%，草地总面积下降了 $2.59\times10^9 m^2$。这说明在该地区的所有地类中,人类活动对草地资源的干扰最为明显且影响程度最大;耕地及城镇化用地占比的增加说明过度开垦及城镇化是造成草地资源破坏的重要影响因素。

1980—2015 年,宁夏草地总体结构基本不变(图 2-6),低覆盖度草地占比最大,为 48.88%~53.35%;其次为中覆盖度草地,为 43.03%~45.88%;高覆盖度草地面积最小,占比不到 6%。不同覆盖度草地年际变化差异显著,高覆盖度草地面积在1995—2010 年持续增长,增长幅度先增加后减缓,且于 2000—2005 年显著增长,2010—2015 年开始呈下降趋势；中覆盖度草地面积在 1990—1995 年急剧下降,1995—2010 年持续增长且增长幅度先减缓后增加,2010—2015 年则呈减少趋势;低覆盖度草地变化幅度最大,除 2000—2008 年小幅度增加及 2013—2015 年较大面积增长外,其余年际间均显著减少。由此看来,1980—2015 年土地利用的变化导致宁夏草地大面积减少,人类活动对宁夏草地生态系统造成了较大的影响。

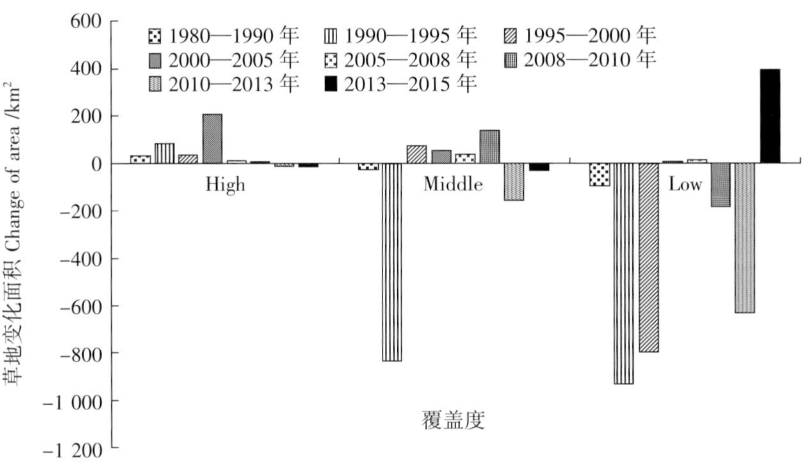

图 2-6　1980—2015 年宁夏不同覆盖度草地变化面积

2.3.1.2　宁夏草地单一土地类型年际变化分析

1980—2015 年，宁夏草地单一土地利用类型动态度为-1.02%~0.75%，呈现波动式变化。1980—2000 年呈现减少趋势（表 2-4），1995—2000 年减少率最大，为-0.56%；2000—2008 年呈增加趋势，特别是 2000—2005 年增长率较大；2008—2013 年呈减少趋势，且在 2010—2013 年减少率较大；2013—2015 年则有 0.75%的增长率。高覆盖度草地在 2000—2005 年变化率达到最高，增加了 4.18%，在 2013—2015 年达到最低，降低了 0.48；中覆盖度草地在 2008—2010 年变化率达到最高，增加了 0.67%，在 1990—1995 年变化率达到最低，降低了 1.46%；低覆盖度草地在 2013—2015 年变化率达到最高，增加了 1.71%，在 2010—2013 年变化率达到最低，下降了 1.74%。总体上高覆盖度草地的平均变化率最大，中覆盖度草地的平均变化率最小。

表 2-4　1980—2015 年宁夏草地利用类型动态度变化及草地综合质量变化度(*GEI*)

单位:%

草地覆盖度	1980—1990 年	1990—1995 年	1995—2000 年	2000—2005 年	2005—2008 年	2008—2010 年	2010—2013 年	2013—2015 年
高	0.34	1.90	0.64	4.18	0.25	0.15	−0.05	−0.48
中	−0.02	−1.46	0.13	0.11	0.13	0.67	−0.47	−0.14
低	−0.07	−1.34	−1.22	0.00	0.05	−0.75	−1.74	1.71
草地	−0.03	−1.29	−0.56	0.23	0.10	−0.07	−1.08	0.75
GEI	0.04	0.22	0.41	0.36	0.03	0.33	0.39	−0.51

2.3.1.3　宁夏草地综合质量指数年际变化分析

1980—2015 年宁夏草地综合质量指数在 0.19~0.22(图 2-7)，整体呈波动式上升趋势。在 1980—1990 年草地质量指数基本不变，说明这一时期草地质量比较稳定；在 1990—2005 年草地综合质量指数不断上升，且在 1995 年后上升速率加快，说明这一时期宁夏草地质量呈上升趋势；2005—2010 年草地质量上升趋势减缓，2010—2015 年则先上升后降低。对比不同覆盖度草地面积变化发现，草地综合质量指数的提高主要是由于高覆盖度草地面积增加、低覆盖度草地面积减少造成的。1980—2015 年草地综合质量变化度 GEI 范围在-0.51%~0.41%(表 2-4)，整体变化趋势为先增加后减少；特别是在 1995—2005 年增加幅度最大，主要是由于这一时期高覆盖度草地和中覆盖度草地面积均有较大幅度的增加；而在 2010—2015 年草地综合质量变化度由正值变为负值，主要是由于高、中覆盖度草地面积均由增加变为降低，导致整体草地质量水平开始下降。

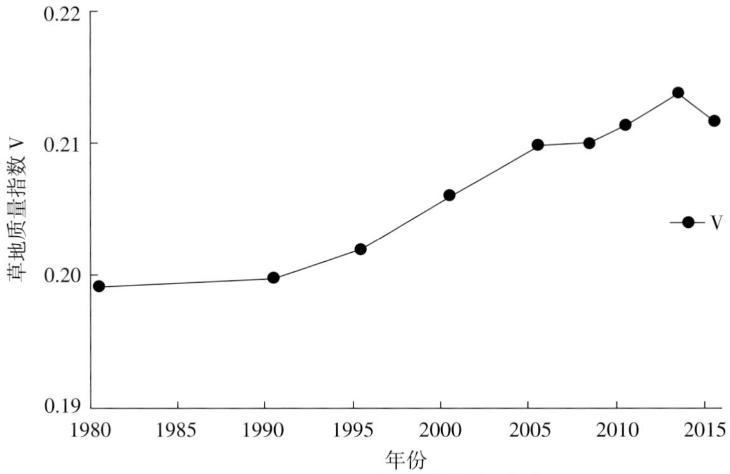

图 2-7　1980—2015 年宁夏草地质量指数

2.3.2　宁夏草地类型变化特征

2.3.2.1　草地类型转移变化分析

根据转移矩阵统计得到各时间段之间不同覆盖度草地向其他土地利用类型转移的变化情况(表 2-5)。具体变化情况如下。

(1)1980—2015 年,高覆盖度草地整体转移率显著下降,向耕地和水体转移率先上升后下降，向建筑用地转移率先下降后大幅上升，向林地和未利用地转移率下降。1980—1995 年,高覆盖度草地主要转向中覆盖度草地和林地;1995—2005 年,高覆盖度草地主要转向中、低覆盖度草地和林地,转移为低覆盖度草地的比例较上一时期增加明显，说明这一时期高覆盖度草地退化程度增加;2005—2015 年高覆盖度草地主要转向低覆盖度草地和建设用地,总转移率相对前两个时期有所下降,说明这一时期高覆盖度草地退化状况有所减缓,但建设用地的转移率增加说明城镇化对草地变化影响显著增强。

(2)1980—2015 年,中覆盖度草地转移率也呈明显的下降趋势,向林地和水体转移率先上升后下降,向建筑用地转移率先下降后大幅上升,向耕地和未利用地转移率下降。在 1980—1995 年,中覆盖度草地主要转化为低覆盖度草地、耕地以及未利用地;1995—2005 年,中覆盖度草地主要转化为低覆盖度草地、耕地和未利用地,转移比例较上一时期均有所下降且转移为林地比例上升显著，说明这一时期中覆盖度草地退化程度减缓;2005—2015 年,中覆盖度草地主要转化为耕地和建设用地,其中建设用地的转移率增加说明这一时期中覆盖度草地的主要退化因素是城镇化。

(3)1980—2015 年,低覆盖度草地转移率也呈明显的下降趋势,向林地和水体转移率先上升后下降，向建筑用地转移率先下降后大幅上升，向耕地和未利用地转移率下降。1980—1995 年，低覆盖度草地主要转化为中覆盖度草地、耕地以及戈壁；1995—2005 年，低覆盖度草地主要转化为中覆盖度草地和耕地，转移为中覆盖度草地比率明显上升，说明这一时期草地质量有所改善；2005—2015 年，低覆盖度草地主要转化为耕地和中覆盖度草地及建设用地，与前两个时期相比，耕地转移率有所下降，但开垦耕地依然是影响低覆盖度草地的最重要因素。

总体上，高覆盖度草地主要转向林地及建筑用地，中、低覆盖度草地主要转向耕地及建筑用地。因此，草地开垦及城镇化是影响宁夏草地面积减少的主要因素。

表 2-5　1980—2015 年宁夏草地变化转移率矩阵

单位：%

类型	高覆盖度草地			中覆盖度草地			低覆盖度草地		
	1980—1995 年	1995—2005 年	2005—2015 年	1980—1995 年	1995—2005 年	2005—2015 年	1980—1995 年	1995—2005 年	2005—2015 年
耕地	1.12	1.27	0.38	5.29	3.61	1.77	8.01	5.58	2.28
林地	3.96	2.76	0.15	1.18	1.87	0.34	0.49	0.66	0.71
高覆盖度草地	85.75	85.50	95.06	1.08	0.88	0.18	0.28	0.27	0.11
中覆盖度草地	5.67	5.68	0.83	76.80	81.63	95.36	8.32	10.47	1.08
低覆盖度草地	1.54	2.69	1.92	13.06	9.42	0.39	76.45	80.48	93.92
水体	1.27	1.51	0.29	0.27	0.38	0.26	0.23	0.38	0.24
建筑用地	0.04	0.08	1.33	0.11	0.10	1.14	0.27	0.21	1.05
未利用地	0.65	0.51	0.04	2.30	2.11	0.56	5.95	1.94	0.61

2.3.2.2　草地类型贡献变化分析

根据转移矩阵统计得到在各时间段之间各土地类型向不同覆盖度草地的贡献变化情况（表 2-6）。具体变化情况如下。

（1）1980—2015 年，高覆盖度草地自身贡献率先下降后显著增加，耕地、林地、建筑用地及未利用地的贡献率先上升后下降，水体的贡献率先下降后上升。1980—1995 年，高覆盖度草地主要是由中、低覆盖度草地及林地转化而来；1995—2005 年，除了中覆盖度草地的转化外，较为明显的是从耕地、林地和水体的转化，说明这一时期的退耕还草及沙化治理取得了较好的成效。2005—2015 年，高覆盖度草地则主要由中、低覆盖度草地及水体转化而来。

（2）1980—2015 年，中覆盖度草地的自身贡献率先下降后显著上升，耕地、建筑用地及未利用地的贡献率先上升后下降，林地和水体的贡献率下降。1980—1995 年，中覆盖度草地主要由低覆盖度草地、耕地和未利用地转化而来；1995—2005 年，中覆盖度草地则主要由低覆盖度草地、耕地和未利用地转化而来；2005—2015 年，中覆盖度草地则主要由耕地转化而来，说明退耕还草在这一时期依然取得了积极的成效。

（3）1980—2015 年，低覆盖度草地的自身贡献率上升，未利用地的贡献率先上升后下降，林地、耕地、水体和建筑用地的贡献率下降。1980—1995 年，低覆盖度草地主要由中覆盖度草地退化以及耕地转化；1995—2005 年，低覆盖度草地主要由中覆盖度草地退化、耕地及未利用地转化；2005—2015 年的低覆盖度草地贡献率则主要由耕地和未利用地转化，对比而言说明虽然贡献率较小，但是这一时期草地退化得到了有效的遏制，退耕还草和沙化治理也起到了作用。

由其他地类向不同覆盖度草地贡献率变化分析可知，林地、水体、未利用地对高覆盖度草地贡献率较高，中、低覆盖度草地的增加则主要来自耕地和未利用地。因此，退耕还草及沙化治理是影响草地面积增加的主要因素。

表 2-6　1980—2015 年宁夏草地覆被变化贡献率矩阵

单位：%

类型	高覆盖度草地			中覆盖度草地			低覆盖度草地		
	1980—1995 年	1995—2005 年	2005—2015 年	1980—1995 年	1995—2005 年	2005—2015 年	1980—1995 年	1995—2005 年	2005—2015 年
耕地	0.98	9.77	0.55	2.27	3.76	2.33	3.45	2.34	0.95
林地	3.09	4.80	0.11	0.92	0.52	0.04	0.32	0.11	0.09
高覆盖度草地	75.69	68.52	95.13	0.46	0.52	0.09	0.10	0.21	0.20
中覆盖度草地	12.72	7.61	1.59	83.01	80.66	95.33	11.46	8.14	0.35
低覆盖度草地	4.01	2.88	1.08	11.06	12.74	1.23	82.49	85.70	97.13
水体	2.91	0.41	1.06	0.75	0.07	0.09	0.60	0.04	0.03
建筑用地	0.02	0.25	0.03	0.03	0.08	0.00	0.08	0.07	0.01
未利用地	0.58	5.82	0.44	1.50	1.67	0.88	1.51	3.40	1.25

结合草地转移及贡献率变化矩阵的分析可知，1995—2005 年草地与耕地之间的转移强度较大，2005—2015 年草地转化为建设用地的比例最大，说明人类活动通过改变土地利用结构造成了草地面积的变化，虽然由于采取的退耕还草等措施有效地促

进了耕地向草地的转化，但由于草地被开垦为耕地及被转化为建设用地的比例更大，因此整体草地面积依然呈下降趋势。

2.3.3　宁夏草地空间变化特征

2.3.3.1　草地空间分布变化分析

宁夏高覆盖度草地主要分布在宁夏北部地区的西北狭长地带、南部地区的中间狭长地带；中覆盖度草地主要分布在中部地区、北部地区的东北狭长带和南部地区的西南部分；低覆盖度草地在全区皆有分布，主要分布在宁夏西南部的广大区域，在北方地区呈现出沿西北和东北边界线的条带状分布的特点（图 2-8）。这与宁夏南部暖温带平原地带、中部中温带半荒漠地带和北部中温带荒漠地带的地表特征相符。在空间变化上，高覆盖度草地总体分布呈增长趋势，特别是在中部地区的东北部分布明显增长。北部地区西北狭长地带的高覆盖度草地在 1980—1995 年密集度增加，但在 2000—2015 年逐年减少；南部地区中间狭长地带的高覆盖度草地在整个 35 年间的密集度基本不变；发生显著变化的是中部地区，在 1980—1995 年，中部地区的高覆盖度草地密集度减少，而在 1995—2015 年则开始逐年增加，特别是 2000—2005 年在中部地区的东北部密集度增加幅度最大。中覆盖度草地随着时间的变化分布的密集程度

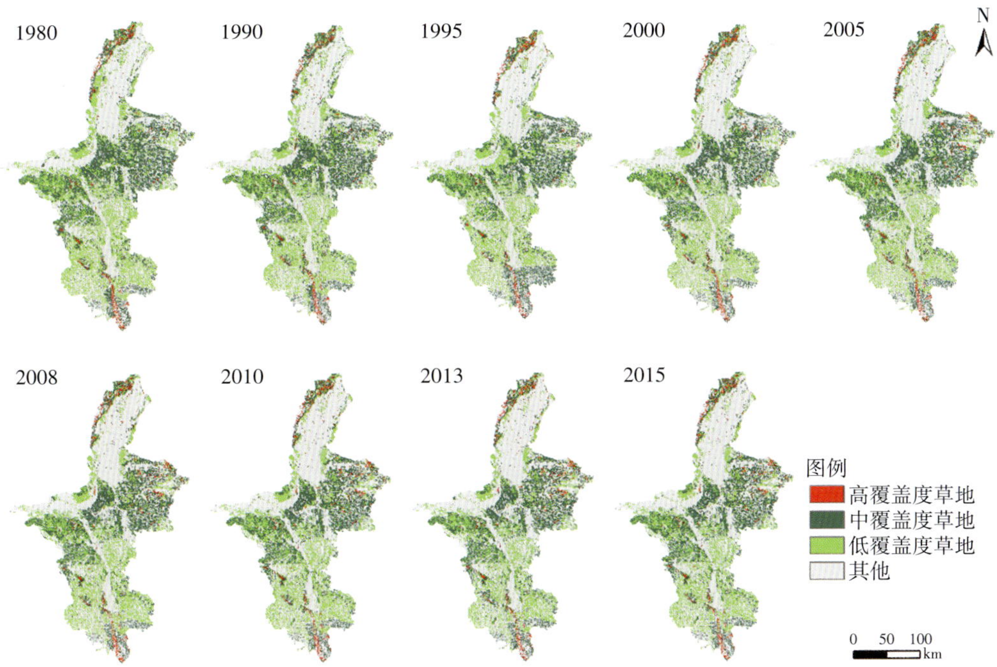

图 2-8　1980—2015 年宁夏草地空间分布变化

下降，在各分布区都有所减少，减少趋势相对来说不明显。低覆盖度草地总体分布面积逐年减少，且在东北部、中部及南部地区的分布密集程度均下降明显，其中，北部地区西北狭长带的分布密集程度在 1990—1995 年显著减少，中部地区的分布密集程度在 1995—2000 年显著减少，南部地区密集程度主要在 2000—2005 年显著减少。

2.3.3.2　草地空间转移变化分析

1980—2015 年，宁夏草地与其他地类年际间转移变化分布差异明显（图 2-9）。1980—1990 年转移变化主要发生在北部地区，变化程度较小且分布较为集中，草地的增加主要来自北方地区的未利用地和水体，草地的减少则主要是在西北地区边缘带和盐池中部向未利用地的转化，说明这一时期草地局部地区发生了比较严重的干扰。1990—2000 年全区范围内转移变化明显且程度较为剧烈，最显著的变化是草地向耕地的转化，特别是宁夏中部、西北部和西南部转移变化集中度较高。2000—2010 年草地转移变化则呈现出全局分散式分布的特点，其中草地向耕地的转移程度相较于 1990—2000 年明显降低，同时出现了耕地向草地的大面积转化，中部和北部的未利用土地向草地转移的程度相对于 1990—2000 年也有了显著的提升，但是在中部地区草地向未利用地的转化也比较明显，说明这一时期，虽然局部地区草地面积依然有不同程度的减少，但由于退耕还草等政策的实施，草地向耕地的转化得到了有效的遏制，大面积耕地向草地的转化是这一时期草地面积增加的主要原因。2010—2015 年草地转移变化则主要发生在宁夏中部和北部，草地向建筑用地、耕地和未利用地转化成为主要趋势，说明这一时期城镇化建设是造成草地面积减少的主要原因。

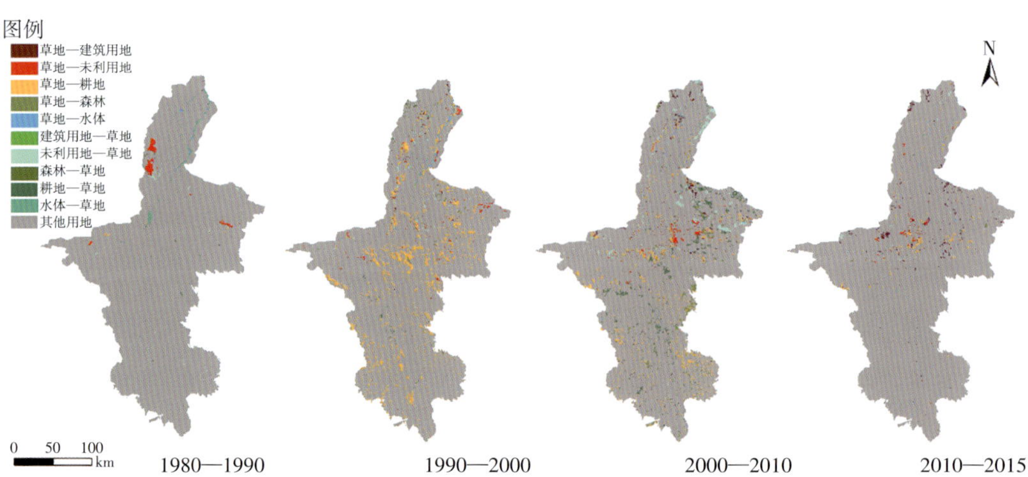

审图号：宁 S[2024]第 015 号

图 2-9　1980—2015 宁夏草地空间转移变化

2.3.4　草地变化影响因素分析

2.3.4.1　自然因子

温度和降水是影响植被生长的重要因素，气候暖湿化可以促进植被生长，而气候暖干化则会降低草地生产力[95]。宁夏 1980—2015 年多年平均气温为 8.55 ℃，年际之间气温波动明显（图 2-10）。1980—2000 年气温呈上升趋势，2000—2015 年则呈下降趋势，整体而言呈上升趋势；由图 2-11 可知，宁夏 2000—2015 年多年平均降水量为 281 mm，1980—1990 年降水量呈增加趋势，1990—1995 年呈减少趋势，1995 年以后则呈波动性增加趋势，说明宁夏气候呈现出向暖湿化方向变化的特点。将降水量和温

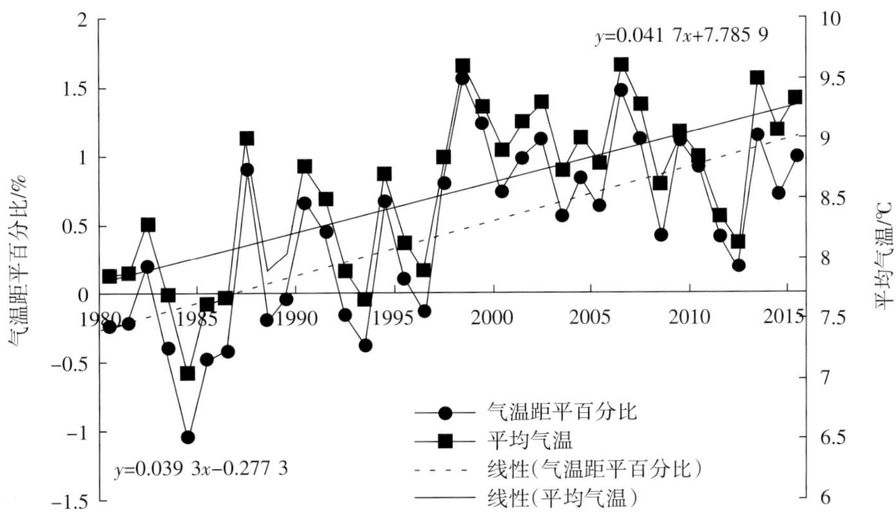

图 2-10　1980—2015 年宁夏气温变化

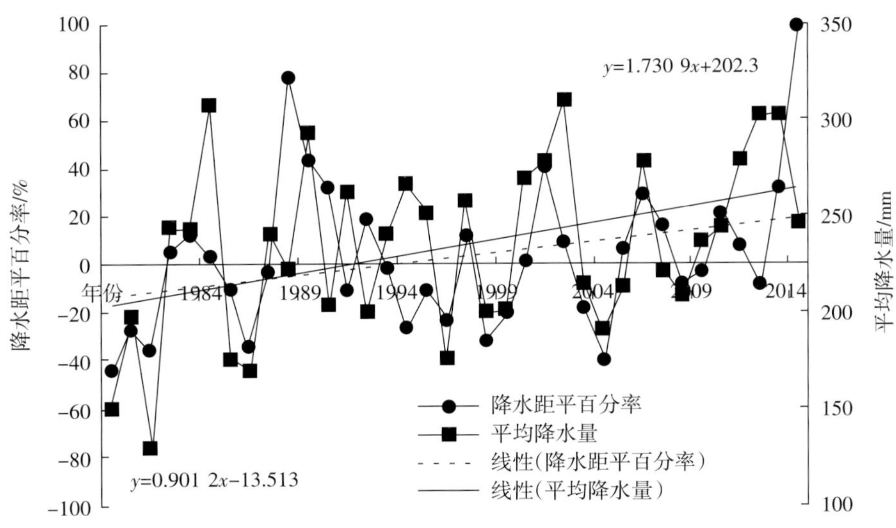

图 2-11　1980—2015 年宁夏降水量变化

度因子与草地综合质量指数进行回归分析，结果表明，宁夏草地综合质量指数与气温呈显著正相关（R^2=0.53，P<0.05），说明温度是影响宁夏草地生长及质量变化的重要因素。草地综合质量指数与降水量的回归结果则为不显著，说明降水量与草地综合质量指数从统计分析上看没有很好的相关性。

将降水量和温度因子与草地面积进行回归分析，结果表明，宁夏草地面积与降水呈显著不相关（R^2<0.02，P=0.74），与气温呈显著正相关（R^2>0.45，P<0.05），说明自然因子对草地面积变化影响较小。

2.3.4.2　人为因子

（1）人口因子　利用统计数据中的 1980—2015 年各研究年份年平均人口数据与宁夏草地面积进行回归分析，结果表明，1980—2015 年宁夏年平均人口与草地面积变化呈显著负相关（图 2-12）（R^2=0.81，P<0.001），且人口增长越快，草地面积下降越明显。说明 1980—2015 年人口因子是宁夏草地面积变化的重要驱动因子，分析原因可知由于人口压力导致人类对于草地利用的程度加剧，草地大范围地变为耕地和建筑用地，使得草地面积显著下降。

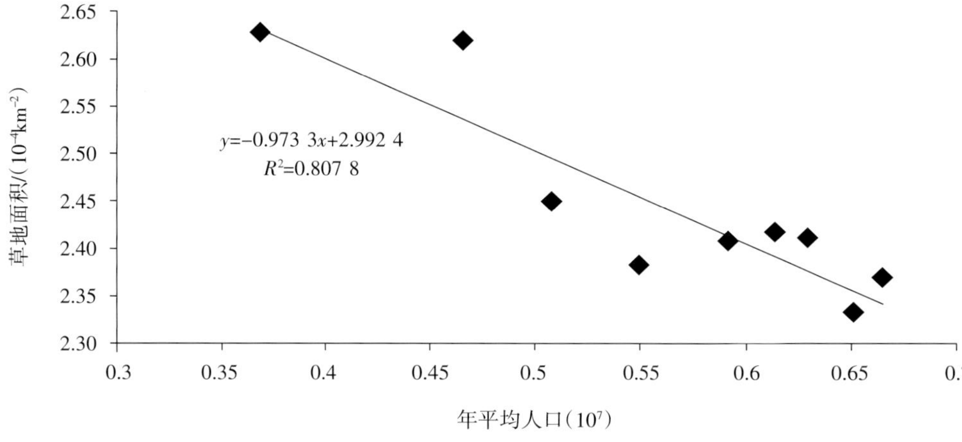

图 2-12　1980—2015 年宁夏草地面积与年平均人口相关关系

（2）经济因子　对 1980—2015 年各经济因子与草地面积进行回归分析，将不显著的因子剔除后结果显示（表 2-7），人均 GDP（10 000 元）、煤炭开采占比和牧业占比与宁夏草地面积呈极显著负相关（R^2=0.93，P<0.001）。草地面积主要受牧业占比驱动，其次是煤炭开采占比和人均 GDP，三个因素能够解释草地面积变化的 93%。说明经济因子是草地利用变化的重要驱动力，过度放牧及草地的不合理利用是草地退化的重要原因。

表 2-7　草地面积与人为因子间的回归模型

人为因子	关系式	R^2	P 值
牧业占比	$y=2.80-1.31x_3$	0.61	0.01**
人均 GDP	$y=2.52-4.43x_1$	0.51	0.02*
煤炭开采占比	$y=3.15-0.87x_2$	0.79	0.08*
多项式	$y=2.99-2.71x_1-0.33x_2-0.85x_3$	0.93	<0.001

注：* 代表在 0.1 水平上显著，** 代表在 0.05 水平上显著，*** 代表在 0.001 水平上显著。

2.3.5　宁夏草原二级类型解译结果

2.3.5.1　宁夏主要草地类

（1）资源三号解译结果　宁夏草原二级类型解译完成后，利用采样点数据对宁夏全境土地覆被类型的解译结果进行精度评价，其中一级类的精度检验分市县进行，一级类、二级类的分类精度均高于 80%（表 2-8）。根据解译结果，宁夏草地覆被类型以

表 2-8　宁夏草地类型解译评价样本及总体精度分析

草地分类结果	评价样本						
	温性草甸	温性草原	温性荒漠草原	温性草原化荒漠	高寒草甸草原	人工草地	总和
温性草甸	81	8	0	0	0	0	89
温性草原	14	136	23	0	0	1	174
温性荒漠草原	9	16	143	13	0	3	184
温性草原化荒漠	0	0	11	113	0	2	126
高寒草甸	0	0	0	0	8	0	8
草本湿地	0	0	3	7	0	87	97
总和	104	160	180	133	8	93	678

总体精度=83.406 8%　Kappa 系数=0.790 1

	错分误差/%	漏分误差/%	生产者精度/%	用户精度/%
温性草甸	8.99	22.12	77.88	91.01
温性草原	21.84	16.56	83.44	78.16
温性荒漠草原	23.53	20.56	79.44	76.47
温性草原化荒漠	10.32	15.04	84.96	89.68
高寒草甸	0.00	0.00	100.00	100.00
草本湿地	10.31	6.45	93.55	89.69

温性荒漠草地为主，各类型草地总面积为温性荒漠草原>温性草原>温性草甸>温性草原化荒漠>草本湿地>高寒草甸。2000—2015 年温性荒漠草地面积为 13.27×10^9~$5.77\times10^9m^2$（图 2-13），占宁夏全区草地总面积的 57.09%~57.56%，总面积和占比均呈现先上升后下降的趋势；2015 年总面积和占比均为最小，但是最大值出现年份有所差异，2005 年温性荒漠草原面积最大，2010 年占宁夏草地总面积的比例达到最高。其次为温性草原，2000—2015 年温性草原面积为 7.28×10^9~$7.43\times10^9m^2$，呈现先上升后下降的趋势，2005 年温性草原面积最大，2015 年最小，占宁夏全区草地总面积的 30.80%~31.33%，呈现先下降后上升的趋势，2010 年温性草原面积占比最低，2015 年占比达到最高。

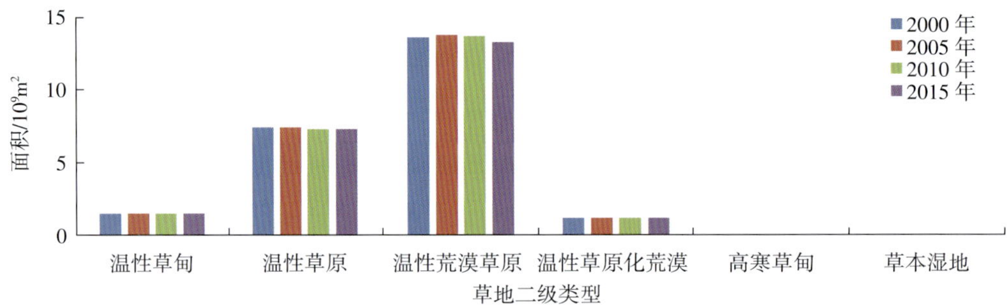

图 2-13　2000—2015 年宁夏解译草地二级类型面积

在空间分布上（图 2-14），温性荒漠草原主要分布在中部干旱区和北部灌区的贺兰山下；温性草原主要分布在南部山区海拔较低的部分、盐池县东南部；温性草甸主要分布在南部六盘山海拔较高的部分；温性草原化荒漠主要分布在中卫市、灵武市；高寒草

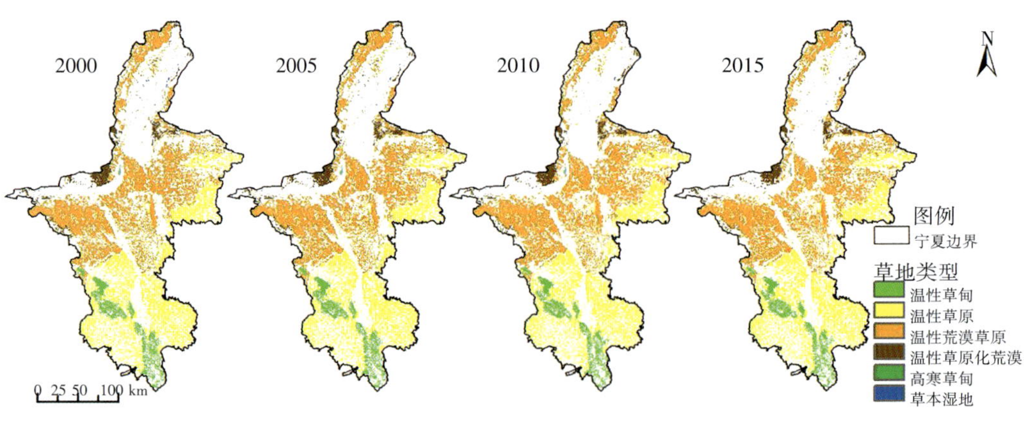

审图号：宁 S[2024]第 015 号

图 2-14　2000—2015 年宁夏草地二级类型空间分布

甸面积最小，只在贺兰山的高海拔处有所分布；草本湿地相间分布在北部灌区中。

表 2–9 为 2015 年宁夏不同草地类的面积和百分比，可知 2015 年宁夏草地面积为 3 648.44 万亩，其中，温性荒漠草原面积 2 131.23 万亩，占宁夏草原总面积的 58.41%；温性草原面积 1 009.89 万亩，占草原总面积的 27.68%；温性草原化荒漠面积 306.93 万亩，占草原总面积的 8.41%；温性草甸面积 167.94 万亩，占草原总面积的 4.61%；其他草地（人工草地、草本湿地和其他湿地等）面积 32.62 万亩，占比 0.89%。

表 2–9　2015 年宁夏不同草地类面积和百分比（资源三号）

草地类	面积/万亩	百分比/%
温性草原化荒漠	306.93	8.41
温性草原	1 009.89	27.68
温性草甸	167.94	4.60
温性荒漠草原	2 131.23	58.41
高寒草甸	0.17	0.00
人工草地	8.91	0.24
草本湿地	8.41	0.23
其他湿地	14.96	0.41
合计	3 648.44	100.00

根据宁夏草地类型解译及野外调查结果，图 2–15 为 2015 年宁夏不同草地类型分布特征。由图 2–15 可知，温性草原化荒漠、温性荒漠草原主要分布于宁夏中北部地区，温性草原、温性草甸主要分布于宁夏南部及盐池县部分地区，高寒草甸、草本湿地及其他湿地的分布范围很小。

（2）高分二号+国土数据解译结果　图 2–16 为宁夏草地二级类型的空间分布特征，数据统计结果见表 2–10。2000 年，宁夏有天然草原 3 665 万亩（农牧数据），占总面积的 36.8%。最新农村土地利用现状，天然草原面积 3 149.23 万亩（包含万亩人工草地）。高分二号和国土数据解译结果表明，2016 年宁夏草地面积为 3 189.41 万亩，其中温性荒漠草原类 2 002.07 万亩，占草原总面积的 62.77%；其次为温性草原类 684.38 万亩，占比 21.46%；温性草原化荒漠类 325.3 万亩，占比 10.20%；山地草甸类 89.35 万亩，占草原总面积的 2.8%；温性草甸和温性荒漠草原类分别为 41.86 和 46.45 万亩，分别占比 1.31%和 1.46%。

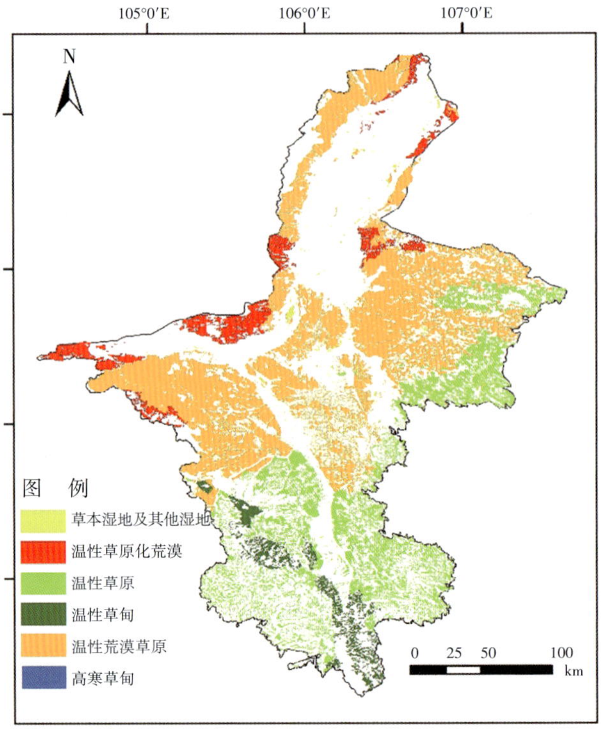

审图号:宁 S[2024]第 015 号

图 2-15　2015 年宁夏不同草地类分布特征(资源三号)

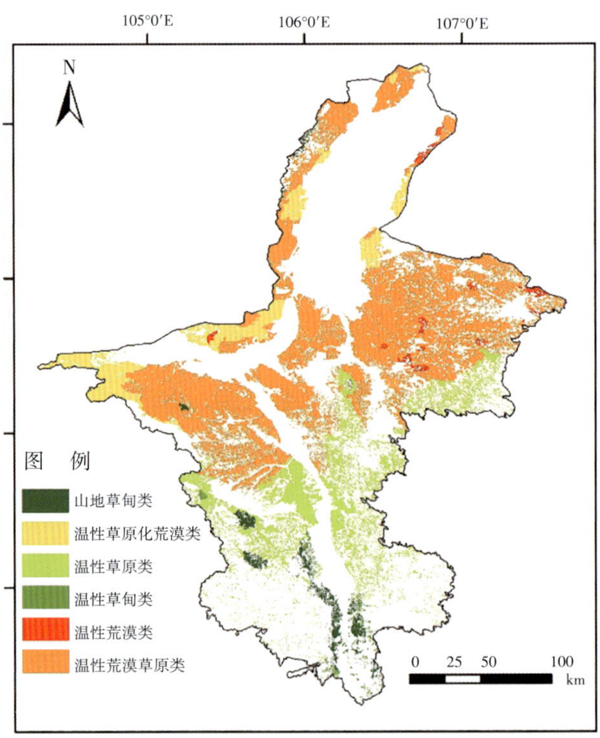

审图号:宁 S[2024]第 015 号

图 2-16　2016 年宁夏草地类型分布特征(高分二号+国土数据)

表 2-10　2016 年宁夏不同草地类面积和百分比（高分二号+国土数据）

草地类	面积/万亩	百分比/%
山地草甸类	89.35	2.80
温性草甸类	41.86	1.31
温性草原化荒漠类	325.3	10.20
温性草原类	684.38	21.46
温性荒漠草原类	2 002.07	62.77
温性荒漠类	46.45	1.46
合计	3 189.41	100.00

2.3.5.2　宁夏主要草地型

在 2016 年草地类解译结果的基础上，进一步对主要草地类中的草地型进行了划分（表 2-11）。分别统计温性荒漠草原、温性草原、温性草甸、温性草原化荒漠 4 个草地类中的草地型面积和数量，可知温性荒漠草原约有草地型 15 个，其中黑沙蒿型面积 404.93 万亩，占温性荒漠草原总面积的 19.00%；短花针茅和猫头刺型面积为349.73 万亩，占比 16.41%；短花针茅和无芒隐子草型面积为 277.27 万亩，占比 13.01%；短花针茅和冷蒿草地型面积 209.28 万亩，占比 9.82%；甘草、苦豆子和小禾草面积为 200.17万亩，占比 9.39%。温性草原有草原型 11 个，其中，长芒草和杂类草面积最大，为 376.89 万亩，占温性草原总面积的 37.32%；冷蒿和丛生禾草面积次之，为 243.28 万亩，占比 24.09%；茭蒿和禾草面积为 141.69 万亩，占比 14.03%；漠蒿和长芒草草原型面积 67.46 万亩，占比 6.68%；百里香和禾草面积 53.83 万亩，占比 5.33%。温性草原化荒漠类中包含草原型 9 个，其中，珍珠柴和小禾草型面积 154.26 万亩，占温性草原化荒漠面积的 50.26%；红砂和小禾草面积 94.38 万亩，占比 30.75%；白刺、藏锦鸡儿和冷蒿、松叶猪毛猪和小禾草面积分别为 19.61 万亩、19.03 万亩和 13.93 万亩，分别占比 6.39%、6.02%和 4.54%。温性草甸类中有草原型 7 个，其中，具虎榛子的杂类草面积最大，为 59.79 万亩，占温性草甸面积 35.57%；风毛菊和杂类草面积 33.89 万亩，占比 20.16%；具灌木的薹草面积 29.28 万亩，占比 17.42%；白莲蒿和杂类草面积 27.44 万亩，占比 16.32%。

表 2-11 2015 年宁夏主要草原类型面积及数量

草地类	类面积/万亩	类面积百分比/%	草地型数量/个	主要草地型名称	主要草地型面积/万亩	主要型面积百分比/%
温性荒漠草原	2 131.23	58.41	15	黑沙蒿	404.93	19.00
				短花针茅、猫头刺	349.73	16.41
				短花针茅、无芒隐子草	277.27	13.01
				短花针茅、冷蒿	209.28	9.82
				甘草、苦豆子、小禾草	200.12	9.39
温性草原	1 009.89	27.68	11	长芒草、杂类草	376.89	37.32
				冷蒿、丛生禾草	243.28	24.09
				茭蒿、禾草	141.69	14.03
				漠蒿、长芒草	67.46	6.68
				百里香、禾草	53.83	5.33
温性草原化荒漠	306.93	8.41	9	珍珠柴、小禾草	154.26	50.26
				红砂、小禾草	94.38	30.75
				白刺	19.61	6.39
				藏锦鸡儿、冷蒿	19.03	6.02
				松叶猪毛菜、小禾草	13.93	4.54
温性草甸	168.11	4.61	7	具虎榛子的杂类草	59.79	35.57
				风毛菊、杂类草	33.89	20.16
				具灌木的薹草	29.28	17.42
				白莲蒿、杂类草	27.44	16.32
其他	32.28	0.88	—	—	—	—

注:其他草原类型主要包括人工草地、草本湿地和其他湿地。

从空间分布看来(图 2-17),19 个主要草地型分布较为零散,具有明显的斑块化现象。草地型面积最大的黑沙蒿主要分布于中部干旱带盐池县内,短花针茅和猫头刺草地型零散分布于贺兰山靶场、青铜峡、中卫等地;长芒草和杂类草草地型主要分布于宁夏中部和南部的温性草原,且分布也呈现出零散斑块特征。

2.4 结论与讨论

本研究利用土地覆被遥感数据,针对宁夏不同覆盖度草地结构、空间和类型变化

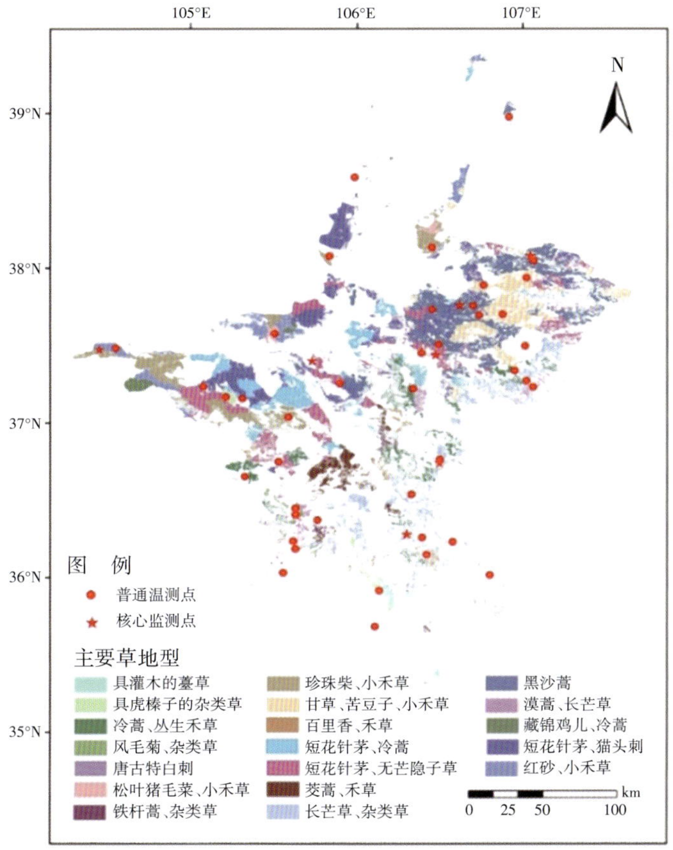

审图号：宁 S[2024]第 015 号

图 2-17　2016 年宁夏不同草原类型主要草地型

的状况，分析了 1980—2015 年宁夏土地覆被及草地分布时空变化规律，并结合自然、人口和经济数据对宁夏草地质量和面积变化的原因进行了分析和探讨，以期为宁夏草地资源管理、退化草地治理及生态环境保护提供理论依据及科学支撑，同时对于邻近区域的草地资源利用和变化分析具有积极的借鉴意义。主要结论如下。

（1）在结构上，宁夏土地利用类型以“草地-耕地”为主。1980—2015 年，草地面积共减少 $2.59\times10^9 m^2$，面积由 50.76%下降到 45.75%，特别是 1990—2000 年草地面积减少最多，尽管 2000—2010 年草地面积小幅回升，但是草原退化形势依然严峻。耕地面积从31.22%上升到 2015 年的 34.29%，草地资源遭到了人类活动严重干扰和破坏。高覆盖度草地面积占比最小但变化最大，35 年间的年均变化率达到 0.87%，总体呈增长趋势；低覆盖度草地面积占比最大，年均变化率仅次于高覆盖度草地为-0.42%，且降低趋势明显，是整个宁夏草体面积减少的最主要部分；中覆盖度草地面积占比仅次于低覆盖度草地，但年均变化率最小只有-0.13%，面积呈减少趋势。

(2)在空间分布上,草地主要分布在宁夏东北部、中部和南部。其中高覆盖度草地呈局部集中状态，主要集中在宁夏西北部狭长地带和南部地区的中间狭长地带，1980—2015年宁夏中部地区的东北部草地覆盖度增长明显；中覆盖度草地主要分布在宁夏中部,35年间该类草地分布的密集程度略有下降;低覆盖度草地在全区范围内皆有分布,35年间该类草地的密集程度显著降低。

(3)在类型变化上,不同时期3种草地类型主要与耕地、未利用地、建设用地进行转化,以及3种草地类型之间进行转化,人类活动是造成草地类型转变的主要因素。在转移率上,1980—1995年草地整体平均转移率较高,达到20.33%,说明人类活动对草地造成了显著干扰;1995—2005年转移率有所下降,整体平均转移率降至17.46%,说明这一时期人类活动对于草地的干扰有所减轻;2005—2015年转移率下降明显,整体平均转移率只有5.22%,特别是转变为耕地、水田、未利用地和戈壁的转移率均有大幅度减少,说明这一时期草地的退化形势有所缓解,但开垦和城镇化依然是影响草地退化的重要因素。在贡献率上,高覆盖度草地及中覆盖度草地的自身贡献率先减少后增加,低覆盖度草地则一直增加。3种不同覆盖度草地之间的转化依然是所有地类转化中的主要部分。其他地类转为草地的贡献率方面,1980—1995年林地及水体对高覆盖度草地的贡献度较高,耕地、未利用地对中、低覆盖度草地贡献率较高;1995—2005年,耕地、未利用地及林地对高覆盖度草地的贡献度较高,耕地、未利用地对中、低覆盖度草地贡献率较高;2005—2015年其他地类的整体贡献率均大幅度减小，耕地、未利用地对中、低覆盖度草地贡献率相对较高。

(4)在自然因子中,气温是影响草地质量变化的重要影响因子,降水量与草地综合质量指数的相关关系不明显;在人为因子中,人口是宁夏草地面积变化的重要驱动因子,人均GDP、煤炭开采占比和牧业占比则是宁夏草地面积变化的重要影响因子。

(5)宁夏不同类型草地面积由大到小依次为温性荒漠草原>温性草原>温性草甸>温性草原化荒漠>草本湿地>高寒草甸。资源三号解译结果表明,2015年宁夏草地面积为3 648.44万亩,其中,温性荒漠草原面积2 131.23万亩,占草原总面积的58.41%;温性草原面积1 009.89万亩，占草原总面积的27.68%；温性草原化荒漠面积306.93万亩,占草原总面积的8.41%;温性草甸面积168.11万亩,占草原总面积的4.61%。高分二号叠加国土数据解译结果表明,2016年宁夏草地面积为3 189.41万亩,其中温性荒漠草原类2 002.07万亩,占草原总面积的62.77%;其次为温性草原类684.38万亩,占比21.46%;温性草原化荒漠类325.3万亩,占比10.20%;山地草甸类89.35万亩,占草原总面积的 2.8%；温性草甸和温性荒漠类分别为 1.31 和 1.46 万亩，分别占比 1.31%和 1.46%。在草原型方面，温性荒漠、温性草原、温性草原化荒漠和温性草甸的草地型分别为 15 个、11 个、9 个和 7 个，且草地型在空间分布上具有明显的零散及斑块化特征。

综上所述，1980—2015 年草地面积呈降低趋势，草地质量有所上升，主要原因是低覆盖度草地占比最大且降低幅度较大，高覆盖度草地占比较小且呈上升趋势。虽然 1995—2015 年持续进行退耕还草取得了一定成效，但是同期草地被耕地、建筑用地占用，以及草地退化为未利用土地等的速率依然高于草地的增长速率，特别是前 25 年间草地大面积锐减造成草地面积下降基数过大，人口压力及经济发展导致的草地过度开发及不合理利用等问题依然是影响草地资源可持续利用的制约因素，因此为维持宁夏草地可持续发展，保证资源合理开发利用，必须加大治理及保护力度、减少过度开发及不合理利用。此外，针对宁夏草地资源保护管理及土地利用规划，未来有必要对影响草地生态系统变化的内在及外在因素作进一步的分析和评价，以期为宁夏草地资源利用的可持续发展提供决策支持。

第3章 宁夏草原植物区系特征及资源评价研究

不同植物种或群落都有与自身生物学特性相适应的分布范围或分布区，群落分布区较植物种分布区局限得多，植物种类不同是群落特征差异的主要表现，研究组成植被的植物种类成分对于认识植被自身特点和性质具有重要意义[96]。植物区系是某一特定地区内生长的植物种类的总称，是植物界在一定自然地理环境和自然历史等综合条件作用下长期发展和演化的结果，其构成中蕴含大量历史、地理、生态和系统进化信息[97,98]。植物区系特点又与植被的分布、发生和在国民经济中的地位密切相关，研究植物区系的特征可为植物过去和现在的分布，不同时空尺度对植物的起源和多样性提供重要认知，无论从理论上和生产实践上都是十分必要的[99,100]。本研究通过对宁夏草原植物的调查和鉴定，研究了宁夏草原植物的科属组成及区系地理成分特征。

3.1 研究方法

以 1：100 万中国植被分布图为基础，根据宁夏回族自治区草原站 20 世纪 80 年代对全区草地资源普查的数据，在宁夏主要类型天然草原[3]（草甸草原、温性草原、温性荒漠草原、温性草原化荒漠和温性荒漠）设置监测点 57 个，监测点基本覆盖了宁夏草原主要草原型及 50%以上的面积，以保证区内主要草原类型植被群落均可以调查到。每个监测点设置 3 个 1 m×1 m 样方（灌木样方 10 m×10 m），于 2016—2018 年 8月植被生长旺盛期进行集中调查。调查样方内植被的种类、盖度、密度和高度，记录样地内植物出现的频度、特有植物、珍稀濒危植物以及有特殊用途和重要经济价值的植物种，记录样地群落生境特点、土壤类型、植物种类等。除固定监测点，沿途遇到其他物种记录其生境条件、植物群落类型及其物种组成等特征。

植物分类、鉴定及生态类型划分标准以《中国植物志》[101]和《宁夏植物志》[102]为主，同时参考的资料有《宁夏植被》[103]《宁夏主要饲用及有毒有害植物》[104]等，建立了宁夏草原主要植物名录和图谱[105]。根据吴征镒和李锡文对种子植物地理成分的划分标准[106,107]，对宁夏草原天然种子植物的地理成分进行归类和研究。特有种的区分根据《宁夏植物志》查阅，珍稀濒危植物的认定参照《国家重点保护野生植物名录》(第二批)[108]。

3.2　宁夏草原植物区系特征

本次研究记录了宁夏草原植物 45 科 165 属 286 种(表 3-1)。在宁夏草原植物中，裸子植物 1 科 1 属 1 种，分别占宁夏草原植物科、属、种数的 2.22%、0.60%和 0.35%；被子植物 44 科 164 属 285 种，分别占宁夏草原植物科、属、种数的 97.78%、99.39%和 99.65%，在区系组成中占主导地位。其中，被子植物中双子叶植物 40 科 134 属 232 种，占被子植物种总数的 81.40%；单子叶植物 4 科 30 属 53 种，占被子植物种总数的 18.60%。与宁夏天然植物组成相比，草原植物科、属、种数分别占宁夏天然植物总数的 37.82%、27.82%和 15.79%。

表 3-1　宁夏草原植物与宁夏天然植物物种多样性的比较

植物类别 Plant classification	项目 Items	宁夏草原植物 Grassland plants of Ning Xia			宁夏天然植物 Natural plants of Ning Xia		
		科数 No. of familyes	属数 No. of geners	种数 No. of species	科数 No. of familyes	属数 No. of geners	种数 No. of species
裸子植物 Gymnosperms		1	1	1	7	11	21
被子植物 Angiosperms	单子叶植物 Monocotyledon	4	30	53	112	582	1 790
	双子叶植物 Dicotyledon	40	134	232	—	—	—
合计 Total		45	165	286	119	593	1 811

我们统计了宁夏不同草原类型植物区系组成(表 3-2)，其中，温性荒漠草原含植物 37 科，112 属，164 种；温性草原含植物 37 科，92 属，140 种；温性草原化荒漠含植物 19 科，41 属，51 种；温性草甸含植物 27 科，72 属，123 种；温性荒漠含植物 13 科，30 属，34 种。根据宁夏草原遥感监测成果[3]，温性荒漠草原、温性草原、温性草原化荒漠、温性草甸和温性荒漠面积分别为宁夏草原总面积的 62.77%、21.46%、10.20%、4.11%和 1.46%，温性荒漠草原由于地处宁夏中北部，气候干旱，分布面积最大但植物种数不多；温性草甸分布面积较为局限，但植物种数较多，与该区较好的降水条件密

切相关，可见不同类型草原植物分布有明显的地域差异性。

表 3-2　宁夏不同类型草原植物科属种数量统计

草原类型 Grassland types	植物区系数量 Number of floras					
	科数 No. of family	占植物科数比例 Percentage in total families /%	属数 No. of genera	占植物属数比例 Percentage in total genera /%	种数No. of species	占植物种数比例 Percentage in total species /%
温性荒漠草原 Temperate desert steppe	37	82.22	112	67.88	164	57.34
温性草原 Temperate steppe	37	82.22	92	55.76	140	48.95
温性草原化荒漠 Temperate steppe desert	19	42.22	41	24.85	51	17.83
温性草甸 Temperate meadow	27	60.00	72	43.63	123	43.01
温性荒漠 Temperate desert	13	29.89	30	18.18	34	11.89

3.2.1　科级统计分析

宁夏草原植物中，含>51 种的有 1 科，占总科数的 2.22%；没有含 41~50 种的科。含 11~40 种的有 6 科，占总科数的 13.33%；含 6~10 种的有 3 科，占总科数的 6.67%；含 2~5 种的有 24 科，占总科数的 53.33%；含 1 种的有 11 科，占总科数的 24.45%（表 3-3）。优势科是区系中种数多，且在植被群落中最常见的科[109]。宁夏草原植物种数各科占比由高到低前十位为菊科 Asteraceae（18.88%）、禾本科 Poaceae（13.29%）、豆科 Fabaceae（12.24%）、苋科 Amaranthaceae（5.24%）、唇形科 Lamiaceae（4.9%）、蔷薇科 Rosaceae（4.20%）、百合科Liliaceae（3.85%）、石竹科 Caryophyllaceae（2.80%）、蒺藜科 Zygophyllaceae（2.80%）、毛茛科 Ranunculaceae（2.10%）。宁夏草原植物>10 种的科为 7 个，占植物区系总科数的 14.90%。按照种数由大到小依次为菊科（54 种）、禾本科（38 种）、豆科（35 种）、苋科（15 种）、唇形科（14 种）、蔷薇科（12 种）、百合科（11 种），7 科包含 92 属 179 种植物，分别占宁夏草原属种总数的 55.76%和 62.59%，表明宁夏草原植物主要集中在>10 种的优势科中，植物区系的优势现象较为明显。此外，寡种科（2~5 种）和单种科（1 种）在宁夏草原植物区系中占有较大比重，两者共 35 科，占草原植被总科数的74.47%。其中，寡种科和单种科有 24 个和11 个，分别占全区草原植物总科数的51.06%和 23.40%。

表 3-3　宁夏草原植物区系科级数量统计

含种数 No. of species	科数 No. of family	占总科数百分比 Percentage in total families/%	属数 No. of genera	占总属数百分比 Percentage in total genera/%	种数 No. of species	占总种数百分比 Percentage in total species/%
≥51	1	2.22	24	14.54	54	18.88
41~50	0	0	0	0	0	0
11~40	6	13.33	68	41.21	125	43.71
6~10	3	6.67	13	7.88	22	7.69
2~5	24	53.33	49	29.70	74	25.87
1	11	24.45	11	6.67	11	3.85
合计 Total	47	100.00	165	100.00	286	100.00

表征科是在区系中所含种数较多，并在世界区系中占有重要比例的科[110]。宁夏草原植物区系的优势科所含种数在世界区系中占比不高（表 3–4），相反含物种数较少的科在世界植物区系中所占的比例较高。宁夏草原植物种数占世界植物区系比例的平均值为 2.28%，我们以物种数占比高于 2.28%的科作为草原植物区系的表征科，由大到小依次为锁阳科 Cynomoriaceae、大麻科 Cannabaceae、麻黄科 Ephedraceae 和蒺藜科 Zygophyllaceae，均表征了宁夏草原荒漠植物的区系特点。

表 3–4　宁夏草原植物种数排序

序号 Serial No.	科名 Families	属数 No. of genera	种数 No. of species	占宁夏草原总种数比例 Percentage in total species/%	占世界区系种数比例 Percentage in spermatophytic species in world /%
1	菊科 Asteraceae	25	54	18.88	0.18
2	禾本科 Poaceae	24	38	13.29	0.38
3	豆科 Fabaceae	13	35	12.24	0.20
4	苋科 Amaranthaceae	13	15	5.24	1.07
5	唇形科 Lamiaceae	11	14	4.90	0.40
6	蔷薇科 Rosaceae	4	12	4.20	0.36
7	百合科 Liliaceae	3	11	3.85	0.55
8	蒺藜科 Zygophyllaceae	5	8	2.80	2.29
9	石竹科 Caryophyllaceae	4	8	2.80	0.46

续表

序号 Serial No.	科名 Families	属数 No. of genera	种数 No. of species	占宁夏草原总种数比例 Percentage in total species/%	占世界区系种数比例 Percentage in spermatophytic species in world /%
10	毛茛科 Ranunculaceae	4	6	2.10	0.32
11	大戟科 Euphorbiaceae	2	5	1.75	0.10
12	龙胆科 Gentianaceae	3	5	1.75	0.71
13	十字花科 Brassicaceae	5	5	1.75	0.16
14	旋花科 Convolvulaceae	3	5	1.75	0.28
15	紫草科 Boraginaceae	4	5	1.75	0.25
16	堇菜科 Violaceae	1	4	1.40	0.44
17	伞形科 Apiaceae	4	4	1.40	0.14
18	夹竹桃科 Apocynaceae	3	3	1.40	0.20
19	白花丹科 Plumbaginaceae	1	3	1.05	0.52
20	报春花科 Primulaceae	1	3	1.05	0.30
21	牻牛儿苗科 Geraniaceae	2	3	1.05	0.38
22	玄参科 Scrophulariaceae	3	3	1.05	0.10
23	车前科 Plantaginaceae	1	2	0.70	1.00
24	柽柳科 Tamaricaceae	2	2	0.70	1.82
25	桔梗科 Campanulaceae	1	2	0.70	0.10
26	蓼科 Polygonaceae	1	2	0.70	0.17
27	茜草科 Rubiaceae	1	2	0.70	0.03
28	茄科 Solanaceae	2	2	0.70	0.10
29	瑞香科 Thymelaeaceae	2	2	0.70	0.31
30	莎草科 Cyperaceae	2	2	0.70	0.05
31	鸢尾科 Iridaceae	1	2	0.70	0.25
32	芸香科 Rutaceae	1	2	0.70	0.13
33	紫葳科 Bignoniaceae	1	2	0.70	0.31
34	忍冬科 Dipsacaceae	1	1	0.35	0.33
35	锦葵科 Malvaceae	1	1	0.35	0.10
36	列当科 Orobanchaceae	1	1	0.35	0.67

续表

序号 Serial No.	科名 Families	属数 No. of genera	种数 No. of species	占宁夏草原总种数比例 Percentage in total species/%	占世界区系种数比例 Percentage in spermatophytic species in world /%
37	麻黄科 Ephedraceae	1	1	0.35	2.50
38	马鞭草科 Verbenaceae	1	1	0.35	0.03
39	马齿苋科 Portulacaceae	1	1	0.35	0.17
40	锁阳科 Cynomoriaceae	1	1	0.35	50.00
41	檀香科 Santalaceae	1	1	0.35	0.25
42	亚麻科 Linaceae	1	1	0.35	0.33
43	罂粟科 Papaveraceae	1	1	0.35	0.14
44	远志科 Polygalaceae	1	1	0.35	0.10
45	大麻科 Cannabaceae	1	1	0.35	33.33

我们统计了不同类型草原优势科的属种数量(表 3–5)。7 种优势科在温性草甸、温性草原和温性荒漠草原中均有分布,在温性草原化荒漠和温性荒漠分别有 6 科和 5科,随着草原向荒漠过渡所含优势科数量逐渐减少。菊科、禾本科和豆科植物种数最多,3 科植物种数分别占温性草甸、温性草原、温性荒漠草原、温性草原化荒漠和温性荒漠总种数的 45.53%、47.51%、48.17%、50.98%、49.99%。

3.2.2　属级统计分析

宁夏草原植物有 165 属（表 3–6）, 其中,>10 种的 1 属，占草原植物总属数的 0.61%;含 7~10 种的 5 属,占总属数的 3.03%;含 4~6 种的 5 属,占总属数的 3.03%;含 2~3 种的共 47 属,占总属数的 28.48%;含 1 种的 107 属,占总属数的 64.85%。寡种属(含 2~3 种)和单种属(含 1 种)植物丰富,共有 154 属 210 种,分别占草原植物属种总数的 93.33%和 73.43%。大属(含>10 种)和较大属(含 7~10 种)物种较少,共有 6 属 53 种,占区系总属数的 3.64%和总种数的 18.53%。主要植物属由大到小依次为(表 3–7)蒿属 *Artemisia*(14 种)、委陵菜属 *Potentilla*(9 种)、黄芪属 *Astragalus*(8 种)、葱属 *Allium*(8 种)、风毛菊属 *Saussurea*(7 种)、针茅属 *Stipa*(7 种)、棘豆属 *Oxytropis*(6 种)和锦鸡儿属 *Caragana*(5 种)。

表 3-5　宁夏主要草原类型优势科植被属、种数量统计

科名 Families	温性草甸 Temperate meadow			温性草原 Temperate steppe			温性荒漠草原 Temperate desert steppe			温性草原化荒漠 Temperate steppe desert			温性荒漠 Temperate desert		
	属数 No. of genera	种数 No. of species	占比 Percentage in total species/%	属数 No. of genera	种数 No. of species	占比 Percentage in total species/%	属数 No. of genera	种数 No. of species	占比 Percentage in total species/%	属数 No. of genera	种数 No. of species	占比 Percentage in total species/%	属数 No. of genera	种数 No. of species	占比 Percentage in total species/%
菊科 Compositae	10	26	21.14	14	28	20.00	20	31	18.90	3	7	13.73	8	9	26.47
禾本科 Gramineae	14	21	17.07	13	20	14.29	14	20	12.20	5	6	11.76	3	4	11.76
豆科 Leguminosae	5	9	7.32	9	18	12.86	12	28	17.07	10	13	25.49	3	4	11.76
苋科 Amaranthaceae	1	1	0.81	4	4	2.86	13	15	9.15	4	4	7.84	3	5	14.71
唇形科 Labiatae	5	7	5.69	7	8	5.71	7	7	4.27	3	3	5.88	0	0	0.00
蔷薇科 Rosaceae	3	9	7.32	2	8	5.71	2	5	3.05	2	4	7.84	0	0	0.00
百合科 Liliaceae	2	5	4.07	2	6	4.29	2	4	2.44	0	0	0.00	1	1	2.94
合计 Total	40	78	63.42	51	92	65.72	70	110	67.08	27	37	72.54	19	23	67.64

表 3-6　宁夏草原植物属的数量统计

含种数 No. of species	属数 No. of genera	占草原植物总属数 Percentage in total genera/%	种数 No. of species	占草原植物总种数 Percentage in total species/%
>10	1	0.61	14	4.90
7~10	5	3.03	39	13.64
4~6	5	3.03	23	8.04
2~3	47	28.48	103	36.01
1	107	64.85	107	37.41
合计 Total	165	100.00	286	100.00

表 3-7　宁夏草原植被植物属排序

序号 Serial No.	属名 Genera	种数 No. of species	占总种数比例 Percentage in total species/%
1	蒿属 *Artemisia*	14	4.90
2	委陵菜属 *Potentilla*	9	3.15
3	葱属 *Allium*	8	2.80
4	黄芪属 *Astragalus*	8	2.80
5	风毛菊属 *Saussurea*	7	2.45
6	针茅属 *Stipa*	7	2.45
7	棘豆属 *Oxytropis*	6	2.10
8	锦鸡儿属 *Caragana*	5	1.75
9	大戟属 *Euphorbia*	4	1.40
10	堇菜属 *Viola*	4	1.40
11	早熟禾属 *Poa*	4	1.40
12	冰草属 *Agropyron*	3	1.05
13	补血草属 *Limonium*	3	1.05
14	点地梅属 *Androsace*	3	1.05
15	胡枝子属 *Lespedeza*	3	1.05
16	菊属 *Chrysanthemum*	3	1.05
17	龙胆属 *Gentiana*	3	1.05
18	骆驼蓬属 *Peganum*	3	1.05
19	旋花属 *Convolvulus*	3	1.05

续表

序号 Serial No.	属名 Genera	种数 No. of species	占总种数比例 Percentage in total species/%
20	鸦葱属 *Scorzonera*	3	1.05
21	鹅绒藤属 *Cynanchum*	2	0.69
22	猪毛菜属 *Salsola*	2	0.69
23	猬菊属 *Olgaea*	2	0.69
24	石头花属 *Cypsophila*	2	0.69

3.2.3 植物生活型组成

生活型指植物长期适应某一生境条件后，生理结构及外部形态的变化反应及其对所处生境的适应性[27]。宁夏草原植物区系有草本植物 241 种(表 3–8)，占草原植物总种数的 84.27%；灌木 45 种，占植物总种数的 15.73%。5 种草原类型均为多年生草本种数占比最高，温性草甸、温性草原、温性荒漠草原、温性草原化荒漠和温性荒漠多年生草本占比分别为 86.17%、70.00%、56.70%、56.00%和 44.12%，温性草甸、温性草原、温性草原化荒漠、温性荒漠草原和温性荒漠灌木类植物比例依次为 5.70%、11.43%、34%、38.42%和 41.18%，反映出自草原向荒漠过渡的特征。

3.3 草原植物区系地理分布

3.3.1 植物科的分布型

依据吴征镒对中国种子植物科的分布区类型，宁夏草原 45 科植物可归纳为 5 个分布型和 3 个分布变型(表 3–9)。其中世界分布型 26 科，占总科数的 57.78%；泛热带分布型 8 科，占总科数的 17.78%；北温带分布型 4 科，占总科数的 8.89%；旧世界北温带分布型 1 科，占总科数的 2.22%；地中海区、西亚至中亚分布型 1 科，占总科数的 2.22%。此外，热带亚洲、大洋洲(至新西兰)和中、南美(或墨西哥)间断分布变型 1 科，占总科数的 2.22%；北温带和南温带间断分布变型 3 科，占总科数的 6.67%；欧亚和南美温带间断分布变型 1 科，占总科数的 2.22%。

宁夏草原植物以世界分布科为主，接近总科数的 60%，其中含有 6 个优势科(菊科、禾本科、豆科、苋科、唇形科、蔷薇科)，占优势科总数的 85.71%。热带成分的科分布型包括泛热带分布型，热带亚洲、大洋洲(至新西兰)和中、南美(或墨西哥)间断分布，共有9 科，占区系总科数的20%；温带性质的科分布型主要有北温带分布型、旧世界北

表 3-8　宁夏主要类型草原植被生活型组成

草原类型 Grassland type	宁夏草原 Grassland of Ningxia		温性草甸 Temperate meadow		温性草原 Temperate steppe		温性荒漠草原 Temperate desert steppe		温性草原化荒漠 Temperate steppe-desert		温性荒漠 Temperate desert	
生活型 Life form	种数 No. species	占比 Percentage in total species/%	种数 No. species	占比 Percentage in total species/%	种数 No. species	占比 Percentage in total species/%	种数 No. species	占比 Percentage in total species/%	种数 No. species	占比 Percentage in total species/%	种数 No. species	占比 Percentage in total species/%
灌木 Shrub	21	7.34	2	1.62	6	4.29	14	8.54	7	14.00	6	17.65
半灌木 Subshrub	20	6.99	5	4.07	7	5.00	18	10.98	8	16.00	6	17.65
小半灌木 Dwarf subshrub	4	1.40	0	0	3	2.14	3	1.83	2	4.00	2	5.88
一年生草本 Annual herb	42	14.69	5	4.07	19	13.57	28	17.07	2	4.00	4	11.76
一、二年生草本 Annual or biennial herb	16	5.59	5	4.07	7	5.00	6	3.66	3	6.00	1	2.94
多年生草本 Perennial herbs	181	63.29	106	86.17	98	70.00	93	56.70	28	56.00	15	44.12
缠绕草本或藤本 Twine herbs or vines	2	0.70	0	0	0	0	2	1.22	0	0	0	0
合计 Total	286	100.00	123	100.00	140	100.00	164	100.00	50	100.00	34	100.00

注：占比为种数占该类型草原种数的百分比。

温带分布型、北温带和南温带间断分布变型、欧亚和南美洲温带间断分布变型，共有8科，占总科数的17.78%。除世界分布科(26个)，温带性质的科(8个)和热带性质的科(9个)所占比例分别为17.78%和20.00%，表明植物科水平兼具温、热带性质，反映出本区系温、热带渊源性起源的特征以及草原植物分布和环境气候条件的协调适应性[111]。

表 3-9　宁夏草原植物科的分布区类型

分布型及其变型 Types and variants	科数 No. of families	占总科数比例 Percentage in total species/%	分布科 Distribution families
1 世界分布 Cosmopolitan	26	55.32	马齿苋科 Portulacaceae、豆科 Fabaceae、苋科 Amaranthaceae、石竹科 Caryophyllaceae、蓼科 Polygonaceae、白花丹科 Plumbaginaceae、莎草科 Cyperaceae、禾本科 Poaceae、毛茛科 Ranunculaceae、堇菜科 Violaceae、十字花科 Brassicaceae、瑞香科 Thymelaeaceae、报春花科 Primulaceae、蔷薇科 Rosaceae、远志科 Polygalaceae、伞形科 Apiaceae、桔梗科 Campanulaceae、菊科 Asteraceae、龙胆科 Gentianaceae、茜草科 Rubiaceae、茄科 Solanaceae、旋花科 Convolvulaceae、紫草科 Boraginaceae、玄参科 Scrophulariaceae、车前科 Plantaginaceae、唇形科 Lamiaceae
2 泛热带分布 Pantropic	8	17.02	锦葵科 Malvaceae、大戟科 Euphorbiaceae、芸香科 Rutaceae、蒺藜科 Zygophyllaceae、檀香科 Santalaceae、夹竹桃科 Apocynaceae、紫葳科 Bignoniaceae、马鞭草科 Verbenaceae
2-1 热带亚洲、大洋洲(至新西兰)和中、南美(或墨西哥)间断分布 Tropical Asia. Australasia (to N. Zeal) & C. to S. Amer(or Mexico)	1	2.13	鸢尾科 Iridaceae
8 北温带分布 North temperate	4	8.51	百合科 Liliaceae、列当科 Orobanchaceae、大麻科 Cannbaceae、忍冬科 Caprifoliaceae
8-4 北温带和南温带间断分布 North temperate & South temperate disjuncted	3	6.38	罂粟科 Papaveraceae、亚麻科 Linaceae、牻牛儿苗科 Geraniaceae

续表

分布型及其变型 Types and variants	科数 No. of families	占总科数比例 Percentage in total species/%	分布科 Distribution families
8-5 欧亚和南美温带间断分布 Eurasia & temperate South America disjuncted	1	2.13	麻黄科 Ephedraceae
10 旧世界北温带分布 Old world temperate	1	2.13	柽柳科 Tamaricaceae
12-1 地中海区、西亚至中亚分布 Mediterranea to W. Asia to C. Asia	1	2.13	锁阳科 Cynomoriaceae
总计 Total	45	100.00	

3.3.2　植物属的分布型

植物属的分布区类型更能反映区系的特征，是研究植物区系起源和演化的基础[29]。宁夏草原 165 属植物可归纳为 13 个分布型和 8 个分布变型（表 3-10），说明宁夏地域虽小，但是草原植物地理成分复杂多样。植物属分布型方面，北温带分布型有 26 属，占区系分布属的 16.05%；旧世界北温带分布型有 23 属，占区系分布属的 14.20%；世界分布型有 21 属，占区系分布属的 12.73%；地中海区、西亚至中亚分布型有 14 属，占区系分布属的8.64%；温带亚洲分布型 8 属，占区系分布属的 4.94%；中亚分布及东亚和北美间断分布均为 5 属，占区系分布属的 3.09%；东亚（东喜马拉雅–日本）分布型 4 属，占区系分布属的 2.47%；中国特有分布型 1 属，占区系分布属的 0.62%。植物属分布变型方面，北温带和南温带间断分布变型有 17 属，占区系分布属的 10.49%；中亚东部（亚洲中部）分布变型有 6 属，占区系分布属的 3.70%；欧亚和南美温带间断分布变型 4 属，占区系分布属的 2.47%；地中海区至温带–热带亚洲、大洋洲和南美间断分布变型 3 属，占区系分布属的 1.85%。

除世界分布属外，宁夏草原植物区系植物属的分布型包含热带、温带、古地中海、东亚及中国特有成分。其中，温带成分包括 3 个分布型和 4 个分布变型，共有 82 属，占区系分布属的 49.70%，温带成分优势明显；古地中海成分包含 1 个分布型和 3 个分布变型，共有 21 属，占区系分布属的 12.73%；热带成分包含 3 个分布型和 1 个变型分布，共有 5 属，占区系分布属的 3.64%；中亚成分有 1 个分布型和 1 个分布变型，共有 11 属，占区系分布属的 6.67%；东亚成分有 1 个分布型，共有 4 属，占区系分布属的 2.42%；中国特有成分包含 1 个分布型，占区系分布属的 0.61%。

宁夏草原植物单种科、单种属所含的植物种,其地理成分的构成具有独特性。在11个单种科植物中,世界分布占9.09%,温带成分占45.45%(其中北温带为主导,占27.27%);热带成分占27.28%(其中泛热带分布为主导,占18.18%)。在107个单种属植物中,世界分布占6.86%,温带成分占75.49%(其中北温带成分为主导,占31.37%),热带成分占16.67%(其中泛热带分布为主导,占13.73%),我国特有成分占0.98%。

表3-10 宁夏草原植物属的分布区类型

分布型及其变型 Types and variants	属数 No. of genera	占总属数比例 Percentage in total genera/%	分布属 Distribution genera
1 世界分布 Cosmopolitan	21	12.73	蓼属 *Persicaria*、滨藜属 *Atriplex*、木猪毛属 *Xylosalsola*、猪毛菜属 *Salsola*、碱蓬属 *Suaeda*、毛茛属 *Ranunculus*、独行菜属 *Lepidium*、黄芪属 *Astragalus*、老鹳草属 *Geranium*、远志属 *Polygala*、堇菜属 *Viola*、补血草属 *Limonium*、龙胆属 *Gentiana*、拉拉藤属 *Galium*、旋花属 *Convolvulus*、黄芩属 *Scutellaria*、车前属 *Plantago*、剪股颖属 *Agrostis*、早熟禾属 *Poa*、藨草属 *Scirpus*、珍珠柴属 *Caroxylon*
2 泛热带分布 Pantropic distributed	16	9.70	麻黄属 *Ephedra*、马齿苋属 *Portulaca*、蒺藜属 *Tribulus*、大戟属 *Euphorbia*、木槿属 *Hibiscus*、菟丝子属 *Cuscuta*、曼陀罗属 *Datura*、三芒草属 *Aristida*、孔颖草属 *Bothriochloa*、虎尾草属 *Chloris*、九顶草属 *Enneapogon*、画眉草属 *Eragrostis*、狼尾草属 *Pennisetum*、芦苇属 *Phragmites*、狗尾草属 *Setaria*、鹅绒藤属 *Cynanchum*
4 旧世界热带分布 Old world tropics distributed	2	1.21	天门冬属 *Asparagus*、白前属 *Cincetoxicum*
4-1 热带亚洲、非洲和大洋洲间断 Tropical Asian, Africa & Australasia disjuncted	1	0.61	百蕊草属 *Thesium*
6 热带亚洲至热带非洲分布 Tropical Asia to tropical Africa distributed	1	0.61	草沙蚕属 *Tripogon*

续表

分布型及其变型 Types and variants	属数 No. of genera	占总属数比例 Percentage in total genera /%	分布属 Distribution genera
7 热带亚洲(热带东南亚至印度–马来西亚、热带南和西南太平洋诸岛) Tropical Asia (tropical Southeast Asia to Indo –Malaya, tropical South & Southwest Pacific island) distributed	2	1.21	小苦荬属 *Ixeridium*、苦荬菜属 *Ixeris*
8 北温带分布 North temperate distributed	26	15.76	蝇子草属 *Silene*、驼绒藜属 *Krascheninnikovia*、虫实属 *Corispermum*、乌头属 *Aconitum*、翠雀属 *Delphinium*、荠属 *Capsella*、念珠芥属 *Neotorularia*、草莓属 *Fragaria*、地榆属 *Sanguisorba*、岩黄芪属 *Hedysarum*、棘豆属 *Oxytropis*、葛缕子属 *Carum*、点地梅属 *Androsace*、打碗花属 *Calystegia*、齿缘草属 *Eritrichium*、青兰属 *Dracocephalum*、薄荷属 *Mentha*、小米草属 *Euphrasia*、马先蒿属 *Pedicularis*、香青属 *Anaphalis*、碱菀属 *Tripolium*、黄精属 *Polygonatum*、鸢尾属 *Iris*、披碱草属 *Elymus*、茅香属 *Hierochloe*、蒿属 *Artemisia*
8–4 北温带和南温带间断分布 North temperate & South temperate disjuncted	17	10.30	卷耳属 *Cerastium*、唐松草属 *Thalictrum*、委陵菜属 *Potentilla*、野豌豆属 *Vicia*、亚麻属 *Linum*、柴胡属 *Bupleurum*、花锚属 *Halenia*、獐牙菜属 *Swertia*、鹤虱属 *Lappula*、枸杞属 *Lycium*、紫菀属 *Aster*、葱属 *Allium*、雀麦属 *Bromus*、洽草属 *Koeleria*、针茅属 *Stipa*、三毛草属 *Trisetum*、薹草属 *Carex*
8–5 欧亚和南美温带间断分布 Eurasia & South America temperate disjuncted	4	2.42	列当属 *Orobanche*、火绒草属 *Leontopodium*、蒲公英属 *Taraxacum*、赖草属 *Leymus*
9 东亚和北美间断分布 East Asia & North America disjuncted	5	3.03	胡枝子属 *Lespedeza*、槐属 *Styphnolobium*、野决明属 *Thermopsis*、罗布麻属 *Apocynum*、锋芒草属 *Tragus*

续表

分布型及其变型 Types and variants	属数 No. of genera	占总属数比例 Percentage in total genera /%	分布属 Distribution genera
10 旧世界北温带分布 Old world temperate distributed	23	13.94	石竹属 *Dianthus*、雾冰藜属 *Grubovia*、山莓草属 *Sibbaldia*、苜蓿属 *Medicago*、瑞香属 *Daphne*、柽柳属 *Tamarix*、香薷属 *Elsholtzia*、夏至草属 *Lagopsis*、益母草属 *Leonurus*、荆芥属 *Nepeta*、糙苏属 *Phlomoides*、百里香属 *Thymus*、大黄花属 *Cymbaria*、沙参属 *Adenophora*、飞廉属 *Carduus*、菊属 *Chrysanthemum*、蓝刺头属 *Echinops*、旋覆花属 *Inula*、风毛菊属 *Saussurea*、麻花头属 *Klasea*、芨芨草属 *Achnatherum*、隐子草属 *Cleistogenes*、鹅观草属 *Roegneria*
10-1 地中海区、西亚(或中亚)和东亚间断分布 Mediterranean West Asia (or central Asia) & East Asia disjuncted	2	1.21	拟芸香属 *Haplophyllum*、鸦葱属 *Takhtajaniantha*
10-3 欧亚和南部非洲(有时也在大洋洲)间断分布 Eurasia & South Africa (sometime also Australasia) disjuncted	2	1.21	蓝盆花属 *Scabiosa*、冰草属 *Agropyron*
11 温带亚洲分布 Temperate Asia distributed	8	4.85	锦鸡儿属 *Caragana*、米口袋属 *Gueldenstaedtia*、狼毒属 *Stellera*、防风属 *Saposhnikovia*、亚菊属 *Ajania*、猬菊属 *Olgaea*、大油芒属 *Spodiopogon*、刺藜属 *Teloxys*
12 地中海区、西亚至中亚分布 Mediterranean, West Asian to central Asia distributed	14	8.48	盐生草属 *Halogeton*、盐爪爪属 *Kalidium*、角茴香属 *Hypecoum*、芝麻菜属 *Eruca*、苦马豆属 *Sphaerophysa*、霸王属 *Sarcozygium*、驼蹄瓣属 *Zygophyllum*、红砂属 *Reaumuria*、锁阳属 *Cynomorium*、阿魏属 *Ferula*、狼紫草属 *Lycopsis*、顶羽菊属 *Acroptilon*、苓菊属 *Jurinea*、沙冰藜属 *Bassia*

续表

分布型及其变型 Types and variants	属数 No. of genera	占总属数比例 Percentage in total genera /%	分布属 Distribution genera
12-2 地中海区至中亚和墨西哥至美国南部间断分布 Mediterranean to central Asia & Mexico to Southern United States disjuncted	2	1.21	石头花属 *Gypsophila*、骆驼蓬属 *Peganum*
12-3 地中海区至温带-热带亚洲、大洋洲和南美间断分布 Mediterranean to temperate-tropical Asia, Australasia & South America disjuncted	3	1.82	甘草属 *Glycyrrhiza*、牻牛儿苗属 *Erodium*、白刺属 *Nitraria*
13 中亚分布 Central Asia distributed	5	3.03	大麻属 *Cannabis*、兔唇花属 *Lagochilus*、角蒿属 *Incarvillea*、紫菀木属 *Asterothamnus*、短舌菊属 *Brachanthemum*
13-1 中亚东部(亚洲中部)分布 East central Asia (or Asia Media) distributed	6	3.64	沙蓬属 *Agriophyllum*、沙芥属 *Pugionium*、脓疮草属 *Panzerina*、栉叶蒿属 *Neopallasia*、漏芦属 *Rhaponticum*、沙冬青属 *Ammopiptanthus*
14 东亚(东喜马拉雅-日本)分布 East Asia distributed	4	2.42	斑种草属 *Bothriospermum*、莸属 *Caryopteris*、败酱属 *Patrinia*、狗娃花属 *Heteropappus*
15 中国特有分布 Endemic to China distributed	1	0.61	地构叶属 *Speranskia*
总计 Total	165	100.00	

3.3.3　不同草原类型植物属的分布型

宁夏主要类型草原(温性草甸、温性草原、温性荒漠草原、温性草原化荒漠和温性荒漠)植物属的地理成分见表 3-11,共有 13 个区系成分类型。5 种类型草原的植物属以北温带和旧世界温带分布最多。温性草甸、温性草原、温性荒漠草原、温性草原化荒漠和温性荒漠中,北温带和旧世界温带分布为 50 属、48 属、43 属、20 属、9 属,分别占各类草原分布属的 71.43%、52.17%、38.05%、48.78%和 30.00%。

温性草甸植物属 70 个,分布区涵盖 9 个类型。除世界分布 12 属外,其余植物属中温带成分 56 属,占温性草甸分布属的 80.00%(其中,北温带属占 50.00%,旧大陆温带属占 20.00%),其他温带成分占 10.00%;热带成分 2 属,仅占 2.86%。

温性草原植物属 92 个,分布区涵盖 11 个类型。除世界分布 12 属外,其余植物属中温性成分 68 属，占温性草原分布属的 73.91%（其中，北温带成分占 32.61%，旧世界温带成分占 19.57%，其他温带成分占 21.73%）；热带成分 10 属，占 10.87%。

表 3-11　宁夏主要类型草原属的分布区类型

分布型 Distribution Types	温性草甸 Temperate meadow	温性草原 Temperate steppe	温性荒漠草原 Temperate desert steppe	温性草原化荒漠 Temperate steppe desert	温性荒漠 Temperate desert
属数 No. of genera	70	92	113	41	30
1 世界分布 Cosmo-politan	12/17.14	12/13.04	16/14.16	7/17.07	4/13.33
2 泛热带分布 Pantropic distributed	1/1.43	9/9.78	13/11.50		2/6.67
3 热带亚洲和热带美洲间断分布					
4 旧世界热带分布 Old world tropics distributed	1/1.43	1/1.09	2/1.77		1/3.33
5 热带亚洲至热带大洋洲分布					
6 热带亚洲至热带非洲分布 Tropical Asia to tropical Africa distributed					1/3.33
7 热带亚洲分布（印度-马来西亚）Tropical Asia (tropical Southeast Asia to Indo-Malaya, tropical South & Southwest Pacific island) distributed		2/2.17	2/1.77		1/3.33
8 北温带分布 North temperate distributed	35/50.00	30/32.61	26/23.01	13/31.71	5/16.67
9 东亚和北美洲间断分布 East Asia & North America disjuncted		2/2.17	5/4.42	3/7.32	1/3.33
10 旧世界温带分布 Old world temperate distributed	14/20.00	18/19.57	17/15.04	7/17.07	4/13.33
11 温带亚洲分布 Temperate Asia distributed	3/4.29	6/6.52	6/5.31	3/7.32	1/3.33
12 地中海、西亚至中亚分布 Mediterranean, West Asian to central Asia distributed	2/2.86	5/5.43	15/13.27	5/12.20	6/20.00
13 中亚分布 Central Asia distributed	1/1.43	3/3.26	8/7.08	2/4.88	3/10.00
14 东亚分布 East Asia disjuncted	1/1.43	4/4.35	2/1.77	1/2.44	1/3.33
15 中国特有分布 Endemic to China distributed			1/0.89		

注：表中数值分子为属数，分母为属数占该草原类型分布属的比例（%）。

温性荒漠草原植物属 113 个，分布区涵盖 12 个类型。除世界分布 16 属，其他植物属温带成分共 79 属，占温性荒漠草原分布属的 69.91%（其中，北温带成分 23.00%，旧世界温带成分 15.93%，地中海、西亚至中亚分布 13.27%，其他温带成分 18.58%）；热带成分 17 属，占 15.04%；中国特有分布 1 属，占 0.89%。

温性草原化荒漠植物属 41 个，分布区涵盖 8 个类型。除世界分布 7 属，其他植物属温带成分共 34 属，占温性草原化荒漠分布属的 82.93%（其中，北温带成分占 31.71%，旧世界温带成分 17.07%，其他温带成分 34.14%），没有热带成分分布属。

温性荒漠植物属 30 个，分布区涵盖 12 个类型。除世界分布 4 属，其他植物属温带成分共 21 属，占温性荒漠分布属的 70.00%（其中，地中海、西亚至中亚成分占 20.00%，北温带和旧世界温带分布分别为 16.67%、13.33%）；热带成分 4 属，占 13.33%。温性荒漠植物种数虽然最少，但是植物区系分布类型较多，地理成分较为复杂多样。

3.4　珍稀濒危植物和特有种

根据国家林业和草原局、农业农村部公布的国家重点保护野生植物名录（第二批）[108]，宁夏草原植物国家级珍稀濒危植物 5 种（表 3-12），均为国家 II 级保护植物，隶属于 4 科 5 属，占草原植物总种数的 1.75%。中国特有植物有斑子麻黄（*Ephedra rhytidosperma*）和白刺（*Nitraria tangutorum*）2 种，表明区系特有化程度较低。

表 3-12　宁夏草原国家级珍稀濒危植物

序号 Serial No.	种名 Species	科名 Family	属名 Genera	保护等级 Grade	是否中国特有 Unique to China
1	斑子麻黄 *Ephedra rhytidosperma*	麻黄科 Ephedraceae	麻黄属 *Ephedra*	II	是
2	沙冬青 *Ammopiptanthus mongolicus*	豆科 Fabaceae	沙冬青属 *Ammopiptanthus*	II	否
3	甘草 *Glycyrrhiza uralensis*	豆科 Fabaceae	甘草属 *Glycyrrhiza*	II	否
4	沙芦草 *Agropyron mongolicum*	禾本科 Poaceae	冰草属 *Agropyron*	II	否
5	锁阳 *Cynomorium songaricum*	锁阳科 Cynomoriaceae	锁阳属 *Cynomorium*	II	否
6	白刺 *Nitraria tangutorum*	白刺科 Nitrariaceae	白刺属 *Nitraria*	—	是

3.5 结论与讨论

(1)宁夏草原植物物种多样性丰富。宁夏草原植物 45 科 165 属 286 种,属种比值为 57.69%,植物区系特征明显。区系物种集中在>10 种的优势科内,优势科物种占区系物种总数的 62.59%,其中菊科、禾本科和豆科植物种类最多,分别占宁夏草原植物种数的 18.88%、13.29%和 12.24%。表征科(锁阳科、大麻科、麻黄科和蒺藜科)则体现了宁夏草原荒漠植物的区系特点。植物区系中单种属(1 种)和寡种属(含 2~3 种)多达 154 属,占区系植物总属数的 93.33%,表明宁夏草原植物分化程度较大。与我国植物区系种属数量相比,宁夏植物区系数量较为贫乏[103],草原科、属、种数分别占宁夏天然植物的 37.82%、27.82%和 15.79%,表明草原植物是宁夏天然植物(森林、灌丛、草甸、草原、荒漠和沼泽等)的主体。从生活型来看,草本植物具绝对优势,占宁夏草原总种数的 84.27%,其中多年生草本种数最多,占草原总种数的 63.29%,表明多年生草本植物能够较好地适应本区的自然生态环境。

(2)宁夏草原植物分布有明显的地域差异性。温性草甸和温性草原面积仅占宁夏草原总面积的 4.11%和 10.20%,由于生态环境条件较好,植物种数占宁夏草原植物总数的 43.01%和 48.95%。温性草甸面积的局限限制了形成群落的植物种的分布,而温性草原部分延伸至森林草原地区,所以种类稍多。温性荒漠草原地处中北部地区,气候相对干旱，其面积占宁夏草原总面积 62.77%，植物种数占宁夏草原植物总数的 57.34%。相比之下,水分条件较好的温性草原和温性草甸所含植物种类比干旱的温性荒漠草原群落丰富得多，表明不同草原类型及地理区域中植物种类丰富度的分异与本区生态环境的水分适应度总体呈正相关关系。

(3)宁夏草原植物区系地理成分复杂多样,温带性质明显。中国植物属分布区有 15 个分布型和 31 个分布变型[107]。宁夏草原植物区系分布属含 13 个分布型和 8 个分布变型,占中国植物区系分布属的 45.65%;宁夏地域面积虽小,但区系地理成分比较复杂,反映了植物区系在宁夏草原的汇集与融合。除世界广布成分 21 属外,宁夏草原植物属温带成分占 49.70%,温带成分占主导作用。同时,受到古地中海成分的影响(古地中海成分 21 属，占植物区系分布属的 12.73%)，热带成分 6 属，占区系分布属的 3.64%,植物区系在起源和发生上具有热带亲缘性,这与宁夏在长期历史年代中经历了由热带向亚热带、温带气候演替的过程密切相关[112]。总体而言,宁夏草原植物区系和我国植物区系一样,均是在第三纪古热带植物区系的背景上发生发展的[113]。此外，单种科和单种属的热带成分明显增加，主要是由于热带成分的科属植物在长期地质年代中，随着我国北部气候的干旱和寒冷化的重大变迁[114]，大部分在自然演化、自然进程中被淘汰，只有少量的属、种能从历史上孑遗或延伸到本区，能孑遗下来的植物，多数是独种、独科或含物种较少的属和科[115,116]，因而提高了宁夏草原植物单种科属中热带起源植物的比重。

（4）宁夏草原植物区系具有过渡性及相互渗透的特点。宁夏属于北温带地区，地处我国温带草原区的西端，且西北部与我国西北荒漠区东缘接界，因此宁夏草原具有比我国其他草原地区更加旱生的性质。宁夏南部以干草原植被为主、植物种类主要为旱生的多年生草本，中部和北部多由荒漠草原群落组成，旱生多年生草本和强旱生或超旱生小灌木、小半灌木植物共同占植物群落的优势。宁夏草原西北缘，有荒漠草原植被与荒漠群落镶嵌分布。随着温性草甸、温性草原向温性荒漠草原、温性草原化荒漠和温性荒漠过渡，草本植物种数逐渐减少，灌木和半灌木物种有所增加，充分显示了本区自草原向荒漠过渡的性质和特征。从植物地理成分看来，宁夏草原植物属区系涵盖了 13 种分布型，温带成分中北温带成分占主导地位。欧亚和南美温带间断分布，东亚和北美间断分布，地中海区、西亚（或中亚）和东亚间断分布，以及欧亚和南部非洲（有时也在大洋洲）间断分布均占有一定比例。此外，温性草甸、温性草原、温性荒漠草原、温性草原化荒漠和温性荒漠植物属的分布区类型分别为 9 个、11 个、12 个、8 个和 12 个，也表明宁夏草原区系植物科和属之间的相互联系广泛，地理成分较为多样，植物区系过渡性质明显。宁夏草原植物区系成分以年轻成分为主，同时保存古老、孑遗植物和珍稀濒危物种。本区草原植物特有的科、属，中国特有属分布较少，特有植物仅 2 种，国家级珍稀濒危植物 5 种，木本植物类型较少，古老和原始类群缺乏，多年生草本植物种类较多，体现了宁夏草原植物区系特有化程度较低，具有年轻和衍生的性质。

第 4 章
宁夏主要类型草原植物群落结构及生产力监测

4.1 草原监测区及研究方法

4.1.1 草原监测区确定

基于宁夏主要草原类型解译结果，根据温性草甸草原、温性草原、温性荒漠草原及温性草原化荒漠 4 个主要草原类和短花针茅+隐子草型、甘草+杂类草型、黑沙蒿+杂类草型、大针茅+长芒草型、长芒草+早熟禾型及百里香+星毛委陵菜型等主要草原型，采用 GPS 定位，由南至北确定了 49 个监测样区（每个监测区面积约 50 亩），其中核心监测点 8 个（永久围封监测样点）、普通监测点 41 个，分布在温性草甸、温性草原、温性荒漠草原和温性草原化荒漠 4 类草原内的监测样区分别为 5 个、15 个、24 个和 5 个，分属于 30 个草原型，基本覆盖了宁夏天然草地主要草原类型及 50%以上面积（图 4–1），49 个监测样区概况见表 4–1。

4.1.2 植被调查方法

采用样方法进行植被调查，调查时间为 2016—2018 年，于植物旺盛生长期（8 月）调查 8 个核心监测点和 41 个普通监测点植物群落盖度、密度、频度、高度和生物量（“四度一量”），5—9 月监测 8 个核心监测点围栏内外植被群落情况。在每个监测点随机设置 3 个样方，其中，草本样方面积为 1 m×1 m，灌木样方面积为 5 m×5 m，在灌木样方内设置 3 个草本样方。记录样地内植物出现的频度、特有植物、珍稀濒危植物以及有特殊用途和重要经济价值的植物种。记录样地群落生境特点、土壤类型、植物种类等。

（1）盖度　植物群落总体或各个种的地上部分的垂直投影面积与取样面积之比的百分数。测量方法为针刺法，草本样方面积为 1 m×1 m，在样方中横竖每隔 10 cm 针刺一次（共 100 次），记录针刺接触到的植物种类和重复次数（如碰到 2 种植物，记录1次重复）。灌丛草地样方面积为 5 m×5 m，对灌木种选择标准株，测量其冠幅（长×宽），

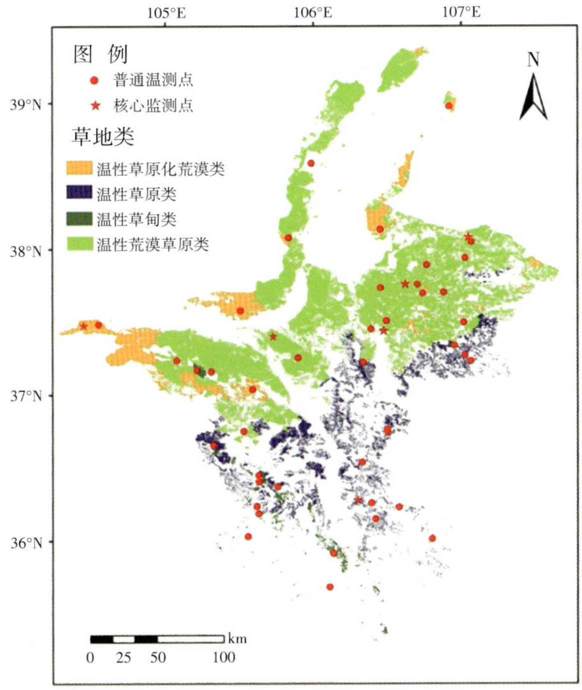

审图号:宁 S[2024]第 015 号

图 4-1　宁夏主要草原类型 49 个草原监测点

以标准株垂直投影面积估算样方内所有灌木投影面积占样方面积的百分比；草本植物用 1 m×1 m 样方，用针刺法测量。总盖度=灌丛盖度+(1−灌丛盖度)×草本层盖度

(2)密度　记录样方中出现的每种植物的数量。

(3)频度　种在群落中分布的均匀程度，即某一种植物在全部取样中出现的次数占全部取样数的百分比。本研究使用样圆法，即用 0.10 m^2 的样圆(直径为 35.60 cm)在样地中随机抛出 15 次，记录每次出现的植物种类。

(4)高度　样地中植物的自然高度，随机测量样地中出现的、未受干扰的植物的自然高度 10 次以上。

(5)生物量　齐地面刈割样方内植物，分种统计鲜重和干重(65 ℃烘干至恒重)，总产量=灌丛生物量+草本层盖度×草本层生物量

4.1.3　数据分析方法

(1)重要值　群落中物种重要值根据样方调查测得植物盖度、频度、高度，计算各种群的重要值(Important value ，*IV*)。计算公式如下：

$$IV=(Hr+Cr+Fr)/3$$

其中，*Hr* 为相对高度；*Cr* 为相对盖度；*Fr* 为相对频度。

表 4-1　49 个草原监测样区概况表

编号 No.	县市区 County area	乡镇 Township	村及保护区 Villages and protected areas	东经 East longitude/(°)	北纬 North latitude/(°)	海拔 Altitude/m	草原类 Steppe type	草原型 Steppe pattern
1	西吉县	新营乡	白城村	105.623 3	36.184 3	2 465.33	温性草甸类	具灌木的枸子、苔草型
2	海原县	红羊乡	南华山保护区	105.615 8	36.447 7	2 619.33		金露梅、风毛菊型
3	海原县	红羊乡	南华山保护区	105.630 0	36.405 2	2 473.00		牛尾蒿、风毛菊型
4	原州区	张易镇	马场村	106.126 0	35.928 3	2 196.67		具灌木的薹草型
5	隆德县	观庄乡	观堡村	106.093 8	35.682 3	2 317.00		异穗薹草、杂类草型
6	海原县	曹洼乡	柴沟门村	105.754 3	36.370 6	1 874.67	温性草原类	百里香、星毛委陵菜型
7	盐池县	麻黄山乡	谢儿渠村	107.063 2	37.231 9	1 839.33		百里香、星毛委陵菜型
8	海原县	红羊乡	红羊村月亮山	105.611 2	36.234 2	2 268.00		百里香、星毛委陵菜型
9	西吉县	红耀乡	张白湾村	105.554 2	36.029 7	2 091.67		大针茅、杂类草型
10	原州区	寨科乡	云雾山保护区	106.390 2	36.257 1	2 061.33		大针茅、长芒草型
11	彭阳县	孟塬乡	白杨庄村	106.804 1	36.009 8	1 702.67		茭蒿、长芒草型
12	原州区	官厅镇	官厅村	106.423 5	36.147 1	1 869.00		冷蒿、长芒草型
13	海原县	甘盐池乡	羊场村	105.322 7	36.652 3	2 076.33		白莲蒿、冷蒿型
14	彭阳县	罗洼乡	罗洼村	106.579 3	36.223 9	1 736.67		长芒草、星毛委陵菜型
15	盐池县	麻黄山乡	阳洼村	107.023 0	37.270 1	1 863.00		长芒草、杂类草型
16	原州区	甘城乡	吴渠村	106.325 8	36.541 4	1 653.67		长芒草、早熟禾型

续表

编号 No.	县市区 County area	乡镇 Township	村及保护区 Villages and protected areas	东经 East longitude/(°)	北纬 North latitude/(°)	海拔 Altitude/m	草原类 Steppe type	草原型 Steppe pattern
17	同心县	张家塬乡	张家山	106.487 7	36.733 3	2 029.33	温性草原类	长芒草、早熟禾型
18	同心县	张家塬乡	油坊塘村	106.495 4	36.740 2	2 025.00		长芒草、早熟禾型
19	同心县	张家塬乡	郭大湾村	106.499 2	36.764 6	2 020.00		长芒草、早熟禾型
20	原州区	三营镇	东塬村	106.301 3	36.280 6	1 960.00		长芒草、早熟禾型
21	沙坡头区	香山镇	梁水园村	104.958 1	37.240 0	1 646.00		短花针茅、隐子草型
22	海原县	蒿川乡	周套村	105.528 1	36.742 8	1 797.00		短花针茅、隐子草型
23	沙坡头区	常乐镇	罗泉村	105.309 8	37.148 1	1 923.67		短花针茅、红砂型
24	中宁县	喊叫水乡	党家水村	105.479 4	37.168 1	1 734.00	温性荒漠草原类	短花针茅、红砂型
25	沙坡头区	常乐镇	罗泉村	105.198 8	37.174 8	2 208.67		具红砂的短花针茅、蓍状亚菊型
26	盐池县	大水坑镇	圈湾子村	106.948 5	37.340 3	1 542.67		具锦鸡儿的牛枝子型
27	平罗县	红崖子乡	红崖子村	106.916 5	38.975 3	1 187.00		具沙冬青的黑沙蒿、杂类草型
28	红寺堡区	太阳山镇	巴庄村	106.474 9	37.443 1	1 371.00		刺叶柄棘豆、短花针茅型
29	红寺堡区	大河乡	石炭沟村	105.883 6	37.250 2	1 441.33		刺叶柄棘豆、短花针茅型
30	红寺堡区	太阳山镇	太阳山直属	106.383 4	37.450 0	1 332.00		刺叶柄棘豆、短花针茅型
31	盐池县	大水坑镇	宋堡子村	107.017 5	37.496 1	1 517.33		刺叶柄棘豆、短花针茅型
32	盐池县	高沙窝镇	二步坑村	107.047 6	38.080 8	1 463.00		黑沙蒿、杂类草型

续表

编号 No.	县市区 County area	乡镇 Township	村及保护区 Villages and protected areas	东经 East longitude/(°)	北纬 North latitude/(°)	海拔 Altitude/m	草原类 Steppe type	草原型 Steppe pattern
33	盐池县	高沙窝镇	大疙瘩村	107.064 9	38.047 6	1 461.33	温性荒漠草原类	黑沙蒿、杂类草型
34	灵武市	白土岗乡	新火村	106.621 9	37.756 2	1 340.00		黑沙蒿、杂类草型
35	灵武市	白土岗乡	新红村	106.451 5	37.729 2	1 261.00		黑沙蒿、杂类草型
36	灵武市	白土岗乡	白塔水村	106.496 6	37.605 1	1 345.67		黑沙蒿、杂类草型
37	灵武市	白土岗乡	海子井村	106.735 1	37.692 8	1 330.33		黑沙蒿、杂类草型
38	灵武市	白土岗乡	新火村	106.698 4	37.753 8	1 350.00		黑沙蒿、杂类草型
39	盐池县	冯记沟乡	冯记沟村	106.871 4	37.702 7	1 405.33		黑沙蒿、苦豆子型
40	盐池县	高沙窝镇	南梁村	107.022 7	37.938 7	1 429.67		甘草、杂类草型
41	灵武市	马家滩镇	大洋其村	106.762 5	37.891 5	1 420.00		甘草、杂类草型
42	中宁县	新堡乡	马儿山毛营村	105.729 3	37.403 0	1 377.00		刺旋花、红砂型
43	青铜峡市	邵刚镇	邵刚直属	105.832 0	38.082 5	1 240.00		刺旋花、短花针茅型
44	同心县	下马关镇	红城水上塬村	106.336 0	37.220 9	1 603.00		藏青锦鸡儿、蓍状亚菊型
45	沙坡头区	迎水镇	迎盘水村	104.447 6	37.475 7	1 704.00	温性草原化荒漠类	红砂、珍珠猪毛菜型
46	沙坡头区	迎水镇	迎盘水村	104.539 8	37.478 9	1 607.33		红砂、珍珠猪毛菜型
47	灵武市	临河镇	甜水河村	106.456 6	38.124 8	1 230.33		具红砂的珍珠猪毛菜、多根葱型
48	西夏区	贺兰山东麓	贺兰山农牧场	105.984 9	38.585 0	1 210.00		具蓍状亚菊的麻黄、短花针茅型
49	中宁县	石空镇	枣一村	105.754 7	37.614 6	1 219.67		刺叶柄棘豆、杂类草型

（2）物种多样性计算　物种的多样性测定选用多样性指数（Shannon-Wiener，H）、优势度指数（Simpson，C）、丰富度指数（D）和均匀度指数（Plielou，J）[117,118]。

① 丰富度指数（D）：$D=S$

② 多样性指数：Shannon-Wiener 指数（H）

$$H=-\sum P_i \ln P_i$$

③ 均匀度指数：Pielou 指数（J）

$$J=(-\sum P_i \ln P_i)/\ln S$$

④ 优势度指数：Simpson 优势度指数（C）

$$C=1-\sum P_i^2$$

式中，$P_i=N_i/N$ 为植物种 i 的个体数量；N 为监测点植物个体总数；S 为监测点出现的物种数。

（3）统计分析方法　利用 Excel 整理所有数据，采用 SPSS 23.0 软件进行数据分析。

4.2　宁夏草原植被群落及多样性特征

4.2.1　草原植物群落重要值

表 4-2 为温性荒漠草原不同调查样点主要植被重要值排序（重要值排序靠前且累计结果 0.7 以上），由物种重要值排序结果可知，温性荒漠草原主要优势种有短花针茅（*Stipa breviflora*）、黑沙蒿（*Artemisia ordosic*）、老瓜头（*Cynanchum komarovii*）、牛枝子（*Lespedeza potaninii*）和猫头刺（*Oxytropis aciphylla*）等，主要伴生种有兴安胡枝子（*Lespedeza davurica*）、阿尔泰狗娃花（*Aster altaicus*）、多裂骆驼蓬（*Peganum multisectum*）等。

温性草原主要植物重要值由表 4-3 可知，总体上温性草原优势物种为大针茅（*Stipa grandis*）、星毛委陵菜（*Potentilla acaulis*）、赖草（*Leymus secalinus*）、寸草（*Carex duriuscula*）、百里香（*Thymus mongolicus*）和碱菀（*Tripolium pannonicum*）等，主要伴生种有甘菊（*Chrysanthemum lavandulifolium*）、披碱草（*Elymus dahuricus*）、火绒草（*Leontopodium leontopodioides*）、牛枝子（*Lespedeza potaninii*）和糙隐子草（*Cleistogenes squarrosa*）。

温性草甸主要植被重要值由表 4-4 可知，西吉白城优势种为蒙古风毛菊（*Saussurea mongolica*）、白莲蒿（*Artemisia gmelinii*）和大籽蒿（*Artemisia sieversiana*）；固原叠叠沟优

表 4-2　温性荒漠草原主要植被重要值特征(4-2-1)

物种名称	LW02	LW04	LW08	LW06	LW07	PL04	TX05	WZ01	WZ04	YC05	YC09	YC11
猪毛蒿(*Artemisia scoparia*)	0.197	0.373	0.477	0.370	0.281			0.252	0.153		0.190	0.292
糙隐子草(*Cleistogenes squarrosa*)						0.169	0.122		0.107			
赖草(*Leymus secalinus*)			0.080	0.072						0.189		0.063
短花针茅(*Stipa breviflora*)	0.102	0.076					0.263				0.141	
牛枝子(*Lespedeza potaninii*)	0.090	0.058		0.125	0.081							0.063
猪毛菜(*Salsola collina*)	0.090			0.058	0.092			0.079				0.063
长芒草(*Stipa bungeana*)									0.069			
老瓜头(*Cynanchum komarovii*)	0.096	0.139			0.061							
白草(*Pennisetum flaccidum*)			0.128		0.066			0.232		0.070		
猫头刺(*Oxytropis aciphylla*)		0.073									0.055	
甘草(*Glycyrrhiza uralensis*)			0.123	0.080								
黑沙蒿(*Artemisia ordosica*)						0.287				0.356		
兴安胡枝子(*Lespedeza davurica*)											0.083	0.156
蒙古虫实(*Corispermum mongolicum*)						0.120				0.079		
乳浆大戟(*Euphorbia esula*)										0.068		
蒙古冰草(*Agropyron mongolicum*)											0.289	
甘肃蒿(*Artemisia gansuensis*)												
灌木亚菊(*Ajania fruticulosa*)												

续表

物种名称	LW02	LW04	LW08	LW06	LW07	PL04	TX05	WZ01	WZ04	YC05	YC09	YC11
阿尔泰狗娃花(*Aster altaicus*)												
多裂骆驼蓬(*Peganum multisectum*)			0.139									
脓疮草(*Panzerina lanata* var. *alaschanica*)						0.079						
蓍状亚菊(*Ajania achilleoides*)							0.114					
马蔺(*Iris lactea*)							0.102					
冷蒿(*Artemisia frigida*)							0.101					
沙生大戟(*Euphorbia kozlovii*)								0.099				
雾冰藜(*Grubovia dasyphylla*)								0.065				
针茅(*Stipa capillata*)									0.105			
地锦(*Parthenocissus tricuspidata*)												
珍珠猪毛菜(*Caroxylon passerinum*)												
红砂(*Reaumuria songarica*)												
白刺(*Nitraria tangutorum*)												
银灰旋花(*Convolvulus ammannii*)												
蚓果芥(*Braya humilis*)												
沙生冰草(*Agropyron desertorum*)												
中华小苦荬(*Ixeris chinensis*)												
狗尾草(*Setaria viridis*)												

续表

物种名称	LW02	LW04	LW08	LW06	LW07	PL04	TX05	WZ01	WZ04	YC05	YC09	YC11
锋芒草(*Tragus mongolorum*)												
大针茅(*Stipa grandis*)												
刺旋花(*Convolvulus tragacanthoides*)												
沙生针茅(*Stipa caucasica* subsp. *glareosa*)												
九顶草(*Enneapogon desvauxii*)												
刺沙蓬(*Salsola tragus*)												
荒漠石头花(*Gypsophila desertorum*)												
白莲蒿(*Artemisia gmelini*)												
草木樨状黄耆(*Astragalus melilotoides*)												
远志(*Polygala tenuifolia*)												
蝎虎驼蹄瓣(*Zygophyllum mucronatum*)												

表 4-2　温性荒漠草原主要植被重要值特征(4-2-2)

物种名称	YC16	YC17	ZN04	ZW04	ZW09	LWG	WZG	YCG	ZNG	HY08	QTX	ZW10
猪毛蒿(*Artemisia scoparia*)			0.221	0.065	0.087		0.254	0.342	0.156			
糙隐子草(*Cleistogenes squarrosa*)	0.058		0.124				0.089		0.221	0.149	0.149	
赖草(*Leymus secalinus*)	0.118				0.129			0.176				0.083
短花针茅(*Stipa breviflora*)		0.204					0.210		0.136			
牛枝子(*Lespedeza potaninii*)	0.075						0.092					
猪毛菜(*Salsola collina*)						0.114		0.046				
长芒草(*Stipa bungeana*)				0.396	0.390					0.115		0.105
老瓜头(*Cynanchum komarovii*)		0.069										
白草(*Pennisetum flaccidum*)												
猫头刺(*Oxytropis aciphylla*)							0.079					
甘草(*Glycyrrhiza uralensis*)								0.073				
黑沙蒿(*Artemisia ordosica*)						0.407						
兴安胡枝子(*Lespedeza davurica*)		0.092										
蒙古虫实(*Corispermum mongolicum*)						0.121						
乳浆大戟(*Euphorbia esula*)								0.066				
蒙古冰草(*Agropyron mongolicum*)	0.201	0.131										
甘肃蒿(*Artemisia gansuensis*)		0.138										0.173
灌木亚菊(*Ajania fruticulosa*)				0.062						0.131		

续表

物种名称	YC16	YC17	ZN04	ZW04	ZW09	LWG	WZG	YCG	ZNG	HY08	QTX	ZW10
阿尔泰狗娃花(*Aster altaicus*)					0.071					0.120		
多裂骆驼蓬(*Peganum multisectum*)												
脓疮草(*Panzerina lanata* var. *alaschanica*)												
蓍状亚菊(*Ajania achilleoides*)												
马蔺(*Iris lactea*)												
冷蒿(*Artemisia frigida*)												
沙生大戟(*Euphorbia kozlovii*)												
雾冰藜(*Grubovia dasyphylla*)												
针茅(*Stipa capillata*)												
地锦(*Parthenocissus tricuspidata*)	0.064											
珍珠猪毛菜(*Caroxylon passerinum*)			0.255									
红砂(*Reaumuria songarica*)			0.090									
白刺(*Nitraria tangutorum*)			0.083									
银灰旋花(*Convolvulus ammannii*)				0.161								
蚓果芥(*Braya humilis*)				0.065								
沙生冰草(*Agropyron desertorum*)					0.090							
中华小苦荬(*Ixeris chinensis*)						0.101						
狗尾草(*Setaria viridis*)						0.130						

续表

物种名称	YC16	YC17	ZN04	ZW04	ZW09	LWG	WZG	YCG	ZNG	HY08	QTX	ZW10
锋芒草(*Tragus mongolorum*)									0.088			
大针茅(*Stipa grandis*)										0.208		
刺旋花(*Convolvulus tragacanthoides*)											0.191	
沙生针茅(*Stipa caucasica* subsp. *glareosa*)											0.160	
九顶草(*Enneapogon desvauxii*)											0.122	
刺沙蓬(*Salsola tragus*)											0.104	
荒漠石头花(*Gypsophila desertorum*)												0.134
白莲蒿(*Artemisia gmelinii*)												0.079
草木樨状黄耆(*Astragalus melilotoides*)												
远志(*Polygala tenuifolia*)												
蝎虎驼蹄瓣(*Zygophyllum mucronatum*)												

表 4-3　温性草原主要植被重要值特征

植物名称	GY05	GY06	GY09	HY04	HY09	PY06	PY08	TX04	TX03	XJ02	TXG	GYG	YC13	YC14	HY10
大针茅(*Stipa grandis*)	0.200	0.279				0.093	0.098	0.130		0.093					
星毛委陵菜(*Potentilla acaulis*)	0.090								0.128		0.059		0.103	0.076	
赖草(*Leymus secalinus*)	0.078					0.068	0.086		0.070		0.101				
寸草(*Carex duriuscula*)	0.078			0.076											
百里香(*Thymus mongolicus*)	0.069						0.202			0.110			0.065		
碱菀(*Tripolium pannonicum*)		0.165			0.103										
甘菊(*Chrysanthemum lavandulifolium*)		0.076													
披碱草(*Elymus dahuricus*)		0.065											0.052	0.109	
火绒草(*Leontopodium leontopodioides*)		0.052													
牛枝子(*Lespedeza potaninii*)			0.228												
长芒草(*Stipa bungeana*)			0.215	0.060	0.126			0.136	0.058	0.152	0.190	0.149	0.151	0.184	0.278
糙隐子草(*Cleistogenes squarrosa*)			0.106						0.039			0.062			
猪毛蒿(*Artemisia scoparia*)			0.103			0.075				0.105		0.101			
二裂委陵菜(*Sibbaldianthe bifurca*)			0.065												
华北米蒿(*Artemisia giraldii*)				0.126	0.118	0.120									
冰草(*Agropyron cristatum*)				0.089	0.127										
狼针草(*Stipa baicalensis*)				0.081	0.147										

续表

植物名称	GY05	GY06	GY09	HY04	HY09	PY06	PY08	TX04	TX03	XJ02	TXG	GYG	YC13	YC14	HY10
白羊草(*Bothriochloa ischaemum*)						0.198									
甘肃蒿(*Artemisia gansuensis*)							0.096	0.053	0.109		0.081			0.098	
中华小苦荬(*Ixeris chinensis*)								0.092							
毛莓草(*Sibbaldianthe adpressa*)								0.055				0.058			
碱地风毛菊(*Saussurea runcinata*)										0.069					
花苜蓿(*Medicago ruthenica*)							0.059				0.055				
西山委陵菜(*Potentilla sischanensis*)												0.096			
硬质早熟禾(*Poa sphondylodes*)													0.052		
冷蒿(*Artemisia frigida*)														0.089	0.233
灌木亚菊(*Ajania fruticulosa*)															0.080
阿尔泰狗娃花(*Aster altaicus*)															0.078
宿根亚麻(*Linum perenne*)															0.073

势种为长芒草（*Stipa bungeana*）、小红菊（*chrysanthemum chanetii*）、百里香（*Thymus mongolicus*）和折苞风毛菊（*Saussurea recurvata*）；海原优势种主要为长芒草（*Stipa bungeana*）。

表 4-4　温性草甸主要植被重要值特征

植物名称	XJ04	GY06	HY01	LD04	HYG
蒙古风毛菊（*Saussurea mongolica*）	0.130		0.042	0.041	
白莲蒿（*Artemisia gmelinii*）	0.076	0.058	0.053	0.043	
大籽蒿（*Artemisia sieversiana*）	0.071		0.039		
赖草（*Leymus secalinus*）	0.066				
密花香薷（*Elsholtzia densa*）	0.063				
披碱草（*Elymus dahuricus*）	0.062				
老鹳草（*Geranium wilfordii*）	0.060				
蓬子菜（*Galium verum*）	0.047				
长芒草（*Stipa bungeana*）	0.046	0.162	0.128		0.102
小红菊（*chrysanthemum chanetii*）	0.037	0.083		0.091	
百里香（*Thymus mongolicus*）		0.187	0.036	0.096	0.035
折苞风毛菊（*Saussurea recurvata*）		0.047			
泡沙参（*Adenophora potaninii*）		0.036			
蒙古蒿（*Artemisia mongolica*）		0.031			
花苜蓿（*Medicago ruthenica*）		0.025			
火绒草（*Leontopodium leontopodioides*）		0.025			
窄叶蓝盆花（*Scabiosa comosa*）		0.023			
北方拉拉藤（*Galium boreale*）			0.148		
小花风毛菊（*Saussurea parviflora*）			0.104		
野豌豆（*Vicia sepium*）			0.063		
康藏荆芥（*Nepeta prattii*）			0.060		
二裂委陵菜（*Sibbaldianthe bifurca*）			0.038		0.143
寸草（*Carex duriuscula*）				0.094	0.067
华北米蒿（*Artemisia giraldii*）				0.039	

续表

植物名称	XJ04	GY06	HY01	LD04	HYG
天蓝苜蓿(*Medicago lupulina*)				0.039	0.080
倒羽叶风毛菊(*Saussurea runcinata*)				0.035	0.084
地角儿苗(*Oxytropis bicolor*)				0.034	
肃草(*Roegneria stricta*)				0.032	
乳白香青(*Anaphalis lactea*)				0.029	
甘肃锦鸡儿(*Caragana kansuensis*)				0.028	
狼针草(*Stipa baicalensis*)					0.145
阿尔泰狗娃花(*Aster altaicus*)					0.116

温性草原化荒漠调查植物中灌木或半灌木 8 种(表 4–5),占温性草原化荒漠物种总数的 21.05%,多年生草本 18 种,占比 47.36%,而一年生草本占比达到 31.58%,相较于其他草原类型,温性草原化荒漠植被群落的退化特征最明显。由植被重要值排序可知,中卫样点灌木优势种为珍珠猪毛菜(*Salsola passerina*),草本优势种为寸草(*Carex duriuscula*)、碱蓬(*Suaeda glauca*)、画眉草(*Eragrostis pilosa*)和糙隐子草(*Cleistogenes squarrosa*)。中宁样点优势种为糙隐子草(*Cleistogenes squarrosa*)、兴安胡枝子(*Lespedeza davurica*)和老瓜头(*Cynanchum komarovii*)。

表 4–5　温性草原化荒漠主要植物重要值特征

植物名称	ZWG	LW11	ZN01	HLS
珍珠猪毛菜(*Salsola passerina*)	0.256	0.228		
寸草(*Carex duriuscula*)	0.138	0.203		
碱蓬(*Suaeda glauca*)	0.124	0.138		
画眉草(*Eragrostis pilosa*)	0.101			
糙隐子草(*Cleistogenes squarrosa*)	0.087		0.148	0.077
木猪毛菜(*Xylosalsola arbuscula*)		0.110		
黄花蒿(*Artemisia annua*)		0.103		
兴安胡枝子(*Lespedeza davurica*)			0.346	
老瓜头(*Cynanchum komarovii*)			0.176	
短花针茅(*Stipa breviflora*)			0.077	

续表

植物名称	ZWG	LW11	ZN01	HLS
猫头刺(*Oxytropis aciphylla*)			0.067	
艾蒿(*Artemisia argyi*)				0.175
中华草沙蚕(*Tripogon chinensis*)				0.114
九顶草(*Enneapogon desvauxii*)				0.103
阿尔泰狗娃花(*Aster altaicus*)				0.080

4.2.2 宁夏主要草原类型植被群落盖度特征

图 4-2 为温性荒漠草原、温性草原、温性草甸和温性草原化荒漠核心监测点 5—9 月围栏内外植被盖度特征。总体看来，不同草原类型围栏内植被盖度普遍高于围栏外盖度或与之持平。其中温性荒漠草原围栏内 5—9 月植被盖度为 42.33%~61.67%，且植被盖度逐月升高，5 月和 9 月盖度具有显著差异，其他月份差异不显著；围栏外 5—9 月植被盖度为 36.6%~55.33%，其中 9 月盖度最高，6 月次之，各月之间盖度差异不显

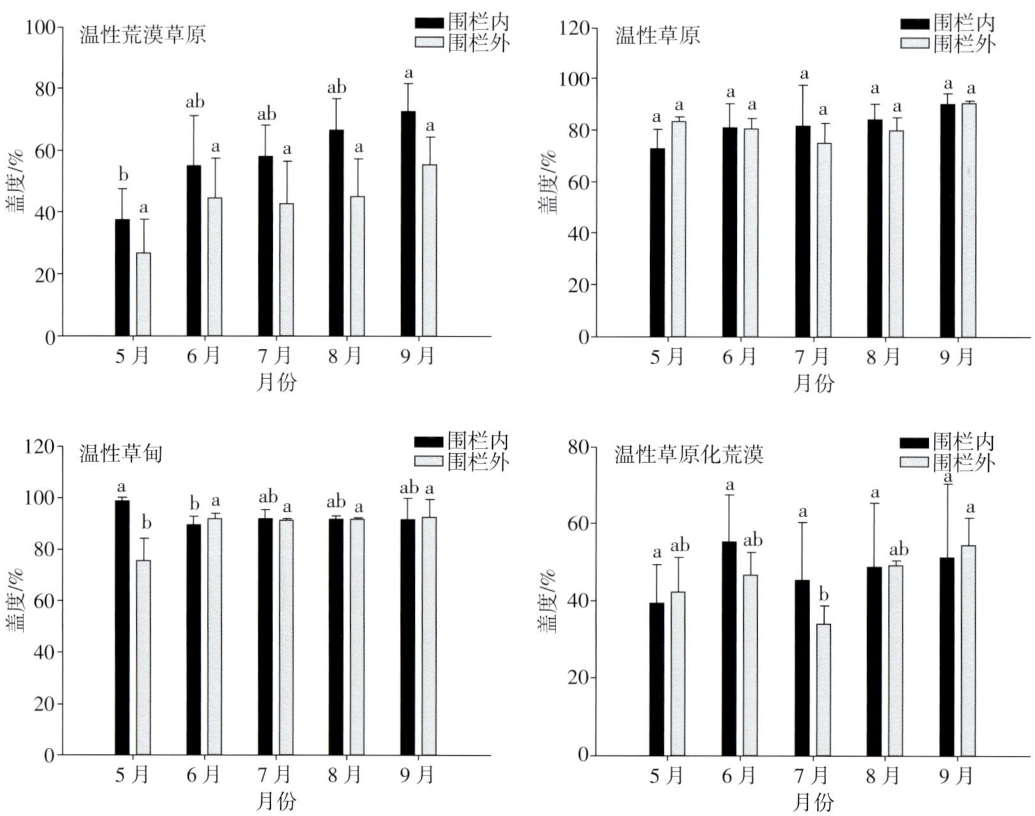

图 4-2　不同草原类型 5—9 月围栏内外植被群落盖度特征

著。温性草原 5—9 月围栏内盖度为 72.83%~90.00%，围栏外植被盖度为 78.81%~91.16%，各月份盖度差异均不显著。温性草甸 5—9 月围栏内盖度为 89.00%~98.00%，5 月与 6 月盖度具有显著性差异，与其他月份无差异；围栏外盖度为 75.3%~92.00%，5月盖度明显低于其他月份，6—9 月平均盖度为 91.50%，各月份之间无差异。温性草原化荒漠 5—9 月围栏内盖度为 39.45%~54.96%，其中 6 月盖度最高；围栏外盖度为 34.18%~54.26%，7 月盖度最低，各月份之间差异不显著。

图 4-3 为 2016—2018 年植被生长旺盛期（8 月）宁夏主要草原类型植被盖度特征。2016—2018 年，不同草原类型植被群落盖度总体表现为温性草甸（88.35%）>温性草原（83.88%）>温性荒漠草原（58.17%）>温性草原化荒漠（49.3%），且温性草甸和温性草原植被群落盖度显著高于温性荒漠草原和温性草原化荒漠。其中，2016 年，植被群落盖度表现为温性草甸>温性草原>温性荒漠草原>温性草原化荒漠，且温性草甸和温性草原显著高于温性荒漠草原和温性草原化荒漠。2017 年，植被群落盖度表现为温性草甸>温性草原>温性草原化荒漠>温性荒漠草原，且温性草甸和温性荒漠草原、温性

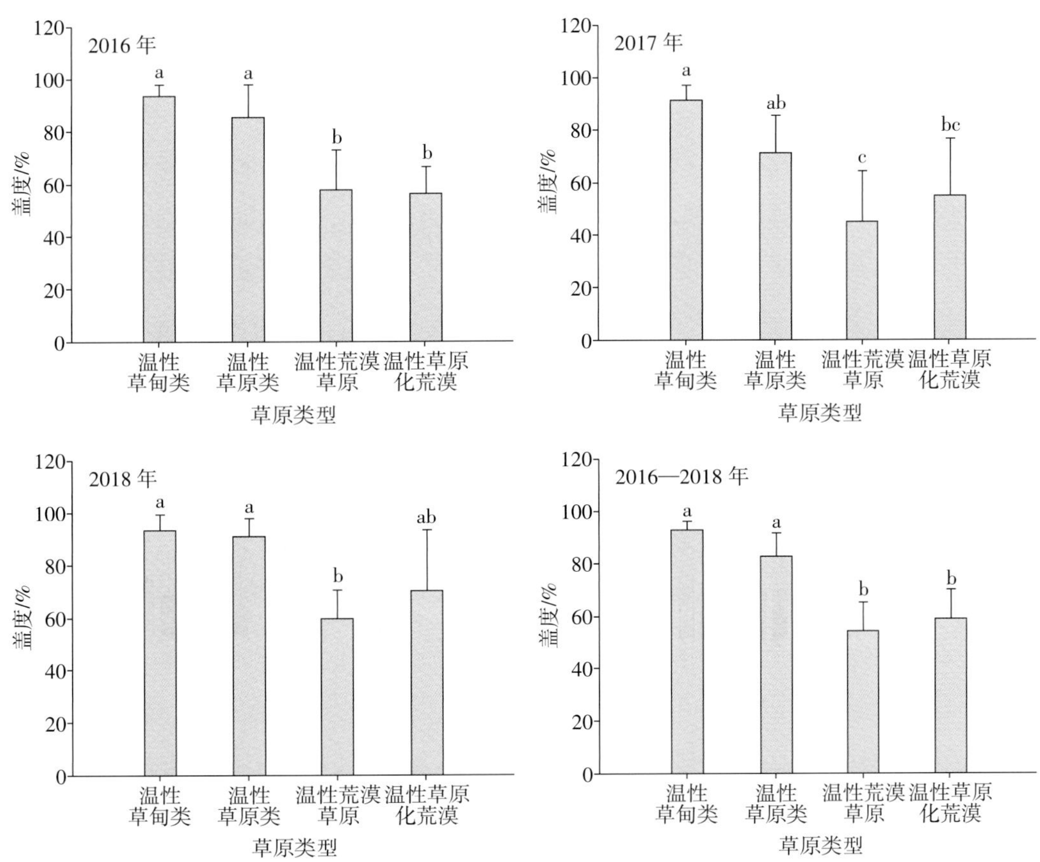

图 4-3　2016—2018 年不同草原类型 8 月植被盖度

草原化荒漠之间差异显著，温性草原和温性荒漠草原之间差异显著。2018年，植被群落盖度表现为温性草甸>温性草原>温性草原化荒漠>温性荒漠草原。温性草甸、温性草原和温性草原化荒漠植被群落盖度显著高于温性荒漠草原，前三者之间差异不显著。

4.2.3 宁夏主要草原类型植被群落高度特征

图4-4为不同类型草原5—9月围栏内外植被群落高度特征。总体看来，除温性草原化荒漠，温性荒漠草原、温性草原和温性草甸的植被高度均为围栏内大于围栏外。温性荒漠草原围栏内5—9月植被高度为9.86~16.78 cm，围栏外为8.19~13.63 cm，围栏内外植被高度趋势呈抛物线形。温性草原围栏内5—9月植被高度为8.21~13.12 cm，各月之间没有明显规律；围栏外植被高度为6.55~10.99 cm，6、7、8月较高，5、9月较低，各月之间差异不显著。温性草甸5—9月围栏内高度为7.68~17.27 cm，各月之间无显著差异；围栏外高度为8.20~15.82 cm，5、6、7月存在显著差异，其他月份之间无差异。温性草原化荒漠5—9月围栏内植被高度为25.05~30.97 cm，围栏外高度为29.37~34.3 cm，各月之间差异不显著。

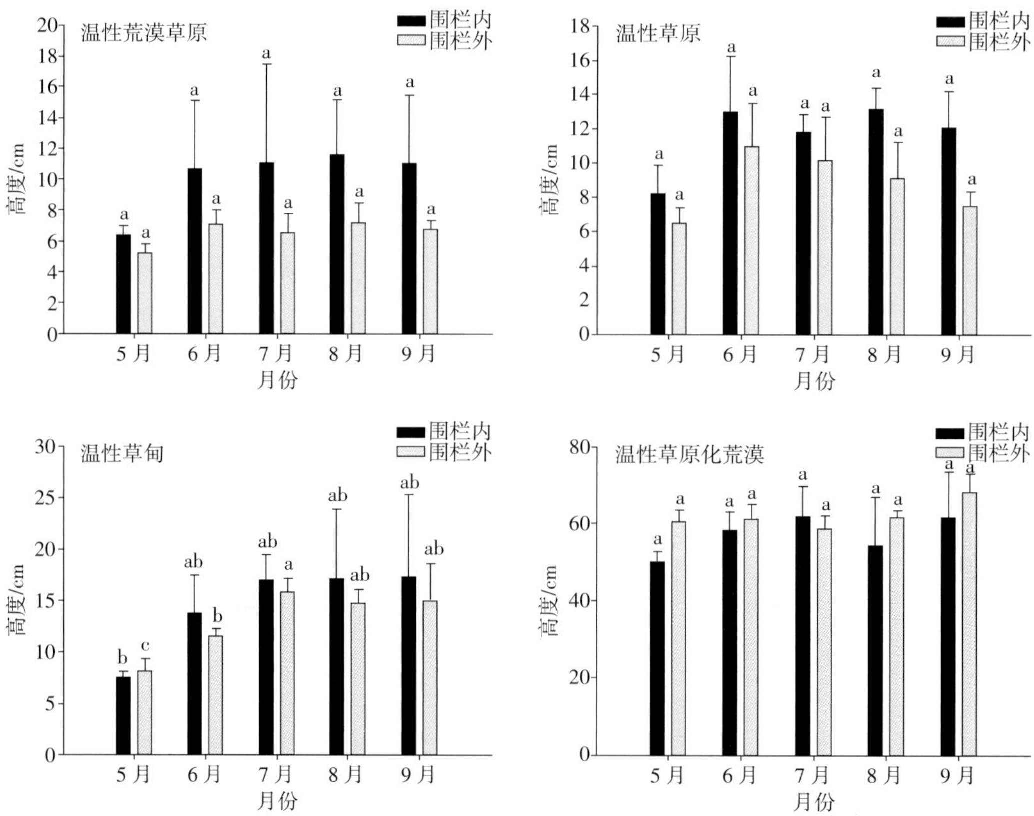

图4-4 不同草原类型5—9月围栏内外植被群落高度特征

4.2.4　宁夏主要草原类型植被群落生产力特征

图 4–5 为不同草原类型 5—9 月植被群落地上生物量特征。总体看来，温性荒漠草原、温性草原、温性草甸和温性草原化荒漠植被群落地上生物量表现为围栏内高于围栏外。温性荒漠草原 5—9 月围栏内外植被地上生物量逐月增加，围栏内地上生物量为 88.63~136.17 g/m²，围栏外地上生物量为 68.93~184.17 g/m²，且 5—8 月围栏内显著高于围栏外。温性草原 5—9 月围栏内地上生物量为 82.63~203.45 g/m²，围栏外地上

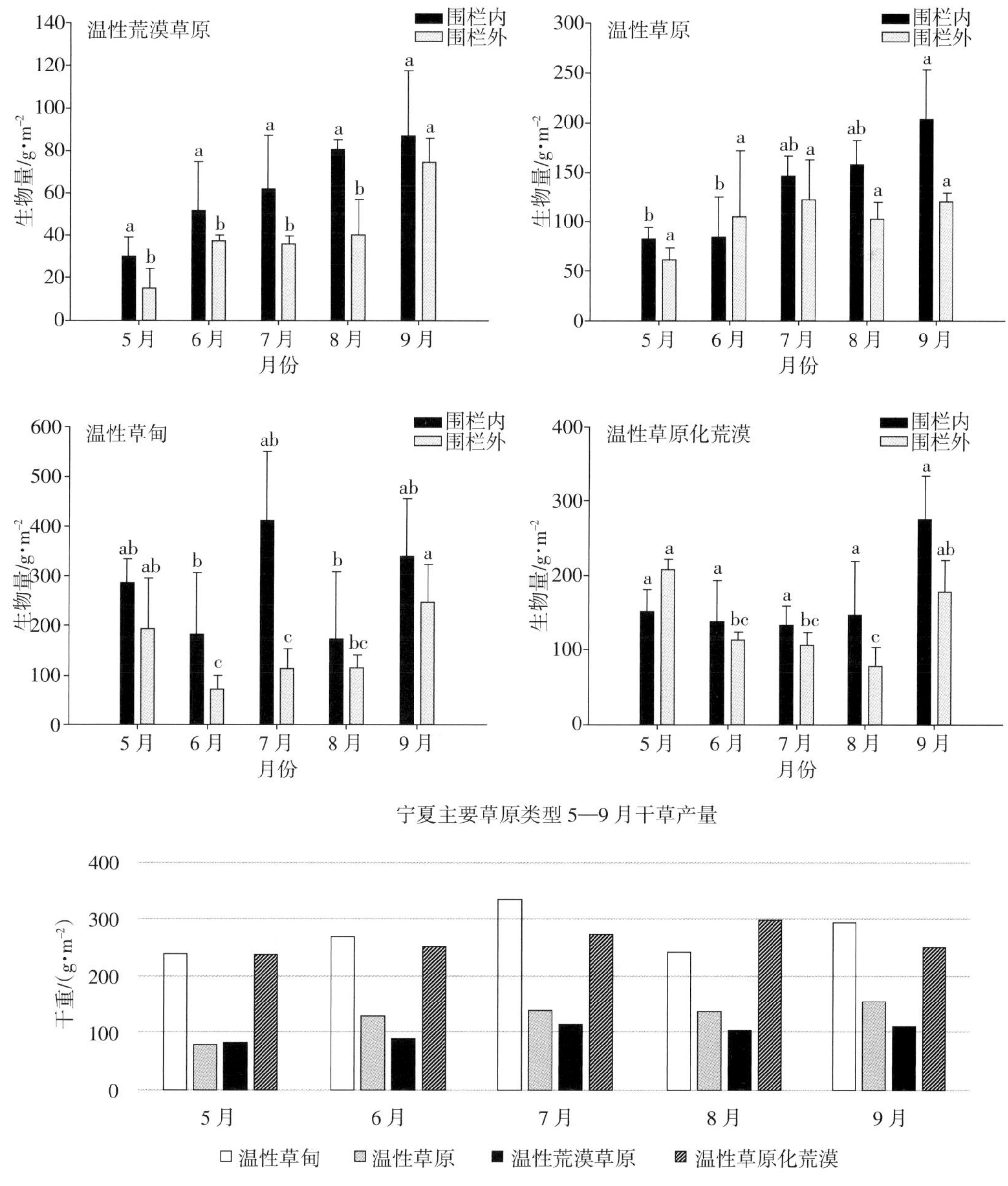

图 4–5　不同草原类型 5—9 月植被群落地上生物量特征

生物量为61.82~122.50 g/m^2。温性草甸 5—9 月围栏内地上生物量为 47.93~137.77 g/m^2,围栏外生物量为 27.46~100.22 g/m^2,各月份之间无显著差异。温性草原化荒漠围栏内生物量为 133.27~276.54 g/m^2,围栏外生物量为 79.24~177.49 g/m^2,各月份之间无显著差异。从季节性来看,温性荒漠草原围栏内外植被地上生物量随 5—9 月逐月升高,其他草原类型均无明显规律,地上生物量的变化波动较大可能与降水量因素及其对植被生长影响的时滞性有关。

对温性草甸、温性草原和温性荒漠草原的 41 个普通监测点草本植被调查,以及对温性草原化荒漠的灌木植被调查(图 4-5)表明,从季节性草原生产力看来,5—9 月牧草生长期,温性草甸、温性草原、温性荒漠草原和温性草原化荒漠最高产量分别为 335.24 g/m^2、156.33 g/m^2、113.77 g/m^2 和 298.42 g/m^2。此外,5—9 月 4 种草原类型的干草产量总体表现为抛物线状,即产量逐渐上升再下降趋势, 7—8 月草产量是峰值,季节变化态势明显,导致天然草原的饲草供给呈现季节不平衡。

图 4-6 为 2016—2018 年植被生长旺盛期(8 月)不同草原类型植被地上生物量特征。2016—2018 年,单位面积地上生物量总体表现为温性草甸>温性草原化荒漠>温性

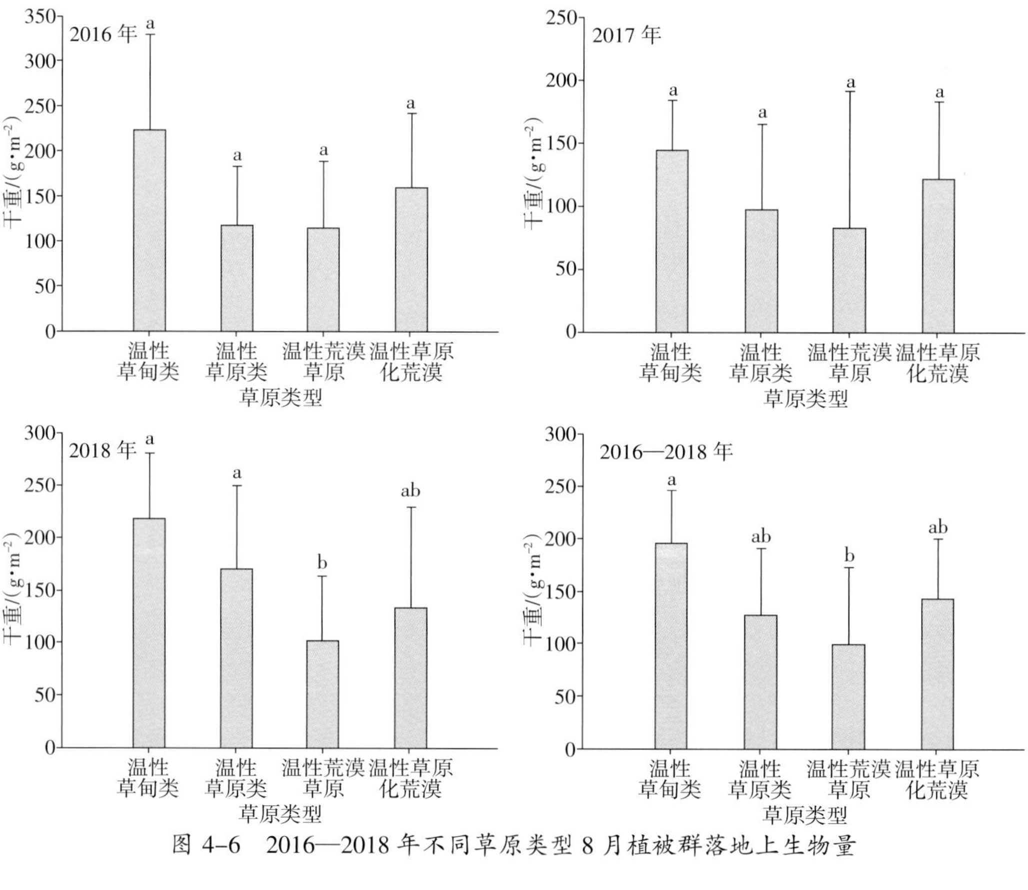

图 4-6 2016—2018 年不同草原类型 8 月植被群落地上生物量

草原>温性荒漠草原。温性草甸、温性草原和温性草原化荒漠显著高于温性荒漠草原，前三者之间无显著差异。2016 年、2017 年和 2018 年，不同草原类型植被地上生物量均表现为温性草甸>温性草原化荒漠>温性草原>温性荒漠草原，其中 2016 年和 2017 年，各草原类型植被地上生物量无显著差异，仅 2018 年温性草甸、温性草原和温性草原化荒漠地上生物量显著高于温性荒漠草原。

4.2.5　宁夏主要草原类型植被群落物种多样性指数

图 4–7 为 2016—2018 年不同草原类型植被群落物种多样性指数特征。总体上，2016 年温性草甸草原香农–维纳多样性指数、温性草原丰富度指数、香农–维纳指数最高，温性草甸均匀度指数最高，温性荒漠草原优势度指数最高。温性荒漠草原、温性草原、温性草甸和温性草原化荒漠的香农–维纳指数（H）平均值分别为 1.28、1.80、1.92 和1.32，温性草甸、温性荒漠草原和温性草原化荒漠三者之间差异显著；丰富度指数（D）分别为 8.34、12.44、16.66 和 7.61，温性草甸、温性草原和温性草原化荒漠三者之间差异显著；均匀度指数（J）分别为 0.65、0.70、0.72 和 0.64，温性草原化荒漠与其他草原类型差异显著，其他无显著差异；优势度指数（C）分别为 0.62、0.75、0.78 和 0.44，温性草原化荒漠和其他草原类型差异显著。2017 年，温性草甸香农–维纳指数、丰富度指数和优势度指数均最高，且与温性草原化荒漠和温性荒漠草原差异显著；4 个草原类型的均匀度指数未通过显著性检验；温性荒漠草原四个多样性指数均为最低。2018 年，温性草甸和温性草原 4 个多样性指数显著高于温性草原化荒漠和温性荒漠草原。2016—2018 年，温性草甸香农–维纳指数、丰富度指数、均匀度指数和优势度指数均为最高，显著高于其他草原类型；温性荒漠草原、温性草原、温性草甸和温

2016

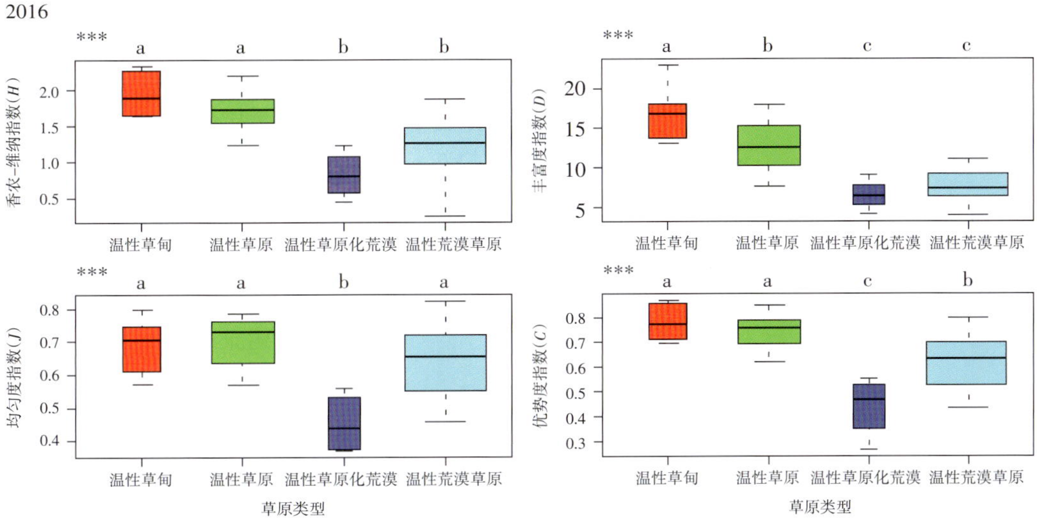

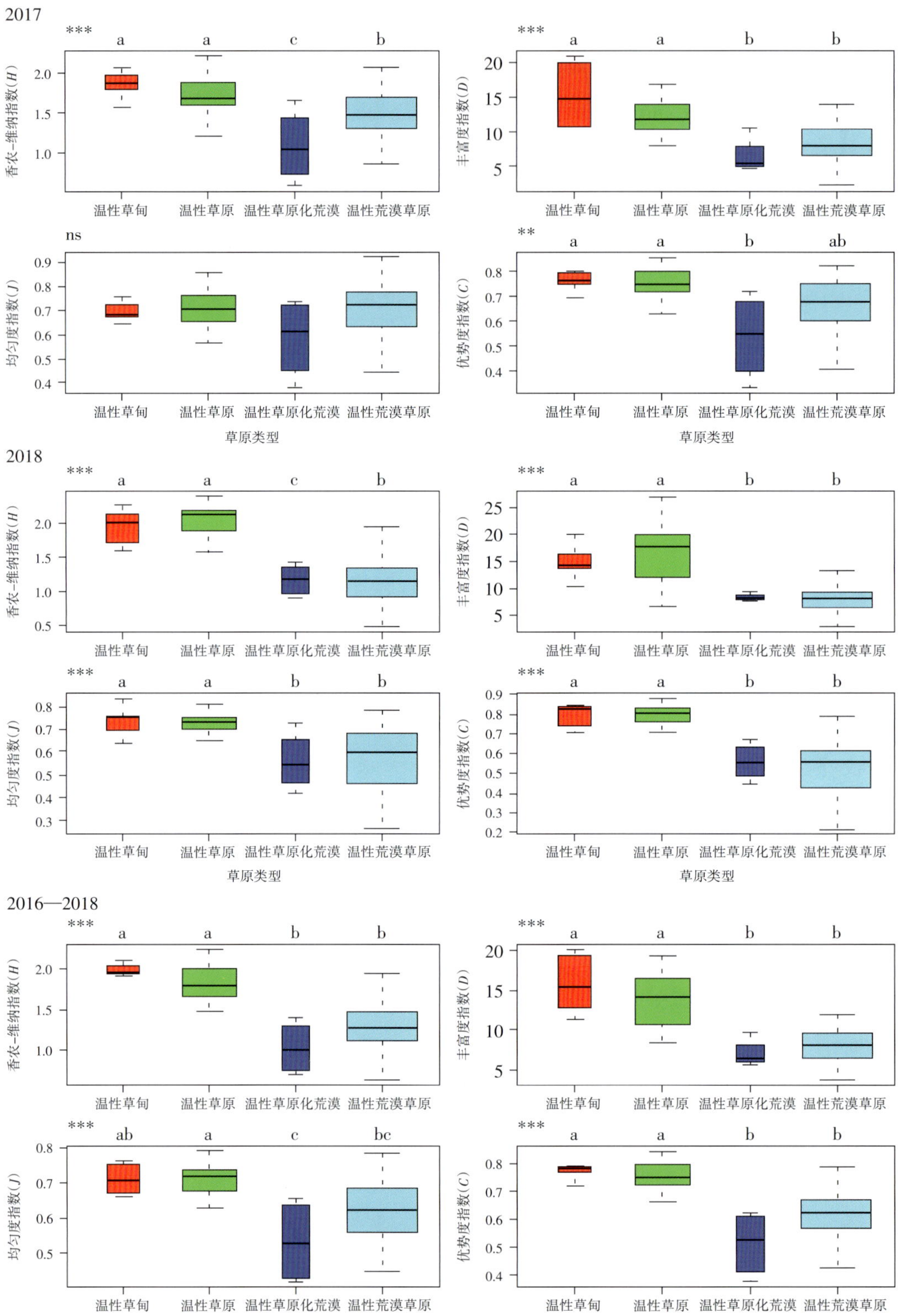

图 4-7　2016—2018 年宁夏不同草原类型植被多样性指数

（注：** 表示 0.05 显著性水平，*** 表示 0.001 极显著性水平。）

性草原化荒漠的香农–维纳指数分别为1.25、1.82、1.99 和1.02，且温性草甸草原和温性草原显著高于其他草原类型；温性荒漠草原、温性草原、温性草甸和温性草原化荒漠的丰富度指数分别为 7.88、13.80、15.68 和 7.11，温性草甸草原和温性草原显著高于其他草原类型；温性草甸、温性草原和温性草原化荒漠的均匀度指数显著高于温性草原化荒漠，优势度指数温性草甸和温性草原显著高于温性荒漠草原和温性草原化荒漠。

4.3　优良牧草量比例及草原等级划分

4.3.1　划分方法

依据中华人民共和国农业行业标准《天然草原等级评定技术规范》(NY/T 1579—2007)，可食牧草产量指草地可食用牧草(含饲用灌木和饲用乔木的嫩枝叶)地上部的产量，牧草饲用价值的评定参考该行业标准的附录 A 和附录 B。草原等指草群的饲用品质优劣，用不同饲用价值的牧草占草群总产量的重量百分比确定(表 4–6)。草原级指草原可食牧草产量高低，产量由单位面积可食牧草风干重确定(表 4–7)。草原等级为草原等和草原级叠加组合，进行草原质量和生产力评定的综合指标(表 4–8)。根据监测点植物群落优良牧草比例划分草原等(表 4–6)。2016—2018 年 8 月植被生长旺盛期草原净初级生产力计算天然草原干草产量，并按照表 4–8 划分草原级。根据表 4–9 的标准对宁夏天然草原等级进行综合评定。

表 4–6　草原等的划分标准

草原等	划分标准
Ⅰ等草原	优等牧草占总产量≥60%
Ⅱ等草原	良等以上牧草占总产量≥60%
Ⅲ等草原	中等以上牧草占总产量≥60%
Ⅳ等草原	低等以上牧草占总产量≥60%
Ⅴ等草原	劣等和不可食牧草占总产量≥40%

表 4–7　草原级的划分标准

草原级	划分标准
1 级草原	可食牧草产量≥4 000 kg/hm^2
2 级草原	3 000 kg/hm^2≤可食牧草产量<4 000 kg/hm^2

续表

草原级	划分标准
3 级草原	2 000 kg/hm^2≤可食牧草量产量<3 000 kg/hm^2
4 级草原	1 500 kg/hm^2≤可食牧草量产量<2 000 kg/hm^2
5 级草原	1 000 kg/hm^2≤可食牧草量产量<1 500 kg/hm^2
6 级草原	500 kg/hm^2≤可食牧草量产量<1 000 kg/hm^2
7 级草原	250 kg/hm^2≤可食牧草量产量<500 kg/hm^2
8 级草原	可食牧草产量<250 kg/hm^2

表 4-8　天然草原等级评定标准

草原等级	划分标准
优质高产	优等和良等牧草占总产量≥60%，可食牧草产量≥3 000 kg/hm^2
中质高产	良等牧草及低等牧草以上占总产量≥60%，可食牧草产量≥3 000 kg/hm^2
劣质高产	劣等牧草占总牧草总产量≥40%，可食牧草量≥3 000 kg/hm^2
优质中产	优等和良等牧草占牧草总产量≥60%，500 kg/hm^2≤可食牧草产量<3 000 kg/hm^2
中质中产	良等及低等牧草以上占总产量≥60%，500 kg/hm^2≤可食牧草产量<3 000 kg/hm^2
劣质中产	劣等牧草占总产量≥40%，500 kg/hm^2≤可食牧草产量<3 000 kg/hm^2
优质低产	优等和良等牧草占牧草总产量≥60%，可食牧草产量<500 kg/hm^2
中质低产	良等牧草及低等牧草以上占总产量≥60%，可食牧草产量<500 kg/hm^2
劣质低产	劣等牧草占总产量≥40%，可食牧草量产量<500 kg/hm^2

4.3.2　结果分析

对宁夏主要类型草原天然牧草等级进行划分，温性荒漠草原、温性草原、温性草甸和温性草原化荒漠的优良牧草比例分别为 40.29%、51.41%、53.5%和 28.97%（图 4-8）。根据《天然草原等级评定技术规范》，结合牧草饲用价值评定方法和牧草饲用价值评定结果，我们确定了各等饲用价值的牧草占总产量的重量百分比。

表 4-9 为 2015 年宁夏主要类型草地的干草产量及优良牧草产量。由表 4-9 可知，温性荒漠草原年产草量最高，为 144.92 万 t，其中优良牧草产量 58.39 万 t；其次为温性草原，年产草量 91.90 万 t，其中优良牧草产量 46.87 万 t；温性草甸年产草量为 30.73 万 t，其中优良牧草产量 16.44 万 t；温性草原化荒漠年产草量 56.17 万 t，其中优良牧草产量 16.29 万 t。

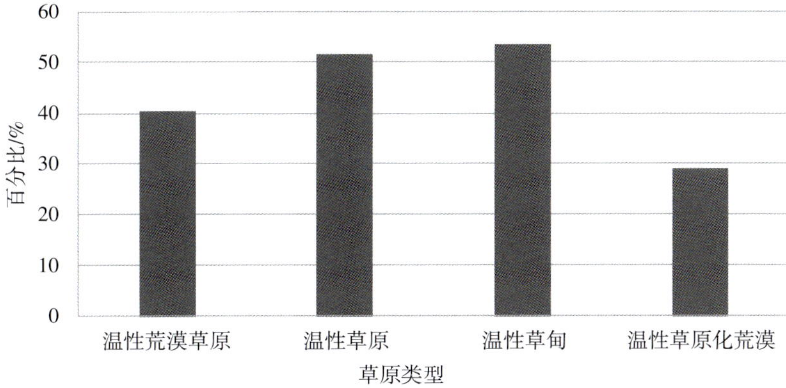

图 4-8　宁夏主要草原类型优良牧草比重

表 4-9　2015 年宁夏主要草原类型干草产量及优良牧草产量

草原类型	面积/万亩	单位面积干草产量/($g \cdot m^{-2}$)	年产草量/万 t	优良牧草产量/万 t
温性荒漠草原	2 131.23	101.63	144.92	58.39
温性草原	1 009.89	135.86	91.90	46.87
温性草甸	167.94	274.90	30.73	16.44
温性草原化荒漠	306.93	275.16	56.17	16.29

表 4-10 为宁夏主要草原类型监测点草地质量等级。对照草原等的划分标准，对主要草原类型各监测点草原等级进行划分，结果表明宁夏天然草原等以三等和四等草原为主，即中等和低等以上牧草占牧草总产量的 60%以上。同时，根据测定的单位面积可食牧草产量(kg/hm²)，依据草原级的指标评定，草原级以 5 级(1 000 kg/hm²≤可食牧草产量<1 500 kg/hm²)、6 级(500 kg/hm²≤可食牧草产量<1 000 kg/hm²)和 7 级(250 kg/hm²≤可食牧草产量<500 kg/hm²)为主，总体上宁夏草原综合评定以中质中产草原为主。因此，我们认为通过补播改良，草原优质牧草生产力仍有较大的提升空间。

表 4-10　宁夏主要草原类型监测点草原等级

草原类型	样点名称	草原等	草原级	草原等级
温性草甸	固原市叠叠沟	III	5	中质中产
	西吉县白城村	Ⅳ	3	中质中产
	隆德县观庄乡	III	4	中质中产
	海原县红羊乡	III	4	中质中产
	海原县国家点	III	3	中质中产

续表

草原类型	样点名称	草原等	草原级	草原等级
温性荒漠草原	常乐镇熊家水村	III	2	中质高产
	同心县丁家沟	II	5	优质中产
	海原县甘盐池	III	5	中质中产
	灵武市国家点	III	5	中质中产
	灵武市新红村	III	5	中质中产
	灵武市白塔水村	III	2	中质高产
	灵武市海子井村	II	6	优质中产
	灵武市新火村	III	4	中质中产
	灵武市大羊其村	III	4	中质中产
	平罗县红崖子村	III	4	中质中产
	吴忠市石炭沟村	III	4	中质中产
	吴忠市买河村	II	5	优质中产
	吴忠市国家点	III	4	中质中产
	盐池县国家点	III	6	中质中产
	盐池县冯记沟村	IV	7	中质低产
	盐池县阳洼村	III	6	中质中产
	盐池县谢儿渠村	III	7	中质低产
	盐池县圈湾子村	III	4	中质中产
	盐池县宋堡子村	IV	6	中质中产
	盐池县李记海子村	IV	6	中质中产
	盐池县南梁村	III	5	中质中产
	中宁县党家水村	III	6	中质中产
	中宁县国家点	III	7	中质低产
	中宁县石空镇	III	2	中质高产
	中卫市永康镇	III	2	中质高产
温性草原	彭阳县罗洼村	III	6	中质中产
	固原甘城乡吴渠村	III	7	中质低产
	固原官厅村	III	6	中质中产
	固原市国家点	III	5	中质中产

续表

草原类型	样点名称	草原等	草原级	草原等级
温性草原	海原县嵩川乡	II	6	优质中产
	彭阳县孟塬乡	III	4	中质中产
	同心县国家点	III	7	中质低产
	西吉县红耀乡	III	6	中质中产
	同心县张家塬村	III	6	中质中产
温性草原化荒漠	西夏区贺兰山东麓	III	6	中质中产
	青铜峡北靶场	Ⅳ	6	中质中产
	海原县曹洼乡	III	3	中质中产
	中卫市国家点	III	6	中质中产
	中卫市香山镇	III	8	中质中产

图 4–9 为主要草原类型各监测点草原等(a)、草原级(b)和草原等级(c)的空间分布特征。整体上,宁夏草原以三等和四等为主,由北向南草原等逐渐降低,其中三等草原在 4 个草原类型中均有分布,四等草原分布于温性荒漠草原和温性草原化荒漠,二等草原主要分布于温性草原和温性草甸,以及温性荒漠草原过渡到温性草原的区域。

在草原级方面，宁夏天然草原以 5 级、6 级和 7 级为主，分别占草原总面积的 10.74%、24.35%和 49.84%,三者总和占到宁夏天然草原 84%以上;2 级、3 级、4 级和 8 级分别占草原总面积的 0.66%、6.54%、5.73%和 2.14%。在空间分布上,宁夏天然草原级由北向南逐渐降低,表明可食牧草产量逐渐增加,这与由北向南草地生产力逐渐升高的总体趋势是一致的。结合草原类型,2~4 级主要分布于温性草原和温性草甸,5~8 级主要分布于温性荒漠草原和温性草原化荒漠，说明温性草原和温性草甸可食牧草生物产量高于温性荒漠草原和温性草原化荒漠。表 4–11 为各行政区天然草原单位面积可食牧草产量的最低值、最高值、平均值、产草总量以及其占比。由表 4–11 可知,宁夏由北至南各区县单位面积产草量逐渐升高，单位面积草产量前五位的地区为泾源县>隆德县>彭阳县>原州区>西吉县。

综合而言,宁夏草原等级以中质中产、优质中产和中质高产为主,由北向南草原等级逐渐升高。其中,中质高产和优质中产监测点主要分布于温性草原和温性草甸,中质低产和中质中产监测点主要分布于温性荒漠草原和温性草原化荒漠。值得注意的是,在温性荒漠草原个别监测点等级为中质高产,主要原因是这些监测点为小灌木样区,灌木生物量普遍较大导致草原生产力较高。

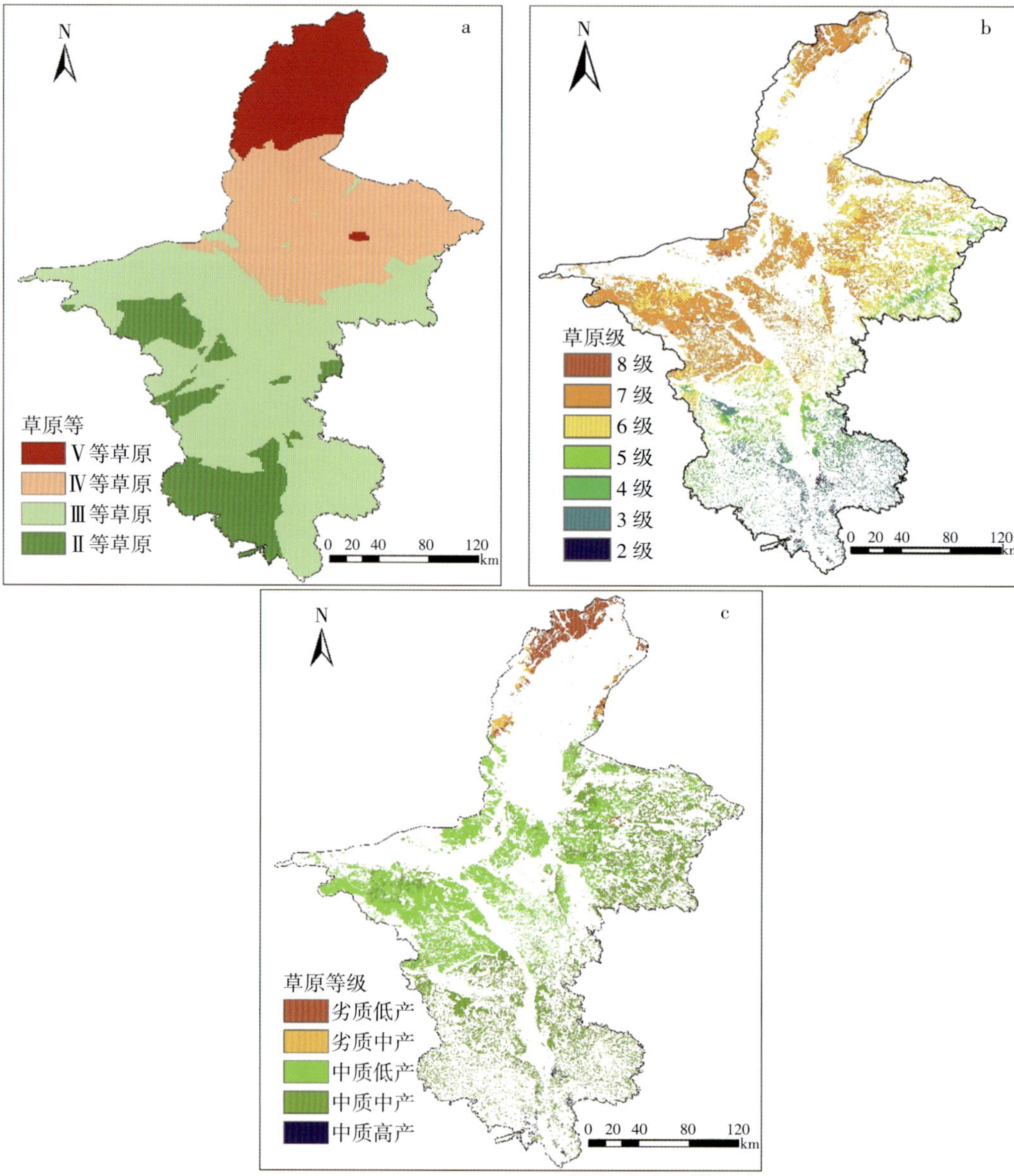

审图号：宁 S[2024]第 015 号

图 4-9　宁夏主要草原类型监测点草原等(a)、草原级(b)、草原等级(c)

表 4-11　各行政区天然草原单位面积可食牧草产量

地区	最低产量/($g\cdot m^{-2}\cdot a^{-1}$)	最高产量/($g\cdot m^{-2}\cdot a^{-1}$)	平均产量/($g\cdot m^{-2}\cdot a^{-1}$)
银川三区	8.98	153.52	56.18
永宁县	19.67	106.07	46.59
贺兰县	25.30	192.99	59.91
大武口区	11.60	131.54	33.15
盐池县	0	307.84	82.46

续表

地区	最低产量/($g \cdot m^{-2} \cdot a^{-1}$)	最高产量/($g \cdot m^{-2} \cdot a^{-1}$)	平均产量/($g \cdot m^{-2} \cdot a^{-1}$)
同心县	13.28	280.26	55.54
惠农区	13.80	131.01	35.20
平罗县	12.13	184.90	48.66
利通区	18.77	120.45	48.37
红寺堡区	15.89	206.72	47.97
灵武市	4.83	152.64	54.93
青铜峡市	9.57	155.90	40.27
原州区	47.56	341.34	193.30
西吉县	43.52	307.57	165.78
泾源县	96.22	389.47	277.92
彭阳县	47.44	342.34	218.89
沙坡头区	13.38	149.35	47.16
中宁县	9.94	156.99	38.41
海原县	12.19	339.95	108.63
隆德县	120.91	352.51	268.01

4.4 宁夏主要类型草原植物营养成分特征

4.4.1 划分方法

采用烘干法测定干物质，采用凯氏定氮法测定粗蛋白（Crude protein，CP）；采用索氏脂肪提取法测定粗脂肪（Ether exteract，EE）；采用燃烧法测定其粗灰分（Curde Ash，Ash）；利用 ANKOM 纤维分析仪测定酸性洗涤纤维（Acid detergent fiber，ADF）。利用 H_2SO_4–H_2O_2 消煮法测定植物全氮含量，钒钼黄吸光光度法/钼锑抗吸光光度法测定植物磷含量，用火焰光度计测定全钾含量，硝酸–高氯酸消化法测定植物钙含量。

4.4.2 结果分析

图 4–10 为宁夏主要类型草原优、良、中、低 4 个等级牧草的营养成分特征。在粗灰分方面，温性荒漠草原植物的粗灰分普遍高于其他草原类型，总体表现为温性荒漠草原>草原化荒漠>温性草原>温性草甸，温性荒漠草原中等牧草粗灰分含量最高，温

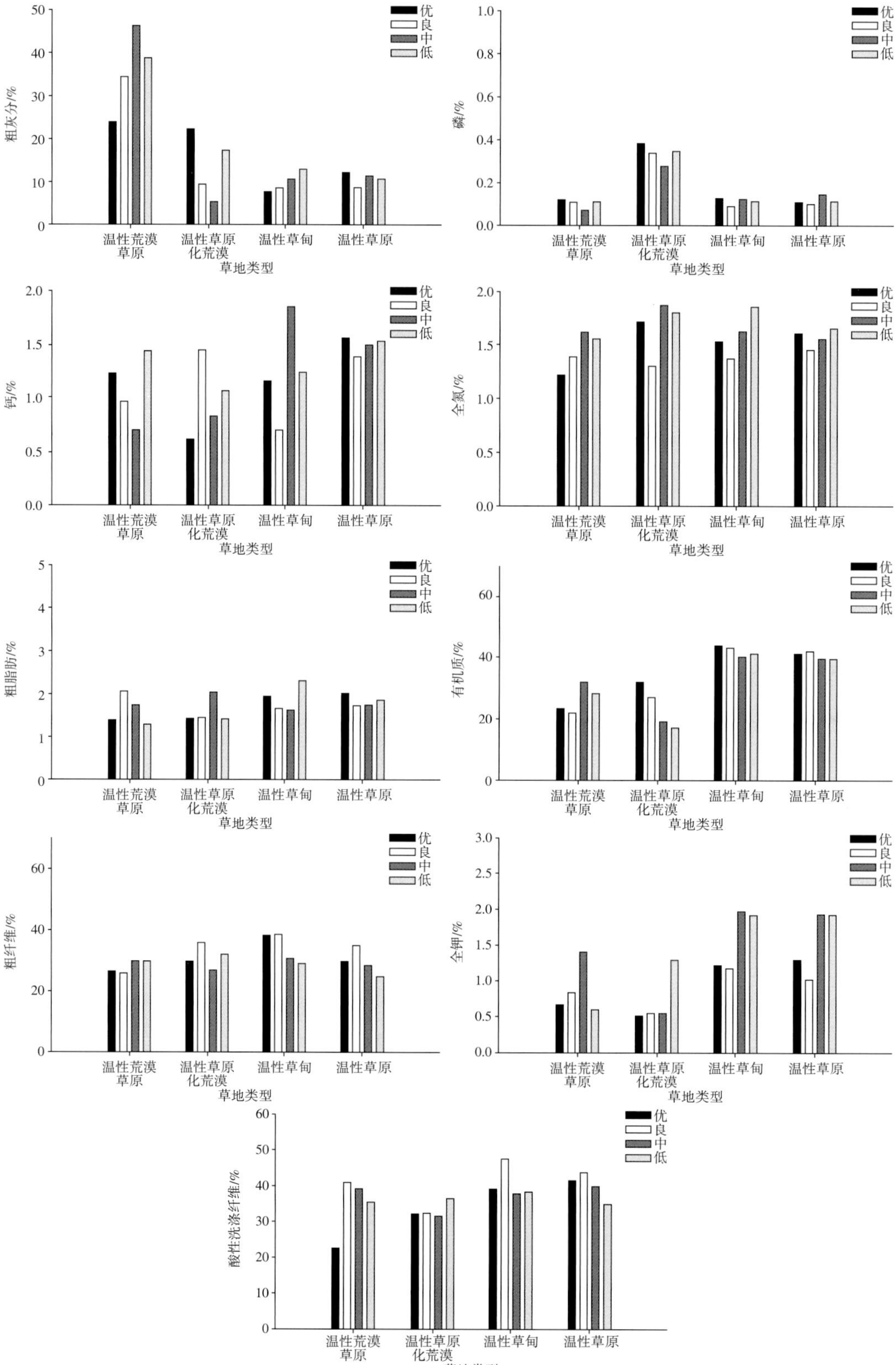

图 4-10　宁夏主要类型草原不同质量等级牧草营养成分

性草原化荒漠和温性草原均为优等牧草粗灰分含量最高，而温性草甸低等饲草粗灰分含量最高;温性草原化荒漠中等牧草粗灰分含量最低。饲草磷含量方面,温性草原化荒漠植被磷含量最高,其他草原类型植被磷含量差别不大。温性荒漠草原和温性草原化荒漠中等牧草磷含量最低,温性草甸和温性草原的良等饲草磷含量最低。4 个草原类型不同饲用价值饲草的钙含量无明显规律，温性草原 4 个饲草等级植被的钙含量均较高,且差别不大;温性荒漠草原低等和优等饲草钙含量最高,温性草原化荒漠良等饲草含钙量最高,优等牧草含钙量最低;温性草甸良等饲草含钙量最低。4 个草原类型不同饲用价值牧草的全氮含量差别不大，中等和低等饲草价值的植被全氮量稍高;优等饲草全氮含量总体表现为温性草原化荒漠>温性草原>温性草甸>温性荒漠草原。饲草粗脂肪含量方面,4 个草原类型植被粗脂肪含量差别不大,其中温性草甸和温性草原优良牧草饲草粗脂肪含量较高，温性荒漠草原和温性草原化荒漠中等和低等牧草粗脂肪含量较低,温性草甸和温性草原优等饲草的粗脂肪含量最高,温性荒漠草原和温性草原化荒漠粗脂肪含量较低。饲草有机质含量方面,温性草甸和温性草原饲草有机质含量高于其他两个草原类型,且不同饲用价值植被有机质含量差别不大;温性草原化荒漠饲草有机质含量表现为优>良>中>低,温性荒漠草原中等饲草有机质含量最高。酸性洗涤纤维含量方面,4 个草原类型良、中和低等饲用价值的牧草酸性洗涤纤维含量较高;4 个草原类型优等饲草酸性洗涤纤维总体表现为温性草原>温性草甸>温性草原化荒漠>温性荒漠草原。

4.5　结论与讨论

（1）调查了宁夏主要类型草原（温性荒漠草原、温性草原、温性草甸和温性草原化荒漠）46 科 165 属 286 种植物,植被组成以多年生草本为主,各科占比由高到低前十位为菊科 Asteraceae（18.88%）、禾本科 Poaceae（13.64%）、豆科 Fabaceae（12.24%）、苋科 Amaranthaceae（5.24%）、唇形科 Lamiaceae（4.9%）、蔷薇科 Rosaceae（4.2%）、百合科 Liliaceae（3.8%）、石竹科 Caryophyllaceae（2.8%）、蒺藜科 Zygophyllaceae（2.8%）、毛茛科 Ranunculaceae（2.1%）。

温性荒漠草原优势种有短花针茅（*Stipa breviflora*）、黑沙蒿（*Artemisia ordosica*）、老瓜头（*Cynanchum komarovii*）、牛枝子（*Lespedeza potaninii*）和猫头刺（*Oxytropis aciphylla*），主要伴生种有兴安胡枝子（*Lespedeza davurica*）、阿尔泰狗娃花（*Aster altaicus*）、多裂骆驼蓬（*Peganum multisectum*）等。温性草原优势物种为大针茅（*Stipa grandis*)、星毛委陵菜(*Potentilla acaulis*)、赖草(*Leymus secalinus*)、寸草(*Carex duriuscula*)、百里香(*Thymus mongolicus*)和白莲蒿(*Artemisia sacrorum*)等,主要伴生种有甘菊(*Dendranthema lavandulifolium*)、披碱草(*Elymus dahuricus*)、火绒草(*Leontopodium leontopodioides*)、牛枝子(*Lespedeza potaninii*)和糙隐子草(*Cleistogenes squarrosa*)。温性草甸优势种为长芒草(*Stipa bungeana*)、白莲蒿(*Artemisia sacrorum*)、蒙古风毛菊(*Saussurea mongolica*)、百里香(*Thymus mongolicus*)等。温性草原化荒漠灌木优势种有珍珠猪毛菜(*Caroxylon passerinum*),草本优势种为寸草(*Carex duriuscula*)、糙隐子草(*Cleistogenes squarrosa*)、兴安胡枝子(*Lespedeza davurica*)等。

(2)宁夏草原群落盖度表现为温性草甸(88.35%)>温性草原(83.88%)>温性荒漠草原(58.17%)>温性草原化荒漠(49.3%)。植被盖度方面,不同类型草原5—9月围栏内盖度普遍高于围栏外,或与之持平;群落高度方面,除温性草原化荒漠,温性荒漠草原、温性草原和温性草甸均表现为围栏内高于围栏外;群落生物量方面,不同类型草原群落地上生物量均表现为围栏内大于围栏外。以上结果表明,封育有利于草地群落盖度、高度和生物量的提高。从季节性草原生产力看来,5—9月牧草生长期,温性草甸、温性草原、温性荒漠草原和温性草原化荒漠生产力季节变化明显,干草产量总体表现为抛物线状,即产量逐渐上升再下降趋势,7—8月草产量达到峰值,最高产量分别为335.24 g/m^2、156.33 g/m^2、113.77 g/m^{2}和298.42 g/m^2,天然草原的饲草供给呈现季节不平衡。

(3)在群落物种多样性方面,温性草甸草原和温性草原的多样性、丰富度、均匀度和优势度指数显著高于其他草原类型。宁夏天然草原等以三等和四等为主,中等和低等以上牧草产量占总产量的60%以上;宁夏草原级以5级、6级和7级为主,综合评定以中质中产草原为主。通过补播改良,草原优质牧草生产力仍有较大的提升空间。

(4)温性荒漠草原植物的粗灰分普遍高于其他草原类型,温性草原化荒漠饲草的磷含量最高。饲草粗脂肪含量方面,4种类型草原植被粗脂肪含量差别不大,其中温性草甸和温性草原优良牧草饲草粗脂肪含量较高。饲草有机质含量方面,温性草甸和温性草原饲草有机质含量高于其他草原类型,然而不同饲用价值饲草之间有机质含量差别不大。酸性洗涤纤维含量方面,4种类型草原良、中和低等饲用价值的牧草酸性洗涤纤维含量较高。

第5章
宁夏主要类型草原土壤质量评价研究

5.1 试验设计与方法

基于已经确定的宁夏主要草原类型49个监测点，开展不同类型的草地土壤环境监测，包括土壤水分动态变化、土壤物理性质、土壤养分、土壤酶活性和土壤微生物量区系及功能多样性等。

5.1.1 土壤取样及水分测定

用TDR时域反射仪于植物生长期(6、7月)和旺盛生长期(8月)，每月中旬调查8个核心监测点围封草场内、外0~100 cm土壤水分含量，每20 cm为1层，每层3次重复。8月中旬调查41个普通监测点0~100 cm土壤水分含量，每20 cm为1层，每层3次重复。选择不同草原类型典型区域，采集地下1 m深度的土壤样品，3次重复，烘干称重测定深层土壤水分。

5.1.2 土壤物理性质的测定

土壤物理性质主要包括土壤容重、最大持水量、田间持水量、毛管孔隙度、总孔隙度和土壤机械组成等。土壤容重是指土壤在未破坏自然结构的状况下，单位容积的干土重，以g/cm^{3}表示。土壤容重、田间持水量、总孔隙度、毛管孔隙度等是土壤紧实度状况的反应，而它们和土壤质地、结构、有机质含量、土壤紧实度等有关，并可以作为判断土壤肥力高低的一项重要指标，测定土壤田间持水性能的常用方法为环刀法。

土壤物理性质测定方法：在不同草原类型典型监测样点选择适当的位置挖取土壤剖面，利用修土刀修平土壤剖面，并记录剖面的形态特征，按剖面层次，分层取样，测定深度为0~40 cm，每20 cm为1层，每层重复3次。将装有样品的环刀两端立即加盖，随即称重精确到0.01 g。放于盛水的搪瓷盘内，由孔盖的一端朝下，盘内水面较环刀上缘低1~2 mm。勿使环刀上面淹水，让水分饱和土壤。将水分饱和一昼夜的装有原状土的环刀取出，称取重量，然后打开底盖将其连滤纸一起放在沙土上静置 48 h 后称重，将环刀放进烘箱，在 105 ℃下烘 12 h，取出称重。最后将环刀中的土去掉，称出空环刀重（带网盖，垫有滤纸），允许平行绝对误差<0.03 g，取算术平均值。计算公式如下：

土壤重量湿度（%）=（环刀内湿土重-环刀内干土重）/环刀内干土重×100%

土壤容重（g/cm^3）=环刀内干土重/环刀体积

最大持水量（%）=（浸润 12 h 后环刀内湿土重-环刀内干土重）/环刀内干土重×100%

毛管持水量（%）=（在干沙上搁置 2 h 后环刀内湿土重-环刀内干土重）/环刀内干土重×100%

最小持水量（%）=（在干沙上搁置一定时间后环刀内湿土重-环刀内干土重）/环刀内干土重×100%

非毛管空隙（容积%）=（最大持水量-毛管持水量）×土壤容重

5.1.3 土壤蓄水能力计算方法

（1）土壤实际贮水量是指一定土层厚度土壤实际的含水量，计算公式：

$$W=SW_i \times d_i \times 10$$

式中，W 为土壤实际的贮水量，mm；SW_i 为第 i 层土壤体积含水量，%；d_i 为第 i 层土壤深度，cm。

（2）土壤饱和蓄水量即土壤最大蓄水量，是当土壤孔隙中水分饱和时一定土层厚度内土壤含水量，计算公式为：

$$W_t=P_t \times d_i \times 10^4$$

式中，W_t 为土壤饱和（最大）蓄水量，t/hm^2；d_i 为第 i 层土壤深度，cm；P_t 为土壤总孔隙度，%。

5.1.4 土壤粒径的测定方法

将土壤样品自然风干，过 2 mm 筛，并去除树根等杂物，使用英国马尔文公司的 Mastersizer 3000 激光衍射粒度分析仪进行土壤粒径分布（PSD）的测定，粒度分析的粒径范围为 0.01~3 500 μm，土壤粒径分级采用美国制土壤粒级标准（表 5-1）。

5.1.5 土壤养分的测定方法

在不同草原类型监测点，选择具有代表性的样地，采用土钻法，按梅花形方式设点 10 个，按 0~20 cm、20~40 cm 2 个层次取样，取土后把 10 次重复的土壤分层均匀混合。样品自然风干后剔除杂质，磨碎过 0.25 cm 筛，实验室分析测定。

表 5-1　土壤粒级制(美国)

土壤粒径/μm	土壤粒级
2 000~3 000	石砾
1 000~2 000	极粗砂粒
500~1 000	粗砂粒
250~500	中砂粒
100~250	细砂粒
50~100	极细砂粒
2~50	粉粒
<2	黏粒

全氮量的测定采用凯氏定氮法(Kjeldahl);土壤水解氮的测定采用 NaOH 水解法;速效磷的测定采用 0.5 mol/L $NaHCO_3$ 浸提-钼锑抗比色法;速效钾的测定方法为 1 mol/L NH_4OAc 浸提-火焰光度法;有机质测定采用铬酸氧还滴定法。

5.1.6　土壤微生物结构及功能的测定

(1)磷脂脂肪酸(phospholipid fatty acids, PLFAs)指纹图谱法

土壤微生物磷脂脂肪酸的测定:称取相当于 4 g 干土质量的新鲜土壤样品于培养瓶中,利用甲醇:三氯甲醇为 2:1 的溶液(105 mL)和 0.05 mol/L 的磷酸盐缓冲液(pH 7, 30 mL)、无菌超纯水(36 mL)、三氯甲醇(36 mL)振荡、摇匀,在黑暗中培养 22 h;滤液旋转浓缩,磷脂采用活化硅胶柱分离,磷脂脂肪酸甲酯采用碱性甲醇分解,进行分离,经甲酯化后采用 Agilent 6850 型气相色谱仪,进样口温度为 300 ℃、色谱柱为 Agilent HP-5MS,30 m×250 μm×0.25 μm,采用MIDI Sherlock 脂肪酸图谱微生物鉴定系统分析待检样品。

(2)土壤微生物功能多样性测定

采用 Biolog-Eco 微平板技术来评价土壤微生物的功能多样性。先称取相当于 10 g 干土重的新鲜土壤,加入90 g 无菌水,在 180 次/min 条件下振荡 10 min。在 4 ℃条件下沉降 30 min,然后吸取 1 mL 土壤悬浊液到 99 mL 无菌水中。取上清液接种到 Biolog-Eco 微孔板的微孔内,每孔接种 150 μL,接种后的测试盘在 25 ℃下培养 7 d,每天用自动读数装置在 590 nm 下测定吸光值,采用全自动微生物鉴别分型系统 Microstation system(BIOLOG Inc.,USA)进行测定和数据读取。平均每孔颜色变化率(AWCD)表示土壤微生物群落的整体活性,可表征土壤微生物对碳源的整体利用情况。计算表达

式为：

$$AWCD=\sum(C-R)/n$$

式中，C 为每个有培养基孔的吸光度值；R 为空白孔的吸光度值；n 为培养基数据；n 值为 31，表示 Biolog-Eco 微平板的碳源种类数目。采用优势度指数、香农-维纳指数和 McIntosh 指数表征土壤微生物群落碳代谢功能多样性，其中香农-维纳指数（H）用于评估物种的丰富度；优势度指数（D）用于评估某些最常见种的优势度；McIntosh 指数（U）反映土壤中微生物群落均匀度，即利用底物的一致性。三个多样性指数的计算公式如下：

$$H=-\sum P_i(\ln P_i)$$

$$D=1-\sum_{i=1}^{n}(P_i)^2$$

$$U=\sqrt{\sum n_i^2}$$

式中，P_i 为第 i 孔的相对吸光度与整个平板相对吸光值总和的比率；n_i 为第 i 孔的相对吸光值。

5.2 主要草原类型土壤物理性质

5.2.1 土壤水分特征

5.2.1.1 土壤含水量

图 5-1 为不同草原类型 0~100 cm 土壤含水量特征。总体看来，不同土层深度土壤含水量由大到小依次为温性草甸>温性草原>温性草原化荒漠>温性荒漠草原。温性草甸草原土壤水分随着土层深度增加逐渐降低，由 0~10 cm 的 29.14%，降低为 24.81%，温性草原土壤含水量随着土层深度增加先降低后有所升高，然后再降低，总体趋势是降低的，其土壤含水量由表层 17.63%，降至 15.24%；温性草原化荒漠 10~20 cm 土壤含水量最高，为 11.47%，从 20 cm 土层开始随着土层深度增加降低较快，80~100 cm 土层土壤含水量仅为 3.26%，为 4 个草原类型中的最低值；温性荒漠草原 0~20 cm 土壤含水量降低，但是 20~80 cm 随着土层深度增加，土壤含水量表现为升高趋势。土壤含水量的多少一方面取决于植被的盖度和物种的丰富度，另一方面主要取决于植物群落中植物根系的分布深度，且后者的影响较大。温性草甸和温性草原植物根系分布较深，因此根系对土壤较深的土层水分利用更多，导致土层越深，土壤含水量越低，而温性荒漠草原植物根系分布较浅，根系对土壤表层水分利用较多，导致随

着土层深度加深,土壤含水量反而有所升高。

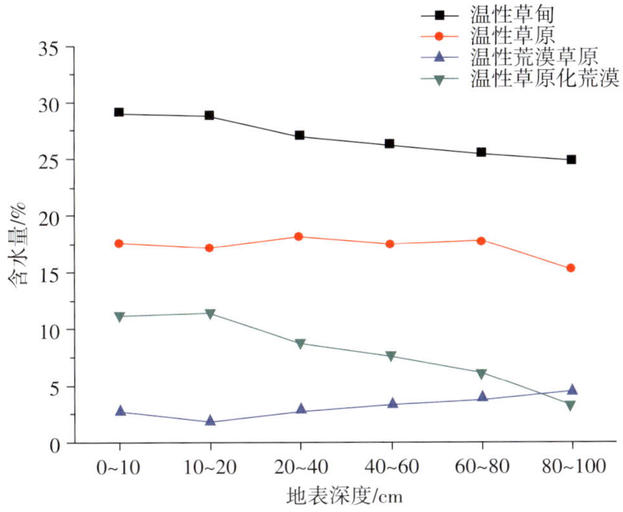

图 5-1 不同草原类型 0~100 cm 土壤水分特征

5.2.1.2 土壤蓄水能力

土壤贮水量和土壤饱和蓄水量是衡量土壤蓄水能力的两个重要指标，其中前者是土壤实际蓄水能力的一个重要指标，后者是土壤孔隙中水分饱和状态下的代用指标。基于此,利用土壤样品实测数据,分别对研究区 0~10 cm、10~20 cm 和 20~40 cm 土层贮水量和土壤饱和蓄水量进行统计分析。

从不同草地类型土壤饱和蓄水量统计分析中可以看出（表 5-2),0~10 cm 土层,温性草甸草原土壤饱和蓄水量为 553.13~629.67 t/hm^2,平均值为 591.6 t/hm^2;温性草原土壤饱和蓄水量为 508.4~602.83 t/hm^2,平均值为 543.35 t/hm^2;温性荒漠草原土壤饱和蓄水量为 343.73~535.93 t/hm^2,平均值为 418.78 t/hm^2;温性草原化荒漠土壤饱和蓄水量为 352.37~528.8 t/hm^2,平均值为 480.61 t/hm^2。可以看出,温性草甸草原饱和蓄水量最大,其次为温性草原、温性草原化荒漠和温性荒漠草原。对各草地类型土壤饱和蓄水量均值进行差异性分析后发现，除温性荒漠草原与其他类型草原差异性显著外($P<0.05$),其他草地类型土壤饱和蓄水量之间无显著差异($P>0.05$)。0~10 cm 土层各类型草地土壤饱和蓄水量变异程度方面,温性草甸和温性草原变异系数小于 10%,呈弱变异性,温性荒漠草原和温性草原化荒漠介于 13.59%~14.51%,为中等变异程度。

10~20 cm 土层,温性草甸草原土壤饱和蓄水量为 539.53~628.57 t/hm^2,平均值为 583.83 t/hm^2;温性草原土壤饱和蓄水量为 344.60~580.30 t/hm^2,平均值为 506.10 t/hm^2;温性荒漠草原土壤饱和蓄水量为 330.9~612.5 t/hm^2,平均值为 436.5 t/hm^2;温性草原

化荒漠土壤饱和蓄水量为 347.26~537.73 t/hm²，平均值为 461.12 t/hm²。对各草地类型10~20 cm 土壤饱和蓄水量均值进行差异性分析后发现，温性荒漠草原与温性草甸和温性草原差异性显著，其他草地类型之间无显著差异。10~20 cm 土层各类型草地土壤饱和蓄水量变异程度方面，温性草甸变异系数<10%，呈弱变异性，其他草原草原类型变异系数均大于 10%，为中等变异程度。

20~40 cm 土层，温性草甸草原土壤饱和蓄水量为 1 132.67~1 195.2 t/hm²，平均值为1 163.53 t/hm²；温性草原土壤饱和蓄水量为 710.40~1 138.47 t/hm²，平均值为999.85 t/hm²；温性荒漠草原土壤饱和蓄水量为 672.2~1 139.93 t/hm²，平均值为863.46 t/hm²；温性草原化荒漠土壤饱和蓄水量为 986.93~1 188.13 t/hm²，平均值为1 082.35 t/hm²。对 10~20 cm 进行差异性分析后发现，温性荒漠草原与其他草原类型饱和蓄水量差异性显著，其余各草原类型之间不具有显著差异。变异程度方面，温性草甸和温性草原化荒漠呈弱变异性，温性草原和温性荒漠草原呈中等变异。

同一草原类型不同土壤深度看来，温性草原化荒漠随着土层深度增加，土壤饱和蓄水量先降低后升高，其他草原类型表现为随着土层深度增加，土壤饱和蓄水量不断增加。从变异程度来看，温性草甸随着土层深度增加，变异系数均<10%，呈弱变异性；

表 5-2　不同草原类型土壤饱和蓄水量指标统计分析

草原类型	土层深度/cm	土壤饱和蓄水量/(t·hm⁻²)				标准差	标准平均误差	变异系数/%
		最小值	最大值	平均值	中位数			
温性草甸	0~10	553.13	629.67	591.60a	591.80	31.33	15.67	5.29
	10~20	539.53	628.57	583.83a	579.70	38.25	17.11	6.55
	20~40	1 132.67	1 195.20	1 163.53a	1 163.13	29.27	14.64	2.52
温性草原	0~10	508.40	602.83	543.35ab	538.98	27.65	6.91	5.00
	10~20	344.60	580.30	506.10ab	540.90	75.04	18.20	14.80
	20~40	710.40	1 138.47	999.85a	1 077.43	156.63	36.92	15.66
温性荒漠草原	0~10	343.73	535.93	418.78c	395.27	60.79	11.10	14.51
	10~20	330.90	612.50	436.50c	416.20	70.62	13.84	16.17
	20~40	672.20	1 139.93	863.46b	812.87	128.31	24.69	14.86
温性草原化荒漠	0~10	352.37	528.80	480.61bc	505.55	65.33	26.67	13.59
	10~20	347.26	537.73	461.12bc	491.83	76.61	28.96	16.61
	20~40	986.93	1 188.13	1 082.35a	1 074.27	76.98	34.43	7.11

注：不同字母表示差异显著（$P<0.05$）。

温性草甸草原 0~10 cm 呈弱变异程度，20~40 cm 呈中等变异；温性荒漠草原不同土层深度饱和蓄水量均为中等变异程度；温性草原化荒漠 0~20 cm 土层饱和蓄水量为中等变异特征，20~40 cm 饱和蓄水量为弱变异程度。

不同草地类型土壤贮水量分析见表 5-3。0~10 cm 土层，温性草甸、温性草原、温性荒漠草原和温性草原化荒漠土壤贮水量分别为 157.06~188.75 mm、133.62~204.44 mm、89.67~413.7 mm、128.67~244.83 mm，可以看出土壤贮水量均值由大到小依次为温性草甸>温性草原化荒漠>温性草原>温性荒漠草原。对各草地类型 0~10 cm 土壤贮水量均值进行差异性分析后发现，各草原类型差异性均不显著。此外，温性草甸和温性草原变异系数<10%，呈弱变异程度，温性荒漠草原和温性草原化荒漠变异系数均大于 10%，呈中等变异程度。

10~20 cm 土层，温性草甸、温性草原、温性荒漠草原和温性草原化荒漠土壤贮水量分别为 148.37~193.74 mm、88.89~198.52 mm、85.11~411.43 mm、90.56~200.9 mm。可以看出，不同草地类型土壤贮水量均值由大到小依次为温性草甸>温性草原>温性草原化荒漠>温性荒漠草原，各草原类型之间差异不显著。在变异程度方面，4 种草原类型变异系数均大于 10%，呈中等变异程度。

表 5-3　不同草原类型土壤贮水量指标统计分析

草原类型	土层深度/cm	土壤贮水量/mm				标准差	标准平均误差	变异系数/%
		最小值	最大值	平均值	中位数			
温性草甸	0~10	157.06	188.75	168.67a	164.43	14.05	7.03	8.33
	10~20	148.37	193.74	166.28a	164.11	17.05	7.63	10.26
	20~40	310.90	406.72	338.34a	317.86	45.72	22.86	13.51
温性草原	0~10	133.62	204.44	148.85a	144.18	17.52	4.38	0.12
	10~20	88.89	198.52	137.48a	142.62	26.81	6.50	19.50
	20~40	181.29	382.57	274.60a	284.78	56.88	13.41	20.72
温性荒漠草原	0~10	89.67	413.70	134.74a	114.92	70.94	12.95	52.65
	10~20	85.11	411.43	134.15a	122.87	62.92	12.34	46.89
	20~40	171.93	830.93	266.02a	241.20	124.19	23.90	46.68
温性草原化荒漠	0~10	128.67	244.83	159.04a	134.79	46.00	18.78	28.92
	10~20	90.56	200.90	134.30a	134.88	34.57	13.07	25.74
	20~40	259.82	310.03	285.91a	287.19	18.46	8.26	6.46

注：不同字母表示差异显著（$P<0.05$）。

20~40 cm 土层，温性草甸、温性草原、温性荒漠草原和温性草原化荒漠土壤贮水量分别为 310.9~406.72 mm、181.29~382.57 mm、171.93~830.93 mm、259.82~310.03 mm。可以看出，不同草地类型土壤贮水量均值由大到小依次为温性草甸>温性草原化荒漠>温性草原>温性荒漠草原，且各草原类型之间差异不显著。在变异程度方面，除温性草原化荒漠土壤贮水量变异系数<10%，呈弱变异程度，其他草原类型变异系数均>10%，为中等变异程度。

不同草地类型土壤贮水量垂直变化特征见图 5-2 左图。可以看出，总体上不同草原类型土壤贮水量随着土层深度的增加先减小后增大，其中 0~20 cm 变化幅度不大，20~40 cm 变化幅度较大。0~10 cm 土壤贮水量表现为温性草甸>温性草原化荒漠>温性草原>温性荒漠草原，各草原类型之间差异不显著；10~20 cm 土层表现为温性草甸>温性草原>温性草原化荒漠>温性荒漠草原，各类型之间差异不显著；20~40 cm 土层土壤贮水量表现为温性草甸>温性草原化荒漠>温性草原>温性荒漠草原，各类型之间差异不显著。

不同草地类型土壤饱和蓄水量垂直变化特征见图 5-2 右图。总体上，不同土层土壤饱和蓄水量表现为温性草甸>温性草原>温性草原化荒漠>温性荒漠草原；0~10 cm 和 10~20 cm 土层，温性荒漠草原饱和蓄水量与温性草甸和温性草原差异显著，其他草原类型之间差异不显著。此外，0~20 cm 土壤饱和蓄水量大小差别不大，20~40 cm 土壤饱和蓄水量增加幅度较大；20~40 cm 土层，温性荒漠草原土壤饱和蓄水量与其他草原类型差异显著。

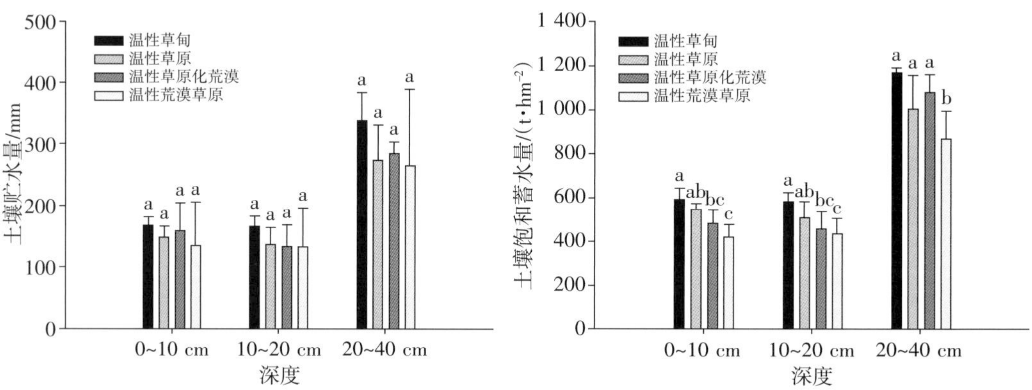

图 5-2 不同草原类型土壤贮水量(左)和土壤饱和蓄水量(右)特征

5.2.2 土壤物理结构

表 5-4 为不同草原类型土壤物理结构的变化特征。0~10 cm 土层，温性荒漠草原

土壤容重最大，为 1.46 g/cm^3，其次为温性草原化荒漠 1.35 g/cm^3，温性草原土壤容重为 1.17 g/cm^3，温性草甸土壤容重最低，为 0.98 g/cm^3，除温性草原化荒漠和温性荒漠草原，其他草原类型之间土壤容重差异显著，土壤容重越小表明土壤结构，透气透水性能越好。土壤饱和持水量温性草甸最高，为 60%，其次为温性草原，46.81%，温性草原化荒漠和温性荒漠草原分别为 35.75%和 29.12%，方差分析表明温性草甸和温性草原饱和持水量与其他草原类型差异显著。毛管持水量由大到小依次为温性草甸>温性草原>温性草原化荒漠>温性荒漠草原，温性草甸与温性草原化荒漠和温性荒漠草原差异显著，温性草原与温性草原化荒漠和温性荒漠草原差异显著。田间持水量由大到小依次为温性草甸>温性草原>温性草原化荒漠>温性荒漠草原，温性草甸、温性草原与温性草原化荒漠、温性荒漠草原田间持水量差异显著。非毛管孔隙度由大到小依次为温性草甸（15.36%）>温性草原化荒漠（6.19%）>温性草原（5.92%）>温性荒漠草原（5.23%），方差分析表明温性草甸与其他草原类型差异显著，其他草原类型之间无显著差异。毛管孔隙度中，温性草原最大为 48.17%，温性荒漠草原最小为 36.43%，方差分析表明温性草原与温性荒漠草原毛管孔隙度差异显著，其他草原类型之间无显著差异。总孔隙度结果中，由大到小依次为温性草甸(57.82%)>温性草原(54.10%)>温性草原化荒漠(47.57%)>温性荒漠草原(41.66%)，温性草甸和温性草原与温性草原化荒漠和温性荒漠草原差异显著，其他草原类型之间无显著差异。

10~20 cm 土层中，土壤容重表现为温性荒漠草原(1.48 g/cm^3)>温性草原化荒漠(1.35 g/cm^3)>温性草原(1.17 g/cm^3)>温性草甸(0.98 g/cm^3)，且温性草甸和温性草原与其他草原类型差异显著。土壤饱和持水量由大到小依次为温性草甸>温性草原>温性草原化荒漠>温性荒漠草原，其中温性草甸和温性草原与其他草原类型差异显著，温性草原化荒漠和温性荒漠草原无显著差异。毛管持水量中，温性草甸和温性草原较高分别为 43.6%和 41.41%，温性草原化荒漠和温性荒漠草原较低，分别为 31.15%和 25.28%，其中温性草甸和温性草原与其他两种草原类型具有显著差异。田间持水量由大到小依次为温性草甸>温性草原>温性草原化荒漠>温性荒漠草原，且前两种草原类型与其他草原类型差异显著。非毛管孔隙度温性草甸最高，为 16.01%，显著高于其他三种草原类型。毛管孔隙度较为接近，温性草原最高为 48.09%，温性荒漠草原最低为 36.49%，各草原类型之间无显著差异。总孔隙度结果表明，由大到小依次为温性草甸>温性草原>温性草原化荒漠>温性荒漠草原，温性草原与温性草原化荒漠和温性荒漠草原差异显著，其他草原类型之间无显著差异。

表 5-4　不同草原类型土壤物理结构变化特征

深度/cm	草原类型	土壤容重/($g \cdot cm^{-3}$)	饱和持水量/%	毛管持水量/%	田间持水量/%	非毛管孔隙/%	毛管孔隙/%)	总孔隙度/%
0~10	温性草甸	0.98±0.05c	60.00±3.56c	43.96±8.43a	39.45±7.79a	15.36±2.85a	42.46±6.53ab	57.82±3.81a
	温性草原	1.17±0.07b	46.81±4.49b	41.56±3.21a	37.88±3.13a	5.92±2.72b	48.17±2.71a	54.10±2.05a
	温性草原化荒漠	1.35±0.13a	35.75±6.65a	31.15±6.57b	27.65±7.08b	6.19±2.99b	41.37±5.67ab	47.57±5.11b
	温性荒漠草原	1.46±0.14a	29.12±7.30a	25.51±7.03b	22.32±7.22b	5.23±1.82b	36.43±6.57b	41.66±6.19b
10~20	温性草甸	0.98±0.06c	60.13±6.78a	43.60±7.73a	39.64±7.38a	16.01±3.66a	42.61±6.32ab	58.62±3.91a
	温性草原	1.17±0.08b	46.52±5.04b	41.41±4.02a	37.8±3.87a	5.79±2.76b	48.09±3.38a	53.88±2.81ab
	温性草原化荒漠	1.35±0.13a	35.75±6.65c	31.15±6.57b	27.65±7.08b	6.19±2.99b	41.37±5.67ab	47.57±5.11b
	温性荒漠草原	1.48±0.13a	28.71±6.97c	25.28±6.41b	22.46±6.70b	4.98±1.77b	36.49±5.84b	41.47±5.88c
20~40	温性草甸	1.05±0.06c	54.60±5.06a	42.47±7.28a	38.80±7.25a	12.37±3.90a	44.27±5.84a	56.64±2.64a
	温性草原	1.17±0.07bc	46.55±4.63ab	42.21±4.65a	38.29±4.19a	5.03±2.03b	49.07±3.21a	54.10±2.66a
	温性草原化荒漠	1.31±0.14b	40.01±9.13b	34.11±6.24a	31.25±6.17a	7.43±4.10b	43.79±4.44a	51.22±7.74a
	温性荒漠草原	1.47±0.12a	29.13±6.83c	25.33±6.21b	22.20±5.98b	5.5±2.47b	36.5±5.99b	42.00±6.02b

注：不同字母表示同一土层深度差异显著(P<0.05)。

20~40 cm 土层，温性荒漠草原土壤容重为 1.47 g/cm^3，显著高于其他三个草原类型。饱和持水量结果表明，温性荒漠草原最低为 29.13%，显著低于其他草原类型，其他草原类型之间差异不显著。毛管持水量由大到小依次为温性草甸>温性草原>温性草原化荒漠>温性荒漠草原，且温性荒漠草原显著低于其他草原类型。田间持水量方面，温性荒漠草原最低为 22.2%，温性草甸最高为 38.8%，方差分析表明，温性荒漠草原显著低于其他草原类型。非毛管孔隙度温性草甸最高，为 44.27%，且显著高于其他草原类型，温性草原、温性草原化荒漠和温性荒漠草原无显著差异。温性荒漠草原毛管孔隙度为 36.5%，显著低于其他草原类型，其他草原类型之间无显著差异。总孔隙度结果表明，由大到小依次为温性草甸>温性草原>温性草原化荒漠>温性荒漠草原，方差分析显示温性荒漠草原显著低于其他三个草原类型。

5.2.3　土壤机械组成

通过对不同土层深度土壤机械组成进行统计分析，表明了不同草原类型土壤粒径组成及分布特征(图 5–3)。可以看出，温性草原、温性草甸、温性草原化荒漠和温性荒漠草原土壤主要由黏土、粉砂和极细砂物质组成，其中黏粒含量最高。在 0~10 cm

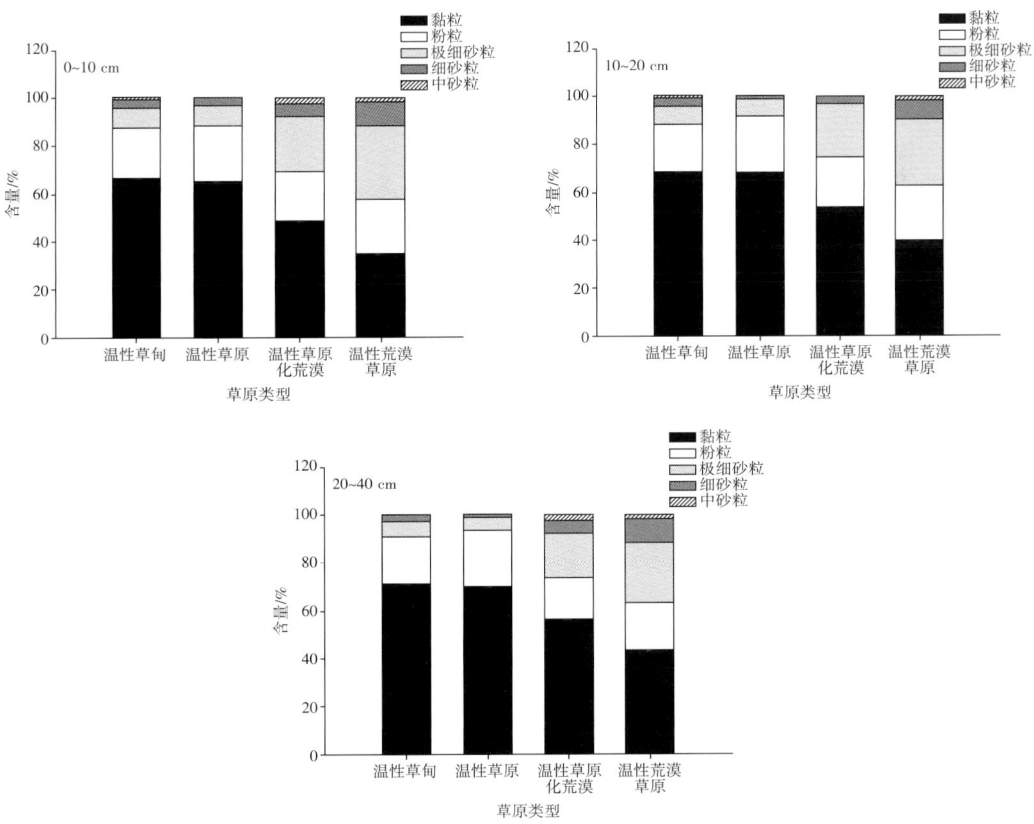

图 5–3　不同草原类型 0~10 cm、10~20 cm 和 20~40 cm 土壤机械组成特征

土层，温性草甸、温性草原黏粒含量较为接近，分别为 66.67%、65.37%，温性草原化荒漠黏粒含量为 48.42%，温性荒漠草原黏粒含量最低为 34.57%，温性草原化荒漠黏土含量最低，为 32.69%。四种草原类型粉砂含量较为接近，温性草甸、温性草原、温性草原化荒漠和温性荒漠草原粉砂含量分别为 20.55%、23.45%、21.08%和 23.15%。极细砂粒含量温性草甸草原和温性草原较低，分别为 8.53%和 8.26%，温性草原化荒漠和温性荒漠草原含量较高，分别为 23.08%和 30.56%。细砂粒温性荒漠草原含量最多，为 9.19%，其次为温性草原化荒漠 4.93%。中砂粒含量较少。在 10~20 cm 和 20~40 cm 土层，温性草甸、温性草原、温性草原化荒漠和温性荒漠草原土壤黏粒、粉粒、极细砂粒和细砂粒的含量组成及变化趋势与 0~10 cm 土层类似。

图 5–4 为不同草原类型黏粒、粉粒和极细砂粒的区域差异特征。方差分析结果表明，在 0~10 cm 土层黏粒组成方面，温性草甸和温性草原较高，温性草原化荒漠较低，温性荒漠草原最低，且与其他三种草原类型差异显著。在 10~20 cm 土层，温性荒漠草原黏粒含量显著低于温性草甸和温性草原，其他草原类型差异不显著。在 20~40 cm 土层，温性荒漠草原黏粒含量最低，且与温性草甸和温性草原差异显著，其他草原类

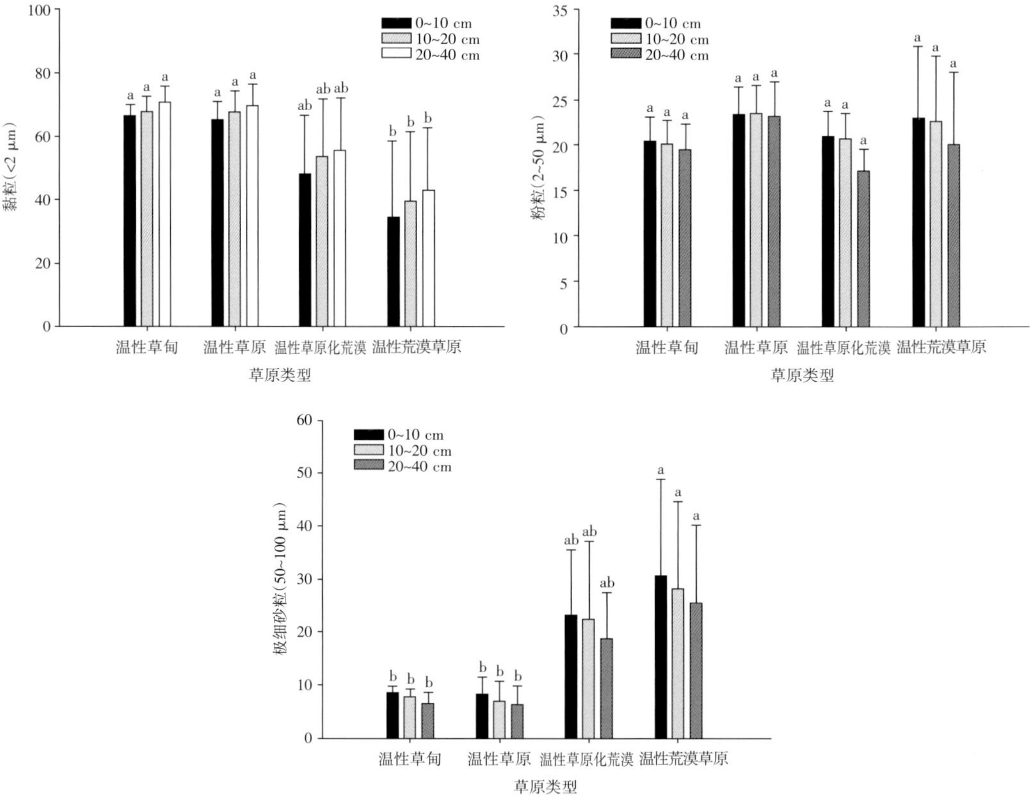

图 5–4　不同草原类型黏粒、粉粒和极细砂粒含量特征

型之间无显著差异。在土壤粉粒含量方面,0~40 cm 不同土层以及不同草原类型之间均无显著差异。在土壤极细砂粒含量方面,在 0~40 cm 不同土层上,温性草甸草原和温性草原土壤极细砂粒含量较少，温性草原化荒漠和温性荒漠草原土壤中极细砂粒含量较高,方差分析结果表明,温性荒漠草原与温性草甸草原和温性草原差异显著,其他草原类型之间无显著差异。

5.3　主要草原类型土壤化学性质

5.3.1　核心监测点土壤养分特征

图 5-5 为不同核心监测点 0~10 cm 土层土壤养分含量及区域差异特征。土壤 pH 值方面,各监测点围栏内外土壤 pH 比较接近,介于 7.90~8.92 之间,固原土壤 pH 最低,中卫土壤 pH 最高,中宁、中卫、灵武、吴忠监测点土壤 pH 显著高于其他监测点。土壤有机质含量方面,8 个核心监测点围栏内外的土壤有机质含量总体差别不大。而在区域分布上，固原、海原、同心的土壤有机质含量分别为 33.36 g/kg、47.35 g/kg 和 30.61 g/kg,显著高于其他监测点。灵武市土壤有机质含量为 1.39 g/kg,显著低于其他核心监测点。红寺堡、盐池、中宁和中卫土壤有机质含量分别为 6.92 g/kg、5.62 g/kg、7.33 g/kg 和 7.52 g/kg,各监测点之间差异不显著。在土壤全氮含量方面,监测点围栏内外土壤全氮含量比较接近,从区域空间看,固原、海原和同心土壤全氮含量较高,分别为 3.59 mg/kg、4.96 mg/kg 和 2.92 mg/kg,其他监测点土壤全氮含量较低,土壤全氮含量均不超过 1 mg/kg,灵武监测点最低,仅为 0.16 mg/kg。方差分析结果表明,固原、海原和同心监测点与其他 5 个监测点土壤全氮含量差异显著,红寺堡、灵武、盐池、中宁和中宁土壤全氮含量较低,且该监测点之间无显著差异。在土壤全磷含量方面,各监测点围栏内外土壤全磷含量相差不大，仅同心和中卫两地围栏外全磷含量较高于围栏外。从区域分布看,固原、海原、同心、中卫土壤全磷含量较高,分别为 0.68 mg/kg、0.67 mg/kg、0.72 mg/kg 和 0.66 mg/kg,红寺堡、灵武、盐池土壤全磷含量较低。方差分析表明,固原、海原、同心监测点土壤全氮含量差异不显著,红寺堡与中卫监测点无显著差异,灵武与盐池监测点差异不显著,其他监测点之间差异显著。土壤速效磷含量方面,8 个核心监测点围栏内土壤速效磷含量介于 16.51~32.82 mg/kg 之间,由大到小依次为中宁(34.70 mg/kg)>灵武(32.82 mg/kg)>中卫(21.88 mg/kg)>海原(20.84 mg/kg)>盐池(18.28 mg/kg)>同心(16.79 mg/kg)>固原(16.51 mg/kg)>红寺堡(12.77 mg/kg),各监测点之间结果差异不显著；围栏外土壤速效磷含量数值较为接近，介于 16.60~

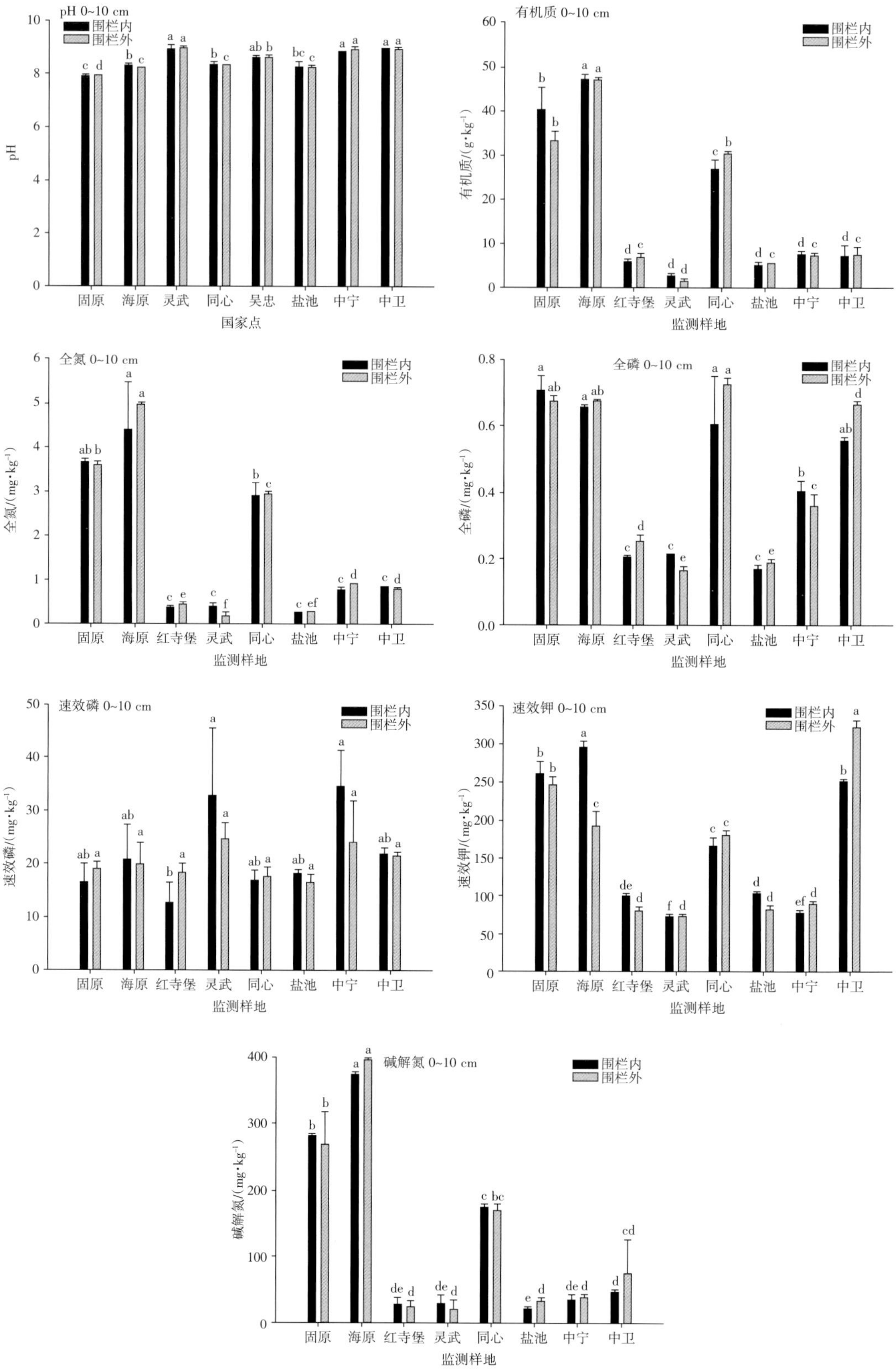

图 5-5 核心监测点 0~10 cm 土层土壤化学特征

24.70 mg/kg，各监测点之间差异不显著。土壤速效钾含量表明，围栏内土壤速效钾含量为73.57~296.37 mg/kg，海原、固原、中卫和同心土壤速效钾含量较高，灵武、中宁、红寺堡和盐池土壤速效钾含量较低，方差分析表明固原、海原、红寺堡、灵武、同心和盐池围栏内土壤速效钾含量差异显著；围栏外各监测点土壤速效钾含量差别较大，为80.26~323.17 mg/kg，其中中卫、固原、海原和同心土壤速效钾高于其他监测点，红寺堡最低，仅为 80.26 mg/kg，方差分析表明固原、海原、中卫之间差异显著，其他监测点之间土壤速效钾含量无显著差异。碱解氮含量显示，固原、海原和同心土壤碱解氮含量显著高于其他监测点，红寺堡、灵武、盐池和中卫土壤碱解氮含量较低，各监测点之间差异不显著。

图 5-6 为不同核心监测点 10~20 cm 土层土壤养分特征。土壤 pH 方面，各监测点土壤 pH 为 8.03~9.06，围栏内外土壤 pH 差别不大。此外，灵武土壤 pH 最高，固原土壤 pH 最低，中卫和灵武土壤 pH 显著高于其他监测点，其他各监测点之间差异不显著。土壤有机质含量中，围栏内外土壤有机质含量差别不大，其中固原、海原、同心土壤有机质含量较高，为 30.31~48.87 mg/kg，3 个监测点之间差异不显著，红寺堡、灵武、盐池、中宁和中卫土壤有机质含量较低，为 2.72~7.32 mg/kg，各监测点之间无显著差异。土壤全氮含量显示，海原围栏外土壤全氮含量较高于围栏内，其他监测点围栏内外土壤全氮含量差别不大，围栏外海原、固原和同心土壤全氮含量较高，且海原的全氮含量显著高于其他监测点，红寺堡、灵武、盐池、中宁和中卫土壤全氮含量较低，仅为 0.33~0.98 mg/kg，且各监测点之间无显著差异。土壤全磷结果表明，各监测点围栏内外土壤全磷含量差别不大，固原、海原、同心和中卫土壤全磷含量较高，为 0.65~0.69 mg/kg，红寺堡、灵武、盐池和中宁土壤全磷含量显著低于其他监测点，为 0.18~0.38 mg/kg。由土壤速效钾结果可知，各监测点围栏内外无明显规律，中卫土壤速效钾含量较高为 328.20 mg/kg，其他由大到小依次为固原>海原>同心>盐池>灵武>中宁>红寺堡，固原、海原和中卫土壤速效钾含量显著高于其他监测点。土壤速效磷结果表明，各监测点围栏内外土壤速效磷含量无明显规律，围栏内土壤速效磷含量为16.05~23.80 mg/kg，围栏外土壤速效磷含量为 15.52~24.84 mg/kg，各监测点结果差异不显著。土壤碱解氮含量显示，固原、海原和同心土壤碱解氮含量显著高于其他监测点，围栏内为 173.95~375.34 mg/kg，围栏外为 170.52~398.37 mg/kg，红寺堡、灵武、盐池、中宁和中卫土壤碱解氮含量较低，围栏内仅为 22.54~49 mg/kg，围栏外为 21.07~75.46 mg/kg。

图 5-7 为不同核心监测点 20~40 cm 土层土壤养分特征。土壤 pH 结果表明，各监

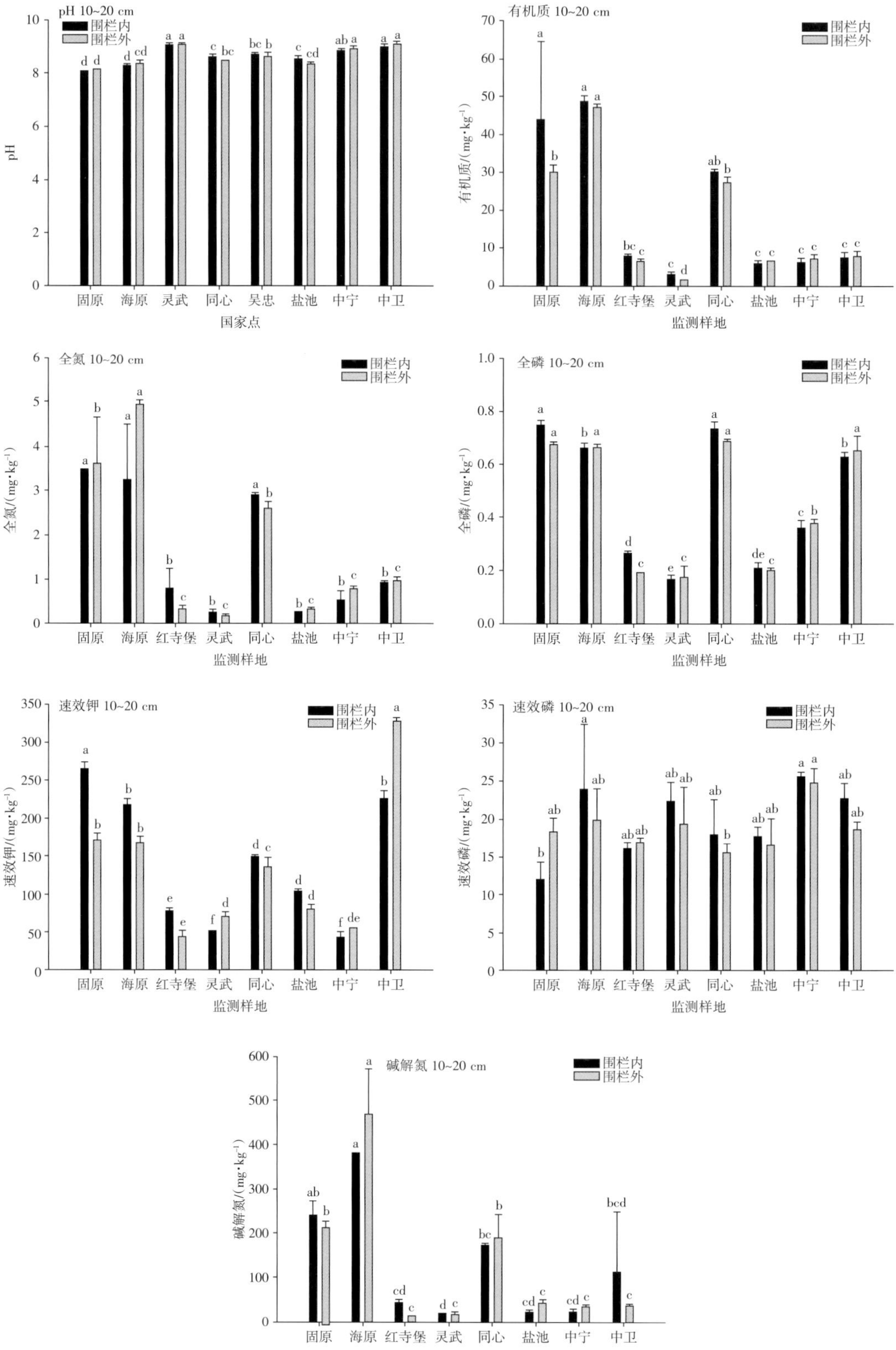

图 5-6 不同监测点围栏内外 10~20 cm 土层土壤化学特征

测点土壤 pH 为 8.06~9.16 之间；灵武、中宁和中卫土壤 pH 较高，且中卫土壤 pH 显著高于其他监测点，固原土壤 pH 最低，各监测点之间 pH 差异不显著。土壤有机质含量显示，各核心监测点围栏内外土壤有机质含量差别不大，固原、海原、同心显著高于其他监测点，分别为 28.59 g/kg、34.69 g/kg 和 23.10 g/kg；红寺堡、灵武、盐池、中宁和中卫土壤有机质含量较低为 2.34~7.22 g/kg，灵武土壤有机质含量显著低于其他点，各监测点之间差异不显著。土壤全氮含量表明，固原、海原和同心土壤全氮含量较高，为 2.15~4.48 mg/kg，且与其他监测点差异显著，红寺堡、灵武、盐池、中宁和中卫土壤全氮含量较低，为 0.27~0.93 mg/kg。土壤全磷含量，固原、海原、同心和中宁土壤全磷含量为 0.62~0.67 mg/kg，显著高于其他监测点，红寺堡、灵武、盐池和中宁土壤全磷含量较低，为 0.21~0.33 mg/kg，该监测点之间差异不显著。土壤速效钾含量显示，灵武土壤速效钾含量围栏外高于围栏内，其他监测点均为围栏内速效钾含量高于围栏外，或者与之持平。此外，中卫土壤速效钾含量最高，为 260.4 mg/kg，显著高于其他监测点，其他监测点由大到小依次为固原>海原>同心>灵武>盐池>中宁>红寺堡，其中固原、海原、中宁、红寺堡之间差异显著，其他监测点之间差异不显著。土壤全磷含量表明，固原、海原、同心、中卫土壤全磷含量为 0.56~0.68 mg/kg，显著高于其他点，红寺堡、灵武、盐池、中宁土壤全磷含量为 0.18~0.33 mg/kg，且该监测点之间差异不显著。土壤速效钾含量，中卫为 260.4 mg/kg，显著高于其他监测点。土壤速效磷含量围栏内外及各监测点之间没有明显规律，且各监测点之间差异不显著。土壤碱解氮含量，固原、海原、同心显著高于其他监测点，但该监测点之间差异不显著，红寺堡、灵武、盐池、中宁和中卫土壤碱解氮含量较低，各监测点之间差异不显著。

总体看来，不同核心监测点土壤理化性状间有较大差异。其中，固原、同心、海原等监测点，封育措施对土壤养分性状产生较明显的影响。而盐池、灵武等地主要土壤理化指标间差异较小，本研究认为这主要与该区域的成土母质及其所处区域生态环境条件有关。

5.3.2　不同草原类型土壤养分特征

图 5-8 为不同草原类型 0~40 cm 土层土壤养分特征。总体看来，不同草地类型土壤理化性状指标均表现为随土层深度的增加而逐渐降低的现象。0~40 cm 土层土壤 pH 表现为温性草原化荒漠>温性荒漠草原>温性草原>温性草甸，且温性草原化荒漠和温性荒漠草原土壤 pH 显著高于温性草原和温性草甸。其中，温性草甸、温性草原、温性荒漠草原和温性草原化荒漠 0~10 cm 土层 pH 均值分别为7.85、8.26、8.73 和

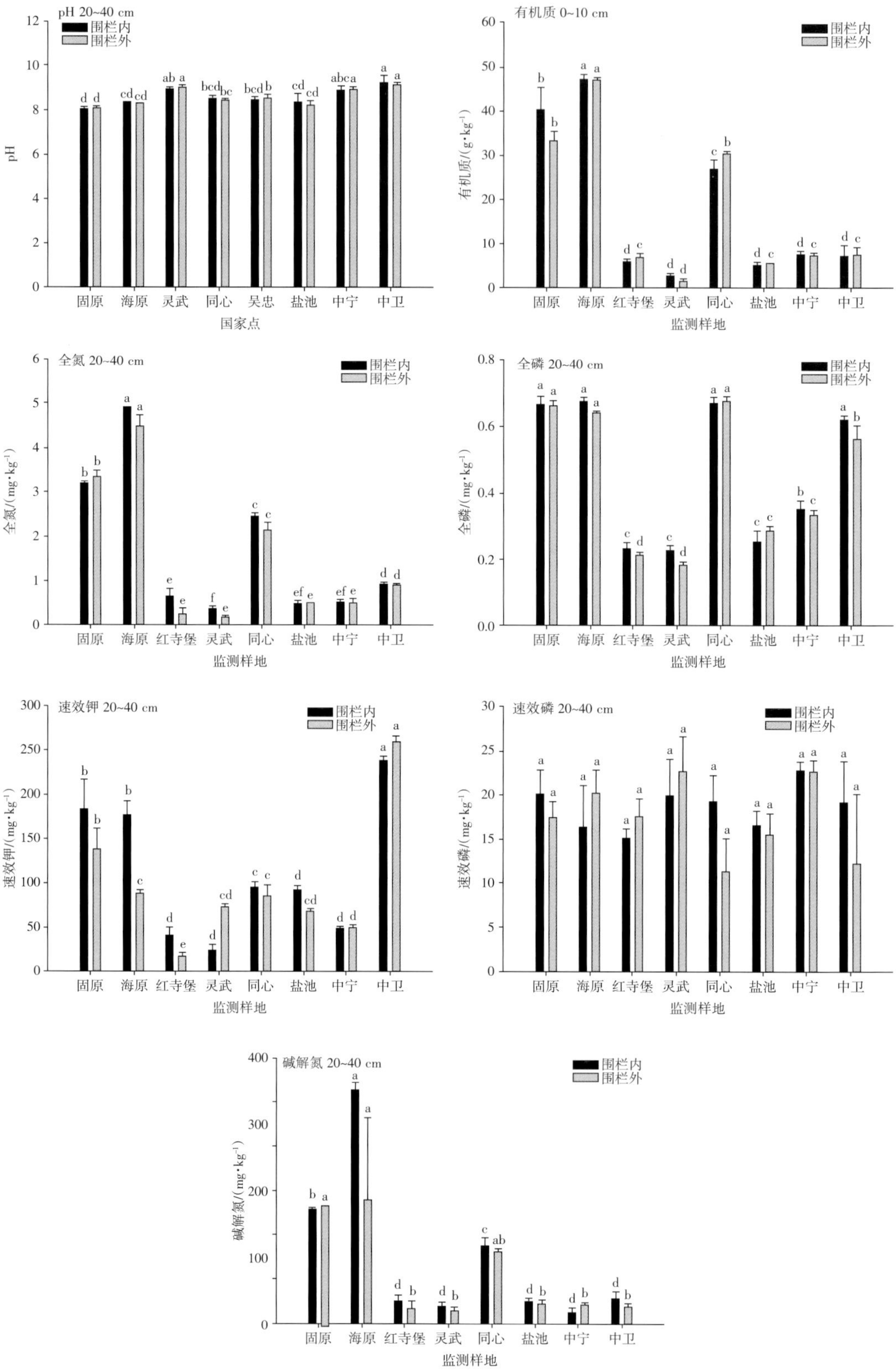

图 5-7 不同监测点围栏内外 20~40 cm 土层土壤化学特征

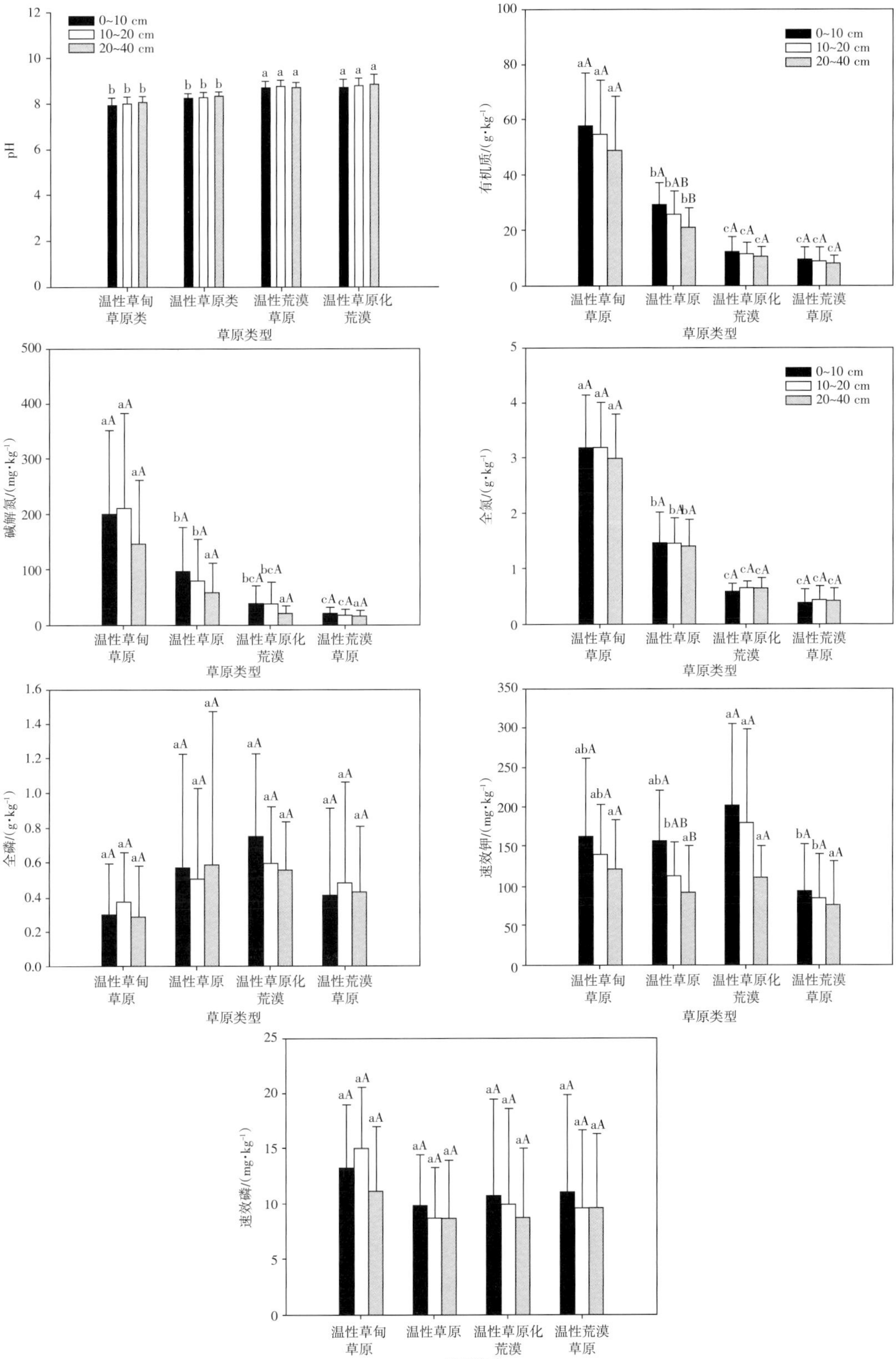

图 5-8　不同草原类型 0~10 cm、10~20 cm、20~40 cm 土壤养分特征

8.70，10~20 cm 土层 pH 均值分别为 7.94、8.30、8.77 和 8.78，20~40 cm 土层 pH 均值分别为 8.03、8.36、8.74 和 8.86。土壤有机质结果表明，温性草甸、温性草原、温性草原化荒漠和温性荒漠草原 0~10 cm、10~20 cm 和 20~40 cm 土层土壤有机质含量由大到小依次为温性草甸（48.58~57.47 g/kg）>温性草原（21.96~29.76 g/kg）>温性草原化荒漠（10.38~12.27 g/kg）>温性荒漠草原（7.79~8.95 g/kg），温性草甸草原和温性草原与其他草原类型差异显著，温性草原化荒漠和温性荒漠草原差异不显著。土壤碱解氮含量由大到小依次为温性草甸草原（145.27~209.20 mg/kg）>温性草原（56.16~93.77 mg/kg）>温性草原化荒漠（18.23~37.80 mg/kg）>温性荒漠草原（14.63~17.39 mg/kg），温性草甸草原与温性草原、温性草原化荒漠和温性荒漠草原差异显著，其他草原类型无显著差异。土壤全氮含量结果表明，各草原类型不同土层深度土壤全氮含量差别不大，从区域分布看，土壤全氮含量由大到小依次为温性草甸（3.14 g/kg）>温性草原（1.46 g/kg）>温性草原化荒漠（0.64 g/kg）>温性荒漠草原（0.42 g/kg），温性草甸和温性草原与其他草原类型差异显著，温性草原化荒漠和温性荒漠草原差异不显著。土壤全磷结果表明，温性草甸、温性草原、温性草原化荒漠和温性荒漠草原土壤全磷含量分别为 0.29~0.37 g/kg、0.57~0.59 g/kg、0.55~0.75 g/kg 和 0.41~0.49 g/kg，不同土层以及各草原类型之间差异不显著。土壤速效钾含量表明，温性草原化荒漠土壤速效钾含量最高，为 108.78~202.19 mg/kg，温性荒漠草原土壤速效钾含量最低，为 75.69~84.5 g/kg，各草原类型之间土壤速效钾含量差异不显著。由土壤速效磷含量可知，温性草甸草原土壤速效磷含量最高为 11.17~14.99 mg/kg，温性草原、温性草原化荒漠和温性荒漠草原土壤速效磷含量差别不大，分别为 8.67~9.79 mg/kg、8.72~10.68 mg/kg 和 9.56~11.01 mg/kg，不同土层及各草原类型之间差异不显著。

5.4 主要草原类型土壤微生物特征

5.4.1 土壤微生物结构

对 8 个核心监测点进行土壤微生物磷脂脂肪酸测定，结果如图 5–9 所示。总体看来，各监测点围栏内外土壤微生物磷脂脂肪酸生物标记（PLFAs）含量的变化规律较为一致。微生物细菌含量，围栏内外红寺堡、同心、固原和中宁细菌含量较高，分别为 16.38~24.29 nmol/g、9.59~18.74 nmol/g、4.21~7.97 nmol/g 和 10.27~35.07 nmol/g，盐池、灵武、海原和中卫细菌含量较低，分别为 2.46~4.66 nmol/g、1.35~5.14 nmol/g、6.48~12.46 nmol/g 和 4.96~13.27 nmol/g。同时，在土层垂直分布上，各监测点细菌含量总体表现为随土层深度的增加而逐渐减少。革兰氏阳性菌和革兰氏阴性菌的变化规律较为相似，红寺堡、同心、中卫和中宁围栏内外均表现为随土层深度增加革兰氏阳性菌和阴性菌含量减少，而盐池、固原、海原 10~20 cm 土层革兰氏阳性菌和阴性菌含量最高。土壤微生物放线菌含量表明，不同监测点围栏内外微生物放线菌含量差别不大，红寺堡和中宁土壤中放线菌含量较高，分别为 6.97~7.61 nmol/g 和 2.53~7.63 nmol/g，盐池和灵武放线菌含量最低，分别为 1.02~1.98 nmol/g 和 0.44~1.96 nmol/g。真菌含量表明，总体上随着土层深度增加而减少，红寺堡、同心和中宁 0~10 cm 微生物真菌含量明显高于其他土层。

由图 5–9 可知各监测点丛枝菌根菌丝含量随着土层深度增加而减少，围栏内各监测点丛枝菌根菌丝含量由大到小依次为红寺堡（1.89 nmol/g）>中宁（0.97 nmol/g）>同心（1.09 nmol/g）>中卫（0.56 nmol/g）>海原（0.54 nmol/g）>固原（0.33 nmol/g）>灵武（0.27 nmol/g）>盐池（0.21 nmol/g）。微生物原生动物含量总体上 0~10 cm 土层高于其他土层深度，固原和中宁 0~10 cm 土层原生动物含量围栏外明显高于围栏内，其他土层及监测点原生动物含量差别不大。总磷脂脂肪酸结果显示，在土层垂直方向上，各监测点总磷脂脂肪酸随着土层深度增加而减少；封育和不封育微生物总磷脂脂肪酸含量差别不大；从区域分布上看，各监测点围栏内总磷脂脂肪酸含量由大到小依次为

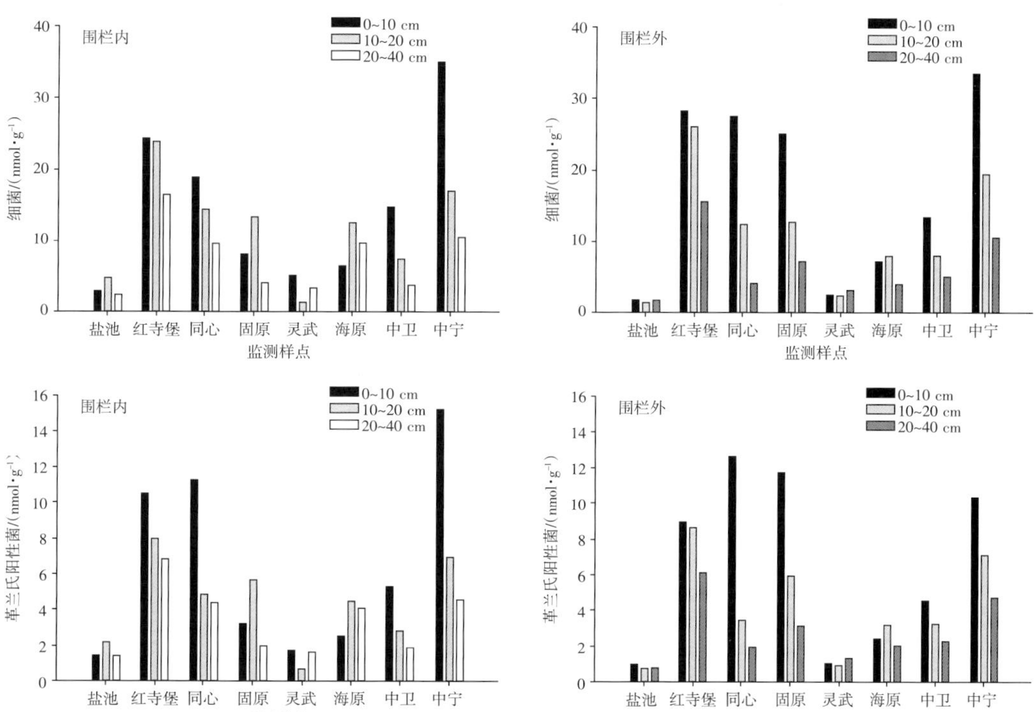

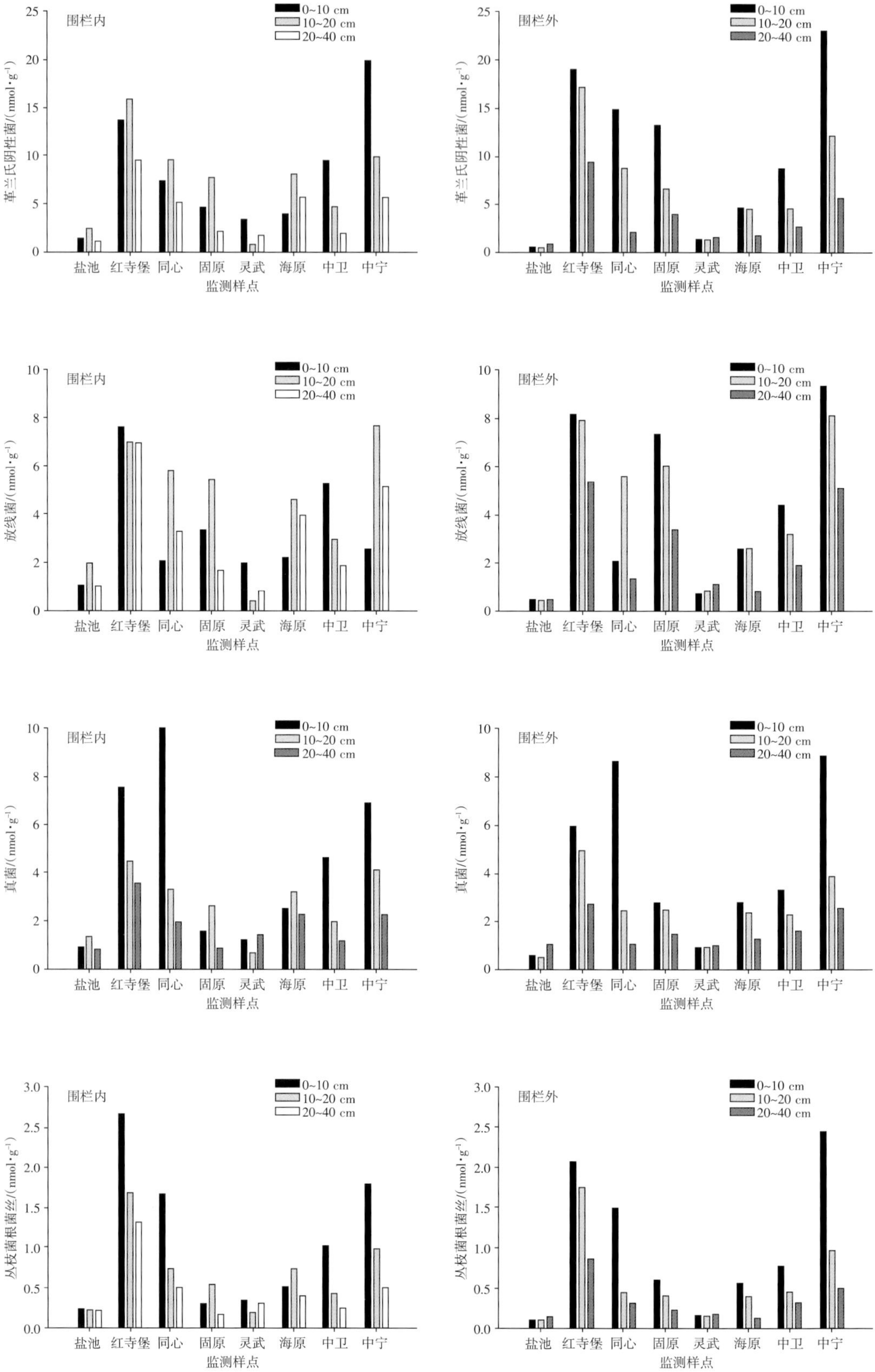
围栏内
围栏外
0~10 cm
10~20 cm
20~40 cm
革兰氏阴性菌/(nmol·g⁻¹)
放线菌/(nmol·g⁻¹)
真菌/(nmol·g⁻¹)
丛枝菌根菌丝/(nmol·g⁻¹)
盐池
红寺堡
同心
固原
灵武
海原
中卫
中宁
监测样点

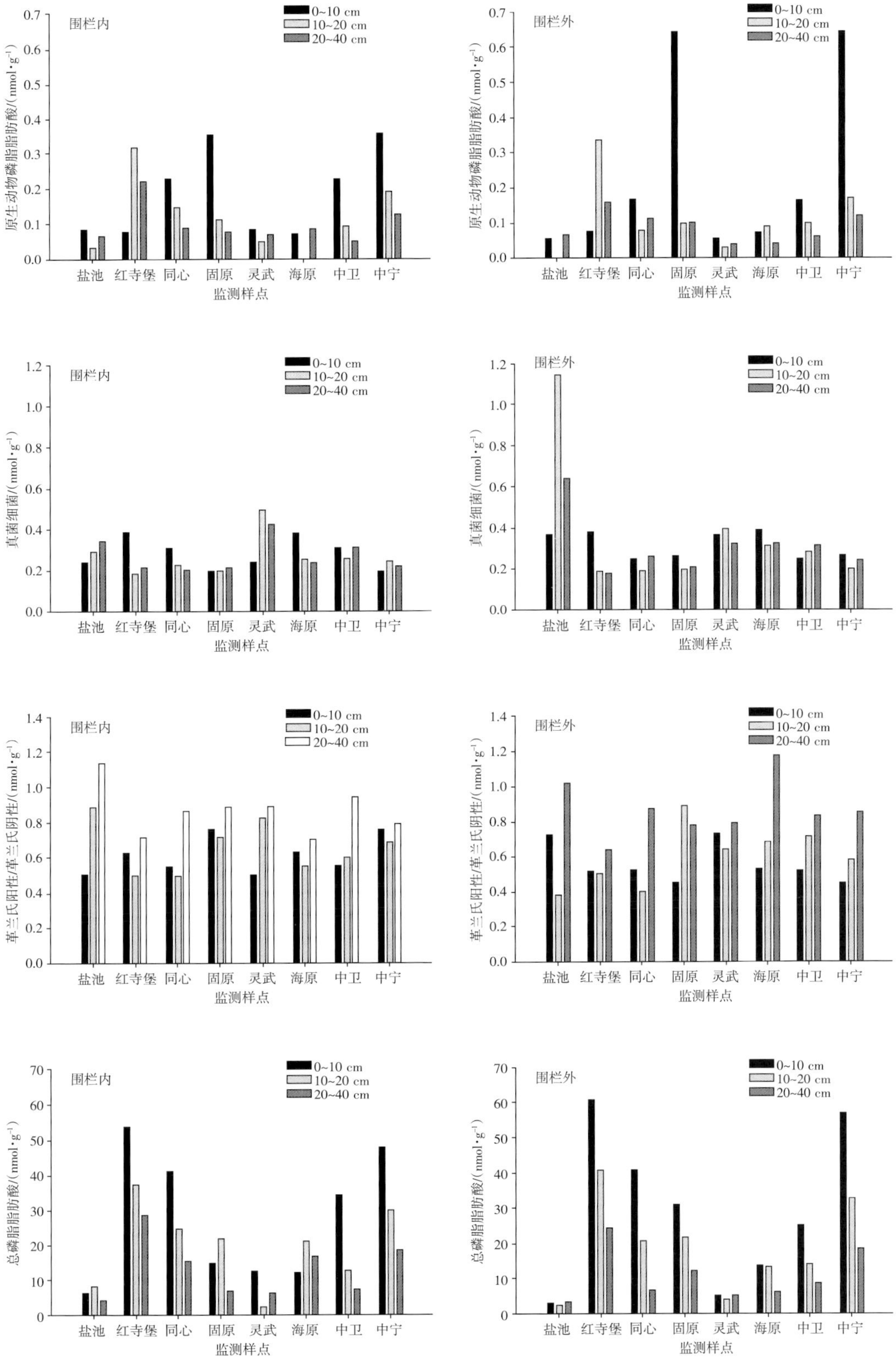

图 5-9　核心监测点土壤微生物磷脂脂肪酸分布特征

红寺堡(39.97 nmol/g)>中宁(31.96 nmol/g)>同心(27.09 nmol/g)>中卫(18.04 nmol/g)>固原(14.69 nmol/g)>海原(16.74 nmol/g)>灵武(7.04 nmol/g)>盐池(6.42 nmol/g),围栏外总磷脂脂肪酸含量由大到小依次为红寺堡(42.15 nmol/g)>中宁(35.98 nmol/g)>同心(22.9 nmol/g)>固原(21.52 nmol/g)>中卫(15.09 nmol/g)>海原(10.96 nmol/g)>灵武(4.87 nmol/g)>盐池(2.92 nmol/g)。

5.4.2 土壤微生物碳代谢功能多样性指数

Shannon 指数反映了群落物种及其个体分布均匀程度,受群落物种丰富度影响较大;McIntosh 指数表征土壤中微生物群落均匀度, 可以用来反映碳源利用种类数的不同,并能区分不同利用程度。Simpson 优势度指数反映了群落中最常见的物种的优势度。表 5-5 列出了采用培养 120 h 的数据所计算的不同核心监测点0~10 cm 土层围栏内外土壤微生物功能多样性指数。总体上 Shannon 指数围栏内高于围栏外,Shannon 指数由大到小依次为灵武(1.89)>盐池(0.93)>同心(0.85)>海原(0.69)>中卫(90.54)>

表 5-5 核心监测点土壤微生物功能多样性指数(0~10 cm)

土层	样点	Shannon 指数	均匀度指数	优势度指数
0~10 cm	固原内	0.40±0.28bc	0.43±0.31bc	9.00±1.00bc
	固原外	0.24±0.14b	0.2±0.11bc	16±1.73b
	海原内	0.72±0.21bc	0.6±0.17bc	16.33±1.15a
	海原外	0.66±0.38b	0.49±0.29bc	22.00±1.00a
	红寺堡内	0.08±0.06c	0.07±0.05c	12.33±2.52ab
	红寺堡外	0.31±0.06b	1.16±0.04b	14.33±1.15bc
	灵武内	2.22±0.14a	2.47±0.42ab	8.33±2.31bc
	灵武外	1.55±0.53a	2.24±0.75a	5.00±1.00d
	同心内	1.03±0.35abc	4.00±1.73a	4.00±1.73c
	同心外	0.66±0.35b	1.1±0.59b	4.00±0.00de
	盐池内	1.76±1.02ab	1.95±1.13abc	8.00±0.00bc
	盐池外	0.10±0.03b	0.09±0.03bc	12.33±1.15c
	中宁内	0.11±0.19c	0.01±0.02c	4.00±1.00c
	中宁外	0.04±0.06b	0.02±0.01c	1.33±0.58e
	中卫内	0.93±0.56abc	0.75±0.46bc	17.67±2.89a
	中卫外	0.15±0.27b	0.01±0.01c	1.33±1.53e

注:不同字母表示差异显著($P<0.05$)。

固原(0.32)>红寺堡(0.20),灵武与固原、海原、红寺堡、中宁差异显著,其他监测点差异不显著;Shannon 指数越高,代表土壤微生物群落碳代谢功能多样性越高,相反则土壤微生物群落碳代谢功能多样性较低。McIntosh 均匀度指数灵武最高为2.36,其次为同心 2.55,说明监测点土壤微生物种类较为丰富,碳源利用程度也较高。中宁、中卫和固原较低,分别为 0.02、0.38 和 0.32;灵武与其他监测点差异显著,其他监测点之间差异不显著。优势度指数海原最高为 19.17,其次为红寺堡 13.33,同心、中宁较低,分别为 4.00 和 2.67。

表 5-6 为采用培养 120 h 的数据所计算的核心监测点 10~20 cm 土层土壤微生物功能多样性指数。可知,固原、海原、红寺堡、中宁和中卫围栏外 Shannon 指数高于围栏内,其他监测点围栏内则高于围栏外,各监测点 Shannon 指数由大到小依次为红寺堡(1.89)>中宁(1.09)>同心(0.97)>中卫(0.56)>海原(0.33)>灵武(0.27)>盐池(0.21)。均匀度指数,灵武、同心和盐池围栏内均匀度指数高于围栏外,其他监测点均为围栏外

表 5-6　核心监测点土壤微生物功能多样性指数(10~20 cm)

土层	样点	Shannon 指数	均匀度指数	优势度指数
10~20 cm	固原内	0.39±0.14bc	0.51±0.22b	6.33±1.53bc
	固原外	1.21±0.29a	2.05±1.07a	5.00±2.65c
	海原内	0.62±0.34bc	0.48±0.26b	20.67±1.15a
	海原外	0.76±0.26a	0.55±0.19a	25.00±2.65a
	红寺堡内	0.17±0.09c	0.18±0.09b	9.00±1.73bc
	红寺堡外	0.2±0.05a	0.17±0.04a	14.67±1.53b
	灵武内	1.4±0.24ab	1.39±0.19b	10.00±1.00b
	灵武外	1.08±1.18a	2.97±4.20a	5.67±3.51c
	同心内	0.9±0.13bc	1.07±0.19b	7.33±2.08bc
	同心外	0.28±0.31a	0.49±0.38a	3.67±2.08c
	盐池内	2.19±0.86a	7.27±2.86a	2.00±0.00c
	盐池外	0.52±0.36a	0.63±0.47a	7.00±1.00c
	中宁内	0.02±0.01c	0.03±0.01b	4.33±5.86bc
	中宁外	0.13±0.23a	0.44±0.76a	0.67±1.15c
	中卫内	0.06±0.11c	0.02±0.01b	4.00±1.00bc
	中卫外	0.56±0.53a	1.19±1.06a	2.67±2.08c

注:不同字母表示差异显著(P<0.05)。

高于围栏内,此外盐池、灵武、固原均匀度指数较高,分别为3.95、2.18和1.28,红寺堡、海原、中宁较低,分别为0.17、0.51和0.22。优势度指数,各监测点由大到小依次为海原(22.83)>红寺堡(11.83)>灵武(7.83)>固原(5.67)>同心(5.5)>盐池(4.5)>中卫(3.33)。

表5-7为采用培养了120 h的数据所计算的核心监测点20~40 cm土层土壤微生物功能多样性指数。固原、海原、灵武、同心和中宁围栏内Shannon指数高于围栏外,其他监测点围栏外高于围栏内;在区域分布上,同心、灵武、固原最高,分别为1.89、1.31和1.30,盐池、中宁和中卫较低,分别为0.43、0.08和0.15。均匀度指数,由大到小依次为固原(3.12)>灵武(3.1)>红寺堡(2.65)>同心(1.98)>盐池(0.82)>海原(0.65)>中宁(0.26)>中卫(0.02)。优势度指数结果表明,海原、红寺堡、盐池和中宁监测点围栏内微生物优势度指数高于围栏外,其他监测点围栏外高于围栏内;在区域分布上,海原、红寺堡、灵武较高,分别为11.83、5.5和5.17,同心、中宁和中卫均匀度指数较低,分别为

表5-7 核心监测点土壤微生物功能多样性指数(20~40 cm)

土层	样点	Shannon 指数	均匀度指数	优势度指数
20~40 cm	固原内	1.42±0.35bc	3.48±0.85a	2.67±0.58cd
	固原外	1.19±0.62a	2.76±2.64a	4.33±2.08b
	海原内	0.71±0.27cd	0.64±0.27b	13.67±1.53a
	海原外	0.67±0.25a	0.66±0.24a	10.00±1.00a
	红寺堡内	0.49±0.63cd	0.57±0.75b	8.33±3.21b
	红寺堡外	1.95±1.98a	4.73±4.13a	2.67±0.58bc
	灵武内	1.86±0.09ab	5.37±1.11a	2.33±0.58cd
	灵武外	0.76±0.34a	0.84±0.36a	8.00±1.00a
	同心内	2.64±0.45a	0.17±0.16b	0.67±0.58d
	同心外	1.14±0.89a	3.79±2.96a	2.00±0.01bc
	盐池内	0.30±0.18d	0.38±0.24b	6.67±1.15bc
	盐池外	0.55±0.56a	1.26±1.11a	2.67±0.58bc
	中宁内	0.16±0.27d	0.52±0.90b	5.00±2.65bcd
	中宁外	0.02±0.01a	0.03±0.01a	0.67±0.58c
	中卫内	0.13±0.22d	0.04±0.01b	0.67±0.58d
	中卫外	0.16±0.28a	0.02±0.01a	1.00±0.01c

注:不同字母表示差异显著($P<0.05$)。

1.33、2.83 和 0.83。Shannon 指数、均匀度指数和优势度指数越高表明土壤微生物群落结构越稳定。

5.4.3　土壤微生物群落颜色变化率

平均颜色变化率(AWCD)反映土壤中微生物群落代谢活性,是评价土壤微生物群落碳源利用能力的重要指标。图 5-10 表示不同核心监测点土壤微生物 AWCD 吸光值变化特征。在固原监测点,围栏内外在开始的 24 h 均无明显变化,24 h 以后围栏外 0~10 cm 土层 AWCD 值快速升高至试验结束,24~72 h 固原围栏内 0~10 cm 土层 AWCD 值缓慢减小,其他土层则缓慢升高至试验结束;围栏内、外 0~10 cm 土层的 AWCD 值相比试验前增长值最高,分别增加了 52.88%和 98.11%,表明该土层微生物群落相对活跃。在红寺堡监测点,试验开始至 24 h 均无明显变化,24 h 以后围栏内 0~10 cm 和 10~20 cm 土层,围栏外 10~20 cm 土层的 AWCD 值开始缓慢升高直到试验结束;尽管围栏外 0~10 cm 土层的 AWCD 值 48 h 以前无明显变化,但是 48 h 以后其 AWCD 值快速升高至试验结束,相比试验前增长值最高,增加了 42.65%,说明该土层微生物群落相对比较活跃;红寺堡监测点围栏外 20~40 cm 土层AWCD 值 120 h 以前都较为平稳,120 h 以后缓慢增高。此外,红寺堡围栏内 20~40 cm 土层 AWCD 值 48 h 至 144 h 先缓慢降低为负值,最低值较试验前减少 8.47%,随后再逐渐升高,至 168 h 升高为正值。在同心监测点,试验开始至 48 h 围栏内外0~10 cm 土层 AWCD 值为负,围栏内 10~20 cm 土层微生物 AWCD 值从 24 h 开始较快升高,其他土层均缓慢增长或无明显变化;试验 48 h 以后,各土层微生物 AWCD 值均开始增长,同心围栏外 10~20 cm 土层微生物 AWCD 值升高最快,至 168 h 试验结束达到最大值,较试验前增长了 74.25%,表明同心监测点围栏外 10~20 cm 土层微生物群落相对比较活跃。在盐池监测点,试验开始至 48 h,各土层微生物 AWCD 值无明显变化,48 h 以后围栏外 0~10 cm、10~20 cm 及围栏内 10~20 cm、20~40 cm 土层微生物 AWCD 值逐渐升高,其中围栏外 0~10 cm 升高最快,至 168 h 试验结束达到最大值,较试验前增长 78.33%,表明该土层微生物群落较为活跃。此外,从 48 h 以后盐池围栏外 20~40 cm 和围栏内 0~10 cm 逐渐降低,其中围栏内 0~10 cm 减小幅度较大,至 96 h 达到最小值,较试验前减少了 42.67%,随后逐渐升高,表明该土层微生物群落相对不活跃。

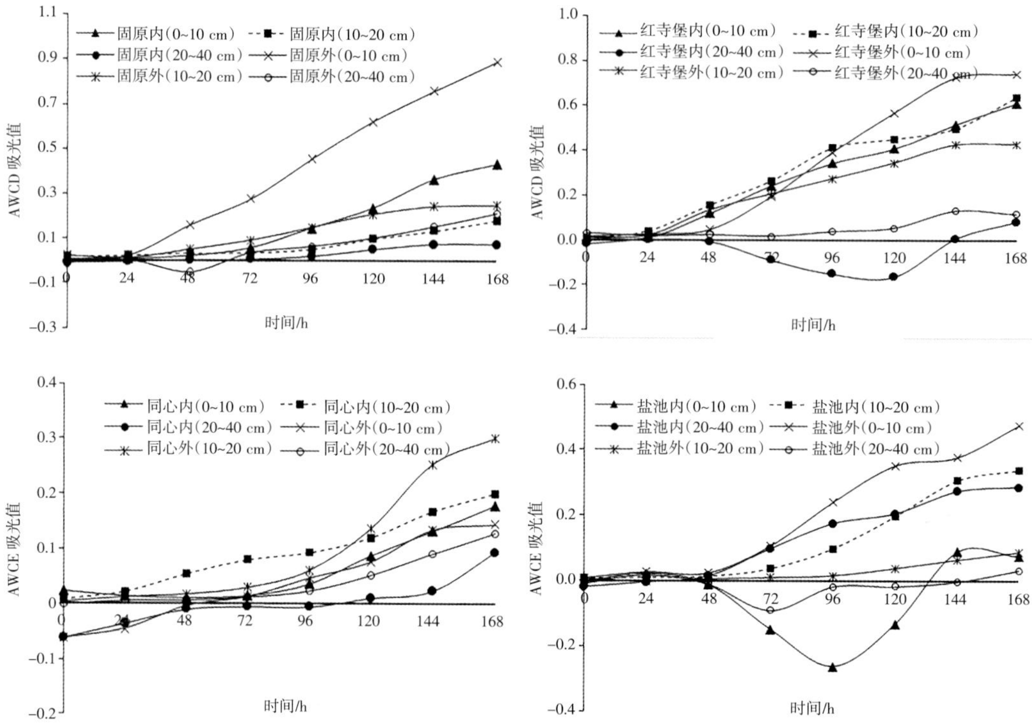

图 5-10 核心监测点土壤微生物 AWCD 吸光值特征

5.4.4 土壤微生物碳源利用变化特征

生态板的 31 类碳源由多聚物、碳水化合物、羧酸类化合物、芳香化合物、氨基酸和胺类 6 大类组成。由表 5-8 可以看出,各监测点 0~10 cm 土层土壤微生物对 31 种碳源的利用率。在盐池监测点,土壤微生物整体碳源利用较低,其中围栏内土壤微生物对多聚化合物、碳水化合物和羧酸类化合物利用率较高,分别为 0.68、0.37 和 0.23,而芳香化合物、氨基酸和胺类化合物利用率较低,分别为 0.03、0.11 和 0,围栏外与围栏内碳源利用规律相似,氨基酸利用率较围栏内升高 26%。在固原监测点,围栏内土壤微生物碳源利用率依次为碳水化合物>多聚化合物>氨基酸>胺类化合物>羧酸类化合物>芳香化合物,围栏外微生物碳源利用率普遍高于围栏内,依次为碳水化合物>氨基酸>芳香化合物>多聚化合物>羧酸类化合物>胺类化合物, 表明未封育草地土壤微生物对于碳源的利用能力明显增强。在海原监测点, 土壤微生物整体碳源利用率较高, 围栏内碳源利用率依次为氨基酸>多聚化合物>碳水化合物>羧酸类化合物>芳香类化合物,围栏外微生物碳源利用率普遍高于围栏内,依次为氨基酸>碳水化合物>芳香化合物>羧酸类化合物>多聚化合物。在红寺堡监测点,整体围栏外碳源利用率高于围栏内,围栏内利用率较高的为多聚化合物、氨基酸和碳水化合物,围栏外利用率较高的为羧酸类化合物、碳水化合物、多聚化合物和氨基酸。在灵武监测点，土壤微生物碳源利用率较低，围栏内外利用率最高的均为碳水化合物，仅为 0.31 和 0.22。在同心监测点，土壤微生物碳源利用率较低，围栏内各类物质利用率仅为 0.05~0.19，围栏外仅为 0~0.14，围栏外碳水化合物利用率较高为 0.22。中宁监测点，土壤微生物碳源利用率普遍较低，且围栏内碳源利用率高于围栏外，围栏内羧酸类化合物和碳水化合物利用率较高，分别为 0.14 和 0.17，围栏外各类物质利用率很低。中卫监测点，围栏内碳源利用率明显高于围栏外，围栏内利用较高的为碳水化合物（0.62）、多聚化合物（0.31）、羧酸类化合物（0.17）和氨基酸（0.13）。总体看来，海原、固原、红寺堡、盐池土壤微生物碳源利用率高，且表现为围栏外物质利用种类和利用率高于围栏内，而中宁、中卫、同心、灵武土壤微生物碳源利用率低，且表现为围栏内利用物质种类和利用率高于围栏外。方差分析表明，羧酸类化合物利用率海原、红寺堡显著高于灵武、同心、中宁、中卫，其他监测点差异不显著。各监测点多聚化合物利用率差异不显著。

表 5-8　核心监测点 0~10 cm 土层对土壤微生物 31 种碳源利用率

土层	样地	羧酸类化合物	多聚化合物	碳水化合物	芳香化合物	氨基酸	胺类化合物
0~10 cm	盐池内	0.23±0.22ab	0.68±0.43a	0.37±0.32ab	0.03±0.04b	0.11±0.10c	0.00±0.00b
	盐池外	0.42±0.16ab	0.41±0.23abc	0.45±0.09bc	0.00±0.00b	0.37±0.24b	0.1±0.17ab
	固原内	0.11±0.03b	0.27±0.22a	0.38±0.17ab	0.05±0.06b	0.24±0.15bc	0.17±0.29ab
	固原外	0.46±0.25ab	0.48±0.23ab	0.9±0.15a	0.53±0.75ab	0.59±0.38b	0.39±0.51ab
	海原内	0.47±0.056a	0.73±0.16a	0.69±0.07a	0.36±0.08a	1.14±0.08a	0.66±0.44a
	海原外	0.66±0.19a	0.66±0.08a	1.00±0.20a	0.93±0.11a	1.32±0.08a	0.67±0.12a
	红寺堡内	0.27±0.09a	0.54±0.24a	0.46±0.03ab	0.13±0.12b	0.55±0.12b	0.34±0.04ab
	红寺堡外	0.81±0.32a	0.56±0.21a	0.73±0.06ab	0.00±0.00b	0.42±0.18b	0.16±0.12ab
	灵武内	0.04±0.02b	0.17±0.10a	0.31±0.03ab	0.09±0.08b	0.19±0.25bc	0.00±0.00b
	灵武外	0.07±0.04b	0.07±0.06bc	0.22±0.03cd	0.03±0.01b	0.07±0.05b	0.04±0.06b
	同心内	0.08±0.06b	0.19±0.17a	0.12±0.06b	0.05±0.07b	0.06±0.04c	0.04±0.07b
	同心外	0.03±0.02b	0.09±0.10bc	0.13±0.06d	0.00±0.00b	0.14±0.22b	0.00±0.00b
	中宁内	0.14±0.04b	0.05±0.04a	0.17±0.01b	0.01±0.01b	0.01±0.01c	0.02±0.02b
	中宁外	0.03±0.02b	0.02±0.02c	0.01±0.00d	0.00±0.00b	0.03±0.02b	0.00±0.00b
	中卫内	0.17±0.08b	0.31±0.20a	0.62±0.17a	0.03±0.05b	0.13±0.11c	0.00±0.00b
	中卫外	0.03±0.03b	0.04±0.03c	0.05±0.03d	0.04±0.03b	0.02±0.02b	0.02±0.04b

注：不同字母表示差异显著（P<0.05）。

表5-9为核心监测点10~20 cm土层对土壤微生物31种碳源利用情况。盐池监测点，除胺类化合物围栏内利用率高于围栏外，其他物种种类围栏外土壤微生物对碳源利用率高于围栏内。固原监测点，围栏内土壤微生物碳源利用率高于围栏外，围栏内依次为胺类化合物>氨基酸>碳水化合物>羧酸类化合物>芳香化合物，围栏外多聚化合物和碳水化合物利用较高，分别为0.22和0.14，其他种类利用率不超过0.1。海原监测点各类微生物碳源利用率显著高于其他监测点，整体上围栏外碳源利用率高于围栏内，围栏内碳源利用率依次为氨基酸>羧酸类化合物>碳水化合物>多聚化合物>芳香化合物>胺类化合物，围栏外碳源利用率依次为氨基酸>碳水化合物>多聚化合物>羧酸类化合物>胺类化合物>芳香类化合物。红寺堡监测点，整体微生物碳源利用率较低，围栏内微生物碳源利用率为0.17~0.53，围栏外微生物碳源利用率为0.32~0.52，围栏外微生物碳源利用率高于围栏内。灵武监测点，围栏内微生物碳源利用率高于围栏外，围栏内胺类化合物、碳水化合物和多聚化合物利用率较高，围栏外碳源利用率较

表5-9　核心监测点10~20 cm土层对土壤微生物31种碳源利用率

土层	样地	羧酸类化合物	多聚化合物	碳水化合物	芳香化合物	氨基酸	胺类化合物
10~20 cm	盐池内	0.02±0.02b	0.04±0.02b	0.06±0.04cd	0.00±0.00b	0.02±0.02b	2.19±0.86a
	盐池外	0.12±0.08c	0.15±0.14bc	0.28±0.08bc	0.00±0.00b	0.26±0.21bc	0.22±0.37b
	固原内	0.2±0.15b	0.11±0.07ab	0.26±0.14bc	0.02±0.03b	0.38±0.21b	0.39±0.14bc
	固原外	0.06±0.01c	0.22±0.12bc	0.14±0.15cd	0.02±0.03b	0.09±0.07bc	0.07±0.07b
	海原内	1.06±0.19a	0.8±0.22a	0.84±0.09a	0.77±0.12a	1.33±0.00a	0.62±0.34bc
	海原外	0.90±0.21a	0.93±0.18a	1.01±0.07a	0.83±0.29a	1.48±0.09a	0.87±0.12a
	红寺堡内	0.31±0.24b	0.53±0.23ab	0.30±0.06b	0.19±0.33b	0.47±0.29b	0.17±0.09c
	红寺堡外	0.42±0.10b	0.46±0.05b	0.52±0.07b	0.32±0.31b	0.46±0.24b	0.36±0.23b
	灵武内	0.04±0.02b	0.16±0.04ab	0.28±0.04b	0.03±0.02b	0.05±0.01b	1.40±0.24ab
	灵武外	0.01±0.02c	0.04±0.04c	0.05±0.04cd	0.00±0.00b	0.03±0.05c	0.06±0.06b
	同心内	0.07±0.05b	0.24±0.19ab	0.23±0.04bcd	0.05±0.03b	0.10±0.14b	0.90±0.13bc
	同心外	0.09±0.10c	0.27±0.13bc	0.05±0.08cd	0.05±0.07b	0.25±0.08bc	0.01±0.01b
	中宁内	0.11±0.16b	0.32±0.53ab	0.04±0.04d	0.02±0.03b	0.09±0.15b	0.00±0.00c
	中宁外	0.06±0.05c	0.04±0.02c	0.03±0.02d	0.00±0.00b	0.01±0.01c	0.02±0.01b
	中卫内	0.04±0.02b	0.13±0.06ab	0.11±0.05bcd	0.06±0.05b	0.06±0.01b	0.06±0.11c
	中卫外	0.02±0.01c	0.15±0.02bc	0.06±0.09cd	0.04±0.05b	0.02±0.03c	0.01±0.01b

注：不同字母表示差异显著（P<0.05）。

低，最高的胺类化合物也仅为 0.06。同心监测点，整体上围栏内外微生物碳源利用规律不明显，围栏内多聚化合物、碳水化合物和胺类化合物利用率较高，分别为 0.24、0.23 和 0.9，围栏外多聚化合物和氨基酸利用率较高，分别为 0.27 和 0.25。中宁监测点微生物碳源利用率普遍较低，围栏内利用率稍高于围栏外。中卫监测点，围栏内多聚化合物和碳水化合物利用率较高，分别为 0.13 和 0.11，围栏外多聚化合物利用率较高，其他种类利用率较低。不同监测点碳源种类利用率方差分析表明，羧酸类化合物利用率海原显著高于其他监测点，其他各点之间差异不显著；多聚化合物利用率海原显著高于盐池，其他监测点差异不显著；碳水化合物利用率海原显著高于其他监测点，其他监测点之间无显著差异；芳香化合物利用率海原显著高于其他监测点，其他监测点之间无显著差异；氨基酸利用率海原显著高于其他，其他监测点之间差异不显著；胺类化合物利用率各监测之间差异不显著。

表 5-10 为各监测点 20~40 cm 土层土壤微生物 31 种碳源利用率特征。盐池监测点，围栏内土壤微生物碳源利用率总体高于围栏外，其中围栏内碳源利用率依次为多聚化合物>氨基酸>胺类化合物>碳水化合物>芳香化合物，而围栏外利用率较高的为多聚化合物，其他碳源种类利用率很低。在固原监测点，除多聚化合物和羧酸类化合物利用率围栏内略高于围栏外之外，其他碳源种类均表现为围栏外利用率高于围栏内。在海原监测点，不同碳源物质种类均表现为围栏内利用率高于围栏外，围栏内碳源利用种类丰富且利用率差别不大，由大到小依次为多聚化合物>胺类化合物>氨基酸>碳水化合物>羧酸类化合物，围栏外依次为胺类化合物>氨基酸>多聚化合物>碳水化合物>羧酸类化合物>芳香化合物。红寺堡监测点，围栏内微生物碳源利用率高于围栏外，围栏内不同种类碳源利用率普遍较高，为 0.24~0.81，围栏外各类碳源利用普遍较低，仅为 0.08~0.63。灵武监测点结果表明，围栏内土壤微生物仅对多聚化合物、碳水化合物利用率较高，其他种类利用率较低甚至不利用，围栏外土壤微生物对碳水化合和氨基酸利用率较高，其他碳源种类利用程度较低。同心监测点，整体土壤微生物碳源利用率较低，围栏内利用率最高仅为 0.05，围栏外土壤微生物碳源利用率最高为 0.26。中宁监测点土壤微生物碳源利用率普遍很低，且表现为围栏内土壤微生物碳源利用程度高于围栏外。中卫监测点土壤微生物碳源利用程度同样较低，围栏内仅为 0.01~0.04，围栏外为 0.02~0.06。区域不同碳源种类利用程度方差分析表明，各监测点羧酸类化合物、多聚化合物、芳香化合物、氨基酸和胺类化合物利用率均差异不显著；碳水化合物除固原之外，海原显著高于其他监测点，其他监测点之间差异不显著。

此外,从土层垂直方向来看,总体上各监测点土壤微生物碳源利用能力随土层深度增加而降低,微生物所利用的碳源种类越多,其新陈代谢水平越高。不同监测点微生物碳源种类的利用程度有所不同,与监测点气候条件、土壤特征状况、地下植被以及人为干扰的差异关系密切。

表 5-10 核心监测点围栏内外土壤微生物 31 种碳源利用情况(0~40 cm)

土层	样地	羧酸类化合物	多聚化合物	碳水化合物	芳香化合物	氨基酸	胺类化合物
20~40 cm	盐池内	0.16±0.14a	0.30±0.15ab	0.20±0.13b	0.11±0.19a	0.25±0.04a	0.21±0.17ab
	盐池外	0.05±0.04b	0.28±0.37a	0.08±0.14bc	0.00±0.01a	0.02±0.03b	0.00±0.00a
	固原内	0.06±0.04a	0.17±0.04ab	0.05±0.05b	0.06±0.06a	0.04±0.03a	0.01±0.01b
	固原外	0.05±0.01b	0.10±0.070a	0.15±0.07abc	0.07±0.10a	0.05±0.02b	0.28±0.42a
	海原内	0.50±0.28a	0.81±0.18a	0.56±0.08a	0.24±0.10a	0.75±0.49a	0.79±0.10a
	海原外	0.28±0.14a	0.45±0.09a	0.31±0.09a	0.08±0.07a	0.48±0.16a	0.63±0.56a
	红寺堡内	0.39±0.43a	0.80±0.62a	0.14±0.18b	0.56±0.58a	0.64±0.59a	0.31±0.54ab
	红寺堡外	0.09±0.08b	0.30±0.48a	0.03±0.04bc	0.02±0.03a	0.05±0.09b	0.01±0.01a
	灵武内	0.08±0.03a	0.10±0.12ab	0.13±0.04b	0.00±0.00a	0.02±0.00a	0.01±0.01b
	灵武外	0.09±0.02b	0.06±0.07a	0.24±0.09ab	0.00±0.00a	0.13±0.07b	0.01±0.01a
	同心内	0.03±0.02a	0.05±0.03b	0.00±0.00b	0.00±0.00a	0.01±0.01a	0.00±0.01b
	同心外	0.04±0.03b	0.26±0.30a	0.03±0.03bc	0.00±0.00a	0.02±0.01b	0.01±0.01a
	中宁内	0.02±0.01a	0.21±0.15ab	0.08±0.06b	0.11±0.19a	0.18±0.18a	0.05±0.09b
	中宁外	0.02±0.00b	0.12±0.11a	0.01±0.01c	0.00±0.00a	0.01±0.01b	0.01±0.01a
	中卫内	0.01±0.01a	0.01±0.01b	0.01±0.00b	0.00±0.00a	0.04±0.03a	0.00±0.00b
	中卫外	0.04±0.01b	0.05±0.05a	0.02±0.01bc	0.06±0.05a	0.04±0.01b	0.02±0.02a

注:不同字母表示差异显著(P<0.05)。

5.5 结论与讨论

(1)0~100 cm 剖面土壤含水量总体表现为温性草甸>温性草原>温性草原化荒漠>温性荒漠草原。其中,温性草甸草原土壤含水量随着土层深度增加逐渐降低;温性草原土壤含水量随着土层深度增加呈波动变化,总体呈降低趋势;温性草原化荒漠从 20 cm 土层开始随着土层深度增加降低较快; 温性荒漠草原 0~20 cm 土壤含水量降低,20~80 cm 剖面随着土层深度增加土壤含水量反而升高。

（2）土壤蓄水能力方面，温性草原化荒漠随着土层深度增加土壤饱和蓄水量先降低后升高，其他草原类型随着土层深度增加土壤饱和蓄水量不断增加。变异程度上，温性草甸随着土层深度增加呈弱变异性；温性草原随着土层深度增加，由弱变异程度（0~10 cm）逐渐转变为中等变异（20~40 cm）；温性荒漠草原不同土层深度饱和蓄水量均为中等变异程度；温性草原化荒漠饱和蓄水量由中等变异（0~20 cm）逐渐变为弱变异程度（20~40 cm）。

（3）0~40 cm 剖面土壤容重表现为温性荒漠草原>温性草原化荒漠>温性草原>温性草甸，且温性草原显著高于其他类型草原，土壤容重越小表明土壤结构、透气透水性能越好。毛管持水量、田间持水量和总孔隙度均表现为温性草甸最高，温性荒漠草原显著低于其他草原类型。4 种类型草原土壤机械组成中黏粒占比最高，其次为粉粒和极细砂粒。

（4）土壤养分方面，总体上 0~40 cm 剖面各监测点围栏内外土壤有机质、全氮和碱解氮含量差别不明显。0~20 cm 剖面，土壤速效钾含量除固原之外，其他监测点均为围栏内高于围栏外，但是区域间无显著差异；20~40 cm 剖面，固原、同心和盐池土壤速效磷含量围栏内高于围栏外，其他监测点则表现为围栏外高于围栏内，区域间无显著差异。4 种类型草原，土壤养分总体随土层深度的增加而逐渐降低。土壤 pH 方面，温性草原化荒漠最高；土壤有机质、土壤全氮方面，温性草甸和温性草原显著高于其他类型草原。土壤碱解氮、土壤速效磷方面，温性草甸显著高于其他类型草原。土壤速效钾方面，温性草原化荒漠最高，而温性荒漠草原最低。

（5）土壤微生物结构方面，总体表现为细菌、真菌和丛枝菌根菌丝含量随着土层深度的增加而逐渐减少。其中，红寺堡、同心、固原和中宁细菌含量较高，盐池、灵武、海原和中卫细菌含量较低。红寺堡、同心、中卫和中宁，革兰氏阳性菌和阴性菌均表现为随着土层深度增加而减少，盐池、固原、海原革兰氏阳性菌和阴性菌在 10~20 cm 剖面含量最高。此外，红寺堡、中宁放线菌含量较高，但围栏内外差别不大。红寺堡、同心和中宁 0~10 cm 剖面真菌含量明显高于其他土层。总体上，各监测点总磷脂脂肪酸随着土层深度增加而减少，封育和不封育微生物总磷脂脂肪酸含量差别不大。

（6）土壤微生物碳代谢功能多样性结果表明，监测点围栏内土壤微生物群落碳代谢功能多样性较高。区域分布上，Shannon 多样性指数和 McIntosh 均匀度指数均表现为灵武显著高于其他监测点，其他各监测点之间差异不显著，说明灵武土壤微生物种类较为丰富，碳源利用程度也较高。优势度指数海原最高，同心、中宁较低。总体而言，微生物 Shannon 多样性指数围栏内高于围栏外，均匀度指数围栏外高于围栏内，Shannon 指数、均匀度指数和优势度指数越高表明土壤微生物群落结构越稳定。

（7）土壤微生物群落碳源利用能力方面，固原 0~10 cm 剖面微生物群落相对较活跃。红寺堡围栏外 0~10 cm 剖面从 48 h 至试验结束微生物群落相对比较活跃，20~40 cm 剖面在 120 h 以后开始逐渐活跃。同心围栏外 10~20 cm 剖面 48 h 至试验结束微生物群落相对活跃。盐池围栏外 0~10 cm 剖面 48 h 以后土壤微生物群落最为活跃。

（8）土壤微生物对 31 类碳源的利用情况表明，海原、固原、红寺堡、盐池的土壤微生物碳源利用率高，且围栏外利用种类和利用率均高于围栏内。中宁、中卫、同心、灵武土壤微生物碳源利用率低，且围栏内利用物质种类和利用率高于围栏外。总体上，各监测点土壤微生物碳源利用能力随土层深度增加而降低，微生物利用的碳源种类越多，其新陈代谢水平越高。

第 6 章
植物群落特征及分布格局与土壤特性的关系

植物–环境关系研究是植物学中的热点问题之一，在所有的环境因子中，土壤对植物的生长影响尤为重要，同时也是气候、地形、母质及有机体综合作用的结果，尤其是在生态环境脆弱和敏感的干旱与半干旱地区，关于植被群落特征及分布格局与土壤特性的研究十分重要。本章基于对不同草原类型植被群落特征和土壤环境特征分析的基础上，按照宁夏主要草原类型（温性荒漠草原、温性草原、温性草甸、温性草原化荒漠），选取了 2016 年植被群落的盖度、生物量、物种多样性指数作为植被特征的指标，利用皮尔森相关系数依次分析该指标与土壤养分、物理结构和环境因子之间的关系。

6.1 植物群落特征与土壤养分的相关性

6.1.1 温性荒漠草原

通过对温性荒漠草原群落盖度、生物量、物种多样性和土壤养分进行相关分析（表 6–1），结果表明不同剖面的土壤养分与植物群落特征关系不同。植被盖度与 10~20 cm 土层土壤有机质、全氮为显著负相关关系，与速效钾含量具有显著正相关关系，与 20~40 cm 剖面土壤速效钾呈显著负相关关系，与全磷含量具有显著正相关关系。植被生物量与土壤养分特征的关系不明显。植被丰富度与 0~10 cm 土层的速效钾具有显著正相关关系，与 10~20 cm 剖面土壤有机质和全磷具有显著正相关关系，与 10~20 cm 剖面土壤 pH、20~40 cm 剖面土壤有机质含量、土壤 pH 具有极显著正相关关系。植被多样性指数与 10~20 cm 和 20~40 cm 剖面土壤有机质、pH 和全磷具有显著正相关关系，且与前两指标为极显著正相关。植被均匀度指数与 10~20 cm 和 20~40 cm 土壤有机质、pH 具有显著正相关关系。植被优势度指数与 10~20 cm 土壤有机质、pH 和速效钾，以及 20~40 cm 土壤有机质、pH 和全磷具有显著正相关关系，其中与 pH 和有机质为极显著正相关关系。由此可以看出，温性荒漠草原四个物种多样性指数受10~20 cm 和 20~40 cm 剖面土壤养分影响显著，尤其与有机质含量和土壤 pH 关系最为密切。

表 6-1 温性荒漠草原植物群落特征与不同深度土壤养分的相关系数

		Cov	DW	Ric	Sha	Pie	Sim
0~10 cm	Om	−0.210	0.170	0.010	0.170	0.210	0.180
	pH	0.030	0.260	0.170	0.310	0.350	0.310
	AK	0.100	0.110	0.434*	0.340	0.140	0.280
	TN	−0.170	−0.090	−0.020	0.140	0.210	0.150
	TP	−0.120	0.110	−0.240	−0.170	−0.040	−0.130
	AHN	−0.120	−0.290	−0.130	−0.010	0.100	0.030
	AP	0.020	−0.180	−0.060	0.020	0.110	0.030
10~20 cm	Om	−0.388*	−0.330	0.436*	0.491**	0.383*	0.466*
	pH	0.011	−0.120	0.490**	0.513**	0.472*	0.538**
	AK	−0.310	−0.100	−0.030	0.100	0.200	0.170
	TN	−0.421*	−0.290	0.100	0.280	0.320	0.310
	TP	0.030	0.050	0.454*	0.250	0.090	0.190
	AHN	0.020	−0.170	−0.050	−0.060	−0.070	−0.020
	AP	0.390*	0.010	−0.360	−0.452*	−0.415*	−0.465*
20~40 cm	Om	−0.340	−0.180	0.479**	0.623**	0.562**	0.632**
	pH	0.068	−0.140	0.558**	0.516**	0.404*	0.538**
	AK	−0.446*	−0.120	0.140	0.290	0.300	0.300
	TN	−0.370	−0.330	0.240	0.340	0.320	0.350
	TP	0.375*	0.030	0.566**	0.472*	0.310	0.404*
	AHN	0.150	−0.060	−0.220	−0.290	−0.300	−0.280
	AP	0.397*	−0.010	−0.320	−0.449*	−0.448*	−0.479**

注：表中 Cov 为盖度；DW 为生物量；Ric 为植被丰富度指数；Sha 为多样性指数；Pie 为均匀度指数；Sim 为优势度指数；Om 为有机质；AK 为速效钾；TN 为全氮；TP 为全磷；AHN 为碱解氮；AP 为速效磷。* 为 0.05 显著性水平，** 为 0.001 极显著水平。

6.1.2 温性草原化荒漠

通过对温性草原化荒漠群落盖度、生物量、物种多样性和土壤养分进行相关分析

（表 6–2），结果表明，温性草原化荒漠植被盖度和生物量与土壤养分关系不明显；丰富度指数与 0~10 cm 和 10~20 cm 剖面土壤有机质呈显著正相关关系，且相关系数达到 0.901 和 0.842；其次与 10~20 cm 土壤全磷呈显著负相关关系，相关系为–0.864。植被多样性指数与 0~10 cm 和 10~20 cm 剖面速效钾呈显著负相关关系，且相关系数达到–0.882 和–0.913。植被均匀度指数与不同土层土壤养分无明显相关性。植被优势度

表 6–2　温性草原化荒漠植物群落特征与不同深度土壤养分的相关系数

		Cov	DW	Ric	Sha	Pie	Sim
0~10 cm	Om	–0.450	0.330	0.901*	0.740	0.550	0.630
	pH	–0.020	0.500	–0.530	–0.350	–0.230	–0.190
	AK	–0.530	0.850*	0.630	0.660	0.540	0.680
	TN	–0.600	0.140	0.610	0.640	0.580	0.540
	TP	0.230	0.480	0.300	–0.020	–0.200	0.040
	AHN	0.260	–0.230	0.060	–0.450	–0.630	–0.500
	AP	0.260	–0.150	–0.800	–0.882*	–0.780	–0.815*
10~20 cm	Om	–0.400	0.083	0.842*	0.670	0.496	0.523
	pH	–0.220	0.658	0.048	0.356	0.416	0.536
	AK	0.660	–0.404	–0.039	0.092	0.112	0.168
	TN	–0.440	0.550	0.803	0.491	0.255	0.407
	TP	0.040	0.526	0.248	–0.220	–0.444	–0.210
	AHN	0.004	–0.402	–0.646	–0.780	–0.680	–0.889*
	AP	0.250	–0.246	–0.864*	–0.913*	–0.781	–0.870*
20~40 cm	Om	–0.345	0.178	0.769	0.426	0.200	0.301
	pH	–0.254	0.487	0.029	0.437	0.546	0.595
	AK	–0.304	–0.142	–0.202	0.307	0.531	0.339
	TN	–0.407	–0.329	0.374	0.526	0.560	0.385
	TP	0.036	0.463	0.227	–0.238	–0.452	–0.247
	AHN	0.156	–0.425	–0.434	–0.751	–0.758	–0.851*
	AP	0.047	–0.092	–0.893*	–0.848*	–0.674	–0.817*

注：表中 Cov 为盖度；DW 为生物量；Ric 为植被丰富度指数；Sha 为多样性指数；Pie 为均匀度指数；Sim 为优势度指数；Om 为有机质；AK 为速效钾；TN 为全氮；TP 为全磷；AHN 为碱解氮；AP 为速效磷。* 为 0.05 显著性水平，** 为 0.001 极显著水平。

指数与 0~10 cm 和 10~20 cm 速效钾，10~20 cm 和 20~40 cm 碱解氮呈显著负相关关系，相关系数分别达到–0.815、–0.870、–0.889 和–0.851。

6.1.3 温性草甸草原

表 6–3 为温性草甸草原植被盖度、生物量及四种多样性指数与土壤养分的关系，结果表明植被指标与 0~10 cm、10~20 cm 和 20~40 cm 剖面大部分土壤养分指标无明

表 6–3 温性草甸草原植物群落特征与不同深度土壤养分的相关系数

		Cov	DW	Ric	Sha	Pie	Sim
0~10 cm	Om	0.343	0.556	0.497	0.713	0.657	0.579
	pH	0.318	–0.399	0.689	0.441	0.020	0.342
	AK	0.171	0.698	0.702	0.505	0.177	0.314
	TN	0.035	0.323	0.359	0.408	0.283	0.225
	TP	–0.110	0.275	–0.609	–0.49	–0.172	–0.446
	AHN	–0.183	0.212	–0.713	–0.494	–0.094	–0.430
	AP	–0.117	0.128	–0.713	–0.468	–0.051	–0.358
10~20 cm	Om	0.465	0.612	0.476	0.720	0.701	0.602
	pH	0.157	–0.434	0.538	0.360	0.016	0.257
	AK	0.564	0.501	0.941**	0.793	0.402	0.624
	TN	–0.110	0.622	0.094	0.337	0.437	0.218
	TP	0.182	0.495	–0.301	–0.150	0.091	–0.154
	AHN	–0.190	0.137	–0.730	–0.565	–0.193	–0.519
	AP	–0.267	0.128	–0.754	–0.542	–0.124	–0.395
20~40 cm	Om	0.305	0.607	0.481	0.745	0.724	0.634
	pH	0.049	–0.377	0.551	0.314	–0.060	0.217
	AK	0.512	0.469	0.928**	0.867*	0.518	0.726
	TN	0.001	0.678	0.053	0.322	0.463	0.212
	TP	–0.232	0.227	–0.706	–0.567	–0.204	–0.493
	AHN	–0.288	0.506	–0.612	–0.248	0.210	–0.125
	AP	–0.183	–0.139	–0.794	–0.673	–0.311	–0.582

注：表中 Cov 为盖度；DW 为生物量；Ric 为植被丰富度指数；Sha 为多样性指数；Pie 为均匀度指数；Sim 为优势度指数；Om 为有机质；AK 为速效钾；TN 为全氮；TP 为全磷；AHN 为碱解氮；AP 为速效磷。* 为 0.05 显著性水平，** 为 0.001 极显著水平。

显相关关系。仅植被丰富度指数与 10~20 cm 和 20~40 cm 剖面速效钾含量呈极显著正相关关系，相关系数达 0.941 和 0.928。植被多样性指数与 20~40 cm 剖面速效钾呈显著正相关关系，相关系数达 0.867。

6.1.4　温性草原

表 6-4 为温性草原植被盖度、生物量及 4 种多样性指数与土壤养分的关系，结果

表 6-4　温性草原植物群落特征与不同深度土壤养分的相关系数

		Cov	DW	Ric	Sha	Pie	Sim
0~10 cm	Om	−0.047	−0.344	−0.564*	−0.523*	−0.250	−0.481
	pH	0.044	−0.152	0.093	0.004	−0.110	0.024
	AK	−0.039	−0.241	−0.167	−0.416	−0.463	−0.491*
	TN	−0.051	−0.120	−0.389	−0.299	−0.043	−0.273
	TP	0.332	0.099	0.300	−0.311	−0.590*	−0.413
	AHN	−0.050	0.100	−0.193	−0.040	0.155	0.017
	AP	−0.104	0.186	0.012	0.231	0.351	0.275
10~20 cm	Om	−0.068	−0.094	−0.368	−0.033	0.257	0.078
	pH	0.039	−0.036	0.146	−0.075	−0.241	−0.140
	AK	−0.046	−0.210	−0.247	−0.411	−0.376	−0.405
	TN	0.032	0.097	−0.273	−0.180	0.019	−0.178
	TP	0.264	−0.113	0.142	−0.061	−0.220	−0.094
	AHN	0.013	0.085	−0.131	0.028	0.183	0.071
	AP	−0.131	0.140	0.090	0.249	0.335	0.282
20~40 cm	Om	−0.024	−0.213	−0.368	−0.173	0.072	−0.137
	pH	0.078	−0.216	0.093	−0.176	−0.309	−0.206
	AK	−0.019	0.2916	0.302	−0.055	−0.227	−0.069
	TN	−0.014	0.039	−0.262	−0.035	0.192	0.008
	TP	0.099	−0.313	−0.306	−0.338	−0.233	−0.284
	AHN	−0.049	0.082	−0.191	0.007	0.219	0.072
	AP	−0.009	0.258	−0.031	0.163	0.283	0.242

注：表中 Cov 为盖度；DW 为生物量；Ric 为植被丰富度指数；Sha 为多样性指数；Pie 为均匀度指数；Sim 为优势度指数；Om 为有机质；AK 为速效钾；TN 为全氮；TP 为全磷；AHN 为碱解氮；AP 为速效磷。* 为 0.05 显著性水平，** 为 0.001 极显著水平。

表明植被群落指标仅与0~10 cm剖面个别土壤养分指标具有相关关系，其中植被丰富度指数和多样性指数与有机质含量具有显著正相关关系，均匀度指数与全磷呈显著正相关关系,优势度指数与速效钾呈显著正相关关系。植被群落特征与其他剖面土壤养分没有明显的关系。

6.2 植物群落特征与土壤物理特征的相关性

6.2.1 温性荒漠草原

通过对温性荒漠草原植被群落与土壤物理特征指标相关性分析(表6–5),结果表明植被盖度与0~10 cm和20~40 cm剖面黏粒含量呈显著负相关，与0~10 cm和10~20 cm极细砂粒以及0~10 cm细砂粒呈显著正相关关系。植物多样性指数仅与0~10 cm剖面粉粒呈极显著正相关关系。均匀度指数与0~10 cm粉粒具有极显著正相关关系,与细砂粒含量为极显著负相关关系;此外,均匀度指数还与20~40 cm剖面黏粒、粉粒具有显著正相关关系，与该层极细砂粒和细砂粒呈显著和极显著负相关关系。植被优势度指数仅与0~10 cm粉粒具有显著正相关关系。

表6–5 温性荒漠草原植物群落特征与土壤物理特征的相关系数

		Cov	DW	Ric	Sha	Pie	Sim
0~10 cm	黏粒	–0.733**	–0.250	–0.269	0.035	0.294	0.124
	粉粒	0.112	–0.09	0.278	0.497**	0.535**	0.505**
	极细砂粒	0.708**	0.316	0.114	–0.126	–0.323	–0.211
	细砂粒	0.428*	0.170	0.083	–0.302	–0.530**	–0.369
	中砂粒	–0.010	–0.105	0.270	0.079	–0.063	0.074
	粗砂粒	–0.170	–0.147	0.177	0.035	–0.058	0.057
	石砾	–0.290	–0.193	–0.118	–0.146	–0.128	–0.113
10~20 cm	黏粒	–0.360	–0.007	–0.310	–0.128	0.010	–0.147
	粉粒	0.282	0.067	–0.027	0.167	0.231	0.166
	极细砂粒	0.347	0.002	0.218	0.085	–0.010	0.106
	细砂粒	0.066	0.001	0.290	0.003	–0.169	0.010
	中砂粒	–0.094	–0.098	0.256	0.058	–0.069	0.059
	粗砂粒	–0.063	–0.171	–0.095	–0.187	–0.195	–0.144
	石砾	—	—	—	—	—	—

续表

		Cov	DW	Ric	Sha	Pie	Sim
20~40 cm	黏粒	−0.672**	−0.267	−0.086	0.245	0.434*	0.292
	粉粒	0.148	−0.039	0.041	0.278	0.387*	0.329
	极细砂粒	0.556**	0.276	−0.028	−0.287	−0.401*	−0.308
	细砂粒	0.344	0.177	0.076	−0.290	−0.508**	−0.368
	中砂粒	0.100	−0.067	0.243	0.038	−0.130	−0.016
	粗砂粒	−0.019	−0.101	0.164	0.056	−0.022	0.023
	石砾	—	—	—	—	—	—

注：表中 Cov 为盖度;DW 为生物量;Ric 为植被丰富度指数;Sha 为多样性指数;Pie 为均匀度指数;Sim 为优势度指数;Om 为有机质;AK 为速效钾;TN 为全氮;TP 为全磷;AHN 为碱解氮;AP 为速效磷。* 为 0.05 显著性水平,** 为 0.001 极显著水平。

6.2.2　温性草原化荒漠

表 6–6 为温性草原化荒漠植被指标与土壤粒径的相关性分析，结果表明植被各指标与大部分不同剖面土壤粒径指标无明显相关关系。其中,植被盖度与 0~10 cm 和 10~20 cm 粉粒呈显著负相关关系,相关系数达到–0.817 和–0.830。均匀度指数与 10~20 cm 剖面粉粒具有显著正相关关系,相关系数为 0.861。

表 6–6　温性草原化荒漠植物群落特征与土壤粒径的相关系数

		Cov	DW	Ric	Sha	Pie	Sim
0~10 cm	黏粒	−0.235	0.305	0.158	−0.284	−0.451	−0.342
	粉粒	−0.817*	0.397	0.021	0.098	0.158	0.026
	极细砂粒	0.210	−0.304	−0.155	0.301	0.474	0.357
	细砂粒	0.358	−0.305	−0.135	0.226	0.354	0.293
	中砂粒	0.567	−0.401	−0.125	0.0974	0.169	0.167
	粗砂粒	0.719	−0.375	−0.113	−0.073	−0.073	−0.001
	石砾	—	—	—	—	—	—
10~20 cm	黏粒	−0.203	0.219	0.036	−0.395	−0.533	−0.463
	粉粒	−0.626	0.368	0.127	0.683	0.861*	0.715
	极细砂粒	0.354	−0.286	−0.078	0.278	0.393	0.349
	细砂粒	0.382	−0.453	0.073	0.369	0.444	0.424

续表

		Cov	DW	Ric	Sha	Pie	Sim
10~20 cm	中砂粒	-0.460	-0.076	0.018	0.542	0.742	0.535
	粗砂粒	-0.472	-0.066	-0.014	0.535	0.749	0.529
	石砾	—	—	—	—	—	—
20~40 cm	黏粒	-0.026	0.143	0.001	-0.498	-0.661	-0.559
	粉粒	-0.830*	0.720	0.051	0.408	0.534	0.417
	极细砂粒	-0.024	-0.155	-0.014	0.508	0.685	0.562
	细砂粒	0.173	-0.280	0.081	0.494	0.610	0.554
	中砂粒	0.478	-0.400	-0.094	0.201	0.296	0.268
	粗砂粒	0.721	-0.374	-0.112	-0.076	-0.078	-0.005
	石砾	—	—	—	—	—	—

注：表中 Cov 为盖度;DW 为生物量;Ric 为植被丰富度指数;Sha 为多样性指数;Pie 为均匀度指数;Sim 为优势度指数;Om 为有机质;AK 为速效钾;TN 为全氮;TP 为全磷;AHN 为碱解氮;AP 为速效磷。* 为 0.05 显著性水平,** 为 0.001 极显著水平。

6.2.3 温性草甸草原

通过对温性草甸草原植被群落指标和土壤粒径的相关分析(表 6-7),结果表明仅有植被盖度与 20~40 cm 极细砂粒含量具有显著负相关关系,相关系数为-0.834,其他指标之间没有明显关系。

表 6-7 温性草甸草原植物群落特征与土壤粒径的相关系数

		Cov	DW	Ric	Sha	Pie	Sim
0~10 cm	黏粒	0.462	-0.477	0.406	0.162	-0.111	0.229
	粉粒	-0.606	0.139	-0.780	-0.456	-0.019	-0.422
	极细砂粒	-0.585	0.262	-0.477	-0.050	0.326	-0.014
	细砂粒	0.378	0.497	0.738	0.330	-0.112	0.133
	中砂粒	0.704	0.410	0.804	0.549	0.156	0.341
	粗砂粒	0.175	-0.163	0.036	0.490	0.682	0.542
	石砾	—	—	—	—	—	—
10~20 cm	黏粒	0.344	-0.607	0.229	-0.046	-0.282	0.030
	粉粒	-0.435	0.363	-0.644	-0.231	0.223	-0.194

续表

		Cov	DW	Ric	Sha	Pie	Sim
10~20 cm	极细砂粒	−0.457	0.296	−0.311	0.081	0.377	0.068
	细砂粒	−0.134	0.624	0.382	0.102	−0.163	−0.105
	中砂粒	0.545	0.680	0.720	0.574	0.281	0.379
	粗砂粒	0.175	−0.163	0.036	0.490	0.682	0.542
	石砾	—	—	—	—	—	—
20~40 cm	黏粒	0.800	0.322	0.684	0.547	0.255	0.362
	粉粒	−0.519	−0.533	−0.756	−0.805	−0.574	−0.638
	极细砂粒	−0.834*	0.047	−0.629	−0.437	−0.112	−0.265
	细砂粒	−0.481	−0.208	0.010	0.163	0.191	0.214
	中砂粒	−0.305	−0.071	−0.124	0.315	0.554	0.404
	粗砂粒	−0.292	0.491	−0.451	−0.116	0.274	0.061
	石砾	—	—	—	—	—	—

注：表中 Cov 为盖度;DW 为生物量;Ric 为植被丰富度指数;Sha 为多样性指数;Pie 为均匀度指数;Sim 为优势度指数;Om 为有机质;AK 为速效钾;TN 为全氮;TP 为全磷;AHN 为碱解氮;AP 为速效磷。* 为 0.05 显著性水平,** 为 0.001 极显著水平。

6.2.4　温性草原

通过对温性草原植被群落指标和土壤粒径的相关分析(表 6–8),可知植被盖度与 10~20 cm 和 20~40 cm 剖面细砂粒和中砂粒均具有极显著负相关关系。均匀度指数与 0~10 cm 剖面粗砂粒,20~40 cm 粉粒具有显著负相关关系。植被丰富度指数与 10~20 cm 剖面粉粒含量具有显著正相关关系。优势度指数与 0~10 cm 剖面粗砂粒具有显著负相关关系。

表 6–8　温性草原植物群落特征与土壤粒径的相关系数

		Cov	DW	Ric	Sha	Pie	Sim
0~10 cm	黏粒	0.070	−0.139	−0.278	0.170	0.343	0.208
	粉粒	0.181	−0.003	0.337	−0.150	−0.395	−0.235
	极细砂粒	−0.098	0.293	0.331	−0.047	−0.201	−0.067
	细砂粒	−0.388	−0.043	−0.263	−0.122	0.049	−0.041
	中砂粒	−0.169	−0.075	−0.164	−0.282	−0.289	−0.294

续表

		Cov	DW	Ric	Sha	Pie	Sim
0~10 cm	粗砂粒	0.219	−0.344	−0.242	−0.614***	−0.701**	−0.747**
	石砾	—	—	—	—	—	—
10~20 cm	黏粒	−0.002	−0.183	−0.396	0.055	0.283	0.102
	粉粒	0.361	0.107	0.493*	−0.040	−0.389	−0.147
	极细砂粒	−0.017	0.303	0.404	−0.021	−0.226	−0.067
	细砂粒	−0.625**	−0.186	−0.348	−0.121	0.154	0.013
	中砂粒	−0.639**	−0.114	−0.190	−0.002	0.161	0.098
	粗砂粒	—	—	—	—	—	—
	石砾	—	—	—	—	—	—
20~40 cm	黏粒	−0.077	−0.222	−0.439	0.059	0.329	0.127
	粉粒	0.369	0.168	0.450	−0.147	−0.508*	−0.261
	极细砂粒	−0.024	0.324	0.449	0.050	−0.170	0.001
	细砂粒	−0.782**	−0.318	−0.362	−0.033	0.308	0.121
	中砂粒	−0.714**	−0.185	−0.234	−0.018	0.180	0.088
	粗砂粒	—	—	—	—	—	—
	石砾	—	—	—	—	—	—

注：表中 Cov 为盖度；DW 为生物量；Ric 为植被丰富度指数；Sha 为多样性指数；Pie 为均匀度指数；Sim 为优势度指数；Om 为有机质；AK 为速效钾；TN 为全氮；TP 为全磷；AHN 为碱解氮；AP 为速效磷。* 为 0.05 显著性水平，** 为 0.001 极显著水平。

6.3 植物群落特征与环境要素及土壤水分的相关性

6.3.1 温性荒漠草原

本研究还对温性荒漠草原植被群落指标与环境要素及土壤水分做了相关性分析（表 6-9），结果表明植被盖度与最低气温具有显著负相关关系，丰富度指数与坡向具有显著负相关关系，与 0~10 cm 和 20~40 cm 土壤含水量具有极显著负相关关系。多样性指数与 0~10 cm 和 20~40 cm 剖面土壤含水量具有极显著和显著负相关关系。优势度指数与 0~10 cm 和 20~40 cm 剖面土壤含水量具有显著负相关关系。

6.3.2 温性草原化荒漠

表 6-10 为温性草原化荒漠植被群落特征与环境要素的相关性分析，可知温性草

表 6-9　温性荒漠草原植物群落特征与环境要素及土壤水分的相关系数

	Cov	DW	Ric	Sha	Pie	Sim
Alt	−0.334	−0.208	−0.024	0.057	0.070	0.010
SG	−0.413*	−0.340	−0.169	−0.196	−0.169	−0.145
SD	0.016	−0.269	−0.465*	−0.356	−0.130	−0.240
AT	−0.336	−0.195	−0.237	−0.196	−0.073	−0.141
HT	−0.243	−0.226	−0.201	−0.202	−0.106	−0.153
LT	−0.428*	−0.245	−0.163	−0.034	0.117	0.042
Pre	0.311	0.114	0.288	0.106	−0.096	0.048
SW1	−0.339	−0.135	−0.510**	−0.495**	−0.334	−0.438*
SW2	0.068	−0.102	−0.077	−0.145	−0.153	−0.149
SW3	−0.367	−0.229	−0.561**	−0.437*	−0.234	−0.374*

注：表中 Alt 为海拔，SG 为坡度，SD 为坡向，AT 为平均气温，HT 为最高气温，LT 为最低气温，Pre 为 5—9 月降水量，SW1 为 0~10 cm 剖面土壤含水量，SW2 为 10~20 cm 剖面土壤含水量，SW3 为 20~40 cm 剖面土壤含水量。* 为 0.05 显著性水平，** 为 0.001 极显著水平。

表 6-10　温性草原化荒漠植物群落特征与环境要素及土壤水分的相关系数

	Cov	DW	Ric	Sha	Pie	Sim
Alt	−0.058	−0.224	−0.707	−0.534	−0.339	−0.500
SG	−0.107	−0.110	0.808	0.576	0.378	0.434
SD	0.016	0.582	0.409	0.227	0.063	0.275
AT	0.645	−0.935**	−0.417	−0.368	−0.274	−0.386
HT	0.584	−0.921**	−0.057	−0.165	−0.178	−0.246
LT	0.687	−0.940**	−0.362	−0.335	−0.259	−0.355
Pre	−0.217	0.300	−0.663	−0.335	−0.119	−0.211
SW1	0.390	0.112	−0.119	−0.364	−0.464	−0.210
SW2	0.365	0.143	−0.104	−0.396	−0.513	−0.260
SW3	0.271	0.225	−0.094	−0.453	−0.589	−0.341

注：表中 Alt 为海拔，SG 为坡度，SD 为坡向，AT 为平均气温，HT 为最高气温，LT 为最低气温，Pre 为 5—9 月降水量，SW1 为 0~10 cm 剖面土壤含水量，SW2 为 10~20 cm 剖面土壤含水量，SW3 为 20~40 cm 剖面土壤含水量。* 为 0.05 显著性水平，** 为 0.001 极显著水平。

原化荒漠植被生物量与平均气温、最高气温和最低气温具有极显著负相关关系，相关系分别达到-0.935、-0.921 和-0.940。其他植被指标与环境要素没有明显的相关关系。

6.3.3 温性草甸

表 6-11 为温性草甸植被群落特征与环境要素之间的相关分析，由结果可知植被丰富度指数与 5-9 月降水量具有显著正相关关系，相关系数为 0.892；此外，丰富度指数还与 20~40 cm 剖面土壤含水量具有显著正相关关系，相关系数为 0.852，其他指标之间没有明显的相关关系。

表 6-11 温性草甸植物群落特征与环境要素及土壤水分的相关系数

	Cov	DW	Ric	Sha	Pie	Sim
Alt	-0.532	-0.120	-0.753	-0.298	0.180	-0.192
SG	0.509	0.749	0.610	0.603	0.424	0.430
SD	-0.229	-0.379	0.357	0.138	-0.154	0.106
AT	0.156	-0.543	-0.016	-0.304	-0.448	-0.204
HT	0.124	-0.446	-0.096	-0.393	-0.503	-0.298
LT	0.038	-0.536	-0.037	-0.373	-0.538	-0.284
Pre	0.462	-0.024	0.892*	0.731	0.311	0.625
SW1	0.528	-0.084	0.272	0.127	-0.060	-0.062
SW2	0.139	-0.066	0.739	0.326	-0.169	0.206
SW3	0.688	0.295	0.852*	0.654	0.255	0.444

注：表中 Alt 为海拔，SG 为坡度，SD 为坡向，AT 为平均气温，HT 为最高气温，LT 为最低气温，Pre 为 5—9 月降水量，SW1 为 0~10 cm 剖面土壤含水量，SW2 为 10~20 cm 剖面土壤含水量，SW3 为 20~40 cm 剖面土壤含水量。* 为 0.05 显著性水平，** 为 0.001 极显著水平。

6.3.4 温性草原

通过对温性草原植被群落特征与环境要素及土壤水分的相关分析表明（表 6-12），温性草原植被盖度与海拔具有显著负相关关系，与平均气温和最低气温具有极显著正相关关系，与最高气温和 20~40 cm 剖面土壤含水量具有显著正相关关系。植被生物量与 10~20 cm 剖面土壤含水量具有显著正相关关系。植被均匀度与平均气温、最高气温和 20~40 cm 剖面土壤含水量具有显著负相关关系。其他指标之间没有明显的相关关系。

表 6-12 温性草原植物群落特征与环境要素及土壤水分的相关系数

	Cov	DW	Ric	Sha	Pie	Sim
Alt	−0.587*	−0.058	0.256	0.414	0.454	0.438
SG	0.049	0.042	−0.260	−0.121	0.026	−0.048
SD	0.432	0.086	−0.124	−0.344	−0.398	−0.347
AT	0.776**	0.113	0.185	−0.261	−0.587*	−0.389
HT	0.584*	0.048	0.193	−0.272	−0.593*	−0.408
LT	0.686**	0.475	0.360	0.177	−0.104	0.080
Pre	0.560*	0.220	0.138	−0.020	−0.177	−0.092
SW1	0.438	0.369	0.029	−0.279	−0.392	−0.264
SW2	0.276	0.560*	−0.068	−0.164	−0.121	−0.114
SW3	0.521*	0.262	0.019	−0.377	−0.541*	−0.410

注：表中 Alt 为海拔，SG 为坡度，SD 为坡向，AT 为平均气温，HT 为最高气温，LT 为最低气温，Pre 为 5—9 月降水量，SW1 为 0~10 cm 剖面土壤含水量，SW2 为 10~20 cm 剖面土壤含水量，SW3 为 20~40 cm 剖面土壤含水量。* 为 0.05 显著性水平，** 为 0.001 极显著水平。

6.4 结论与讨论

（1）不同类型草原植被群落特征与土壤养分的相关性存在差异。温性荒漠草原，植被多样性指数与 10~40 cm 剖面土壤有机质、土壤 pH 均呈显著或极显著正相关关系。温性草原化荒漠，植被丰富度指数与 0~20 cm 剖面土壤有机质呈显著正相关关系，与该土层土壤速效磷呈显著负相关关系。温性草甸，植被丰富度和多样性指数仅与 10~40 cm 剖面土壤速效钾呈显著正相关关系。温性草原，植被指数与 0~10 cm 剖面土壤有机质含量呈显著负相关关系。

（2）不同类型草原植被群落特征与土壤物理性质的相关性存在差异。温性荒漠草原，植物多样性指数与 0~10 cm 剖面粉粒含量呈极显著正相关关系，均匀度指数与 20~40 cm 剖面黏粒、粉粒呈显著正相关关系，与极细砂粒、细砂粒呈显著和极显著负相关关系。温性草原化荒漠和温性草甸，植被群落与土壤机械组成不相关。温性草原，植被群落盖度与 10~40 cm 剖面细砂、中砂粒含量呈显著负相关关系，植被多样性、均匀度和优势度指数与 0~10 cm 剖面粗砂粒含量呈显著负相关关系。

（3）不同类型草原植被群落特征与环境要素及土壤水分的相关性存在差异。温性荒漠草原，植被多样性、丰富度和优势度指数与 0~10 cm 和 10~20 cm 剖面土壤含水量呈显著负相关关系。温性草原化荒漠，植被地上生物量与平均气温、最高气温和最低气温具有极显著负相关关系，其他植被群落指标与环境要素无明显的相关关系。温性草甸，植被丰富度指数与降水量、20~40 cm 剖面土壤含水量呈显著正相关关系，其他指标之间无明显的相关关系。温性草原，植被群落盖度与海拔具有显著负相关关系，与平均气温和最低气温具有极显著正相关关系，与最高气温及 20~40 cm 剖面土壤含水量具有显著正相关关系。此外，均匀度指数与平均气温、最高气温和 20~40 cm 剖面土壤含水量呈显著负相关关系。

第7章 宁夏主要类型草原植被碳储量

7.1 试验设计

7.1.1 植物群落功能群

依据调查样方内每种植物所归属科的不同，将植物划分成为：禾本科、豆科、菊科和其他科。其中，禾本科指禾本科所有植物，豆科指豆科所有植物，菊科指菊科所有植物，其他科指除去禾本科、豆科和菊科的其他科植物。

禾本科占比(%)=禾本科植物地上生物量/总生物量×100%

豆科占比(%)=豆科植物地上生物量/总生物量×100%

菊科占比(%)=菊科植物地上生物量/总生物量×100%

其他科占比(%)=其他科植物地上生物量总和/总生物量×100%

7.1.2 植物样品的测定

取得的植物和枯落物，带回室内在65 ℃烘箱中烘至恒重，获取干物质重量后，通过粉碎过60目筛后，采用重铬酸钾–浓硫酸氧化法($K_2Cr_2O_7$–H_2SO_4 oxidation method)测定含碳率。

7.1.3 植被碳储量的计算

植被碳储量根据植被生物量和植物含碳率计算获得，由地上植被碳储量、枯落物碳储量和地下根系碳储量构成；

$$BSOC=\sum(SOCa\times Ab+SOC_l\times Lb+SOCu\times Ub)$$

式中，$BSOC$、$SOCa$、Ab、SOC_l、Lb、$SOCu$、Ub 分别代表植被总碳储量、地上植被含碳率、地上植被生物量、枯落物含碳率、枯落物生物量、地下根系含碳率、地下根系生物量。

7.2 结果分析

草地植被碳储量是草地生态系统碳库的重要组分，主要包括地上植被碳储量、地表枯落物碳储量和地下根系碳储量三部分。

7.2.1 地上植被碳储量

7.2.1.1 地上植被含碳率

从植物地上部分含碳率频率分布显示，研究区 175 个植物地上部分含碳率呈现正态分布，含碳率主要分布于 0.35~0.45 间，平均含碳率为 0.40±0.045（图 7-1）。

从所有植物分属不同科含碳率数据看出，不同科植物的含碳率存在较大差异（图 7-2）。其中含碳率最高的为远志科植物，平均含碳率为 0.49，显著高于禾本科、豆科、菊科、蔷薇科、苋科、唇形科、莎草科、百合科、旋花科、十字花科、茜草科、柽柳科、蒺藜科、麻黄科和萝藦科植物（$P<0.05$）；含碳率最低的为苋科植物，仅为 0.32，显著低于禾本科、豆科、菊科、蔷薇科、唇形科、莎草科、百合科、茜草科、玄参科、桔梗科、远志科、麻黄科和萝藦科植物（$P<0.05$），但与旋花科、十字花科、柽柳科和蒺藜科植物含碳率差异不显著（$P>0.05$）。

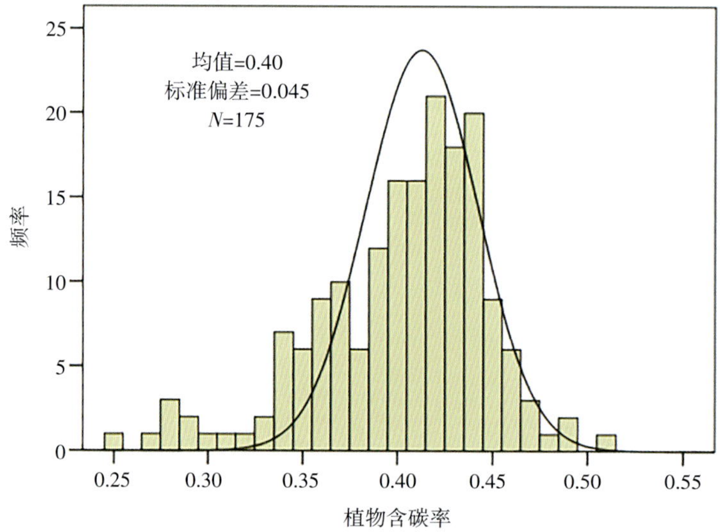

图 7-1 植物含碳率频率分布图

从研究区 11 种主要的小灌木地上部分含碳率看出，猫头刺、牛枝子、中间锦鸡儿、百里香、刺旋花、红砂、灌木亚菊、珍珠猪毛菜、老瓜头、黑沙蒿和斑子麻黄地上部分的含碳率在 0.36~0.43，平均含碳率为 0.40（图 7-3）。其中，含碳率最高的黑沙蒿，最小的为红砂，但所有灌木地上部分含碳率差异不显著（$P>0.05$）。

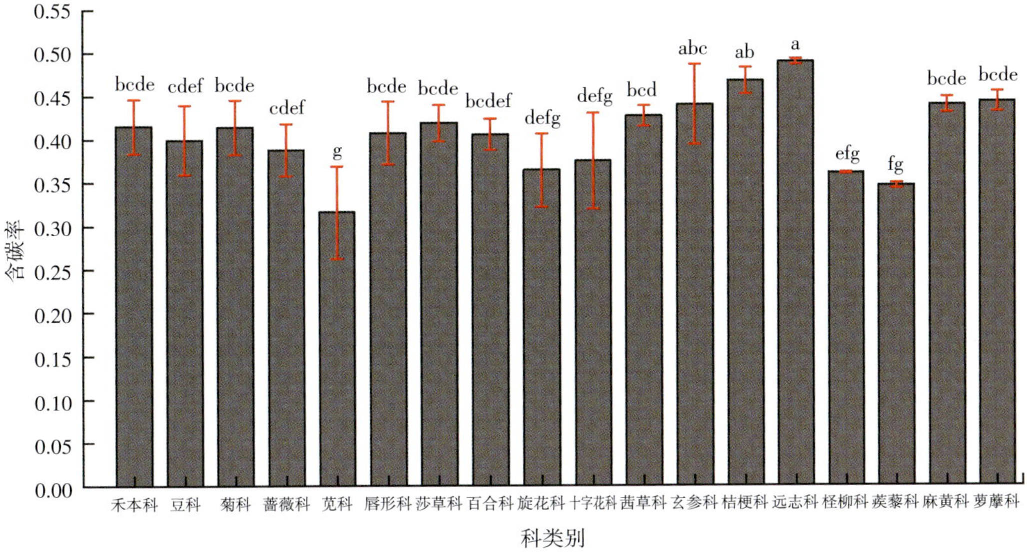

图 7-2　不同科植物地上部分含碳率

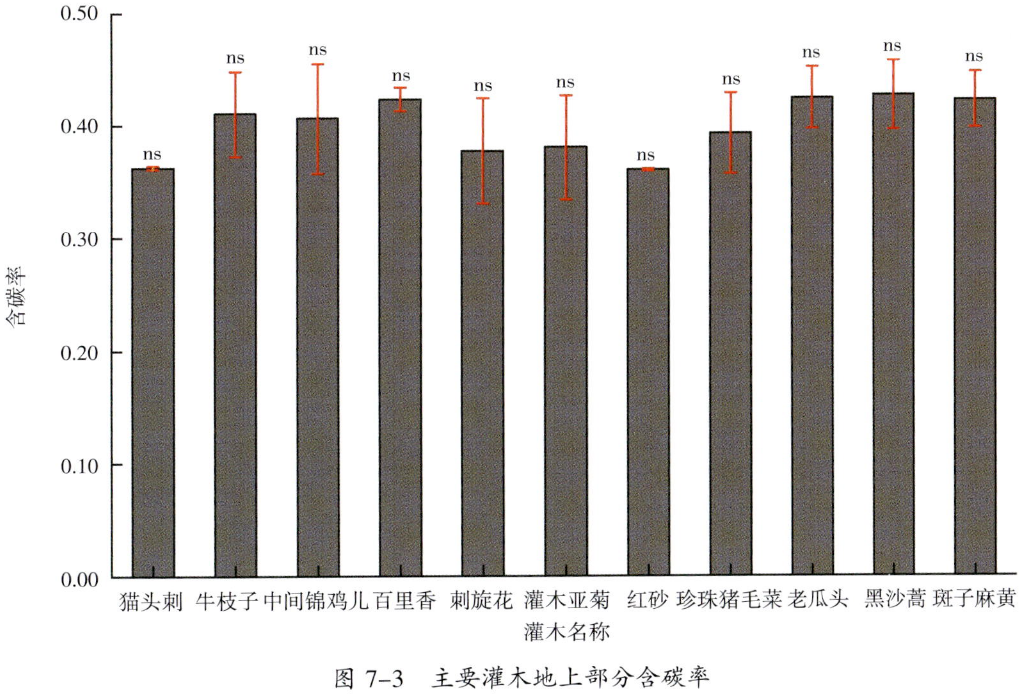

图 7-3　主要灌木地上部分含碳率

注:图中 ns 表示在 0.05 水平上差异不显著,下同。

7.2.1.2　地上植被碳储量

从 4 种草地地上植被碳储量看出，宁夏 4 种天然草地地上部分单位面积碳储量存在差异,具体表现为草甸草原>温性草原>草原化荒漠>荒漠草原(表 7-1)。其中,单位面积碳储量最高的为草甸草原,碳储量为 87.35 g/m^2,显著高于温性草原、草原化荒漠和荒漠草原($P<0.05$);其次是温性草原,碳储量为 68.50 g/m^2,显著高于荒漠草原,但与草原化荒漠碳储量差异不显著($P>0.05$);碳储量最小的为荒漠草原,单位面积碳储量仅为 40.05 g/m^2,显著小于其他 3 种草地类型($P<0.05$)。从变异系数来看,4 种草地地上植被碳储量变异系数在 52.88%~96.68%,属于中等程度变异。从总的 423 个碳储量数据看,宁夏 4 种天然草地碳储量平均值为 54.32 g/m^2,最小碳储量为 4.58 g/m^2,最大碳储量值为 321.71 g/m^2,变异系数为 79.27%,属于中等变异。

表 7-1 不同草地类型地上植被碳储量

草地类型	N	均值/(g·m^{-2})	差异性	标准差	标准误	变异系数/%	极小值/(g·m^{-2})	极小值/(g·m^{-2})
草甸草原	45	87.35	a	46.19	6.89	52.88	18.21	248.78
温性草原	90	68.50	b	43.19	4.55	63.05	4.86	243.61
草原化荒漠	72	59.32	b	33.94	4.24	96.68	14.17	152.89
荒漠草原	216	40.05	c	38.72	2.63	57.21	4.58	321.71
合计	423	54.32	—	43.06	2.11	79.27	4.58	321.71

7.2.1.3 地上植被碳储量年际变化

从 4 种天然草地地上植被碳储量的年际变化发现,不同草地类型单位面积地上植被碳储量在不同年份间存在差异(图 7-4)。2016 年草甸草原地上部分平均碳储量显著高于其他 3 种草地类型($P<0.05$)。2017 年草甸草原、温性草原和草原化荒漠地上植被平均碳储量差异不显著($P>0.05$),但草甸草原和温性草原地上植被平均碳储量显著高于荒漠草原($P<0.05$);2018 年草甸草原和温性草原地上植被平均碳储量显著高于草原化荒漠和荒漠草原($P<0.05$),荒漠草原平均碳储量最低,显著低于其他 3 种草地类型($P<0.05$)。

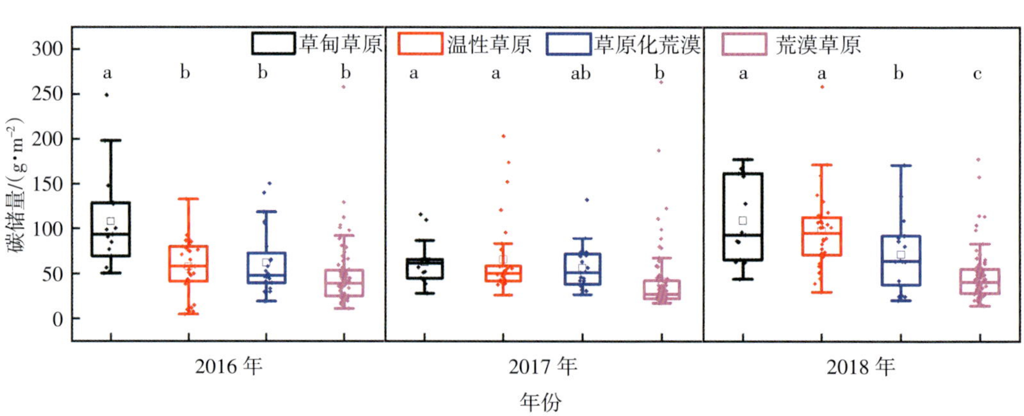

图 7-4 宁夏天然草地地上植被碳储量年际变化

7.2.1.4　地上植被碳储量构成

从地上植被碳储量构成看，4 种草地类型地上植被碳储量构成存在差异（图 7-5）。构成草甸草原地上植被碳储量的主要有禾本科、菊科、唇形科、莎草科、蔷薇科、茜草科和报春花科等科的植物，单位面积平均碳储量分别为 29.26 g/m^2、28.87 g/m^2、14.90 g/m^2、9.31 g/m^2、4.78 g/m^2、5.25 g/m^2 和 3.80 g/m^2，分别占到了单位面积地上植被碳储量的 25.59%、25.24%、13.03%、8.14%、4.18%、4.59%和 3.32%；构成温性草原碳储量的主要有禾本科、菊科、唇形科、蔷薇科、莎草科和蒺藜科植物，单位面积平均碳储量分别达到了26.50 g/m^2、22.35 g/m^2、13.80 g/m^2、7.19 g/m^2、5.54 g/m^2 和 2.64 g/m^2，分别

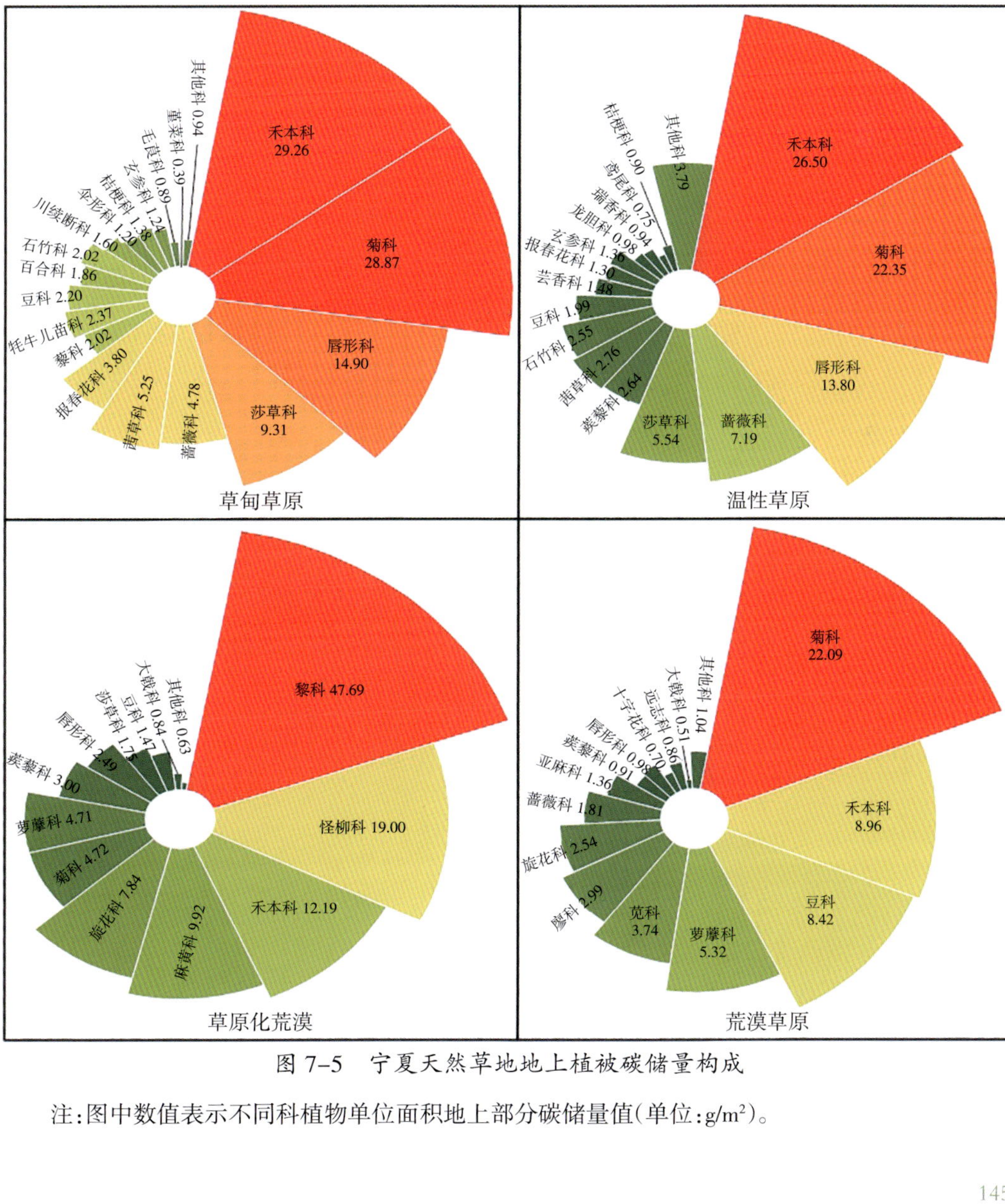

图 7-5　宁夏天然草地地上植被碳储量构成

注：图中数值表示不同科植物单位面积地上部分碳储量值(单位：g/m^2)。

占到了地上植被碳储量的 27.37%、23.08%、14.26%、7.42%、5.72%和 2.73%；构成草原化荒漠碳储量的主要有藜科、柽柳科、禾本科、麻黄科、旋花科、菊科和萝藦科等植物，单位面积平均碳储量分别为 47.69 g/m^2、19.00 g/m^2、12.19 g/m^2、9.92 g/m^2、7.84 g/m^2、4.72 g/m^2 和4.71 g/m^2，分别占地上植被碳储量的 41.02%、16.35%、10.49%、8.53%、6.75%、4.06%和4.05%；构成荒漠草原碳储量的主要有菊科、禾本科、豆科、萝藦科和藜科植物，单位面积平均碳储量分别为 22.09 g/m^2、8.96 g/m^2、8.42 g/m^2、5.32 g/m^2 和 3.74 g/m^2，分别占到了地上植被碳储量的 35.49%、14.39%、13.52%、8.55%和 6.01%。

7.2.2 地表枯落物碳储量

7.2.2.1 枯落物含碳率

从地表枯落物含碳率频率分布图看出，研究区地表枯落物含碳率呈现正态分布，156 个枯落物含碳率主要集中分布于 0.30~0.45 间，枯落物平均含碳率达到 0.39±0.06（图 7-6）。

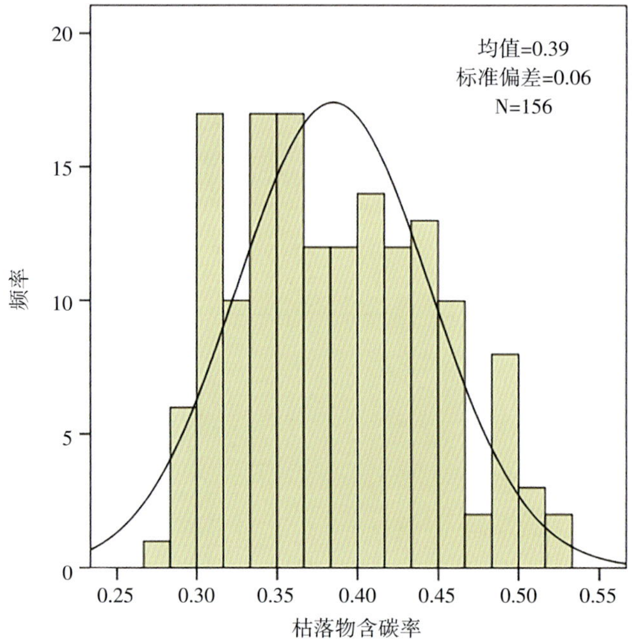

图 7-6 枯落物含碳率分布图

7.2.2.2 枯落物碳储量

从地表枯落物碳储量看出，研究区 4 种天然草地地表枯落物碳储量存在差异（$P<0.05$），具体表现为草甸草原>温性草原>荒漠草原>草原化荒漠（表 7-2）。单位面积碳储量分别为 38.62 g/m^2、14.91 g/m^2、13.03 g/m^2 和 7.19 g/m^2，其中草甸草原单位面积枯落物碳储量显著高于其他 3 种草地类型($P<0.05$)；草原化荒漠单位面积枯落物碳储量最低，但与温性草原和荒漠草原枯落物碳储量差异不显著($P>0.05$)。从变异系数来看，草甸草原和温性草原枯落物碳储量变异系数分别为 60.44%和 95.15%，属于中等程度变异，草原化荒漠和荒漠草原枯落物碳储量变异系数分别为 108.80%和155.81%，属于强变异。从总的 314 个枯落物碳储量数据看，4 种天然草地枯落物碳储量平均值为 15.11 g/m^2，碳储量最小值为 0.20 g/m^2，碳储量最大值为 147.50 g/m^2，变异系数为 130.19%，属于强变异。

表 7-2　宁夏天然草地地表枯落物碳储量

草地类型	N	均值/(g·m^{-2})	差异性	标准差	标准误	变异系数/%	极小值/(g·m^{-2})	极大值/(g·m^{-2})
草甸草原	30	38.62	a	23.34	4.26	60.44	3.74	97.01
温性草原	74	14.91	b	14.19	1.65	95.15	1.94	68.01
草原化荒漠	46	7.19	b	7.82	1.18	108.80	0.40	41.40
荒漠草原	164	13.03	b	20.31	1.59	155.81	0.20	147.50
合计	314	15.11	–	19.68	1.11	130.19	0.20	147.50

7.2.3　地下根系碳储量

7.2.3.1　根系含碳率

从地下根系含碳率数据发现，不同土层根系含碳率呈现随土层深度加深而递增的趋势，且不同土层间根系含碳率存在显著差异($P<0.05$)(表 7-3)。其中，含碳率最高为20~40 cm 土层分布根系，含碳率平均值为 0.42，显著高于 0~10 cm 和 10~20 cm 土层根系含碳率($P<0.05$)；其次是 10~20 cm 土层根系，含碳率平均值为 0.40，显著高于 0~10 cm 土层根系含碳率($P<0.05$)；表层 0~10 cm 土层根系含碳率最低，平均值仅为 0.38，显著低于 10~20 cm 和 20~40 cm 土层根系含碳率($P<0.05$)。从 3 个土层根系含

表 7-3　不同土层根系含碳率

土层/cm	N	均值/(g·m^{-2})	差异性	标准差	标准误	变异系数/%	极小值/(g·m^{-2})	极大值/(g·m^{-2})
0~10	149	0.38	c	0.07	0.006	18.15	0.16	0.52
10~20	148	0.40	b	0.07	0.006	17.66	0.20	0.56
20~40	148	0.42	a	0.08	0.006	18.34	0.17	0.63
合计	444	0.40	—	0.07	0.004	18.68	0.16	0.63

碳率数据的变异系数看出,3 个土层根系含碳率变异系数在 17.66%~18.34%间，均属于中等程度变异。从总 0~40 cm 土层根系含碳率发现,根系含碳率平均值为 0.40,含碳率最小值 0.16,最大值为 0.63,变异系数为 18.68%,属中等程度变异。

7.2.3.2　地下根系碳储量

从研究区 4 种天然草地地下根系碳储量看出,4 种草地类型地下根系碳储量间存在显著差异($P<0.05$)。地下根系碳储量具体表现为草甸草原>温性草原>草原化荒漠>荒漠草原(表 7–4)。其中,草甸草原单位面积地下根系碳储量最大,碳储量平均值为 344.29 g/m^2,显著高于温性草原、草原化荒漠和荒漠草原地下根系碳储量($P<0.05$);温性草原次之,碳储量平均值为 108.83 g/m^2,显著低于草甸草原,但显著高于草原化荒漠和荒漠草原($P<0.05$);荒漠草原地下根系平均碳储量值最低,仅为 30.29 g/m^2,显著低于草甸草原和温性草原($P<0.05$),但与草原化荒漠差异不显著($P>0.05$)。从变异系数看,4 种草地类型地下根系碳储量变异系数在 60.65%~83.43%，属于中等程度变异。从总的 138 个地下根系碳储量数据看出，研究区地下根系平均碳储量值为 76.45 g/m^2,根系碳储量最小值为 2.52 g/m^2,最大值为 833.4 g/m^2,变异系数为 137.40%,属于强变异。

表 7–4　宁夏天然草地地下根系碳储量

草地类型	N	均值 /(g·m^{-2})	差异性	标准差	标准误	变异系数/ %	极小值 /(g·m^{-2})	极大值 /(g·m^{-2})
草甸草原	12	344.29	a	208.81	66.03	60.65	115.20	833.48
温性草原	30	108.83	b	71.82	11.50	65.99	10.00	344.40
草原化荒漠	24	50.65	c	42.26	8.63	83.43	11.24	145.95
荒漠草原	72	30.29	c	20.94	2.47	69.13	2.52	97.98
合计	138	76.45	—	105.04	8.72	137.40	2.52	833.48

从 0~40 cm 土层地下根系碳储量构成来看,研究区草甸草原、温性草原、草原化荒漠和荒漠草原 4 种天然草地地下根系碳储量呈现随土层深度加深而递减的趋势(图 7–7),碳储量主要分布于表层 0~10 cm 土层,0~10 cm 土层根系碳储量分别占地下根系总碳储量的 63.47%、65.49%、55.86%和 60.92%;其次是 10~20 cm 土层,分布根系碳储量分别占根系总碳储量的 23.93%、24.09%、28.96%和 25.68%;20~40 cm 土层分布根系碳储量占比最低,分别仅占根系总碳储量的 12.59%、10.41%、15.17%和13.40%。

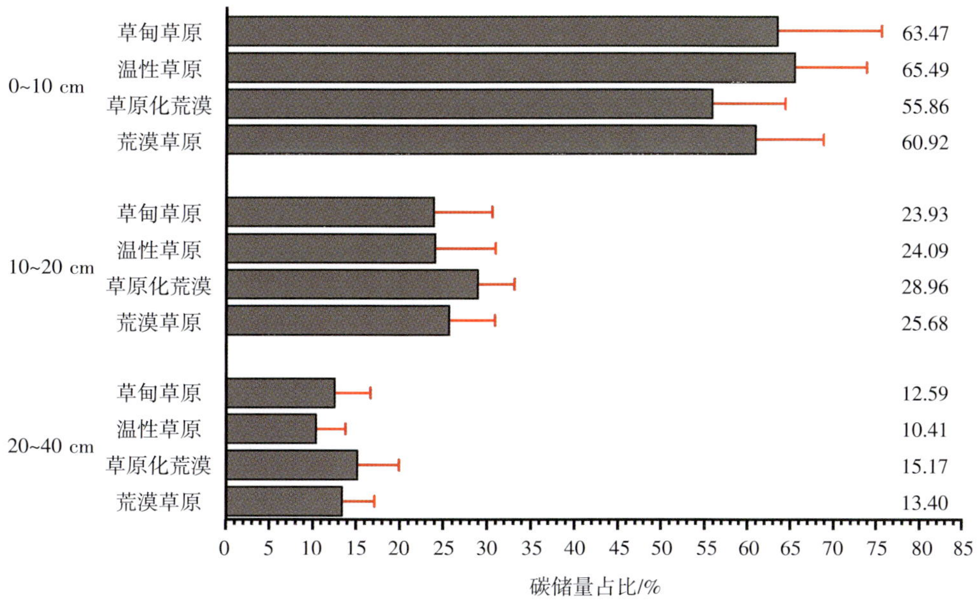

图 7–7　宁夏天然草地不同土层根系碳储量占比

7.2.4　植被总碳储量

从图 7–8 看出，宁夏 4 种天然草地草甸草原、温性草原、草原化荒漠和荒漠草原单位面积植被总碳储量表现为草甸草原>温性草原>草原化荒漠>荒漠草原，碳储量值分别为 470.26 g/m^2、192.23 g/m^2、117.17 g/m^2 和 83.36 g/m^2，且不同草地类型间植被总碳储量存在显著差异（P<0.05）。其中，草甸草原单位面积固存碳储量最大，显著高于温性草原、草原化荒漠和荒漠草原（P<0.05）；温性草原次之，显著低于草甸草原，但显著高于草原化荒漠和荒漠草原（P<0.05）；荒漠草原固存碳储量最低，显著低于草甸草原和温性草原（P<0.05），但与草原化荒漠碳储量差异不显著（P>0.05）。

从 4 种草地类型植被总碳储量构成来看，研究区草甸草原、温性草原、荒漠草原和草原化荒漠 4 种天然草地植被总碳储量构成存在差异，地下根系碳储量是构成草甸草原和温性草原植被总碳储量的主体，地下根系碳储量分别占到了植被总碳储量 71.22%和 52.70%；草原化荒漠和荒漠草原地上植被碳储量在总碳储量中所含比重高于地下根系固存碳储量所占比重，分别占到了总碳储量的 53.29%和 46.58%，分别较草甸草原和温性草甸地上植被碳储量占比高 33.27%、14.39%和 27.01%、7.68%；4 种草地类型枯落物碳储量在总碳储量中所占比重除荒漠草原占比较高外，为 13.28%，其余 3 种草地类型枯落物碳储量在植被总碳储量中占比均较低，分别仅占总碳储量的 9.21%、8.40%和 7.72%（图 7–9）。

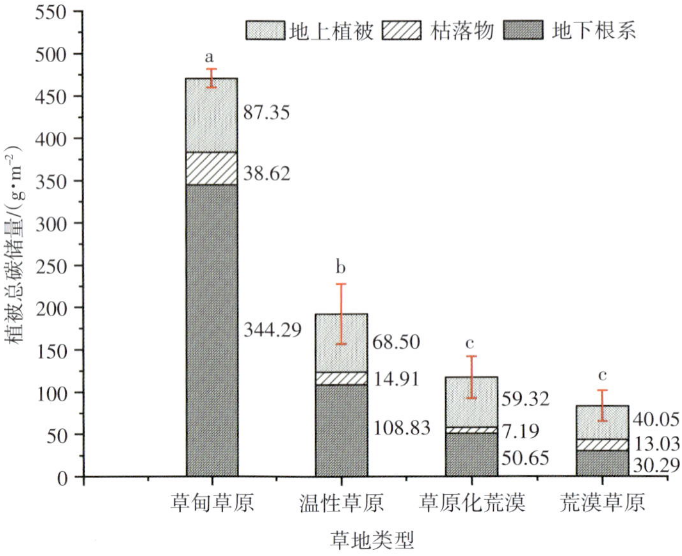

图 7-8 宁夏天然草地植被总碳储量

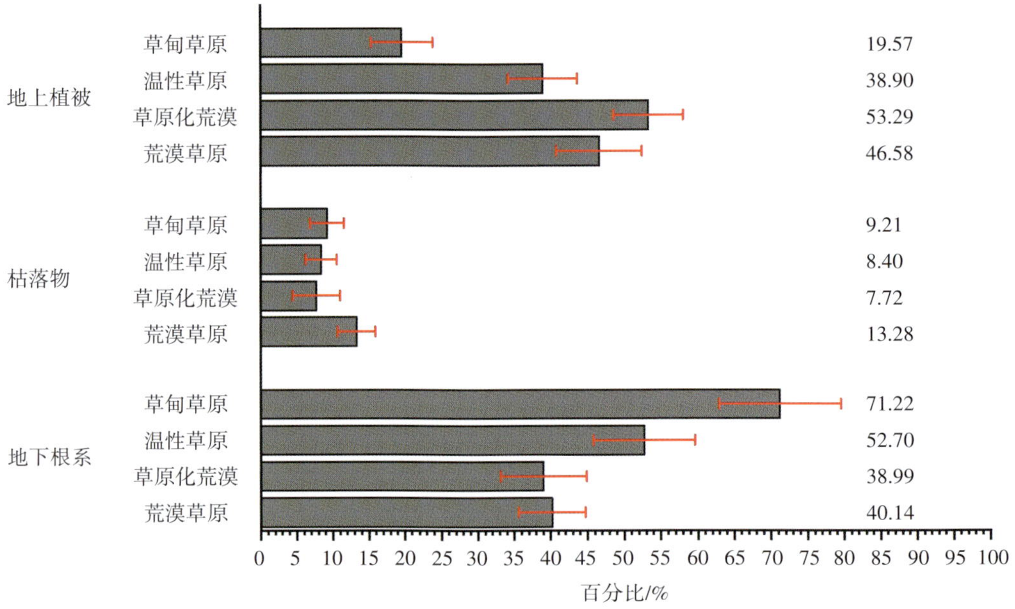

图 7-9 宁夏天然草地植被总碳储量构成特征

7.2.5 植被总碳储量分布特征

用 ArcGIS 软件中的统计学模块，对宁夏天然草地碳储量进行分析处理。选取空间插值方法中克里金插值的方法，并根据研究区 57 个调查点的碳储量资料，对无数据点进行插补。插值过程中因指数模型较球状模型、高斯模型和线性模型具有更好的拟合效果，故选取指数模型进行拟合。地上植被碳储量块金值和基台值的比值为 0.42，表明地上植被碳储量在区域空间具有中等程度的空间相关性；地下根系碳储量和植被总碳储量块金值和基台值比值分别为 0.04 和 0.17，表明地下根系碳储量和植被总碳储量在区域空间具有强烈的空间相关性。

通过数据插值和空间叠加分析，生成宁夏天然草地植被碳储量空间分布图。结果表明：宁夏天然草地地上植被碳储量、地下根系碳储量和植被总碳储量表现为：南部草甸草原和温性草原分布区域，明显高于中部荒漠草原和草原化荒漠分布地区。地上植被碳储量较高的区域具体分布于海原、西吉、原州区、彭阳和隆德地区，最低的区域主要分布于吴忠，其次是中宁和中卫地区；地下根系层和植被总碳储量最高的区域主要分布于海原地区，其次是固原和西吉地区，地下根系最低的区域主要分布于中宁、中卫、盐池和平罗地区。植被总碳储量最低的区域主要分布于中卫、吴忠和盐池地区。分析产生这种布局的原因，主要与草地类型及地上地下生物量分布差异有关，草甸草原和温性草原主要分布于宁夏南部地区，且地上生物量和地下生物量均高于分布于中部地区的荒漠草原和草原化荒漠（图 7–10）。

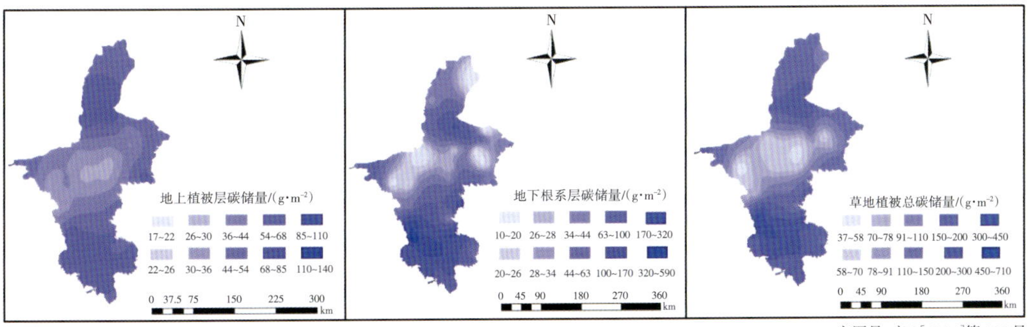

审图号：宁 S[2024]第 015 号

图 7–10　宁夏天然草地植被总碳储量构成特征

7.3　结论与讨论

（1）研究区 175 个植物地上部分含碳率呈现正态分布，含碳率主要分布于 0.35~0.45 间，平均含碳率为 0.40±0.045。远志科植物平均含碳率为 0.49，显著高于其他科植物；含碳率最低的为苋科植物，仅为 0.32，显著低于禾本科、豆科、菊科、蔷薇科、唇形科、莎草科、百合科、茜草科、玄参科、桔梗科、远志科、麻黄科和萝藦科植物。小灌木地上部分含碳率最高的为黑沙蒿，最低的为红砂，但所有灌木地上部分含碳率差异不显著。

（2）地上植被碳储量方面，温性草甸>温性草原>温性草原化荒漠>温性荒漠草原。

其中，单位面积碳储量温性草甸显著高于温性草原、温性草原化荒漠和温性荒漠草。4种草地地上植被碳储量变异系数在 52.88%~96.68%，属于中等程度变异。从总的423个碳储量数据看，宁夏 4 种天然草地碳储量平均值为 54.32 g/m^2，最小碳储量为4.58 g/m^2，最大碳储量值为 321.71 g/m^2，变异系数为 79.27%，属于中等变异。从地上植被碳储量构成看，构成草甸草原地上植被碳储量的主要有禾本科、菊科、唇形科、莎草科、蔷薇科、茜草科和报春花科等科的植物。

（3）地表枯落物含碳率呈现正态分布，156 个枯落物含碳率主要集中分布于 0.30~0.45，枯落物平均含碳率达到 0.39±0.06；温性草甸>温性草原>温性荒漠草原>温性草原化荒漠。从总的 314 个枯落物碳储量数据看，4 种天然草地枯落物碳储量平均值为15.11 g/m^2，碳储量最小值为 0.20 g/m^2，碳储量最大值为 147.50 g/m^2，变异系数为130.19%，属于强变异。

（4）不同土层根系含碳率呈现随土层深度加深而递增的趋势，且不同土层间根系含碳率存在显著差异（$P<0.05$）。地下根系碳储量具体表现为温性草甸单位面积地下根系碳储量显著高于温性草原、草原化荒漠和荒漠草原地下根系碳储量（$P<0.05$）。从变异系数看，4 种草地类型地下根系碳储量变异系数在 60.65%~83.43%，属于中等程度变异。从总的 138 个地下根系碳储量数据看出，研究区地下根系平均碳储量值为76.45 g/m^2，根系碳储量最小值为 2.52 g/m^2，最大值为 833.48 g/m^2，变异系数为137.40%，属于强变异。

（5）温性草甸、温性草原、温性草原化荒漠和温性荒漠草原碳储量值分别为470.26 g/m^2、192.23 g/m^2、117.17 g/m^2 和 83.36 g/m^2，且不同草地类型间植被总碳储量存在显著差异（$P<0.05$）。地下根系碳储量是构成温性草甸和温性草原植被总碳储量的主体；温性草原化荒漠和温性荒漠草原地上植被碳储量在总碳储量中所含比重高于地下根系固存碳储量所占比重；4 种草地类型枯落物碳储量在总碳储量中所占比重除温性荒漠草原占比较高外，其余 3 种草地类型枯落物碳储量在植被总碳储量中占比均较低。地上植被碳储量、地下根系碳储量和植被总碳储量均表现为南部温性草甸和温性草原分布区域，明显高于中部温性荒漠草原和温性草原化荒漠分布地区。

第 8 章
宁夏主要类型草原土壤碳储量特征

8.1 试验设计

8.1.1 土壤样品采集及测定

土壤样品的采集采用挖取土壤剖面的方法，在每个样地内采用随机设定样点的方法，挖取 40 cm 深的土壤样坑，每个样坑再按照每 0~10 cm、10~20 cm 和 20~40 cm 为一层，分层用 100 cm^3 环刀取土壤容重土、土壤样品各 2 份，同一样坑的土样进行同层混合，其中一份用保温箱冷藏保存，另一份带回室内风干进行土壤养分和土壤有机碳含量的测定，同时，用 10 cm×10 cm×10 cm 的铁盒取原状土，用于土壤团聚体测定，所有样品每个样地设定 3 次重复。

环刀土称取湿土重后，在 105 ℃烘箱中烘至恒重，用土壤含水量和土壤容重公式，计算获取土壤含水量和土壤容重数据。

8.1.2 土壤团聚体稳定性及团聚体有机碳含量测定

土壤机械稳定性团聚的测定采用干筛法。土壤水稳性团聚体的分离依据约得尔法，并略作修改[119-121]。土壤团聚体稳定性采用平均重量直径（*MWD*）和几何直径（*GWD*）来衡量。每一级别土壤样品中有机碳含量，采用 Elementar 总有机碳分析仪（*TOC*）进行测定。各粒级团聚体含量、平均重量直径（*MWD*）、几何平均直径（*GWD*）、团聚体有机碳贡献率以及团聚体有机碳储量采用如下公式进行计算：

（1）各粒级土壤团聚体含量（%）=各粒级土壤团聚体烘干重（g）/土样的烘干总重（g）×100%

（2）平均重量直径（*MWD*）：

$$MWD=\sum_{i=1}^{n}(\bar{R}_i\times W_i)$$

(3)几何平均直径(GMD):

$$GMD=\exp\sum_{i=1} W_i \ln\overline{R}_i$$

(4)土壤团聚体对有机碳的贡献率　团聚体对土壤有机碳的贡献率(%)=(该粒级团聚体中有机碳含量×该粒级团聚体含量/土壤总有机碳含量)×100%

式中,为某一粒级团聚体的平均直径,为某一粒级团聚体的质量百分比。本研究中>5 mm 的团聚体平均直径用 7.5 mm。

8.1.3　有机碳含量及其组分有机碳含量的测定

(1)土壤有机碳含量测定　风干土样研磨过 1 mm 筛,采用 Elementar 总有机碳分析仪(TOC)进行测定。

(2)土壤易氧化有机碳(Readily oxidized organic carbon,ROC)含量测定　采用 333 mmol/L 高锰酸钾氧化法[190]。将过 0.5 mm 筛的风干土称取 2 g 左右,放入 50 mL 离心管中,加入 25 mL 333 mmol/L 的 $KMnO_4$ 溶液,拧紧盖子,然后在200 rpm 下振荡 1 h,同时,不含土样的空白实验同时进行,振荡结束后在 4 000 rpm 的离心机中离心 5 min,每一离心管中用微量移液器吸取 0.4 mL 滤液转入 100 mL 容量瓶中,用蒸馏水定容至 100 mL,稀释液在 565 nm 波长处进行比色,同时标准系列浓度的 $KMnO_4$ 溶液也比色,使样品浓度在标准系列范围内,根据消耗的 $KMnO_4$ 量即可求出样品中易氧化有机碳含量。

(3)易氧化有机碳含量(ROC,g/kg)

$$ROC=(V\times25\times250\times9)/(m\times1\ 000)$$

式中,V 表示消耗 $KMnO_4$ 溶液量,m 表示样品重。

(4)土壤微生物生物量碳(Microbial biomass carbon,MOC mg/kg)含量测定　采用氯仿熏蒸-提取法。称取新鲜过 2 mm 筛的土壤样品,每个样品 6 份,其中,熏蒸样 3份,未熏蒸样 3 份。熏蒸样用氯仿蒸汽熏蒸 24 h 后,多次抽真空排除尽氯仿,用 100 mL 0.5 mol/L 的 K_2SO_4 溶液振荡浸提熏蒸样品 30 min;同时浸提未熏蒸的样品,过滤, 用 Elementary 总有机碳分析仪(TOC)测定提取液中的有机碳含量。

微生物生物量碳的计算:利用熏蒸和未熏蒸样品中有机碳的差值求出,其中,转换系数选用 0.45。

(5)土壤水溶性有机碳(Dissolved organic carbon,DOC,mg/kg)含量测定　将过 2 mm 筛的鲜土样于 50 mL 离心管中,加入去离子水混匀,水土比为 5 : 1,在 25 ℃条件下,以 285 r/min 的速度振荡 4 h，接着在转速为 5 000 r/min 的高速离心机内离心 25 min，取上部悬浮液过 0.45 μm 的水溶性滤膜，过滤液用 Elementary TOC 分析仪测定土壤溶解性有机碳含量。

8.1.4　土壤碳储量的计算

土壤有机碳储量由土壤容重、土壤有机碳含量、土壤深度及土壤中>2 mm 石砾含量计算获得；草地生态系统碳储量（TSOC，kg/m^2）由植被碳储量（BSOC，g/m^2）和土壤碳储量（Sc，kg/m^2）构成。碳库（TSC，t）由草地生态系统碳储量与面积计算获得，具体计算公式如下：

$$Sc=\sum[D_i \times Oc_i \times h_i \times (1-Fi/100)]$$

$$LSc=\sum[D_i \times Lc_i \times h_i \times (1-Fi/100)]$$

$$RSc=\sum[D_i \times Rc_i \times h_i \times (1-Fi/100)]$$

$$MSc=\sum[D_i \times Mc_i \times h_i \times (1-Fi/100)]$$

$$TSOC=BSOC+Sc$$

$$TSC=\sum TSOC \times S_j$$

式中，Sc、D_i、Oc_i、h_i、Fi、LSc、Lc_i、RSc、Rc_i、MSc、Mc_i、$TSOC$、TSC 和 S_j 分别代表土壤有机碳储量、第 i 层土壤容重、第 i 层土壤有机碳含量、第 i 层土壤深度、>2 mm 石砾含量、土壤易氧化有机碳储量、第 i 层土壤易氧化有机碳含量、土壤水溶性有机碳储量、第 i 层土壤水溶性有机碳含量、土壤微生物生物量碳储量、第 i 层土壤微生物生物量碳含量、草地生态系统碳储量、草地生态系统碳库和第 j 类草地面积。实际计算中土壤中>2 mm 石砾的很少，故 Fi 忽略不计。

8.2　结果分析

8.2.1　土壤有机碳含量特征

从土壤有机碳含量看，4 种草地类型土壤有机碳含量存在差异。草甸草原、温性草原、草原化荒漠和荒漠草原 4 种天然草地，在 0~10 cm、10~20 cm、20~40 cm 3 个土层深度土壤有机碳含量均表现为：草甸草原>温性草原>草原化荒漠>荒漠草原（图 8-1）。其中，0~10 cm 深度，4 种草地类型土壤有机碳含量平均值分别为 35.93 g/kg、13.95 g/kg、6.08 g/kg 和 4.03 g/kg，土壤有机碳含量最大为草甸草原，显著高于温性草原、草原化荒漠和荒漠草原（$P<0.05$）；其次是温性草原，土壤有机碳含量显著高于荒漠草原和草原化荒漠（$P<0.05$）；荒漠草原土壤有机碳含量平均值最低，显著小于草甸草原和温性

草原($P<0.05$),但与草原化荒漠土壤有机碳含量差异不显著($P>0.05$)。10~20 cm 土层深度,4 种草地类型土壤有机碳含量分别为 34.50 g/kg、13.07 g/kg、5.91 g/kg 和 3.64 g/kg,草甸草原土壤有机碳含量平均值最大,显著高于温性草原、荒漠草原和草原化荒漠($P<0.05$);其次是温性草原,土壤有机碳含量显著大于荒漠草原和草原化荒漠($P<0.05$);土壤有机碳含量最小为荒漠草原,显著小于其他 3 种草地类型($P<0.05$);20~40 cm 土层深度,4 种草地类型土壤有机碳含量分别为32.26 g/kg、11.52 g/kg、5.30 g/kg 和 3.79 g/kg,土壤有机碳含量最大为草甸草原,显著高于温性草原、荒漠草原和草原化荒漠($P<0.05$);其次是温性草原,土壤有机碳含量显著高于荒漠草原和草原化荒漠($P<0.05$);土壤有机碳含量最小值为荒漠草原,显著小于草甸草原和温性草原($P<0.05$),但与草原化荒漠差异不显著($P>0.05$)。

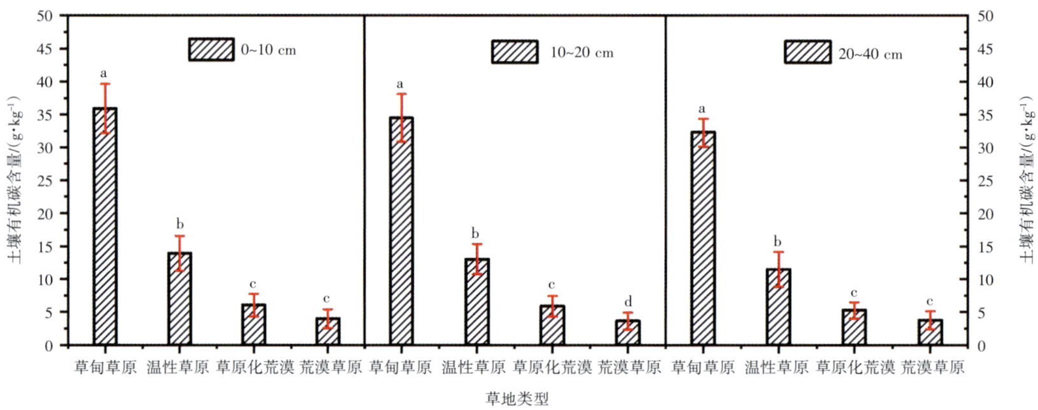

图 8-1 宁夏天然草地土壤有机碳含量差异

注:图中小写字母表示在 0.05 水平上的显著差异性,下同。

从土壤有机碳含量垂直变化看出,除荒漠草原外,其他 3 种草地类型均呈现出土壤有机碳含量随土层加深而递减的趋势,但同一草地类型在 3 个土层深度,除温性草原外,均表现为差异不显著($P>0.05$)(图 8-2)。荒漠草原在 3 个土层深度土壤有机碳含量表现为先降低又略微升高的趋势,但 3 个土层间土壤有机碳含量差异不显著($P>0.05$)。温性草原 0~10 cm 土层深度土壤有机碳显著高于 20~40 cm 土层深度土壤有机碳含量,但与 10~20 cm 土层土壤有机碳含量差异不显著($P>0.05$)。

8.2.2 土壤有机碳储量特征

从土壤有机碳储量看,草甸草原、温性草原、草原化荒漠和荒漠草原 4 种天然草地土壤有机碳储量存在差异。0~10 cm、10~20 cm、20~40 cm 和 0~40 cm 土层深度土

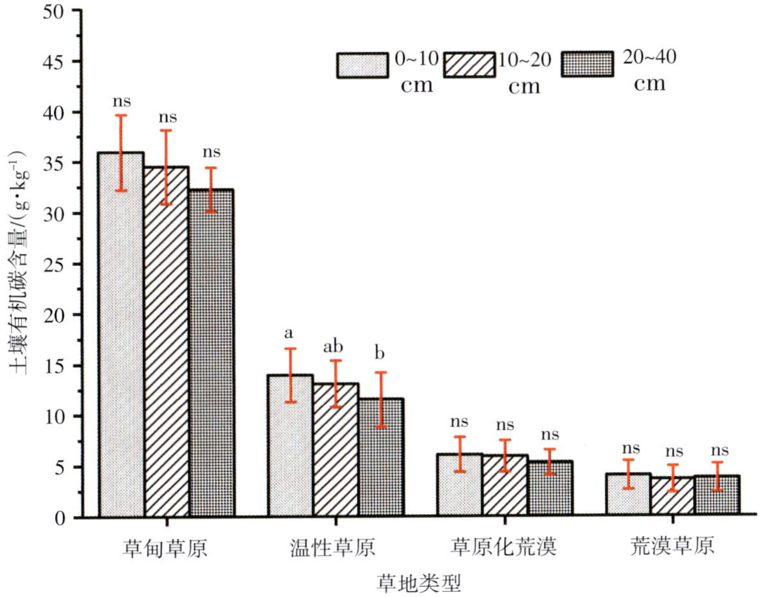

图 8-2　宁夏天然草地土壤有机碳含量垂直变化

注：ns 表示差异不显著，下同。

壤有机碳储量均表现为草甸草原>温性草原>草原化荒漠>荒漠草原（图 8-3）。其中，0~10 cm 土层深度，4 种草地类型土壤有机碳储量平均值分别为 3.37 kg/m^2、1.60 kg/m^2、0.68 kg/m^2 和 0.61 kg/m^2；10~20 cm 土层深度固存的有机碳量分别为 3.33 kg/m^2、1.50 kg/m^2、0.68 kg/m^2 和 0.54 kg/m^2；20~40 cm 土层深度固存的有机碳量分别为 6.72 kg/m^2、2.65 kg/m^2、1.22 kg/m^2 和 1.14 kg/m^2；0~40 cm 土层深度固存的有机碳量分别为 13.43 kg/m^2、5.75 kg/m^2、2.58 kg/m^2 和 2.29 kg/m^2，且 4 个土层深度土壤有机碳储量均表现为草甸草原显著高于温性草原、草原化荒漠和荒漠草原，温性草原显著高于荒漠草原和草原化荒漠（P<0.05），但草原化荒漠和荒漠草原间碳储量差异不显著（P>0.05）。

从同一草地类型不同土层深度固存有机碳储量看，草甸草原、温性草原、草原化荒漠和荒漠草原 4 种天然草地，0~10 cm 土层深度土壤有机碳储量略高于 10~20 cm 土层深度土壤有机碳储量。4 种草地类型 0~10 cm 土层土壤有机碳储量分别占到了 0~40 cm 土层土壤总有机碳储量的 25.15%、27.68%、26.41%和 27.28%，10~20 cm 深度土壤有机碳量分别占总有机碳储量的 24.72%、26.33%、26.34%和 23.37%，0~10 cm 土层土壤有机碳量分别较 10~20 cm 土层土壤有机碳储量高 0.43%、1.35%、0.06%和 3.91%。温性草原、草原化荒漠和荒漠草原 3 种草地类型，0~20 cm 土层深度土壤有机碳量均略高于 20~40 cm 土层深度固存的有机碳储量，分别较 20~40 cm 土层固存土壤有机碳储量高 8.02%、5.50%和 1.30%。草甸草原 20~40 cm 土层土壤有机碳储量略高于 0~20 cm 土层，仅较 0~20 cm 土层碳储量高 0.27%(图 8-4)。

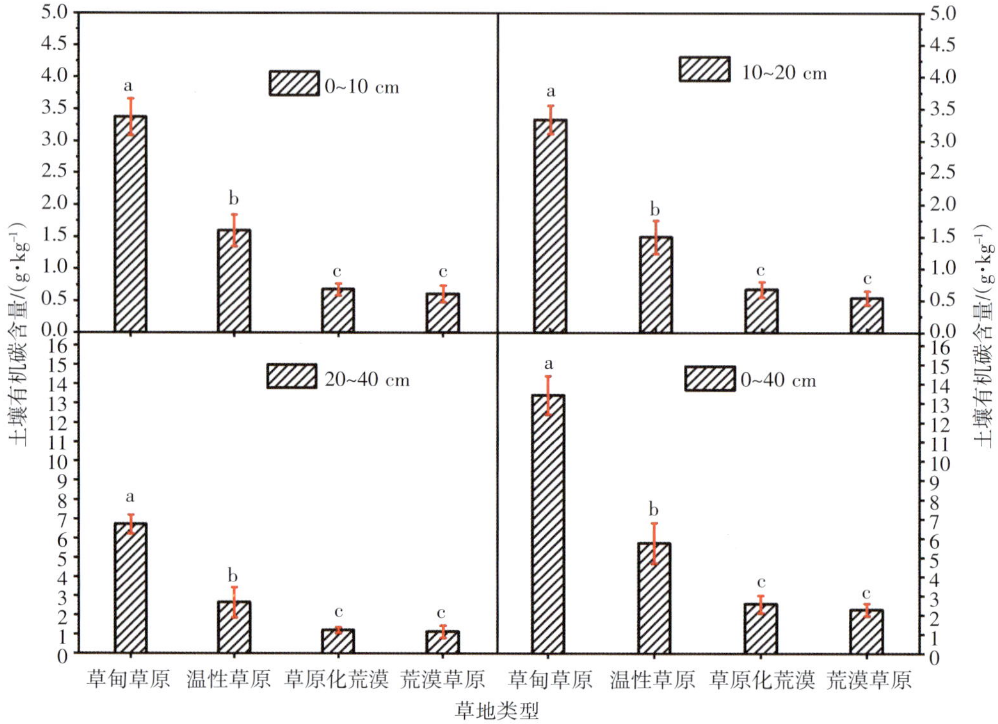

图 8-3　宁夏天然草地土壤有机碳储量特征

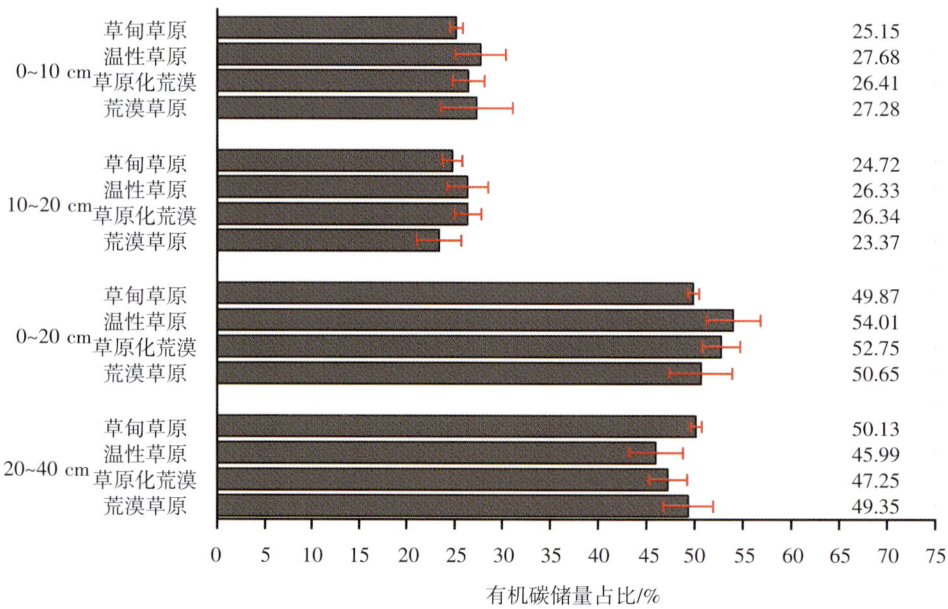

图 8-4　宁夏天然草地不同土层深度土壤有机碳储量占比

8.2.3　土壤团聚体有机碳特征

8.2.3.1　土壤机械稳定性团聚体组成特征

土壤结构是土壤肥力的综合反映。由图 8–5 可知，研究区草甸草原、温性草原、草原化荒漠和荒漠草原 4 种草地类型，0~10 cm、10~20 cm 和 20~40 cm 土层深度土壤经干筛后，各粒级土壤团聚体含量均呈现出随粒级减小而先减小后增大的趋势。其中，0~10 cm 土层、10~20 cm 土层和 20~40 cm 3 个土层深度，草甸草原和温性草原和草原化荒漠这 3 种草地类型>0.25 mm 的土壤团聚体含量均值在 55.98%~85.57%间，表明这 3 种草地类型机械稳定性团聚体均以>0.25 mm 大团聚体为主，草甸草原和温性草原二者间差异不显著($P>0.05$)，但均显著高于草原化荒漠和荒漠草原($P<0.05$)。荒漠草原在 0~10 cm 和 10~20 cm 土层，>0.25 mm 的土壤团聚体含量分别为 38.11%和 47.46%，低于<0.25 mm 土壤团聚体含量，且显著低于其他 3 种草地类型($P<0.05$)；20~40 cm 土层，>0.25 mm 的土壤团聚体含量为 51.61%，略高于<0.25 mm 土壤团聚体含量，与草原化荒漠差异不显著($P>0.05$)，但仍显著小于草甸草原和荒漠草原($P<0.05$)。

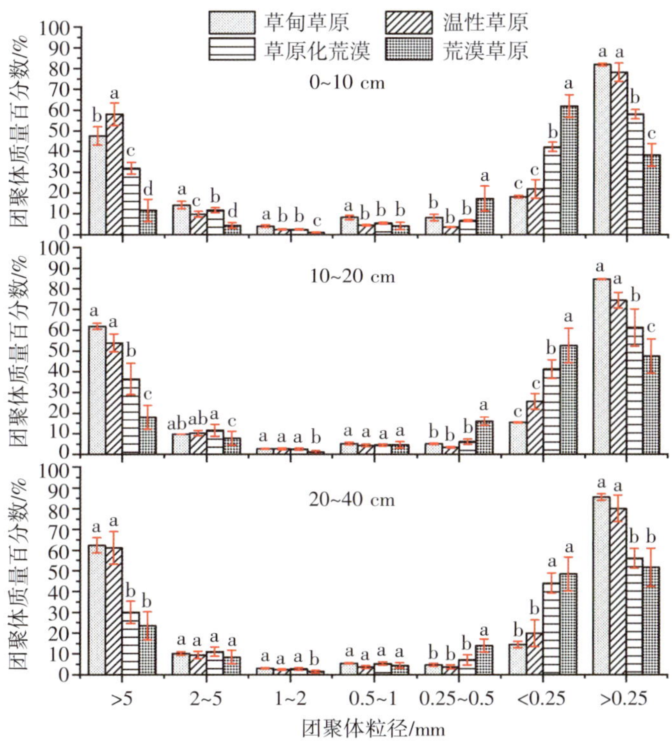

图 8–5　机械稳定性团聚体组成特征

草甸草原、温性草原和草原化荒漠 3 种草地类型，3 个土层深度大团聚体含量均以>5 mm 土壤团聚体含量最高，变化区间在 29.95%~62.33%，且均以草甸草原和温性草原显著高于草原化荒漠和荒漠草原（P<0.05）；荒漠草原大团聚含量，0~10 cm 土层以 0.25~0.50 mm 粒径含量最高，为 17.27%，10~20 cm 和 20~40 cm 土层深度以>5 mm 粒径含量最高，分别为 17.97%和 23.49%。4 种草地类型 3 个土层深度，均以 1~2 mm 粒径土壤团聚体含量最少，含量为 0.86%~4.00%，且均为草甸草原、温性草原和草原化荒漠显著高于荒漠草原（P<0.05）。

8.2.3.2　土壤水稳性团聚体组成特征

从土壤水稳性团聚体质量百分数看出，草甸草原、温性草原和草原化荒漠 3 种草地类型，0~10 cm、10~20 cm 和 20~40 cm 3 个土层深度土壤经湿筛后，各粒级团聚体含量均呈现出随粒级减小而先减小后增大的趋势，而荒漠草原呈现出随粒级减小逐渐增大的趋势（图 8–6）。且不稳定团聚体经湿筛后崩解为<0.25 mm 的团聚体，>0.25 mm 的团聚体含量较机械团聚体百分比明显减少。其中，草甸草原和温性草原，>0.25 mm 的土壤团聚体含量均值变化范围由机械团聚体的 74.35%~85.57%缩减为 67.87%~78.04%间，较湿筛前减少了 5.85%~11.05%，但仍显著大于草原化荒漠和荒漠草原（P<0.05）；草原化荒漠>0.25 mm 的团聚体含量明显减小，水稳性团聚体转变为以<0.25 mm 的微团聚体为主，3 个土层深度>0.25 mm 的团聚体分别由机械团聚体的 57.98%、61.17 %和 55.98%下降为水稳性团聚体的 38.27%、43.26%和 44.64%，降幅为 6.53%~19.71%，显著小于荒漠草原，但显著大于草甸草原和温性草原（P<0.05）；荒漠草原 3 个土层深度>0.25 mm 的团聚体分别由机械团聚体的 38.11%、47.46%和 51.61%下降为水稳性团聚体的 22.84%、22.77%和 25.95%，降幅为 15.27%~25.66%，且显著小于其他三种草地类型（P<0.05）。

>5 mm 的土壤水稳性团聚体含量 4 个草地类型也均呈现不同程度降幅，草甸草原和温性草原 2 种草地类型，由原来变化区间的 47.50%~62.33%和 53.85%~61.08%降为 43.87%~59.41%和 53.64%– 55.90%，降幅分别为 2.92%~3.63%和 0.21%~5.18%，但仍显著高于草原化荒漠和荒漠草原（P<0.05）；荒漠草原>5 mm 土壤团聚体降幅较大，由机械团聚体的 11.50%、17.97%和 23.49%降为 0.73%、2.12%和 2.56%，降幅为 10.77%~20.93%，显著小于其他 3 种草地类型（P<0.05）；草原化荒漠由机械团聚体的 31.82%、36.49%和 29.95%，分别降为水稳性团聚体的 17.57%、21.43%和28.14%，降幅为 1.81%~15.06%，且显著小于草甸草原和温性草原，显著大于荒漠草原（P<0.05）。

4 种草地类型 3 个土层深度，均以 1~2 mm 粒径土壤水稳性团聚体含量最少，含量在 0.28%~5.86%间，且 0~10 cm 和 20~40 cm 土层均为草甸草原、温性草原和草原化荒漠显著高于荒漠草原（*P*<0.05），10~20 cm 土层草甸草原、温性草原和草原化荒漠间差异不显著，草甸草原、温性草原和荒漠草原差异不显著（*P* >0.05）。

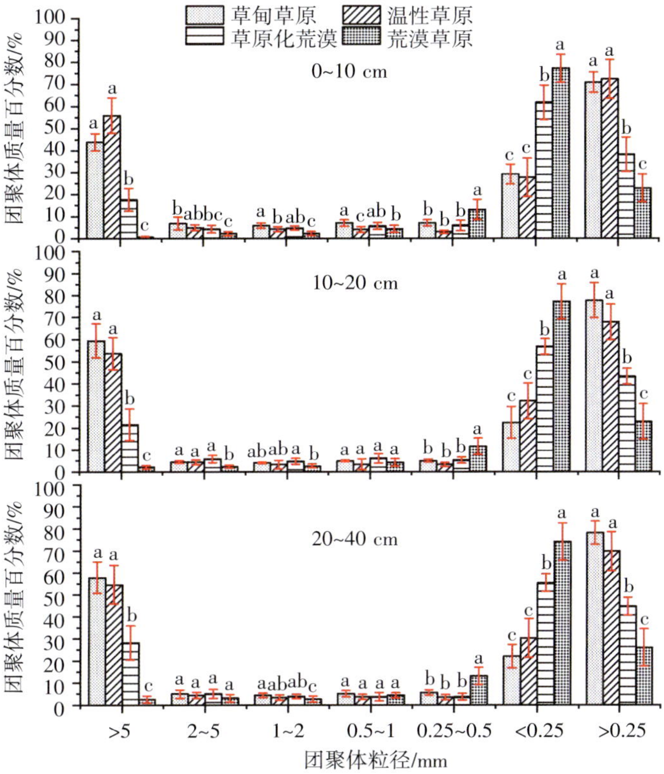

图 8-6 水稳性团聚组成特征

8.2.3.3 土壤团聚体稳定性特征

从土壤机械团聚体和水稳性团聚体平均重量直径（MWD）和几何平均直径（GMD）看出，不同草地类型土壤机械团聚体 MWD 和 GMD 明显高于湿筛后水稳性团聚体的 MWD 和 GMD（图 8-7）。分析原因主要是由于原状土经干筛后主要反映了土壤中非水稳性团聚体和水稳性团聚体的状态，湿筛后土壤在水的作用下，一部分非水稳性团聚体遭到破坏，此时主要体现了土壤水稳性团聚体特征。

此外，从图 8-7 还看出，0~10 cm 土层深度，4 种草地类型机械团聚体和水稳性团聚体 MWD 和 GMD 均表现为温性草原>草甸草原>草原化荒漠>荒漠草原，且均表现为温性草原和草甸草原显著大于草原化荒漠和荒漠草原（*P*<0.05）。其中，温性草原和草甸草原机械团聚体 MWD、GMD 和水稳性团聚体 MWD 3 个指标均表现为差异不显著（*P*>0.05），水稳性团聚体 GMD 指标表现为温性草原显著大于草甸草原（*P*<0.05）；草原化荒漠和荒漠草原机械团聚体 MWD、GMD 和水稳性团聚体 MWD 三个指标均表现

为草原化荒漠显著大于荒漠草原($P<0.05$),在水稳性团聚体 GMD 指标上,二者间差异不显著($P>0.05$)。在 10~20 cm 和 20~40 cm 土层深度,4 种草地类型机械团聚体和水稳性团聚体 MWD 和 GMD 值均表现为:草甸草原>温性草原>草原化荒漠>荒漠草原,且均表现为草甸草原和温性草原显著大于荒漠草原和草原化荒漠($P<0.05$)。其中,荒漠草原和草原化荒漠在 MWD 指标上,2 个土层深度均表现为差异不显著($P>0.05$),在 GMD 指标上,10~20 cm 土层深度表现为草甸草原显著大于温性草原($P<0.05$),20~40 cm 土层深度二者间差异不显著($P>0.05$);荒漠草原和草原化荒漠,在 10~20 cm 土层深度,机械团聚体 MWD、GMD 和水稳性团聚体 MWD 三个指标均表现为草原化荒漠显著大于荒漠草原($P<0.05$),水稳性团聚体 GMD 指标二者差异不显著($P>0.05$);20~40 cm 土层深度,二者在机械团聚体 MWD、GMD 和水稳性团聚体GMD 三个指标上均表现为差异不显著($P>0.05$),在水稳性团聚体 MWD 指标上表现为草原化荒漠显著大于荒漠草原($P<0.05$)。

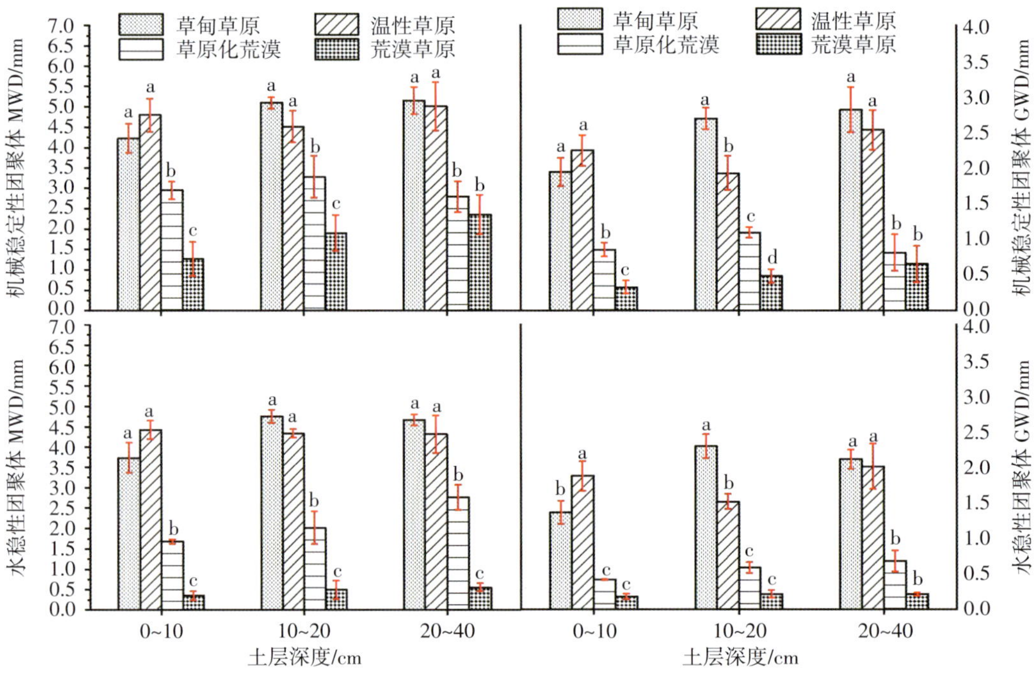

图 8-7 不同草地类型土壤团聚体稳定性特征

8.2.3.4 土壤团聚体有机碳含量特征

从 4 种草地类型不同粒径土壤团聚体有机碳含量看出,草甸草原、温性草原、草原化荒漠和荒漠草原在深度为 0~10 cm、10~20 cm 和 20~40 cm 的 3 个土层深度,>5 mm、2~5 mm、1~2 mm、0.5~1 mm、0.25~0.5 mm 和<0.25 mm 的 6 个粒级土壤团聚体

有机碳含量均表现为：草甸草原>温性草原>草原化荒漠>荒漠草原（图 8–8），且草甸草原显著大于温性草原、荒漠草原和草原化荒漠，温性草原显著大于荒漠草原和草原化荒漠，草原化荒漠显著大于荒漠草原（$P<0.05$）。

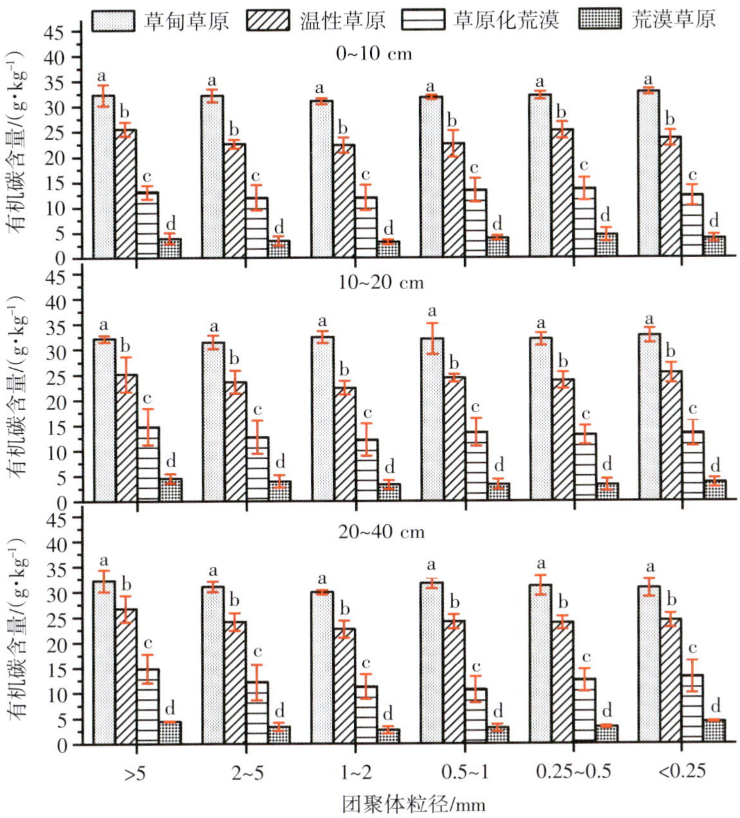

图 8–8　不同草地类型不同土层深度土壤团聚体有机碳分布

8.2.3.5　不同粒级团聚体有机碳对土壤有机碳的贡献率

从不同粒级土壤团聚体对有机碳的贡献率看出，0~10 cm、10~20 cm 和 20~40 cm 的 3 个土层，草甸草原和温性草原均为>0.25 mm 的大团聚体对有机碳的贡献率高，分别达到 43.86%、59.26%、58.89%和 58.02%、54.03%、57.15%，分别较<0.25 mm 的微团聚体的贡献率高 40.73%、54.76%、57.40%和 46.74%、34.89%、42.41%（图 8–9）。其中，大团聚体贡献率中均以>5 mm 粒级团聚体的贡献率最高，3 个土层深度贡献率分别达到 43.86%、59.26%、58.89%和 58.02%、54.03%、57.15%。2~5 mm、1~2 mm、0.5~1 mm 和 0.25~0.5 mm 的 4 个粒级的贡献率分别在 4.06%~7.07%和 2.93%~4.56%之间。

草原化荒漠和荒漠草原趋势与草甸草原和温性草原正好相反，二者在 0~10 cm、10~20 cm 和 20~40 cm 的 3 个土层深度，均以<0.25 mm 的微团聚体对土壤有机碳的

贡献率大，分别达到了 60.37%、55.86%、54.33%和 75.61%、78.34%、78.74%，分别较>0.25 mm 的大团聚体的贡献率高 20.74%、11.73%、8.67%和 51.21%、56.68%、57.49%。其中，大团聚体的贡献率中，草原化荒漠以>5 mm 粒径团聚体的贡献率为最高，分别达到了 18.38%、23.35%和 31.28%，荒漠草原以 0.25~0.5 mm 粒级的贡献率最高，分别达到了 15.34%、10.18%和 10.63%。两个草地类型 2~5 mm、1~2 mm、0.5~1 mm 和 0.25~0.5 mm 的 4 个粒级的贡献率分别在 2.99%~6.46%和 0.73%~4.42%间。

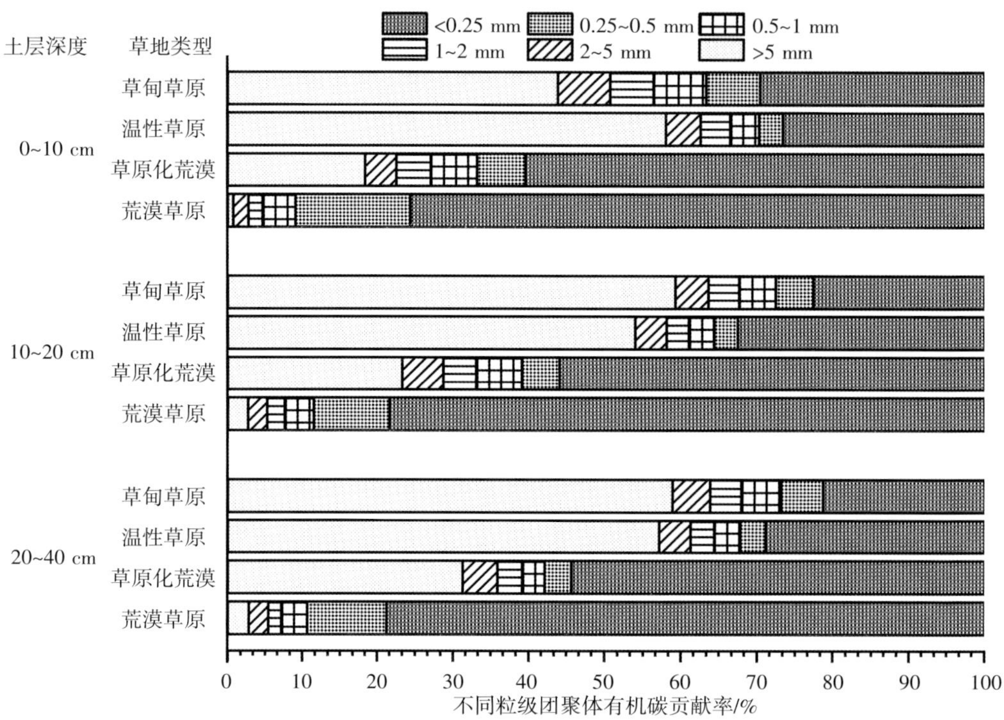

图 8-9　不同草地类型不同粒级土壤团聚体对有机碳的贡献率

8.2.4　土壤活性有机碳特征

8.2.4.1　土壤活性有机碳含量特征

（1）土壤易氧化有机碳特征　从图 8-10-①看出，草甸草原、温性草原、草原化荒漠和荒漠草原 4 种草地类型，在 0~10 cm、10~20 cm 和 20~40 cm 土层深度 3 个土层深度，土壤易氧化有机碳含量均表现为：草甸草原>温性草原>草原化荒漠>荒漠草原。其中，草甸草原三个土层深度易氧化有机碳分别为 7.43 g/kg、6.36 g/kg、6.12 g/kg，显著高于温性草原、草原化荒漠和荒漠草原（$P<0.05$）；0~10 cm 土层分别较温性草原、草原化荒漠和荒漠草原高3.29 g/kg、3.49 g/kg 和 3.40 g/kg，10~20 cm 土层分别高5.90 g/kg、5.19 g/kg 和5.12 g/kg，20~40 cm 土层高 6.53 g/kg、5.58 g/kg 和 5.36 g/kg。温性草原 3

个土层深度易氧化有机碳含量分别为 4.15 g/kg、2.87 g/kg 和 2.71 g/kg，显著高于草原化荒漠和荒漠草原（$P<0.05$），3 个土层深度分别较草原化荒漠高 2.62 g/kg、1.70 g/kg 和 1.71 g/kg，较荒漠草原高 3.24 g/kg、2.09 g/kg 和 1.96 g/kg。草原化荒漠三个土层深度易氧化有机碳含量分别为 1.53 g/kg、1.17 g/kg 和1.00 g/kg，分别较荒漠草原高 0.62 g/kg、0.39 g/kg 和 0.25 g/kg，但二者间差异不显著（$P>0.05$）。

从图 8-10-②土壤易氧化有机碳垂直变化看出，4 个草地类型 3 个土层深度均表现为 0~10 cm>10~20 cm>20~40 cm，但草甸草原和荒漠草原 2 个草地类型，3 个土层深度间易氧化有机碳含量差异均不显著（$P>0.05$）；草原化荒漠和荒漠草原均表现 0~10 cm 土层深度显著高于 10~20 cm 和 20~40 cm 土层深度（$P<0.05$），但 10~20 cm 和 20~40 cm 土层深度间差异不显著（$P>0.05$）。

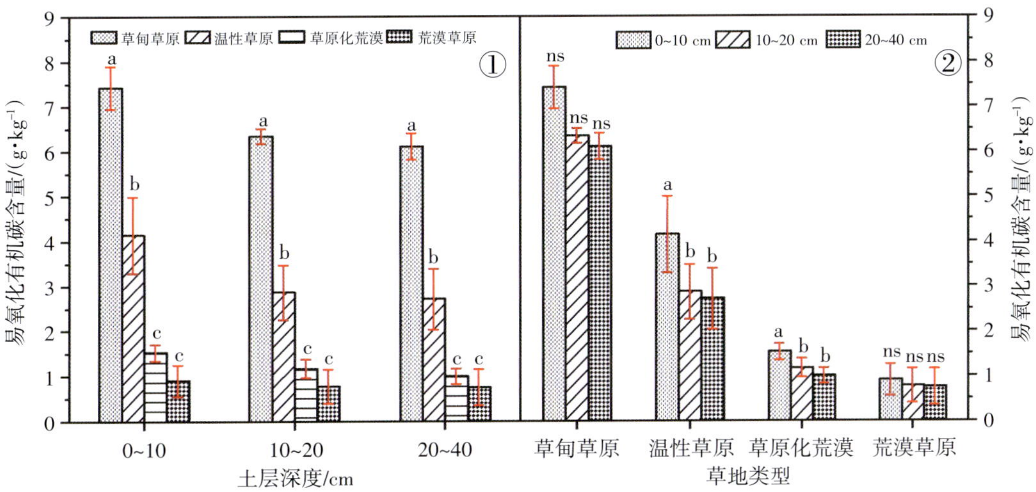

图 8-10　土壤易氧化有机碳特征

（2）土壤微生物生物量碳特征　从图 8-11-①看出，草甸草原、温性草原、草原化荒漠和荒漠草原 4 种草地类型，在 0~10 cm、10~20 cm 和 20~40 cm 3 个土层深度，土壤微生物生物量碳变化趋势与易氧化有机碳一样，均表现为草甸草原>温性草原>草原化荒漠>荒漠草原。其中，草甸草原 3 个土层深度微生物生物量碳含量分别为 554.77 mg/kg、538.83 mg/kg、549.17 mg/kg，分别较温性草原高 120.39 mg/kg、144.15 mg/kg 和 229.27 mg/kg，较草原化荒漠高 333.21 mg/kg、373.52 mg/kg 和 428.69 mg/kg，较荒漠草原高 393.65 mg/kg、436.32 mg/kg 和 434.23 mg/kg，显著高于草原化荒漠和荒漠草原（$P<0.05$），但与温性草原差异不显著（$P>0.05$）。温性草原三个土层深度微生物生物量碳含量分别为434.38 mg/kg、394.68 mg/kg 和 319.90 mg/kg，显著高于草原化荒漠和荒漠草原(P<0.05),分别较草原化荒漠高 212.82 mg/kg、229.37 mg/kg 和 199.42 mg/kg,较荒漠草原高 273.25 mg/kg、292.17 mg/kg 和 204.96 mg/kg。草原化荒漠三个土层深度微生物生物量碳含量分别为 221.56 mg/kg、165.32 mg/kg 和 120.48 mg/kg,分别较荒漠草原高 60.44 mg/kg、62.80 mg/kg 和5.54 mg/kg,但二者间差异均不显著(P >0.05)。

从图 8-11-②土壤微生物生物量碳垂直变化看出,4 个草地类型均表现为浅层(0~10 cm)土壤微生物生物量碳含量大于 10~20 cm 和 20~40 cm 土层。其中,草甸草原、温性草原和荒漠草原 3 个草地类型,在 0~10 cm、10~20 cm 和 20~40 cm 3 个土层间差异均不显著(P >0.05);草原化荒漠在 0~10 cm 土层显著高于 20~40 cm 土层(P<0.05),但与 10~20 cm 土层间差异不显著(P >0.05)。

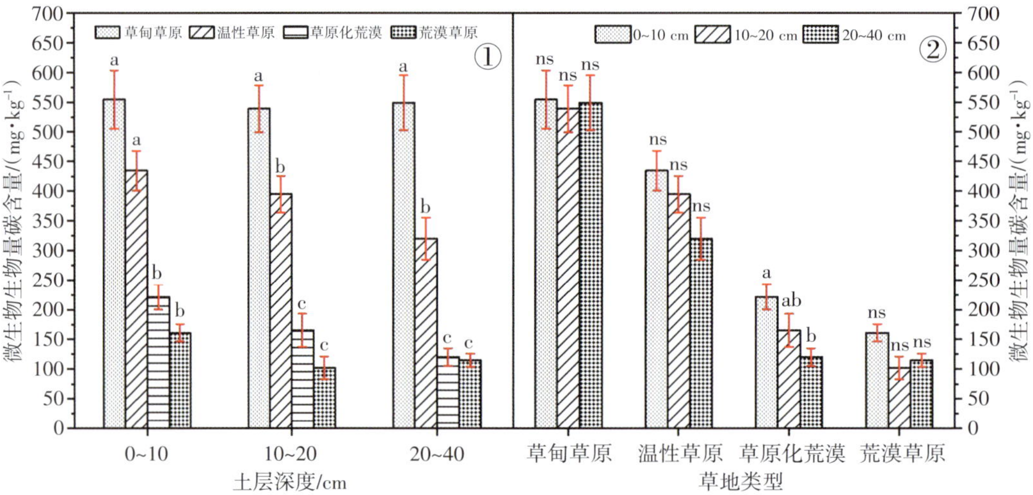

图 8-11 土壤微生物生物量碳特征

(3)水溶性有机碳含量特征 从图 8-12-①看出,在 0~10 cm 和 10~20 cm 土层,草甸草原、温性草原、草原化荒漠和荒漠草原 4 种草地类型,土壤水溶性有机碳表现为:草甸草原>温性草原>荒漠草原>草原化荒漠,20~40 cm 土层深度表现为草甸草原>温性草原>草原化荒漠>荒漠草原。其中,0~10 cm 土层深度,草甸草原水溶性有机碳含量为 87.25 mg/kg,显著高于温性草原、草原化荒漠和荒漠草原(P<0.05),分别较 3种草地类型高 12.74 mg/kg、15.76 mg/kg 和 13.13 mg/kg。温性草原、草原化荒漠和荒漠草原水溶性有机碳含量分别为 74.51 mg/kg、71.49 mg/kg 和 74.12 mg/kg,温性草原分别较草原化荒漠和荒漠草原高3.02 mg/kg 和 0.39 mg/kg,但三者间差异不显著(P >0.05)。10~20 cm 土层深度,4 种草地类型水溶性有机碳含量分别为 78.68 mg/kg、

73.35 mg/kg、70.05 mg/kg 和73.27 mg/kg，草甸草原略高于其他 3 种草地类型，分别高 5.33 mg/kg、8.63 mg/kg 和 5.41 mg/kg，但它们四者间差异均不显著（$P>0.05$）。20~40 cm 土层深度，草甸草原水溶性有机碳含量为 89.61 mg/kg，显著高于草原化荒漠和荒漠草原（$P<0.05$），分别高 12.51 mg/kg 和 17.83 mg/kg，较温性草原高 19.95 mg/kg，但与温性草原差异不显著（$P>0.05$）；温性草原水溶性有机碳含量为 77.10 mg/kg，分别较草原化荒漠和荒漠草原高 5.32 mg/kg 和 7.44 mg/kg，但三者间差异均不显著（$P>0.05$）。

从图 8-12-②土壤水溶性有机碳含量垂直变化看出，草甸草原、温性草原和草原化荒漠均表现为：20~40 cm>0~10 cm>10~20 cm，荒漠草原表现为：0~10 cm>10~20 cm>20~40 cm。其中，草甸草原、温性草原和草原化荒漠 20~40 cm 土层深度水溶性有机碳分别较 0~10 cm 和 10~20 cm 高 2.36 mg/kg、10.93 mg/kg、2.59 mg/kg、3.76 mg/kg 和 0.29 mg/kg、1.72 mg/kg，但三个土层间均差异不显著（$P>0.05$）。荒漠草原 0~10 cm 土层深度水溶性有机碳含量分别较 10~20 cm 和 20~40 cm 高 0.85 mg/kg 和 4.46 mg/kg，但三个土层间均差异不显著（$P>0.05$）。

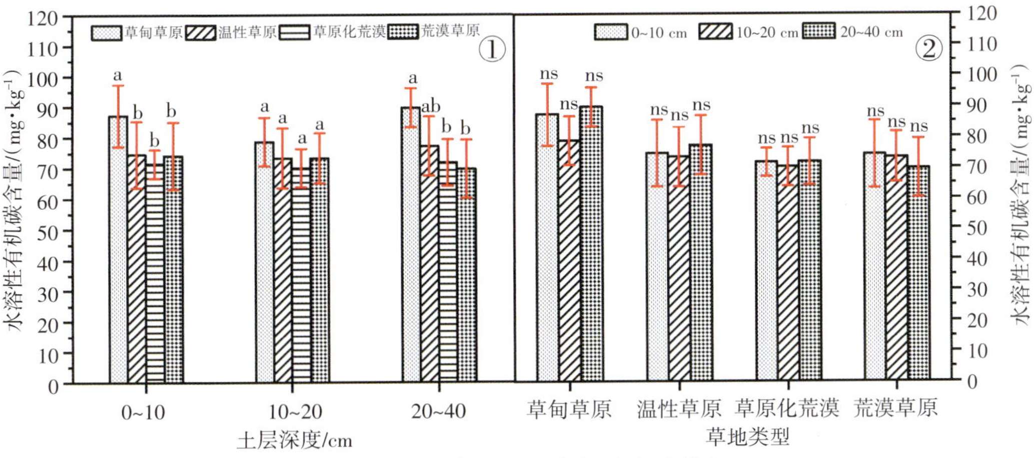

图 8-12　土壤水溶性有机碳含量特征

8.2.4.2　土壤活性有机碳分配比例特征

从图 8-13 看出，4 种草地类型在不同土层深度土壤活性有机碳组分的分配比存在差异。4 个草地类型易氧化有机碳分配比在 18.42%~29.72%之间，且在 0~10 cm、10~20 cm 和 20~40 cm 3 个土层深度，均表现为温性草原最高，分别较其他 3 个草地类型高 9.04%、3.51%、4.58%和 4.57%、2.18%、4.69%和 7.26%、0.61%、3.70%，但 4 个草地类型间差异不显著（$P>0.05$）。

4 个草地类型微生物生物量碳分配比在 1.54%~3.83%，且在 3 个土层深度均表现为草甸草原最低，0~10 cm 和 10~20 cm 土层深度均显著低于其他 3 种草地类型（P<0.05），在 20~40 cm 土层深度与其他 3 种草地类型差异不显著（P >0.05）。在 0~10 cm 土层深度，荒漠草原微生物生物量碳分配比最高，显著高于草甸草原（P<0.05），但与温性草原和草原化荒漠差异不显著（P >0.05），分别比其他 3 种草地类型高 2.28%、0.71%和 0.18%；10~20 cm 土层深度，温性草原微生物生物量碳最高，显著高于草甸草原（P<0.05），但与草原化荒漠和荒漠草原差异不显著（P >0.05），分别比其他 3 种草地类型高 1.46%、0.22%和 0.47%；20~40 cm 土层深度，荒漠草原微生物生物量碳分配比最高，分别比其他 3 种草地类型高 1.31%、0.24%和 0.74%，但与其他 3 种草地类型差异不显著（P >0.05）。

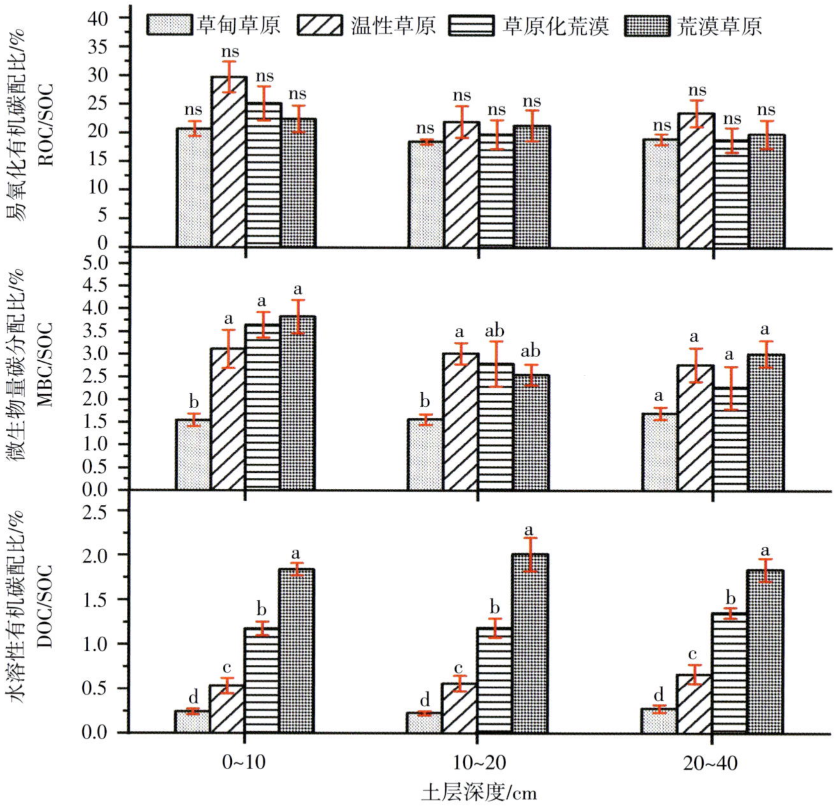

图 8-13 土壤活性有机碳分配比例

4 种草地类型水溶性有机碳分配比在 0.23%~2.01%之间，且在 0~10 cm、10~20 cm 和20~40 cm 3 个土层深度均表现为荒漠草原>草原化荒漠>温性草原>草甸草原，且均存在显著性差异（P<0.05）。3 个土层深度，荒漠草原分别较其他 3 种草地类型高

1.60%、1.31%、0.66%和 0.24%、0.18%、0.20%和 1.79%、1.45%、0.83%，且均显著高于其他 3 种草地类型（P<0.05）；其次为草原化荒漠，显著高于草甸草原和温性草原（P<0.05），分别较草甸草原和温性草原高 0.93%、0.96%、1.08%和 0.64%、0.62%、0.69%；3 个土层深度草甸草原均最低，水溶性有机碳分配比仅为 0.24%、0.23%和 0.28%，显著低于其他 3 种草地类型（P<0.05）。

8.2.4.3　土壤活性有机碳储量特征

从图 8-14 看出，土壤活性有机碳储量在不同草地类型间存在差异。土壤易氧化有机碳储量在 0~10 cm、10~20 cm、20~40 cm 和 0~40 cm 土层深度均表现为：草甸草原>温性草原>草原化荒漠>荒漠草原，且不同草地类型间存在差异。0~10 cm、10~20 cm 和 20~40 cm 3 个土层深度，草甸草原易氧化有机碳储量最高，且均显著高于温性草原、草原化荒漠和荒漠草原（P<0.05），分别较温性草原、草原化荒漠和荒漠草原高 0.23 kg/m^2、0.29 kg/m^2、0.60 kg/m^2 和 0.51 kg/m^2、0.47 kg/m^2、0.97 kg/m^2 和 0.57 kg/m^2、0.50 kg/m^2、1.01 kg/m^2；其次是温性草原，显著高于草原化荒漠和荒漠草原（P<0.05），分别较草原化荒漠和荒漠草原高0.28 kg/m^2、0.18 kg/m^2、0.37 kg/m^2 和 0.34 kg/m^2、0.21 kg/m^2、0.40 kg/m^2；荒漠草原土壤易氧化有机碳储量最低，3 个土层深度易氧化有机碳储量分别为 0.14 kg/m^2、0.12 kg/m^2 和 0.23 kg/m^2，显著低于草甸草原和温性草原（P<0.05），但与草原化荒漠差异不显著（P >0.05）。在总 0~40 cm 土层深度 4 种草地类型土壤易氧化有机碳量分别为 2.56 kg/m^2、1.44 kg/m^2、0.62 kg/m^2 和 0.48 kg/m^2，仍为草甸草原显著高于其他 3 种草地类型（P<0.05），荒漠草原最低，显著低于草甸草原和温性草原（P<0.05），但与草原化荒漠差异不显著（P >0.05）。

土壤微生物生物量碳储量在 0~10 cm 和 10~20 cm 土层深度均表现为草甸草原>温性草原>草原化荒漠>荒漠草原，且均为草甸草原和温性草原显著大于草原化荒漠和荒漠草原（P<0.05），草甸草原与温性草原间差异不显著（P >0.05），草原化荒漠和荒漠草原间差异不显著（P<0.05），草甸草原分别较其他三种草地类型高 2.01 g/m^2、23.60 g/m^2、30.27 g/m^2 和 6.09 g/m^2、30.20 g/m^2、38.12 g/m^2。在 20~40 cm 土层深度，4 种草地类型土壤微生物生物量碳储量表现为草甸草原>温性草原>荒漠草原>草原化荒漠，且草甸草原显著大于其他 3 种草地类型（P<0.05），分别较温性草原、草原化荒漠和荒漠草原高 39.72 g/m^2、82.52 g/m^2 和 81.66 g/m^2，温性草原微生物生物量碳储量次之，显著高于草原化荒漠和荒漠草原（P<0.05），分别较二者高42.81 g/m^2 和 41.94 g/m^2，草原化荒漠最低，微生物生物量碳储量仅为 31.56 g/m^2，但与荒漠草原差异不显著（P >

0.05）。在总 0~40 cm 土层深度，4 种草地类型微生物生物量碳储量表现为草甸草原>温性草原>草原化荒漠>荒漠草原，草甸草原显著高于温性草原、草原化荒漠和荒漠草原（$P<0.05$），分别高 47.81 g/m^2、136.32 g/m^2 和 150.05 g/m^2；温性草原次之，显著高于草原化荒漠和荒漠草原（$P<0.05$），分别较二者高 88.51 g/m^2 和 102.24 g/m^2；荒漠草原最低，微生物生物量碳储量为 68.26 g/m^2，显著低于草甸草原和温性草原（$P<0.05$），但与草原化荒漠差异不显著（$P>0.05$）。

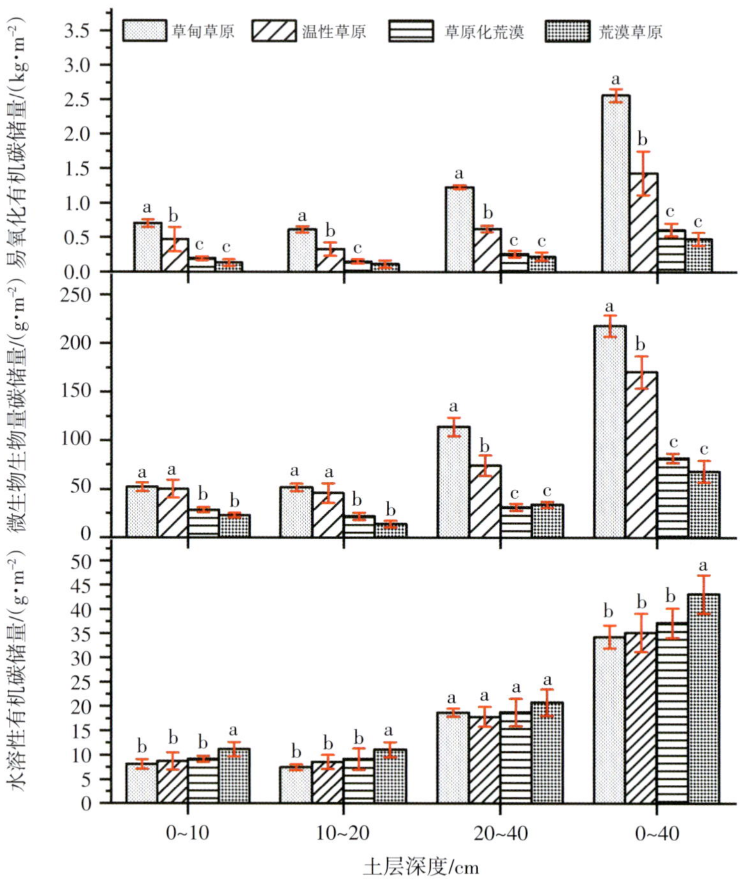

图 8-14 土壤活性有机碳储量特征

土壤水溶性有机碳储量，在 0~10 cm 和 10~20 cm 土层深度均表现为荒漠草原>草原化荒漠>温性草原>草甸草原，且均为荒漠草原显著大于其他 3 种草地类型（$P<0.05$），2 个土层深度分别较草甸草原、温性草原和草原化荒漠高 3.04 g/m^2、3.67 g/m^2 和 2.43 g/m^2、2.57 g/m^2 和 1.97 g/m^2、1.95 g/m^2，草甸草原、温性草原和草原化荒漠间差异均不显著（$P>0.05$）；20~40 cm 土层深度表现为荒漠草原>草原化荒漠>草甸草原>温性草原，荒漠草原分别较其他 3 种草地类型高 2.07 g/m^2、2.92 g/m^2 和 2.00 g/m^2，但 4

种草地类型间差异不显著($P>0.05$)。总 0~40 cm 土层深度,4 种草地类型土壤水溶有机碳储量分别为 34.36 g/m²、35.21 g/m²、37.22 g/m² 和 43.14 g/m²，表现为荒漠草原>草原化荒漠>温性草原>草甸草原,且荒漠草原显著大于其他 3 种草地类型($P<0.05$),草甸草原、温性草原和草原化荒漠间差异不显著($P>0.05$)

8.2.5　土壤有机碳空间分布特征

采用空间插值方法中克里金插值法指数模型,对宁夏 4 种天然草地 0~10 cm、10~20 cm、20~40 cm 和 0~40 cm 土层土壤有机碳储量进行空间插值。其中,四个土层深度块金值和基台值比值分别为 0.013、0.009、0.073 和 0.034,表明研究区 4 个土层深度土壤有机碳储量在区域空间具有强烈的空间相关性。

通过数据插值和空间叠加分析,生成宁夏天然草地 0~10 cm、10~20 cm、20~40 cm 和0~40 cm 4 个土层深度土壤有机碳储量空间分布图(图 8-15)。结果表明,宁夏天然草地 0~10 cm、10~20 cm、20~40 cm 和 0~40 cm 土层深度土壤有机碳储量较高的区域主要分布于南部海原、西吉和固原地区,较低的区域主要集中分布于中北部区域的中宁、红寺堡、盐池、灵武和平罗地区,且分布的区域化比较明显。

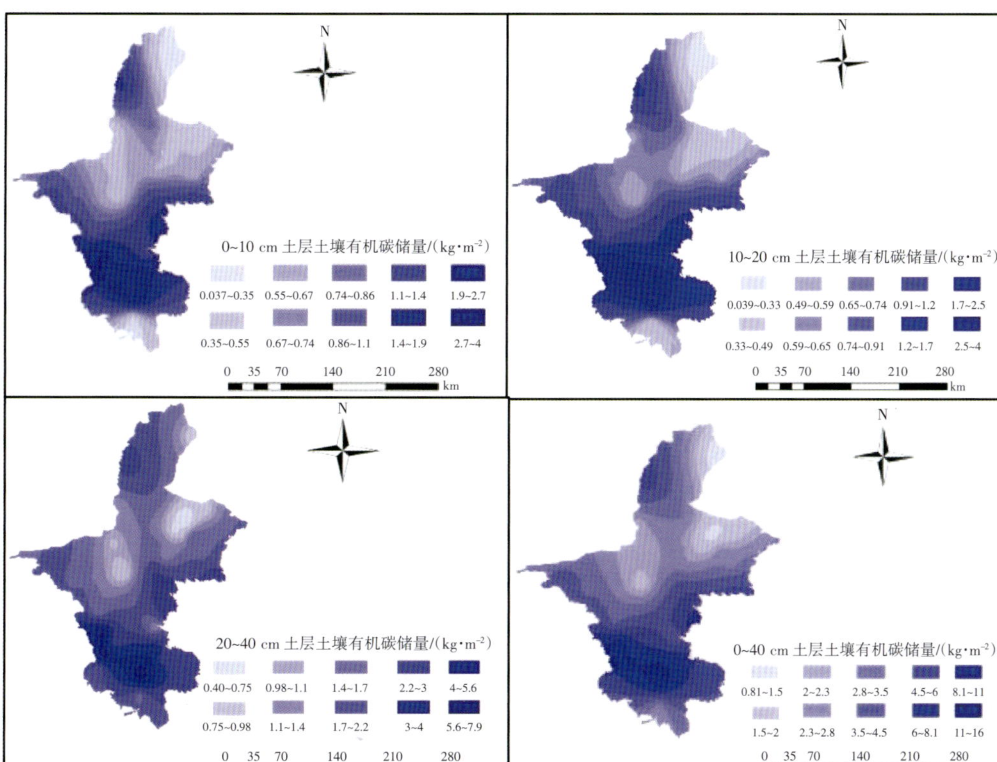

审图号:宁 S[2024]第 015 号

图 8-15　宁夏天然草地土壤有机碳空间分布特征

8.3 结论与讨论

（1）土壤有机碳含量上，温性草甸、温性草原、温性草原化荒漠和温性荒漠草原在0~10 cm、10~20 cm、20~40 cm 3个土层深度土壤有机碳含量均表现为温性草甸>温性草原>温性草原化荒漠>温性荒漠草原。从土壤有机碳含量垂直变化上，除温性荒漠草原外，其他3种草地类型均呈现出土壤有机碳含量随土层加深而递减的趋势，但同一草地类型在3个土层深度，除温性草原外，均表现为差异不显著。

（2）从土壤有机碳储量看，温性草甸、温性草原、温性草原化荒漠和温性荒漠草原土壤有机碳储量存在差异。0~10 cm、10~20 cm、20~40 cm和0~40 cm土层深度土壤有机碳储量均表现为温性草甸>温性草原>温性草原化荒漠>温性荒漠草原。从同一草地类型不同土层深度固存有机碳储量看，草甸草原、温性草原、草原化荒漠和荒漠草原4种天然草地，0~10 cm土层深度土壤有机碳储量略高于10~20 cm。

（3）土壤机械稳定性团聚体组成方面，温性草甸、温性草原、温性草原化荒漠和温性荒漠草原在0~10 cm、10~20 cm和20~40 cm土层深度土壤经干筛后，各粒级土壤团聚体含量均呈现出随粒级减小而先减小后增大的趋势。土壤水稳性团聚体方面，温性草甸、温性草原和温性草原化荒漠在0~10 cm、10~20 cm和20~40 cm 3个土层深度土壤经湿筛后，各粒级团聚体含量均呈现出随粒级减小而先减小后增大的趋势，而荒漠草原呈现出随粒级减小逐渐增大的趋势。

土壤团聚体稳定性方面，从土壤机械团聚体和水稳性团聚体平均重量直径（MWD）和几何平均直径（GMD）看出，不同草地类型土壤机械团聚体MWD和GMD明显高于湿筛后水稳性团聚体的MWD和GMD。分析原因主要是由于原状土经干筛后主要反映了土壤中非水稳性团聚体和水稳性团聚体的状态，湿筛后土壤在水的作用下，一部分非水稳性团聚体遭到破坏，此时主要体现了土壤水稳性团聚体的特征。

土壤团聚体有机碳含量方面，温性草甸、温性草原、草原化荒漠和荒漠草原在0~10 cm、10~20 cm和20~40 cm 3个土层深度，>5 mm、2~5 mm、1~2 mm、0.5~1.0 mm、0.25~0.50 mm和<0.25 mm 6个粒级土壤团聚体有机碳含量均表现为温性草甸>温性草原>温性草原化荒漠>温性荒漠草原，且草甸草原显著大于温性草原、荒漠草原和草原化荒漠，温性草原显著大于荒漠草原和草原化荒漠，草原化荒漠显著大于荒漠草原（$P < 0.05$）。

（4）土壤活性有机碳方面，4种草地类型在0~10 cm、10~20 cm和20~40 cm 3个土层深度，土壤易氧化有机碳含量、土壤微生物生物碳变化趋势均表现为温性草甸>

温性草原>温性草原化荒漠>温性荒漠草原。在 0~10 cm 和 10~20 cm 土层,4 种草地类型土壤水溶性有机碳表现为温性草甸>温性草原>荒漠草原>草原化荒漠。

4 种草地类型易氧化有机碳分配比在 18.42%~29.72%间，且在 0~10 cm、10~20 cm 和 20~40 cm 3 个土层深度均表现为温性草原最高。4 个草地类型微生物生物量碳分配比在 1.54%~3.83%,且在 3 个土层深度均表现为温性草甸最低。4 种草地类型水溶性有机碳分配比在 0.23%~2.01%间,且在 0~10 cm、10~20 cm 和 20~40 cm 3 个土层深度均表现为温性荒漠草原>温性草原化荒漠>温性草原>温性草甸。

(5)土壤活性有机碳储量在不同草地类型间存在差异。土壤易氧化有机碳储量在 0~40 cm 土层深度均表现为温性草甸>温性草原>温性草原化荒漠>温性荒漠草原。土壤微生物生物量碳储量在 0~10 cm 和 10~20 cm 土层深度均表现为温性草甸>温性草原>温性草原化荒漠>温性荒漠草原，且均为温性草甸和温性草原显著大于温性草原化荒漠和温性荒漠草原。土壤水溶性有机碳储量,在 0~20 cm 土层深度均表现为温性荒漠草原>温性草原化荒漠>温性草原>温性草甸。从空间分布上,宁夏天然草地 0~40 cm 土层深度土壤有机碳储量分布区域化明显，较高的区域主要分布于南部海原、西吉和固原地区,较低的区域主要集中分布于中北部区域的中宁、红寺堡、盐池、灵武和平罗地区。

第 9 章

宁夏草原昆虫群落及安全性评价研究

9.1 主要草原类型昆虫资源

9.1.1 草原害虫监测样区

在宁夏草原，根据温性草甸草原、山地草甸、温性草原、温性荒漠草原及温性草原化荒漠等不同草原类和短花针茅+隐子草型、甘草+杂类草型、黑沙蒿+杂类草型、大针茅+长芒草型、长芒草+早熟禾型及百里香+星毛委陵菜型等草原型，采用GPS定位，从南至北，选择确定了49个监测样区（包括8个国家核心监测点），分布在温性草甸草原、山地草甸、温性草原、温性荒漠草原、温性草原化荒漠5类草原内的监测样区分别为3个、2个、15个、24个和5个，分属于30个草原型，基本覆盖了宁夏草原主要草原型及50%以上面积（图9-1），49个监测样区概况见表9-1。

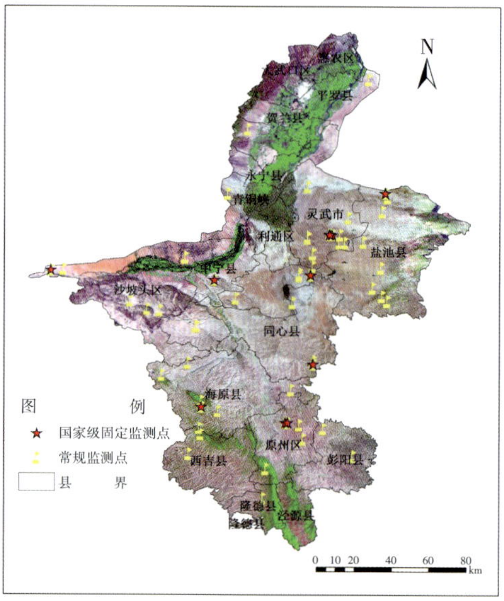

审图号：宁S[2024]第015号

图9-1 49个草原监测样区分布图

表 9-1　49 个草原监测样区概况

编号 No.	县市区 County area	乡镇 Township	村及保护区 Villages and protected areas	东经 East longitude/(°)	北纬 North latitude/(°)	海拔 Altitude/m	草原类 Steppe type	草原型 Steppe pattern
1	西吉县	新营乡	白城村	105.623 3	36.184 3	2 465.33	山地草甸类	具灌木的枸子、薹草型
2	海原县	红羊乡	南华山保护区	105.615 8	36.447 7	2 619.33		金露梅、风毛菊型
3	海原县	红羊乡	南华山保护区	105.630 0	36.405 2	2 473.00		牛尾蒿、风毛菊型
4	原州区	张易镇	马场村	106.126 0	35.928 3	2 196.67	温性草甸草原类	具灌木的薹草型
5	隆德县	观庄乡	观堡村	106.093 8	35.682 3	2 317.00		异穗薹草、杂类草型
6	海原县	曹洼乡	柴沟门村	105.754 3	36.370 6	1 874.67	温性草原类	百里香、星毛委陵菜型
7	盐池县	麻黄山乡	谢儿渠村	107.063 2	37.231 9	1 839.33		百里香、星毛委陵菜型
8	海原县	红羊乡	红羊村月亮山	105.611 2	36.234 2	2 268.00		百里香、星毛委陵菜型
9	西吉县	红耀乡	张白湾村	105.554 2	36.029 7	2 091.67		大针茅、杂类草型
10	原州区	寨科乡	云雾山保护区	106.390 2	36.257 1	2 061.33		大针茅、长芒草型
11	彭阳县	孟塬乡	白杨庄村	106.804 1	36.009 8	1 702.67		茭蒿、长芒草型
12	原州区	官厅镇	官厅村	106.423 5	36.147 1	1 869.00		冷蒿、长芒草型
13	海原县	甘盐池乡	羊场村	105.322 7	36.652 3	2 076.33		白莲蒿、冷蒿型
14	彭阳县	罗洼乡	罗洼村	106.579 3	36.223 9	1 736.67		长芒草、星毛委陵菜型
15	盐池县	麻黄山乡	阳洼村	107.023 0	37.270 1	1 863.00		长芒草、杂类草型
16	原州区	甘城乡	吴渠村	106.325 8	36.541 4	1 653.67		长芒草、早熟禾型
17	同心县	张家塬乡	张家山	106.487 7	36.733 3	2 029.33		长芒草、早熟禾型
18	同心县	张家源乡	油坊塘村	106.495 4	36.740 2	2 025.00		长芒草、早熟禾型
19	同心县	张家源乡	郭大湾村	106.499 2	36.764 6	2 020.00		长芒草、早熟禾型
20	原州区	三营镇	东塬村	106.301 3	36.280 6	1 960.00		长芒草、早熟禾型
21	沙坡头区	香山镇	梁水园村	104.958 1	37.240 0	1 646.00	温性荒漠草原类	短花针茅、隐子草型
22	海原县	蒿川乡	周套村	105.528 1	36.742 8	1 797.00		短花针茅、隐子草型
23	沙坡头区	常乐镇	罗泉村	105.309 8	37.148 1	1 923.67		短花针茅、红砂型
24	中宁县	喊叫水乡	党家水村	105.479 4	37.168 1	1 734.00		短花针茅、红砂型
25	沙坡头区	常乐镇	罗泉村	105.198 8	37.174 8	2 208.67		具红砂的短花针茅、蓍状亚菊型
26	盐池县	大水坑镇	圈湾子村	106.948 5	37.340 3	1 542.67		具锦鸡儿的牛枝子型

续表

编号 No.	县市区 County area	乡镇 Township	村及保护区 Villages and protected areas	东经 East longitude/(°)	北纬 North latitude/(°)	海拔 Altitude/m	草原类 Steppe type	草原型 Steppe pattern
27	平罗县	红崖子乡	红崖子村	106.916 5	38.975 3	1 187.00	温性荒漠草原类	具沙冬青的黑沙蒿、杂类草型
28	红寺堡区	太阳山镇	巴庄村	106.474 9	37.443 1	1 371.00		刺叶柄棘豆、短花针茅型
29	红寺堡区	大河乡	石炭沟村	105.883 6	37.250 2	1 441.33		刺叶柄棘豆、短花针茅型
30	红寺堡区	太阳山镇	太阳山直属	106.383 4	37.450 0	1 332.00		刺叶柄棘豆、短花针茅型
31	盐池县	大水坑镇	宋堡子村	107.017 5	37.496 1	1 517.33		刺叶柄棘豆、短花针茅型
32	盐池县	高沙窝镇	二步坑村	107.047 6	38.080 8	1 463.00		黑沙蒿、杂类草型
33	盐池县	高沙窝镇	大疙瘩村	107.064 9	38.047 6	1 461.33		黑沙蒿、杂类草型
34	灵武市	白土岗乡	新火村	106.621 9	37.756 2	1 340.00		黑沙蒿、杂类草型
35	灵武市	白土岗乡	新红村	106.451 5	37.729 2	1 261.00		黑沙蒿、杂类草型
36	灵武市	白土岗乡	白塔水村	106.496 6	37.605 1	1 345.67		黑沙蒿、杂类草型
37	灵武市	白土岗乡	海子井村	106.735 1	37.692 8	1 330.33		黑沙蒿、杂类草型
38	灵武市	白土岗乡	新火村	106.698 4	37.753 8	1 350.00		黑沙蒿、杂类草型
39	盐池县	冯记沟乡	冯记沟村	106.871 4	37.702 7	1 405.33		黑沙蒿、苦豆子型
40	盐池县	高沙窝镇	南梁村	107.022 7	37.938 7	1 429.67		甘草、杂类草型
41	灵武市	马家滩镇	大洋其村	106.762 5	37.891 5	1 420.00		甘草、杂类草型
42	中宁县	新堡乡	马儿山毛营村	105.729 3	37.403 0	1 377.00		刺旋花、红砂型
43	青铜峡市	邵刚镇	邵刚直属	105.832 0	38.082 5	1 240.00		刺旋花、短花针茅型
44	同心县	下马关镇	红城水上塬村	106.336 0	37.220 9	1 603.00		藏青锦鸡儿、蓍状亚菊型
45	沙坡头区	迎水镇	迎盘水村	104.447 6	37.475 7	1 704.00	温性草原化荒漠类	红砂、珍珠猪毛菜型
46	沙坡头区	迎水镇	迎盘水村	104.539 8	37.478 9	1 607.33		红砂、珍珠猪毛菜型
47	灵武市	临河镇	甜水河村	106.456 6	38.124 8	1 230.33		具红砂的珍珠猪毛菜、多根葱型
48	西夏区	贺兰山东麓	贺兰山农牧场	105.984 9	38.585 0	1 210.00		具蓍状亚菊的麻黄、短花针茅型
49	中宁县	石空镇	枣一村	105.754 7	37.614 6	1 219.67		刺叶柄棘豆、杂类草型

9.1.2 宁夏草原昆虫群落组成特征

9.1.2.1 宁夏草原昆虫组成

由图 9-2 可知，2016—2018 年，3 年中在宁夏 5 类草原、49 个监测样区共采集鉴定昆虫 36 182 头，分属 267 种 56 科。5 类草原在物种数、科数及个体数上均存在显著差异（$P<0.05$），温性草原上所发生的物种数、科数及个体数均最多，其中，所发生的物种数显著多于其他 4 类草原，发生的科数显著多于山地草甸类、温性荒漠草原及温性草原化荒漠三类草原，与温性草甸草原无显著差异，所发生个体数均显著高于其他山地草甸类、温性草甸草原及温性草原化荒漠，与温性荒漠草原无显著差异。

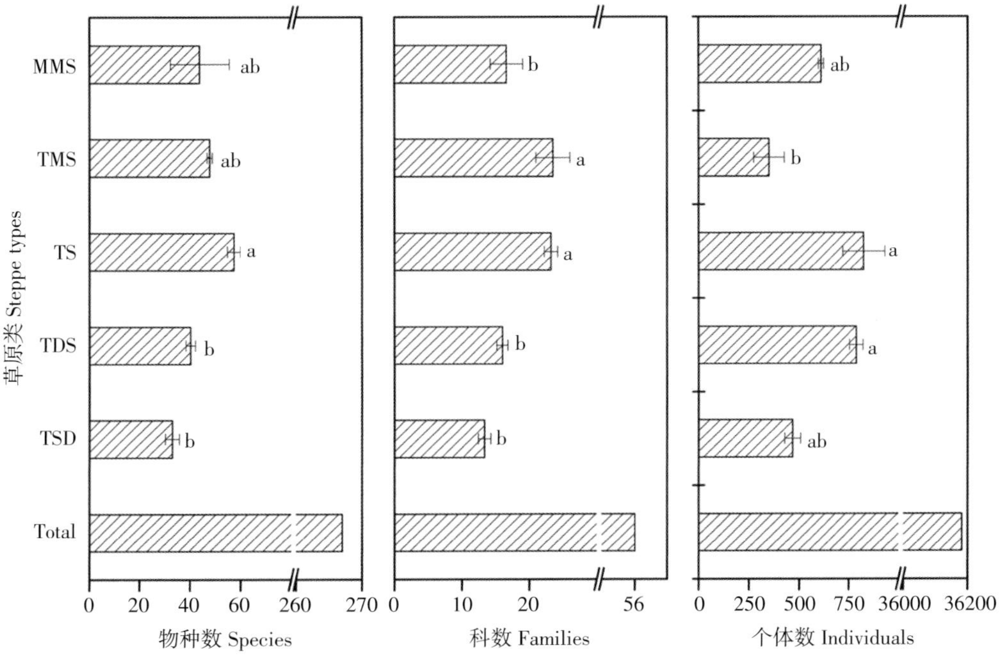

图 9-2　宁夏不同类草原昆虫组成

注：图中小写字母表示 0.05 水平差异显著性水平；MMS 代表山地草甸类草原、TMS 代表温性草甸草原、TS 代表温性草原、TDS 代表温性荒漠草原、TSD 代表温性草原化荒漠，下同。

由图 9-3 和图 9-4 可知，采集鉴定的 56 科昆虫根据取食特性分为中性昆虫、害虫和天敌三类。其中，中性昆虫有皮蠹科 Dermestidae、粪金龟科 Geotrupidae、金龟科 Scarabaeidae、阎甲科 Histeridae、埋葬甲科Silphidae 和地鳖科 Polyphagidae 6 科 27 种，金龟科和埋葬甲科在物种数和个体数上均显著高于其他科，为中性昆虫中的优势科；害虫有象甲科 Curculionidae、叶甲科 Chrysomelidae、拟步甲科 Tenebrionidae、盲蝽科 Miridae、蝽科 Pentatomidae、网翅蝗科 Arcypteridae、斑翅蝗科 Oedipodidae 及斑腿蝗科 Catantopidae 等 36 科 170 种，拟步甲科、象甲科、斑翅蝗科、网翅蝗科和斑腿蝗科为害虫中的优势科，其在物种数和个体数上均显著高于其他科；天敌有步甲科 Carabidae、瓢虫科 Coccinellidae 及食虫虻科 Asilidae 等 14 科 70 种，其中，步甲科在物种数和个

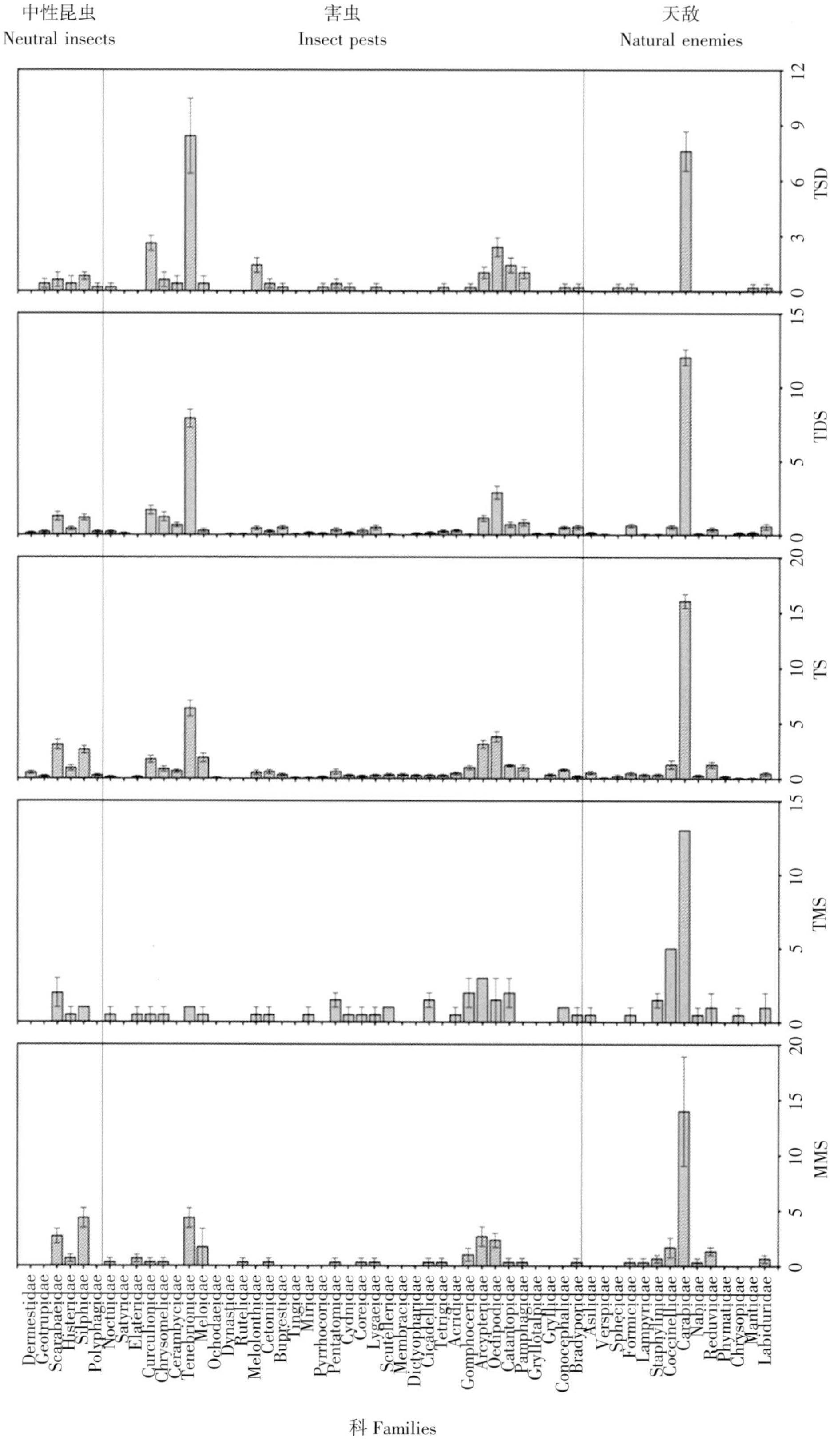

图 9-3 宁夏不同类草原昆虫科内物种数

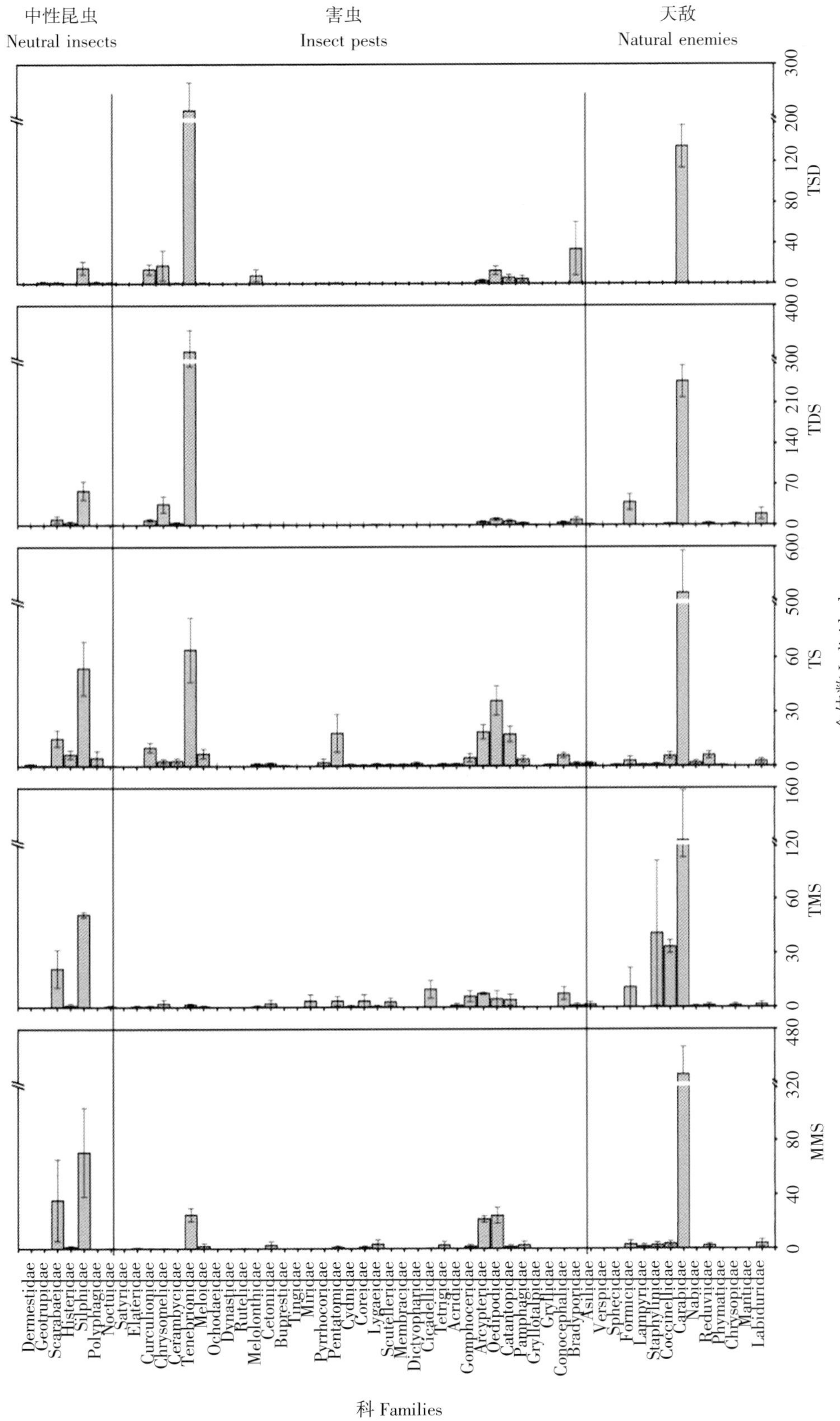

图 9-4　宁夏不同类草原昆虫科内个体数

体数上均显著高于其他科，为天敌中的优势科。

9.1.2.2　宁夏草原昆虫群落结构特征

由图 9-5 可以看出，2016—2018 年，5 类草原的 Shannon-Wiener 多样性指数和 Margalef 丰富度指数均呈显著性差异，其中，温性草甸草原在 2016 年、2018 年及 3 年

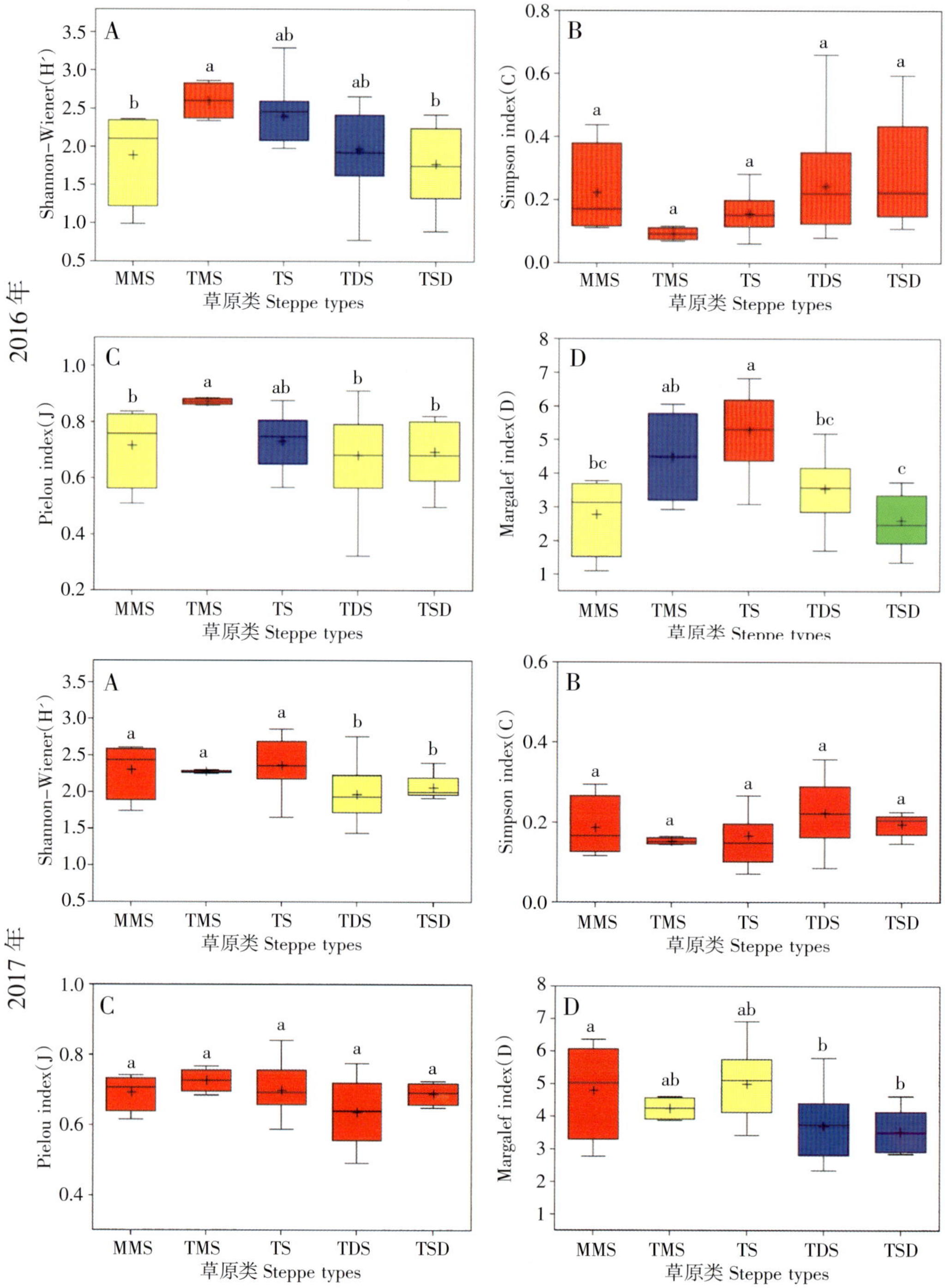

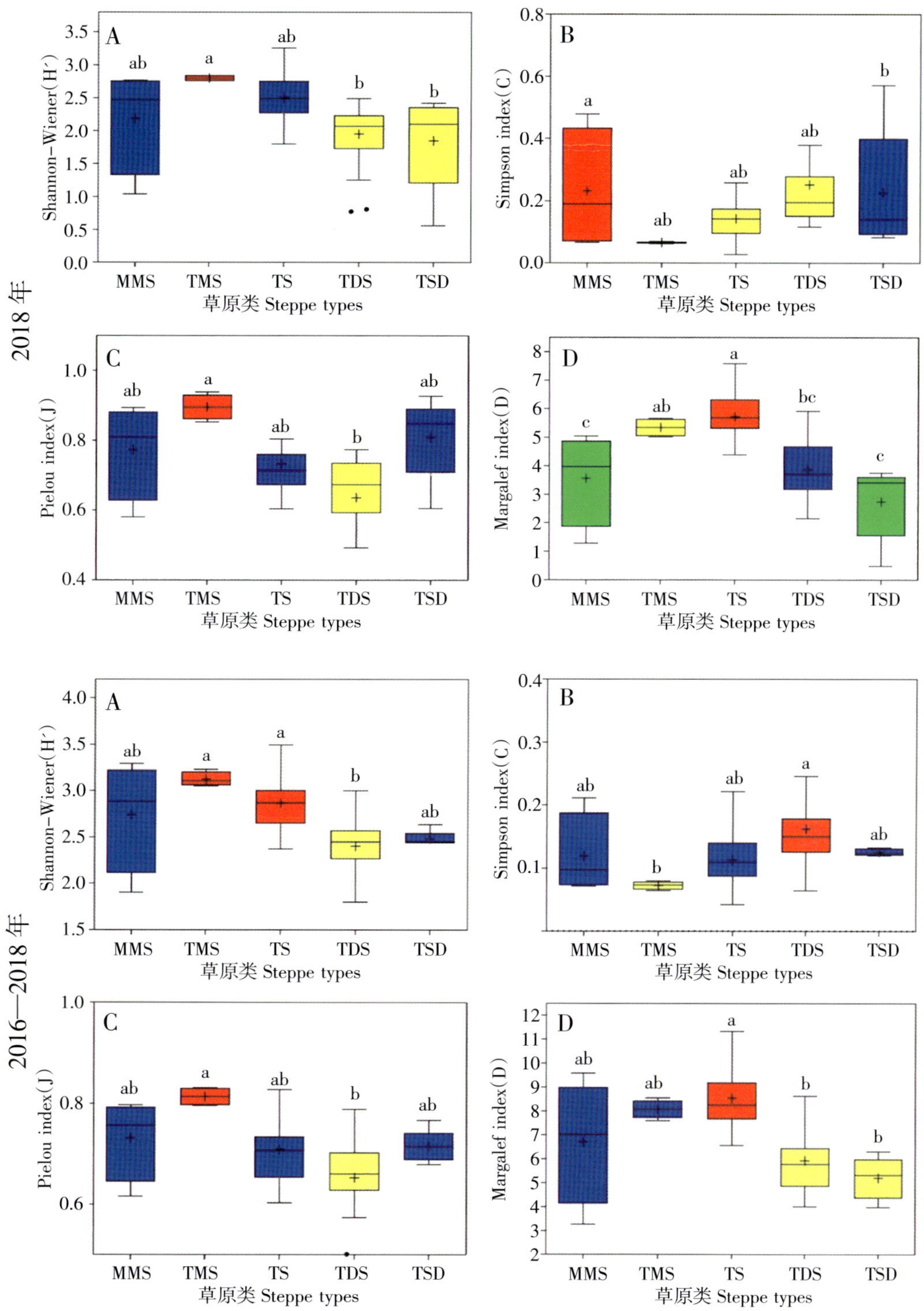

图 9-5　2016—2018 年宁夏不同类草原昆虫群落多样性指数

注：图中小写字母表示 0.05 水平差异显著性水平；A、B、C、D 分别表示 Shannon-Wiener 多样性指数、Simpson 优势度指数、Margalef 丰富度指数和 Pielou 均匀性指数；MMS 代表山地草甸类草原、TMS 代表温性草甸草原、TS 代表温性草原、TDS 代表温性荒漠草原、TSD 代表温性草原化荒漠。

总数据中 Shannon-Wiener 多样性指数均最高，且显著高于其他 4 类草原，温性草原在 2016 年、2018 年及三年总数据中 Margalef 丰富度指数均最高，且显著高于其他 4 类草原，而温性草原化荒漠在三年每年度及总数据中 Margalef 丰富度指数均显著低于其他 4 类草原；5 类草原中 Simpson 优势度指数在 2016 年和 2017 年差异不显著，在 2018 年和三年总数据中差异显著，其中，温性荒漠草原的 Simpson 优势度指数基本上均最高，且在 2018 年和 3 年总数据中均显著高于其他 4 类草原，而温性草甸草原在 3 年每年度及总数据中均最低，且 2018 年和三年总数据中显著低于其他 4 类草原；5 类草原中，Pielou 均匀性指数除了在 2017 年差异不显著外，其他年份及总数据中均差异显著，且温性草甸草原的 Pielou 均匀性指数在每年度及总数据中均最高，且在 2016 年、2018 年及总数据中均显著高于其他 4 类草原。

总体来看，温性草甸草原和温性草原具有较高的多样性、物种数和均匀性，而其优势度均较低，表明两类草原具有稳定的昆虫群落结构；温性荒漠草原和温性草原化荒漠两类草原均具有较高优势度，而其多样性、物种数及均匀性均较低，表明两类草原具有明显的优势种群，进一步说明两类草原上害虫容易暴发；山地草甸类具有较高在多样性、优势度、均匀性及物种数均处于中间，说明山地草甸类草原昆虫物种相对丰富，群落结构相对稳定，优势种不明显。

9.1.2.3 宁夏草原主要害虫分布

由表 9-2 可以看出，在宁夏草原上发生害虫中，优势科有拟步甲科 Tenebrionidae、叶甲科 Chrysomelidae、斑翅蝗科 Oedipodidae、网翅蝗科 Arcypteridae、

表 9-2 宁夏草原害虫组成及其比例

科	拉丁学名	数量/头	比例/%
拟步甲科	Tenebrionidae	9 643	64.77
叶甲科	Chrysomelidae	990	6.65
斑翅蝗科	Oedipodidae	918	6.17
网翅蝗科	Arcypteridae	498	3.35
斑腿蝗科	Catantopidae	461	3.10
象甲科	Curculionidae	422	2.83
硕螽科	Bradyporidae	405	2.72
蝽科	Pentatomidae	297	2.00
草螽科	Conocephalidae	196	1.32

续表

科	拉丁学名	数量/头	比例/%
癞蝗科	Pamphagidae	160	1.07
天牛科	Cerambycidae	130	0.87
芫菁科	Meloidae	129	0.87
槌角蝗科	Gomphoceridae	94	0.63
鳃金龟科	Melolonthidae	87	0.58
长蝽科	Lygaeidae	51	0.34
花金龟科	Cetoniidae	48	0.32
蚱科	Tetrigidae	41	0.28
剑角蝗科	Acrididae	37	0.25
红蝽科	Pyrrhocoridae	35	0.24
叶蝉科	Cicadellidae	31	0.21
夜蛾科	Noctuidae	30	0.20
缘蝽科	Coreidae	29	0.19
吉丁虫科	Buprestidae	27	0.18
象蜡蝉科	Dictyopharidae	25	0.17
盾蝽科	Scutelleridae	18	0.12
土蝽科	Cydnidae	17	0.11
蟋蟀科	Gryllidae	13	0.09
盲蝽科	Miridae	13	0.09
蝼蛄科	Gryllotalpidae	12	0.08
角蝉科	Membracidae	12	0.08
网蝽科	Tingidae	6	0.04
叩甲科	Elateridae	5	0.03
眼蝶科	Satyridae	3	0.02
丽金龟科	Rutelidae	2	0.01
犀金龟科	Dynastidae	1	0.01
红金龟科	Ochodaeidae	1	0.01
总计		14 887	100.00

斑腿蝗科 Catantopidae、象甲科 Curculionidae、硕螽科 Bradyporidae、蝽科 Pentatomidae、草螽科 Conocephalidae 和癞蝗科 Pamphagidae 10 个科，其发生量占全部害虫发生量的比例分别为 64.77%、6.65%、6.17%、3.35%、3.10%、2.83%、2.72%、2.00%、1.32%和 1.07%。

由表 9–3 可以看出，10 类优势害虫种群在宁夏不同类草原上危害发生程度不同，其中，硕螽科主要在温性荒漠草原和温性草原化荒漠两类草原上危害发生，草螽科、斑腿蝗科、斑翅蝗科、网翅蝗科、象甲科等类群主要在温性草原和温性荒漠草原上危害发生，蝽科主要在温性草原上危害发生，拟步甲科和叶甲科主要在温性荒漠草原上危害发生；同时，不同类草原上虫害发生程度不同，其中，温性草原、温性荒漠草原和温性草原化荒漠 3 类草原上害虫危害发生较重，山地草甸草原和温性草甸草原两类草原上害虫危害发生较轻。温性草原上，危害发生较重的害虫类群主要有草螽科、癞蝗科、斑腿蝗科、斑翅蝗科、网翅蝗科、蝽科、拟步甲科和象甲科等科，温性荒漠草原上危害发生较重的害虫主要有硕螽科、草螽科、癞蝗科、斑腿蝗科、斑翅蝗科、网翅蝗科、拟步甲科、叶甲科和象甲科等类群，温性草原化荒漠上发生危害较重的害虫有硕螽科、癞蝗科、拟步甲科 3 种类群，山地草甸类草原上发生相对较重的害虫为斑翅蝗科、网翅蝗科和拟步甲科 3 种类群，而温性草甸草原上 10 类优势害虫发生相对均较轻。

表 9–3 宁夏草原主要害虫发生及分布情况

科	拉丁学名	山地草甸	温性草甸草原	温性草原	温性荒漠草原	温性草原化荒漠	总计
硕螽科	Bradyporidae	0	2	21	211	171	405
草螽科	Conocephalidae	0	15	88	92	1	196
癞蝗科	Pamphagidae	8	0	56	72	24	160
斑腿蝗科	Catantopidae	4	8	266	153	30	461
斑翅蝗科	Oedipodidae	74	9	543	228	64	918
网翅蝗科	Arcypteridae	66	15	284	119	14	498
蝽科	Pentatomidae	3	7	274	10	3	297
拟步甲科	Tenebrionidae	76	3	968	7 528	1 068	9 643
叶甲科	Chrysomelidae	1	4	40	855	90	990
象甲科	Curculionidae	1	1	154	196	70	422
总计		233	64	2 694	9 464	1 535	13 990

9.1.3　小结

本研究根据山地草甸草原、温性荒漠草原、温性草原、温性草甸草原及温性草原化荒漠等不同草原类及型，共选取了 49 个监测点，包括 8 个国家系统监测点，根据不同昆虫发生特点和时期，分别采用目测、网扫、巴士罐诱集、黄板诱集及马来氏网诱集等昆虫采集方法全面大范围地对草原害虫、天敌、传粉昆虫等不同昆虫种类进行了田间监测采集。共采集制作标本 4.5 万余枚，其中，地表甲虫 18 000 枚、网扫昆虫 22 000 枚、传粉昆虫 5 000 枚；黄板诱集 400 张，马来氏网诱集 57 灌，目前鉴定出来的有 82 科 267 种，根据取食特性，被分为中性昆虫、害虫和天敌 3 类，其中，中性昆虫有 12 科 27 种，优势科为埋葬甲科、姬蜂科；害虫有 50 科 170 种，优势科有拟步甲科、叶甲科、斑翅蝗科等 10 科，天敌有 20 科 70 种，优势科为步甲科。温性草原上所发生的昆虫物种数、科数及个体数均显著高于其他 4 类草原($P<0.05$)，温性草甸草原和温性草原昆虫群落结构稳定，温性荒漠草原和温性草原化荒漠优势种群明显，温性草原、温性荒漠草原和温性草原化荒漠害虫发生危害较重。

9.2　主要类型草原指示性昆虫研究

9.2.1　宁夏草原地表甲虫对荒漠草原指示作用

部分甲虫可作为荒漠草原不同类型的监测类型，如麻步甲、异色猛步甲 *Cymindis daimio* Bates 和双斑猛步甲 *Cymindis binotata* Fischer & Waldheim 两种步甲可作为盐池麻黄山谢儿渠村 4 等长芒草型的监测昆虫，芫天牛 *Mantitheus pekinensis* Fairmaire 和白星花金龟 *Protaetia brevitarsis* 两种可作为红寺堡巴庄 3 等刺叶柄棘豆型的监测昆虫，粒肩草天牛 *Eodorcadion heros* (Jakovlev)和达氏漠土甲 *Melanesthes davadshamsi* Kaszab 两种步甲可作为青铜峡 4 等西山陵刺旋花的监测昆虫；黄唇虎甲 *Cephalota chilolcuca* 和中华砚甲 *Cyphogenia chinensis*(Faldermann)分别可作为同心罗山 3 等短花针茅型和中卫迎水 3 等红砂、禾草型的指示类群，指示值大小分别是 80.00%、78.18%(表 9–4)。

9.2.2　宁夏草原地表甲虫对温性草原指示作用

由表 9–5 可知，部分甲虫可作为温性草原不同类型的监测类型，如麻步甲、强通缘步甲和直角通缘步甲 3 种步甲可作为同心郭大湾村 2 等大针茅长芒草型的监测昆虫，直角通缘步甲和钝齿琵甲 2 个种可作为固原甘城乡 3 等长芒草型的监测昆虫，甘肃大步甲和暗星步甲 2 种步甲可作为海原南华山 4 等薹草杂类草型的监测昆虫；圆

表 9-4　地表甲虫对荒漠草原各草原型的指示作用

科	中文名	拉丁学名	同心罗山	红寺堡石炭沟	红寺堡巴庄	红寺堡买河	盐池谢儿渠村	盐池阳洼村	盐池圈湾子	盐池宋堡子	盐池二步坑	盐池冯记沟	海原甘盐池	高沙窝南梁村	高沙窝李记海子	灵武石沟驿	灵武白塔水村	灵武新红村	灵武大羊其村	灵武海子井	灵武甜水河	灵武新火村	中宁马儿山	中宁喊叫水乡	中宁石空镇	中卫迎水	中卫常乐	中卫永康	平罗红崖子	青铜峡靶场	贺兰山滚钟口
步甲科	麻步甲	*Carabus brandti* Faldermann	1.03	0.14	1.92	0.00	39.48	8.24	1.30	0.00	1.10	1.37	0.00	0.00	6.32	5.58	0.31	0.21	3.91	6.73	0.00	0.62	0.00	0.27	0.00	0.00	0.00	0.00	0.00	0.00	0.00
	短翅伪葬步甲	*Pseudotaphoxenus brevipennis* Semenov	11.04	7.26	2.09	0.00	0.23	0.00	0.35	0.41	0.00	0.00	0.06	0.06	0.00	2.66	0.00	0.06	6.10	5.11	2.44	2.79	0.00	0.46	6.04	1.92	0.00	0.00	18.88	0.46	1.39
	暗星步甲	*Calosoma lugens* Chaudoir	0.00	0.00	0.00	0.00	0.00	0.00	0.00	0.00	0.00	0.00	0.00	0.00	0.00	0.00	0.00	0.00	0.00	0.00	0.00	0.00	0.00	0.00	0.00	0.00	0.00	0.00	0.00	0.00	20.00
	蒙古伪葬步甲	*Pseudotaphoxenus mongolicus* (Jedlicka)	15.97	0.00	0.28	0.00	12.22	0.14	0.00	0.00	0.28	0.00	0.83	0.00	2.50	0.00	0.00	0.00	2.50	0.00	0.00	0.00	0.00	3.33	4.17	15.83	0.00	0.00	0.00	0.00	2.22
	列穴娄步甲	*Harpalus lumbaris*	1.11	0.00	0.00	0.00	10.00	2.22	16.67	0.00	0.00	0.00	0.00	0.00	0.00	0.00	0.00	0.00	0.00	0.00	0.00	0.00	0.00	1.11	0.00	0.00	0.00	0.00	0.00	0.00	0.00
	虎甲	*Cephalota chiloleuca* (Fisher-waldheim)	0.87	0.00	5.22	7.83	0.87	0.00	0.00	0.87	0.00	0.87	0.00	0.00	0.00	0.00	1.74	0.00	0.00	0.00	17.39	0.87	0.00	0.00	0.00	0.00	0.00	0.00	0.00	0.00	0.00
	黄唇虎甲	*Cicindela chilolcuca*	80.00	0.00	0.00	0.00	0.00	0.00	0.00	0.00	0.00	0.00	0.00	0.00	0.00	0.00	0.00	0.00	0.00	0.00	0.00	0.00	0.00	0.00	0.00	0.00	0.00	0.00	0.00	0.00	0.00
	云纹虎甲	*Cylindera elisae* (Motschulsky)	0.00	0.00	0.00	0.00	20.00	0.00	0.00	0.00	0.00	0.00	0.00	0.00	0.00	0.00	0.00	0.00	0.00	0.00	0.00	0.00	0.00	0.00	0.00	0.00	0.00	0.00	0.00	0.00	0.00
	赤胸长步甲	*Dolichus halensis*	20.00	0.00	0.00	0.00	0.00	0.00	0.00	0.00	0.00	0.00	0.00	0.00	0.00	0.00	0.00	0.00	0.00	0.00	0.00	0.00	0.00	0.00	0.00	0.00	0.00	0.00	0.00	0.00	0.00
	异色猛步甲	*Cymindis daimio* Bates	0.00	0.00	0.00	0.00	50.00	0.00	0.00	0.00	0.00	0.00	0.00	0.00	0.00	0.00	0.00	3.33	0.00	0.00	0.00	0.00	0.00	0.00	0.00	0.00	0.00	0.00	0.00	0.00	0.00

续表

科	中文名	拉丁学名	同心罗山	红寺堡石炭沟	红寺堡巴庄	红寺堡买河	盐池谢儿渠村	盐池阳洼村	盐池圈湾子	盐池宋堡子	盐池二步坑	盐池冯记沟	海原甘盐池	高沙窝南梁村	高沙窝李记海子	灵武石沟驿	灵武白塔水村	灵武新红村	灵武大羊其村	灵武海子井	灵武甜水河	灵武新火村	中宁马儿山	中宁喊叫水乡	中宁石空镇	中卫迎水	中卫常乐	中卫永康	平罗红崖子	青铜峡靶场	贺兰山滚钟口
步甲科	双斑猛步甲	*Cymindis binotata* Fischer & Waldheim	2.11	0.00	0.00	0.00	50.53	2.11	2.11	1.05	0.00	0.00	0.00	0.00	0.00	0.00	0.00	0.00	0.00	0.00	0.00	0.00	0.00	0.00	0.00	0.00	0.00	0.00	0.00	0.00	0.00
葬甲科	日本覆葬甲	*Nicrophorus japonicus* Harold	21.43	0.00	8.57	0.00	0.00	1.43	0.00	0.00	0.00	0.00	1.43	0.00	0.00	0.00	0.00	0.00	0.00	0.00	0.00	0.00	0.00	0.00	1.43	0.00	0.00	0.00	0.00	0.00	0.00
	黑覆葬甲	*Nicrophorus concolor* Kraatz	6.19	4.54	0.41	0.00	6.19	4.12	8.04	15.67	0.00	0.00	0.00	0.00	0.00	0.00	0.00	0.00	0.00	4.12	1.03	0.00	0.00	1.44	0.00	0.00	0.00	0.00	0.00	0.00	0.00
阎甲科	黑矮阎甲	*Carcinops quattuodecimstriatus* Stephens	0.00	0.00	0.00	0.00	0.00	0.00	0.00	0.00	0.00	0.00	0.00	0.00	0.00	0.00	20.00	0.00	0.00	0.00	0.00	0.00	0.00	0.00	0.00	0.00	0.00	0.00	0.00	0.00	0.00
吉丁虫科	棕窄吉丁	*Agrilus integerrimus* (Ratzeburg)	0.00	0.00	0.00	0.00	0.00	0.00	0.00	6.67	0.00	6.67	6.67	0.00	0.00	0.00	0.00	0.00	0.00	0.00	0.00	0.00	0.00	0.00	0.00	0.00	0.00	0.00	0.00	0.00	0.00
	绿窄吉丁	*Agrilus viridis*	0.00	0.00	0.00	0.00	0.00	0.00	0.00	0.00	0.00	0.00	0.00	0.00	0.00	0.00	0.00	0.00	0.00	0.00	0.00	0.00	0.00	0.00	20.00	0.00	0.00	0.00	0.00	0.00	0.00
金龟科	公羊嗡蜣螂	*Onthophagus tragus*	0.00	0.00	0.00	0.51	18.46	7.18	1.03	27.69	0.00	0.00	0.00	0.51	0.00	0.00	0.00	0.00	0.00	0.00	0.00	0.51	0.00	0.00	0.00	0.00	0.00	0.00	0.00	0.00	0.00
	白星花金龟	*Protaetia brevitarsis*	0.00	0.00	22.22	0.00	8.89	2.96	2.22	0.74	0.00	0.00	0.00	0.00	0.00	0.00	0.00	0.00	0.74	0.00	0.00	0.74	0.00	0.00	0.00	0.00	0.00	0.00	0.00	0.00	0.00
	黑皱鳃金龟	*Trematodes tenebrioides* (Pallas)	0.00	0.00	4.00	0.00	0.00	0.00	0.00	0.00	4.00	0.00	16.00	0.00	0.00	0.00	0.00	0.00	0.00	4.00	0.00	0.00	0.00	0.00	0.00	0.00	0.00	0.00	0.00	0.00	0.00
	墨侧裸蜣螂	*Gymnopleurus mopsus*	0.00	0.00	0.45	0.00	0.00	0.00	0.00	7.27	0.00	0.00	0.00	0.00	0.00	0.00	0.00	0.00	0.00	0.00	0.00	0.00	0.00	24.55	0.00	0.00	0.00	0.00	0.00	0.00	0.00
	黑缘嗡蜣螂	*Onthophagus marginalis*	0.00	0.00	0.00	0.00	20.00	0.00	0.00	0.00	0.00	0.00	0.00	0.00	0.00	0.00	0.00	0.00	0.00	0.00	0.00	0.00	0.00	0.00	0.00	0.00	0.00	0.00	0.00	0.00	0.00

续表

科	中文名	拉丁学名	同心罗山	红寺堡石炭沟	红寺堡巴庄	红寺堡买河	盐池谢儿渠村	盐池阳洼村	盐池圈湾子	盐池宋堡子	盐池二步坑	盐池冯记沟	海原甘盐池	高沙窝南梁村	高沙窝李记海子	灵武石沟驿	灵武白塔水村	灵武新红村	灵武大羊其村	灵武海子井	灵武甜水河	灵武新火村	中宁马儿山	中宁喊叫水乡	中宁石空镇	中卫迎水	中卫常乐	中卫永康	平罗红崖子	青铜峡靶场	贺兰山滚钟口
金龟科	大蜣螂	*Scaraboeus sacer*	0.00	0.00	0.00	0.00	0.00	0.00	33.33	0.00	0.00	0.00	0.00	0.00	0.00	0.00	0.00	0.00	0.00	17.78	0.00	0.00	0.00	0.00	0.00	0.00	0.00	0.00	0.00	0.00	0.00
	臭蜣螂	*Copris ochus*（Motschulsky）	0.00	0.00	0.00	0.00	0.00	0.00	13.33	0.00	0.00	0.00	0.00	0.00	0.00	0.00	6.67	0.00	0.00	0.00	0.00	0.00	0.00	0.00	0.00	0.00	0.00	0.00	0.00	0.00	0.00
	波笨粪金龟	*Lethrus potanini* Jakovlev	0.00	0.00	0.00	0.00	0.00	0.00	0.00	0.00	0.00	0.00	0.00	0.00	0.00	0.00	0.00	0.00	0.00	0.00	3.33	0.00	0.00	0.00	0.00	0.00	0.00	0.00	20.00	0.00	13.33
红金龟科	锈红金龟	*Ochodaeus ferrugineus*	0.00	0.00	0.00	0.00	0.00	0.00	0.00	0.00	0.00	0.00	0.00	0.00	0.00	0.00	0.00	0.00	0.00	0.00	0.00	0.00	0.00	0.00	0.00	0.00	0.00	0.00	0.00	0.00	0.00
瓢虫科	多异瓢虫	*Hippodamia variegate*	0.00	0.00	0.00	0.00	0.00	0.00	0.00	0.00	0.00	0.00	0.00	20.00	0.00	0.00	0.00	0.00	0.00	0.00	0.00	0.00	0.00	0.00	0.00	0.00	0.00	0.00	0.00	0.00	0.00
芫菁科	中华豆芫菁	*Epicauta chinensis* Laporte	20.00	0.00	0.00	0.00	0.00	0.00	0.00	0.00	0.00	0.00	0.00	0.00	0.00	0.00	0.00	0.00	0.00	0.00	0.00	0.00	0.00	0.00	0.00	0.00	0.00	0.00	0.00	0.00	0.00
拟步甲科	北京侧琵甲	*Prosodes pekinensis* Faismaire	0.00	0.00	0.00	0.00	0.00	0.00	20.00	0.00	0.00	0.00	0.00	0.00	0.00	0.00	0.00	0.00	0.00	0.00	0.00	0.00	0.00	0.00	0.00	0.00	0.00	0.00	0.00	0.00	0.00
	钝齿琵甲	*Blaps medusula*	4.00	12.00	0.00	0.00	1.00	1.00	1.00	0.00	0.00	0.00	1.00	0.00	0.00	0.00	0.00	2.00	0.00	1.00	0.00	0.00	0.00	0.00	21.00	0.00	0.00	0.00	0.00	0.00	0.00
	长尾琵甲	*Blaps varicosa* Seidlitz	3.08	15.38	6.15	0.00	0.00	0.00	3.08	0.00	0.00	0.00	0.00	0.00	0.00	0.00	0.00	0.00	0.00	0.00	0.00	0.00	0.00	0.00	0.00	0.00	0.00	0.00	0.00	0.00	0.00
	异距琵甲	*Blaps kiritshenkoi*	0.00	20.00	0.00	0.00	0.00	0.00	0.00	0.00	0.00	0.00	0.00	0.00	0.00	0.00	0.00	0.00	0.00	0.00	0.00	0.00	0.00	0.00	0.00	0.00	0.00	0.00	0.00	0.00	0.00
	中型琵甲	*Blaps medusa* Reitter	0.00	2.00	0.00	0.00	0.00	0.00	0.00	0.00	0.00	0.00	0.00	0.00	0.00	0.00	0.00	0.00	8.00	2.00	0.00	0.00	0.00	0.00	0.00	0.00	0.00	0.00	4.00	16.00	0.00

续表

科	中文名	拉丁学名	同心罗山	红寺堡石炭沟	红寺堡巴庄	红寺堡买河	盐池谢儿渠村	盐池阳洼村	盐池圈湾子	盐池宋堡子	盐池二步坑	盐池冯记沟	海原甘盐池	高沙窝南梁村	高沙窝李记海子	灵武石沟驿	灵武白塔水村	灵武新红村	灵武大羊其村	灵武海子井	灵武甜水河	灵武新火村	中宁马儿山	中宁喊叫水乡	中宁石空镇	中卫迎水	中卫常乐	中卫永康	平罗红崖子	青铜峡靶场	贺兰山滚钟口
拟步甲科	步行琵甲	*Blaps gressoria* Reitter	0.00	0.00	0.00	0.00	0.00	0.00	0.00	0.00	0.00	0.00	0.00	0.00	0.00	0.00	0.00	0.00	0.00	0.00	0.00	0.00	0.00	0.00	0.00	0.00	0.00	0.00	20.00	0.00	0.00
	条纹琵甲	*Blaps potanini* Reitter	0.00	0.00	0.00	0.00	0.00	0.00	0.00	0.00	0.00	0.00	0.00	0.00	0.00	0.00	0.00	0.00	0.00	0.00	0.00	0.00	0.00	0.00	0.00	20.00	0.00	0.00	0.00	0.00	0.00
	中华琵甲	*Blaps chinensis*（Faldennann）	0.00	0.00	0.00	0.00	0.00	0.00	0.00	0.00	0.00	0.00	0.00	0.00	0.00	0.00	0.00	0.00	0.00	0.00	0.00	0.00	0.00	0.00	0.00	0.00	0.00	0.00	0.00	20.00	0.00
	弯胫东鳖甲	*Anatolica pandaroides* Reitter	0.00	0.00	0.00	0.00	0.00	0.00	0.00	0.00	0.00	0.00	0.00	0.00	0.00	16.67	0.00	0.00	0.00	0.00	0.00	0.00	0.00	0.00	0.00	0.00	0.00	0.00	0.00	0.00	0.00
	平原东鳖甲	*Anatolica ebenina* Fairmaire	0.00	1.05	0.00	0.00	0.00	0.00	1.05	0.00	2.11	0.00	0.00	0.00	0.00	0.00	0.00	0.00	0.00	0.00	0.00	0.00	0.00	0.00	12.63	0.00	0.00	0.00	0.00	25.26	0.00
	无边东鳖甲	*Anatolica immarginata* Reitter	0.00	0.00	0.00	0.00	0.00	0.00	0.00	0.00	0.00	0.00	0.00	0.00	0.00	0.00	0.00	0.00	0.00	0.00	0.00	0.00	0.00	0.00	0.00	0.00	0.00	0.00	20.00	0.00	0.00
	凹缝东鳖甲	*Anatolica suturalis* Reitter	0.00	0.00	0.00	0.00	0.00	0.00	0.00	0.00	0.00	0.00	0.00	0.00	0.00	0.00	0.00	0.00	0.00	0.00	0.00	0.00	0.00	0.00	0.00	0.00	0.00	0.00	20.00	0.00	0.00
	显带圆鳖甲	*Scytosoma fascia* Ren & Zheng	0.00	0.00	0.00	0.00	0.00	20.00	0.00	0.00	0.00	0.00	0.00	0.00	0.00	0.00	0.00	0.00	0.00	0.00	0.00	0.00	0.00	0.00	0.00	0.00	0.00	0.00	0.00	0.00	0.00
	弯齿琵甲	*Blaps femoralis*（Fischer & Waldheim）	6.00	11.69	2.97	0.03	0.00	0.00	4.88	3.35	2.79	14.30	0.00	0.42	0.56	2.66	0.84	1.05	0.77	4.33	0.00	1.88	0.03	6.70	1.26	5.44	0.63	0.28	0.10	0.49	4.19
	阿小鳖甲	*Microdera kraatzi* Skopin	0.00	4.62	0.77	0.77	0.00	0.00	0.00	0.00	0.00	0.00	0.00	0.00	0.00	0.00	0.00	0.00	0.00	0.00	0.00	0.00	0.00	0.00	32.31	0.00	0.00	0.00	0.00	0.00	0.00
	粒角漠甲	*Trigonocnera granulata* Ba & Ren	0.00	5.45	0.00	0.00	0.00	0.00	0.00	0.00	0.00	0.00	0.00	0.00	0.00	0.00	0.00	0.00	0.00	0.00	7.27	0.00	0.00	12.12	23.64	0.00	0.00	0.00	0.61	0.00	0.00

续表

科	中文名	拉丁学名	同心罗山	红寺堡石炭沟	红寺堡巴庄	红寺堡买河	盐池谢儿渠村	盐池阳洼村	盐池圈湾子	盐池宋堡子	盐池二步坑	盐池冯记沟	海原甘盐池	高沙窝南梁村	高沙窝李记海子	灵武石沟驿	灵武白塔水村	灵武新红村	灵武大羊其村	灵武海子井	灵武甜水河	灵武新火村	中宁马儿山	中宁喊叫水乡	中宁石空镇	中卫迎水	中卫常乐	中卫永康	平罗红崖子	青铜峡靶场	贺兰山滚钟口
拟步甲科	泥脊漠甲	*Pterocoma vittata* Frivaldszky	20.00	0.00	0.00	0.00	0.00	0.00	0.00	0.00	0.00	0.00	0.00	0.00	0.00	0.00	0.00	0.00	0.00	0.00	0.00	0.00	0.00	0.00	0.00	0.00	0.00	0.00	0.00	0.00	0.00
	隐脊刺甲	*Platyscelis confusa* Schuster	0.00	0.00	0.00	0.00	5.00	15.00	0.00	0.00	0.00	0.00	0.00	0.00	0.00	0.00	0.00	0.00	0.00	0.00	0.00	0.00	0.00	0.00	0.00	0.00	0.00	0.00	0.00	0.00	0.00
	景泰漠土甲	*Melanesthes jintaiensis* Ren	0.00	0.00	0.00	0.00	0.00	0.00	0.00	0.00	0.00	0.00	0.00	0.00	0.00	15.26	0.00	0.00	0.00	0.00	0.00	0.00	0.00	0.00	0.00	1.69	0.00	0.00	0.00	0.00	0.00
	达氏漠土甲	*Melanesthes davadshamsi* Kaszab	0.00	0.00	0.00	0.00	0.00	0.00	0.00	0.00	0.00	0.00	0.00	0.00	0.00	0.00	0.00	0.00	0.00	0.00	0.00	0.00	0.00	0.00	0.00	0.00	0.00	0.00	0.00	40.00	0.00
	短齿漠土甲	*Melanesthes exilidentata* Ren	0.00	0.00	0.00	0.00	0.00	0.00	6.67	0.00	6.67	6.67	0.00	0.00	0.00	0.00	0.00	0.00	0.00	0.00	0.00	0.00	0.00	0.00	0.00	0.00	0.00	0.00	0.00	0.00	0.00
	灵武漠土甲	*Melanesthes lingwuensis*	0.00	0.00	0.00	0.00	0.00	0.00	0.00	0.00	0.00	0.00	0.00	0.00	0.00	9.26	4.44	4.44	0.00	0.00	0.00	0.00	0.00	0.00	0.00	0.00	0.00	0.00	0.00	0.00	0.00
	长爪方土甲	*Myladina unguiculina* Reitter	0.00	0.00	0.00	0.00	0.00	0.00	0.00	0.00	0.00	0.00	0.00	0.00	0.00	21.74	6.96	0.00	0.00	0.00	0.00	0.00	0.00	0.00	0.00	0.00	0.00	0.00	0.00	0.00	0.00
	奥氏真土甲	*Eumylada oberbergeri* (Schuster)	0.00	0.00	0.63	0.31	0.00	0.00	0.00	0.63	4.40	0.00	0.00	1.88	0.00	0.87	13.19	1.26	0.31	0.00	0.00	1.88	0.00	0.00	1.26	0.00	0.00	0.00	3.77	26.39	0.00
	粗背伪坚土甲	*Scleropatrum horridum* Reitter	0.00	0.00	0.00	0.00	0.00	0.00	0.00	0.00	0.00	0.00	0.00	0.00	0.00	0.00	0.00	0.00	0.00	0.00	0.00	0.00	0.00	20.00	0.00	0.00	0.00	0.00	0.00	0.00	0.00
	中华砚甲	*Cyphogenia chinensis* (Faldermann)	0.00	0.00	0.00	0.00	0.00	0.00	0.00	0.00	0.00	0.00	0.00	0.00	0.00	0.00	0.00	0.00	0.00	0.00	0.45	0.00	0.00	0.00	0.00	78.18	0.00	0.00	0.00	0.00	0.00
天牛科	大牙土天牛	*Dorysthenes paradoxus* (Faldermann)	2.86	0.00	8.57	0.00	0.00	0.00	17.14	0.00	0.00	0.00	0.00	0.00	0.00	0.00	0.00	0.00	0.00	0.00	0.00	0.00	0.00	0.00	0.00	0.00	0.00	0.00	0.00	0.00	0.00

续表

科	中文名	拉丁学名	同心罗山	红寺堡石炭沟	红寺堡巴庄	红寺堡买河	盐池谢儿渠村	盐池阳洼村	盐池圈湾子	盐池宋堡子	盐池二步坑	盐池冯记沟	海原甘盐池	高沙窝南梁村	高沙窝李记海子	灵武石沟驿	灵武白塔水村	灵武新红村	灵武大羊其村	灵武海子井	灵武甜水河	灵武新火村	中宁马儿山	中宁喊叫水乡	中宁石空镇	中卫迎水	中卫常乐	中卫永康	平罗红崖子	青铜峡靶场	贺兰山滚钟口
天牛科	芫天牛	*Mantitheus pekinensis* Fairmaire	0.00	0.00	40.00	0.00	0.00	0.00	0.00	0.00	0.00	0.00	0.00	0.00	0.00	0.00	0.00	0.00	0.00	0.00	0.00	0.00	0.00	0.00	0.00	0.00	0.00	0.00	0.00	0.00	0.00
	粒肩草天牛	*Eodorcadion heros* (Jakovlev)	0.00	0.00	0.00	0.00	0.00	0.00	0.00	0.00	0.00	0.00	0.00	11.11	0.00	0.00	0.00	0.00	0.00	0.00	0.00	0.00	0.00	0.00	2.22	0.00	0.00	0.00	0.00	48.89	0.00
叶甲科	中华萝藦肖叶甲	*Chrysochus chinensis* Baly	0.00	0.00	20.00	0.00	0.00	0.00	0.00	0.00	0.00	0.00	0.00	0.00	0.00	0.00	0.00	0.00	0.00	0.00	0.00	0.00	0.00	0.00	0.00	0.00	0.00	0.00	0.00	0.00	0.00
	蒿金叶甲	*Chrysolina aurichalcea* (Mannerheim)	0.00	0.00	0.00	0.00	0.00	0.00	0.00	0.46	3.71	5.56	0.00	0.00	5.56	29.60	0.00	0.00	0.00	0.00	0.00	2.32	0.00	0.00	0.00	0.00	0.00	0.00	0.00	0.00	0.00
象甲科	甘肃齿足象	*Deracanthus potanini* Faust	3.33	1.67	0.00	1.67	0.00	0.00	0.00	0.00	0.00	0.00	1.67	0.00	0.00	0.00	1.67	0.00	0.00	0.00	0.00	0.00	0.00	1.67	0.00	1.67	0.00	0.00	0.00	10.00	1.67
	黑斜纹象	*Bothynoderes declivis* (Olivier)	0.00	0.00	0.00	0.00	0.00	0.00	0.00	0.00	0.00	0.00	0.00	0.00	0.00	16.67	0.00	0.00	0.00	0.00	0.00	0.00	0.00	0.00	0.00	0.00	0.00	0.00	0.00	0.00	0.00

表 9-5　地表甲虫对温性草原各草原型的指示作用

种名 Species	DZM+CMC	DZM+CMC	DZM+CMC	CMC+DZM	CMC	CMC	CMC	TGH+CMC	BLX+CMC	TGH+ZLC	TC+ZLC	TC+ZLC	JH+ZLC
	二等 the second grade	二等 the second grade	四等 the fourth grade	二等 the second grade	三等 the third grade	三等 the third grade	二等 the second grade	四等 the fourth grade	三等 the third grade	三等 the third grade	四等 the fourth grade	三等 the third grade	四等 the fourth grade
麻步甲 *Carabus brandti*	14.29	0.09	25.81	19.82	12.17	0.00	0.09	0.09	0.00	0.00	0.00	0.37	0.00

续表

种名 Species	DZM+CMC	DZM+CMC	DZM+CMC	CMC+DZM	CMC	CMC	CMC	TGH+CMC	BLX+CMC	TGH+ZLC	TC+ZLC	TC+ZLC	JH+ZLC
	二等 the second grade	二等 the second grade	四等 the fourth grade	二等 the second grade	三等 the third grade	三等 the third grade	二等 the second grade	四等 the fourth grade	三等 the third grade	三等 the third grade	四等 the fourth grade	三等 the third grade	四等 the fourth grade
刻翅步甲 *Carabus sculptipennis*	0.00	0.00	0.00	0.00	0.00	20.00	0.00	0.00	0.00	0.00	0.00	0.00	0.00
粗皱步甲 *Carabus crassesculptus*	0.00	0.00	0.00	0.00	0.00	0.00	18.18	0.00	0.00	0.00	1.82	0.00	0.00
甘肃大步甲 *Carabus gansuensis*	0.00	0.00	0.00	0.00	0.00	0.00	30.66	0.00	0.00	0.00	41.61	0.00	0.00
短翅伪葬步甲 *Pseudotaphoxenus brevipennis*	0.14	0.00	0.56	1.11	0.14	0.42	35.42	2.50	2.08	13.89	1.11	2.50	12.08
暗星步甲 *Calosoma lugens*	0.00	0.00	0.00	0.00	0.00	0.00	0.00	0.00	0.15	0.00	39.09	0.15	0.00
强通缘步甲 *Pterostichus validior*	40.00	0.00	0.00	0.00	0.00	0.00	0.00	0.00	0.00	0.00	0.00	0.00	0.00
蒙古伪葬步甲 *Pseudotaphoxenus mongolicus*	2.75	0.37	1.65	1.10	0.18	0.00	1.10	52.29	7.34	0.00	0.00	6.61	1.47
列穴婪步甲 *Harpalus lumbaris*	6.67	5.00	13.33	0.00	0.00	0.00	0.00	5.00	0.00	0.00	0.00	0.00	0.00
黄唇虎甲 *Cephalota chiloleuca*	0.00	0.00	16.00	12.00	0.00	0.00	0.00	0.00	0.00	0.00	0.00	0.00	0.00
异色猛步甲 *Cymindis daimio*	0.00	0.00	0.00	0.00	3.33	3.33	0.00	20.00	3.33	0.00	0.00	0.00	0.00

续表

种名 Species	DZM+CMC	DZM+CMC	DZM+CMC	CMC+DZM	CMC	CMC	CMC	TGH+CMC	BLX+CMC	TGH+ZLC	TC+ZLC	TC+ZLC	JH+ZLC
	二等 the second grade	二等 the second grade	四等 the fourth grade	二等 the second grade	三等 the third grade	三等 the third grade	二等 the second grade	四等 the fourth grade	三等 the third grade	三等 the third grade	四等 the fourth grade	三等 the third grade	四等 the fourth grade
双斑猛步甲 *Cymindis binotata*	6.67	0.00	26.67	0.00	0.00	0.00	0.00	0.00	0.00	0.00	0.00	0.00	0.00
直角通缘步甲 *Pterostichus gebleri*	16.89	0.19	2.43	28.54	4.66	1.17	1.17	7.77	4.66	0.00	0.00	1.26	0.05
日本覆葬甲 *Nicrophorus japonicus*	0.59	2.94	15.29	12.35	8.24	0.00	0.00	0.59	0.00	0.00	0.00	0.00	0.00
中国覆葬甲 *Nicrophorus sinensis*	40.00	0.00	0.00	0.00	0.00	0.00	0.00	0.00	0.00	0.00	0.00	0.00	0.00
黑覆葬甲 *Nicrophorus concolor*	1.13	0.00	6.20	1.13	48.45	0.00	0.00	0.00	0.00	0.00	0.00	0.00	0.00
曲亡葬甲 *Thanatophilus sinuatus*	0.00	0.00	0.00	0.00	20.00	0.00	0.00	0.00	0.00	0.00	0.00	0.00	0.00
寡肋亡葬甲 *Nicrophorus roborowskyi*	0.00	0.00	0.00	0.00	0.00	0.00	13.33	0.00	0.00	0.00	6.67	0.00	0.00
双斑冥葬甲 *Ptomascopus plagiatus*	0.00	0.00	0.00	0.00	20.00	0.00	0.00	0.00	0.00	0.00	0.00	0.00	0.00
中华嗡蜣螂 *Onthophagus sinicus*	20.00	0.00	0.00	0.00	0.00	0.00	0.00	0.00	0.00	0.00	0.00	0.00	0.00
公羊嗡蜣螂 *Onthophagus tragus*	0.00	0.00	0.00	0.00	14.29	2.86	0.00	0.00	0.00	0.00	0.00	2.86	0.00
点亲嗡蜣螂 *Onthophagus punctator*	0.00	0.00	0.00	0.00	20.00	0.00	0.00	0.00	0.00	0.00	0.00	0.00	0.00

续表

种名 Species	DZM+CMC	DZM+CMC	DZM+CMC	CMC+DZM	CMC	CMC	CMC	TGH+CMC	BLX+CMC	TGH+ZLC	TC+ZLC	TC+ZLC	JH+ZLC
	二等 the second grade	二等 the second grade	四等 the fourth grade	二等 the second grade	三等 the third grade	三等 the third grade	二等 the second grade	四等 the fourth grade	三等 the third grade	三等 the third grade	四等 the fourth grade	三等 the third grade	四等 the fourth grade
白星花金龟 *Protaetia brevitarsis*	0.68	0.34	47.80	0.00	0.00	0.34	0.00	0.00	0.68	0.00	4.07	0.00	0.00
墨侧裸蜣螂 *Gymnopleurus mopsus*	2.22	0.00	0.00	0.00	15.56	0.00	0.00	0.00	2.22	0.00	0.00	0.00	0.00
臭蜣螂 *Copris ochus Motschulsky*	0.00	0.00	0.00	0.00	20.00	0.00	0.00	0.00	0.00	0.00	0.00	0.00	0.00
黑绒金龟 *Maladera orientalis*	0.00	0.00	0.00	0.00	0.00	0.00	0.00	0.00	20.00	0.00	0.00	0.00	0.00
玫瑰皮蠹 *Dermestes dimidiatus*	0.00	0.00	0.00	0.00	16.67	0.00	0.00	0.00	3.33	0.00	0.00	0.00	0.00
异色瓢虫 *Harmonia axyridis*	0.00	5.00	0.00	0.00	0.00	15.00	0.00	0.00	0.00	0.00	0.00	0.00	0.00
横带瓢虫 *Coccinella trifasciata*	0.00	0.00	0.00	0.00	0.00	0.00	20.00	0.00	0.00	0.00	0.00	0.00	0.00
横斑瓢虫 *Coccinella transversoguttata*	0.00	0.00	0.00	0.00	0.00	0.00	20.00	0.00	0.00	0.00	0.00	0.00	0.00
七星瓢虫 *Coccinella septempunctata*	0.00	0.00	4.00	0.00	4.00	0.00	4.00	16.00	0.00	0.00	0.00	0.00	0.00
多异瓢虫 *Hippodamia variegata*	25.71	0.00	18.86	13.71	1.14	0.00	0.00	0.57	0.00	0.00	0.00	0.00	0.00

续表

种名 Species	DZM+CMC	DZM+CMC	DZM+CMC	CMC+DZM	CMC	CMC	CMC	TGH+CMC	BLX+CMC	TGH+ZLC	TC+ZLC	TC+ZLC	JH+ZLC
	二等 the second grade	二等 the second grade	四等 the fourth grade	二等 the second grade	三等 the third grade	三等 the third grade	二等 the second grade	四等 the fourth grade	三等 the third grade	三等 the third grade	四等 the fourth grade	三等 the third grade	四等 the fourth grade
十三星瓢虫 *Hippodamia tredecimpunctata*	0.00	0.00	0.00	0.00	0.00	0.00	0.00	0.00	20.00	0.00	0.00	0.00	0.00
六斑显盾瓢虫 *Hyperaspis gyotokui*	0.00	0.00	40.00	0.00	0.00	0.00	0.00	0.00	0.00	0.00	0.00	0.00	0.00
中华豆芫菁 *Epicauta chinensis*	0.00	15.00	5.00	0.00	0.00	0.00	0.00	0.00	0.00	0.00	0.00	0.00	0.00
蒙古斑芫菁 *Mylabris mongolica*	0.00	0.00	20.00	0.00	0.00	0.00	0.00	0.00	0.00	0.00	0.00	0.00	0.00
苹斑芫菁 *Mylabris calida*	0.00	0.00	3.33	0.00	0.00	0.00	0.00	0.00	33.33	0.00	0.00	0.00	0.00
西北斑芫菁 *Mylabris sibirica*	1.18	0.00	0.00	0.00	0.00	0.00	0.00	0.00	49.41	2.35	0.00	0.00	0.00
眼斑沟芫菁 *Hycleus cichorii*	0.00	0.00	0.00	0.00	20.00	0.00	0.00	0.00	0.00	0.00	0.00	0.00	10.00
北京侧琵甲 *Prosodes pekinensis*	2.96	0.00	2.96	20.74	0.74	8.89	0.00	0.74	2.96	3.70	0.00	6.67	0.00
钝齿琵甲 *Blaps medusula*	0.48	0.48	0.00	5.71	0.48	38.10	0.00	17.14	0.48	3.33	0.00	0.48	0.48
长尾琵甲 *Blaps varicosa*	0.00	0.00	0.00	0.00	0.00	0.00	10.00	5.00	0.00	5.00	0.00	0.00	0.00

续表

种名 Species	DZM+CMC	DZM+CMC	DZM+CMC	CMC+DZM	CMC	CMC	CMC	TGH+CMC	BLX+CMC	TGH+ZLC	TC+ZLC	TC+ZLC	JH+ZLC
	二等 the second grade	二等 the second grade	四等 the fourth grade	二等 the second grade	三等 the third grade	三等 the third grade	二等 the second grade	四等 the fourth grade	三等 the third grade	三等 the third grade	四等 the fourth grade	三等 the third grade	四等 the fourth grade
步行琵甲 *Blaps gressoria*	0.00	0.00	0.00	0.00	0.00	0.00	0.00	0.00	0.00	14.00	0.00	6.00	0.00
条纹琵甲 *Blaps potanini*	0.00	0.00	0.00	0.00	0.00	0.00	0.00	0.00	0.00	7.50	0.00	0.00	25.00
弯胫东鳖甲 *Anatolica pandaroides*	0.00	0.00	0.00	0.00	0.00	20.00	0.00	0.00	0.00	0.00	0.00	0.00	0.00
梯胸圆鳖甲 *Scytosoma scalaris*	0.00	0.00	0.00	40.00	0.00	0.00	0.00	0.00	0.00	0.00	0.00	0.00	0.00
圆胸高鳖甲 *Hypsosoma rotundicolle*	0.00	0.00	0.00	0.00	0.00	0.00	0.00	80.00	0.00	0.00	0.00	0.00	0.00
弯齿琵甲 *Blaps femoralis*	0.00	0.00	0.00	0.00	0.00	0.00	0.00	0.00	0.00	0.00	0.00	80.00	0.00
淡红毛隐甲 *Crypticus rufipes*	0.00	0.00	0.00	0.00	0.00	0.00	0.00	20.00	0.00	0.00	0.00	0.00	0.00
盖氏刺甲 *Platyscelis gebieni*	4.00	0.00	0.00	0.00	0.00	0.00	0.00	48.00	0.00	0.00	0.00	0.00	0.00
奥氏真土甲 *Eumylada oberbergeri*	0.00	0.00	0.00	0.00	0.00	0.00	0.00	0.00	20.00	0.00	0.00	0.00	0.00
沙土甲 *Opatyum asperienne*	0.00	0.00	0.00	0.00	10.00	0.00	0.00	0.00	10.00	0.00	0.00	0.00	0.00

续表

种名 Species	DZM+CMC	DZM+CMC	DZM+CMC	CMC+DZM	CMC	CMC	CMC	TGH+CMC	BLX+CMC	TGH+ZLC	TC+ZLC	TC+ZLC	JH+ZLC
	二等 the second grade	二等 the second grade	四等 the fourth grade	二等 the second grade	三等 the third grade	三等 the third grade	二等 the second grade	四等 the fourth grade	三等 the third grade	三等 the third grade	四等 the fourth grade	三等 the third grade	四等 the fourth grade
三点独角甲 *Notoxus monoceros*	0.00	0.00	0.00	0.00	0.00	0.00	0.00	0.00	20.00	0.00	0.00	0.00	0.00
大牙土天牛 *Dorysthenes paradoxus*	18.46	1.54	0.00	18.46	0.00	0.00	0.00	0.00	1.54	0.00	0.00	0.00	0.00
四斑长跗萤叶甲 *Monolepta quadriguttata*	0.00	0.00	0.00	0.00	0.00	0.00	0.00	0.00	42.86	0.00	0.00	0.00	0.00
亚洲切头叶甲 *Coptocephala osiatica*	0.00	0.00	0.00	0.00	0.00	0.00	0.00	0.00	0.00	0.00	0.00	0.00	0.00
甘肃齿足象 *Deracanthus potanini*	0.00	0.00	0.00	0.00	0.00	40.00	0.00	0.00	0.00	0.00	0.00	0.00	0.00
黑斜纹象 *Bothynoderes declivis*	0.00	0.00	0.00	0.00	0.00	0.00	0.00	20.00	0.00	0.00	0.00	0.00	0.00
亥象 *Callirhopalus sedakowii*	12.00	28.00	0.00	0.00	0.00	0.00	0.00	0.00	0.00	0.00	0.00	0.00	0.00

胸高鳖甲 *Hypsosoma rotundicolle* 和弯齿琵甲 *Blaps femoralis* 分别可作为彭阳孟塬乡 4 等铁杆蒿长芒草型和海原嵩川乡三等薹草杂类草型的指示类群。

9.2.3 小结

本研究在系统监测和普查的基础上，运用指示值法，分析确定了宁夏草原 21 个不同型的指示昆虫和监测昆虫。结果表明，麻步甲、异色猛步甲 *Cymindis daimio* 和双斑猛步甲 *Cymindis binotata* 2 种步甲可作为盐池麻黄山谢儿渠村 4 等长芒草型的监测昆虫，芫天牛 *Mantitheus pekinensis* 和白星花金龟 *Protaetia brevitarsis* 2 种可作为红寺堡巴庄 3 等刺叶柄棘豆型的监测昆虫，粒肩草天牛 *Eodorcadion heros* 和达氏漠土甲 *Melanesthes davadshamsi* 两种步甲可作为青铜峡四等西山陵刺旋花的监测昆虫；黄唇虎甲 *Cephalota chiloleuca* 和中华砚甲 *Cyphogenia chinensis* 分别可作为同心罗山 3 等短花针茅型和中卫迎水 3 等红砂、禾草型的指示类群，指示值大小分别是 80.00%、78.18%；麻步甲、强通缘步甲和直角通缘步甲 3 种步甲可作为同心郭大湾村 2 等大针茅长芒草型的监测昆虫，直角通缘步甲和钝齿琵甲 2 个种可作为固原甘城乡 3 等长芒草型的监测昆虫，甘肃大步甲和暗星步甲 2 种步甲可作为海原南华山四等薹草杂类草型的监测昆虫，高胸圆鳖甲 *Hypsosoma rotundicolle* 和弯齿琵甲 *Blaps femoralis* 分别可作为彭阳孟塬乡 3 等白莲蒿长芒草型和海原嵩川乡 3 等薹草杂类草型的指示类群。

9.3 草原虫害风险性评估

9.3.1 基于 SOM 的宁夏草原主要害虫定殖风险评估

9.3.1.1 草原害虫在宁夏 30 个草原型的定殖风险

本研究获得了 170 种草原害虫在宁夏 30 个草原型上的定殖风险概率名单，名单包括目前尚未在 30 个草原型定殖的前 10 种草原害虫在 30 个草原型的定殖指数(表 9-6)。从表 9-6 可以看出，排在 30 个草原型前 10 的草原害虫大多为草原蝗虫，其中，白纹雏蝗 *Chorthippus albonemus* 在具红砂的珍珠猪毛菜、多根葱型、具沙冬青的黑沙蒿、杂类草型、刺旋花、短花针茅型及牛尾蒿、风毛菊型 4 个尚未分布的草原型定殖指数均最大，即定殖风险最高，短星翅蝗 *Calliptamus abbreviatus* 在红砂、珍珠猪毛菜型、具红砂的短花针茅、蓍状亚菊型、刺叶柄棘豆、杂类草型 3 个尚未分布的草原型上定殖指数均最大，即定殖风险较高，但白纹雏蝗和短星翅蝗在宁夏草原上已大范围分布，而黑腿星翅蝗 *C. barbarus* 虽然在具红砂的短花针茅+蓍状亚菊型、具锦鸡儿的牛

表 9-6　30 个草原型尚未分布的草原害虫定殖指数前十名名单

红砂、珍珠猪毛菜型		SOM 指数	短花针茅、隐子草型		SOM 指数
中文名	拉丁学名		中文名	拉丁学名	
短星翅蝗	*Calliptamus abbreviatus*	0.68	阿小鳖甲	*Microdera kraatzi*	0.49
草螽斯	*Conocephalus percaudatus*	0.66	大垫尖翅蝗	*Epacromius coerulipes*	0.44
亚洲小车蝗	*Oedaleus decorusasiaticus*	0.63	宽须蚁蝗	*Myrmeleotettix palpalis*	0.41
宽翅曲背蝗	*Pararcyptera microptera*	0.46	平原东鳖甲	*Anatolica ebenina*	0.38
赤翅皱膝蝗	*Angaracris rhodopa*	0.45	大牙土天牛	*Dorysthenes paradoxus*	0.37
平原东鳖甲	*Anatolica ebenina*	0.41	扁长琵甲	*Blaps variolaris*	0.35
华北雏蝗	*Chorthippus brunneus*	0.40	黑皱鳃金龟	*Trematodes tenebrioides*	0.35
中华剑角蝗	*Acrida cinerea*	0.36	盐池束颈蝗	*Sphingonotus yenchihensis*	0.32
黑皱鳃金龟	*Trematodes tenebrioides*	0.36	黄胫小车蝗	*Oedaleus infernalis*	0.32
宽须蚁蝗	*Myrmeleotettix palpalis*	0.35	沙蒿金叶甲	*Chrysolina aeruginosa*	0.28
短花针茅、红砂型		**SOM 指数**	**百里香、星毛委陵菜型**		**SOM 指数**
中文名	**拉丁学名**		**中文名**	**拉丁学名**	
钝齿琵甲	*Blaps medusula*	0.57	扁长琵甲	*Blaps variolaris*	0.52
扁长琵甲	*Blaps variolaris*	0.46	裴氏短鼻蝗	*Filchnerella beicki*	0.49
宽翅曲背蝗	*Pararcyptera microptera*	0.44	阿小鳖甲	*Microdera kraatzi*	0.49
平原东鳖甲	*Anatolica ebenina*	0.41	宽须蚁蝗	*Myrmeleotettix palpalis*	0.41

续表

短花针茅、红砂型		SOM 指数	百里香、星毛委陵菜型		SOM 指数
中文名	拉丁学名		中文名	拉丁学名	
华北雏蝗	*Chorthippus brunneus*	0.38	大牙土天牛	*Dorysthenes paradoxus*	0.37
黑皱鳃金龟	*Trematodes tenebrioides*	0.36	黑皱鳃金龟	*Trematodes tenebrioides*	0.35
大垫尖翅蝗	*Epacromius coerulipes*	0.36	盐池束颈蝗	*Sphingonotus yenchihensis*	0.32
中华剑角蝗	*Acrida cinerea*	0.36	沙蒿金叶甲	*Chrysolina aeruginosa*	0.28
阿笨土甲	*Penthicus alashanicus*	0.35	阿笨土甲	*Penthicus alashanicus*	0.28
宽须蚁蝗	*Myrmeleotettix palpalis*	0.33	粉红锥喙象	*Conorrhynchus conirostris*	0.28
具红砂的短花针茅、蓍状亚菊型		SOM 指数	具红砂的珍珠猪毛菜、多根葱型		SOM 指数
中文名	拉丁学名		中文名	拉丁学名	
短星翅蝗	*Calliptamus abbreviatus*	0.61	白纹雏蝗	*Chorthippus albonemus*	0.84
阿小鳖甲	*Microdera kraatzi alashanica*	0.58	弯齿琵甲	*Blaps femoralis*	0.74
亚洲小车蝗	*Oedaleus decorusasiaticus*	0.54	草螽斯	*Conocephalus percaudatus*	0.65
钝齿琵甲	*Blaps medusula*	0.49	短星翅蝗	*Calliptamus abbreviatus*	0.61
宽翅曲背蝗	*Pararcyptera microptera*	0.46	亚洲小车蝗	*Oedaleus asiaticus*	0.54
红翅皱膝蝗	*Angaracris rhodopa*	0.42	钝齿琵甲	*Blaps medusula*	0.49
扁长琵甲	*Blaps variolaris*	0.42	宽翅曲背蝗	*Pararcyptera microptera*	0.46
平原东鳖甲	*Anatolica ebenina*	0.41	赤翅皱膝蝗	*Angaracris rhodopa*	0.42

续表

具红砂的短花针茅、蓍状亚菊型		SOM 指数	具红砂的珍珠猪毛菜、多根葱型		SOM 指数
中文名	拉丁学名		中文名	拉丁学名	
黑腿星翅蝗	*Calliptamus barbarus*	0.38	小垫尖翅蝗	*Epacromius tergestinus*	0.42
裴氏短鼻蝗	*Filchnerella beicki*	0.38	扁长琵甲	*Blaps variolaris*	0.42

具锦鸡儿的牛枝子型		SOM 指数	具沙冬青的黑沙蒿、杂类草型		SOM 指数
中文名	拉丁学名		中文名	拉丁学名	
甘肃齿足象	*Deracanthus potanini*	0.47	白纹雏蝗	*Chorthippus albonemus*	0.84
小垫尖翅蝗	*Epacromius tergestinus*	0.42	短星翅蝗	*Calliptamus abbreviatus*	0.61
甜菜象甲	*Bothynoderes punctiventris*	0.39	亚洲小车蝗	*Oedaleus decorusasiaticus*	0.54
黑腿星翅蝗	*Calliptamus barbarus*	0.38	钝齿琵甲	*Blaps medusula*	0.49
华北雏蝗	*Chorthippus brunneus*	0.37	甘肃齿足象	*Deracanthus potanini*	0.47
大垫尖翅蝗	*Epacromius coerulipes*	0.36	宽翅曲背蝗	*Pararcyptera microptera*	0.46
白星花金龟	*Protaetia brevitarsis*	0.35	红翅皱膝蝗	*Angaracris rhodopa*	0.42
宽须蚁蝗	*Myrmeleotettix palpalis*	0.33	小垫尖翅蝗	*Epacromius tergestinus*	0.42
粉红锥喙象	*Conorrhynchus conirostris*	0.32	扁长琵甲	*Blaps variolaris*	0.42
奥氏真土甲	*Eumylada oberbergeri*	0.30	盐池束颈蝗	*Sphingonotus yenchihensis*	0.41

续表

具蓍状亚菊的麻黄、短花针茅型		SOM 指数	具灌木的枸子、薹草型		SOM 指数
中文名	拉丁学名		中文名	拉丁学名	
钝齿琵甲	*Blaps medusula*	0.49	弯齿琵甲	*Blaps femoralis*	0.73
宽翅曲背蝗	*Pararcyptera microptera*	0.46	草螽斯	*Conocephalus percaudatus*	0.68
扁长琵甲	*Blaps variolaris*	0.42	钝齿琵甲	*Blaps medusula*	0.57
平原东鳖甲	*Anatolica ebenina*	0.41	阿小鳖甲	*Microdera kraatzi*	0.48
盐池束颈蝗	*Sphingonotus yenchihensis*	0.41	甘肃齿足象	*Deracanthus potanini*	0.44
甜菜象甲	*Bothynoderes punctiventris*	0.39	裴氏短鼻蝗	*Filchnerella beicki*	0.42
裴氏短鼻蝗	*Filchnerella beicki*	0.38	小垫尖翅蝗	*Epacromius tergestinus*	0.38
华北雏蝗	*Chorthippus brunneus*	0.37	平原东鳖甲	*Anatolica ebenina*	0.38
大垫尖翅蝗	*Epacromius coerulipes*	0.36	中华剑角蝗	*Acrida cinerea*	0.37
白星花金龟	*Protaetia brevitarsis*	0.35	黑腿星翅蝗	*Calliptamus barbarus*	0.35
具灌木的薹草型		SOM 指数	刺叶柄棘豆、短花针茅型		SOM 指数
中文名	拉丁学名		中文名	拉丁学名	
弯齿琵甲	*Blaps femoralis*	0.73	甜菜象甲	*Bothynoderes punctiventris*	0.45
亚洲小车蝗	*Oedaleus decorusasiaticus*	0.56	黑腿星翅蝗	*Calliptamus barbarus*	0.45
阿小鳖甲	*Microdera kraatzi*	0.54	白星花金龟	*Protaetia brevitarsis*	0.45
钝齿琵甲	*Blaps medusula*	0.52	宽翅曲背蝗	*Pararcyptera microptera*	0.44

续表

具灌木的薹草型		SOM 指数	刺叶柄棘豆、短花针茅型		SOM 指数
中文名	拉丁学名		中文名	拉丁学名	
甘肃齿足象	*Deracanthus potanini*	0.45	红翅皱膝蝗	*Angaracris rhodopa*	0.44
红翅皱膝蝗	*Angaracris rhodopa*	0.45	华北雏蝗	*Chorthippus brunneus*	0.38
扁长琵甲	*Blaps variolaris*	0.44	红缘短鼻蝗	*Filchnerella rubimargina*	0.37
华北雏蝗	*Chorthippus brunneus*	0.42	大垫尖翅蝗	*Epacromius coerulipes*	0.36
小垫尖翅蝗	*Epacromius tergestinus*	0.40	中华剑角蝗	*Acrida cinerea*	0.36
平原东鳖甲	*Anatolica ebenina*	0.40	宽须蚁蝗	*Myrmeleotettix palpalis*	0.33
刺叶柄棘豆、杂类草型		SOM 指数	黑沙蒿、杂类草型		SOM 指数
中文名	拉丁学名		中文名	拉丁学名	
短星翅蝗	*Calliptamus abbreviatus*	0.66	扁长琵甲	*Blaps variolaris*	0.46
草螽斯	*Conocephalus percaudatus*	0.65	白星花金龟	*Protaetia brevitarsis*	0.45
亚洲小车蝗	*Oedaleus decorusasiaticus*	0.61	宽翅曲背蝗	*Pararcyptera microptera*	0.44
小垫尖翅蝗	*Epacromius tergestinus*	0.48	红翅皱膝蝗	*Angaracris rhodopa*	0.44
扁长琵甲	*Blaps variolaris*	0.46	华北雏蝗	*Chorthippus brunneus*	0.38
甜菜象甲	*Bothynoderes punctiventris*	0.45	大垫尖翅蝗	*Epacromius coerulipes*	0.36
裴氏短鼻蝗	*Filchnerella beicki*	0.45	日本菱蝗	*Tetrix japonica*	0.33
宽翅曲背蝗	*Pararcyptera microptera*	0.44	大牙土天牛	*Dorysthenes paradoxus*	0.33

续表

刺叶柄棘豆、杂类草型		SOM 指数	黑沙蒿、杂类草型		SOM 指数
中文名	拉丁学名		中文名	拉丁学名	
赤翅皱膝蝗	*Angaracris rhodopa*	0.44	北京侧琵甲	*Prosodes pekinensis*	0.33
宁夏束颈蝗	*Sphingonotus ningsianus*	0.39	粉红锥喙象	*Conorrhynchus conirostris*	0.33
黑沙蒿、苦豆子型		**SOM 指数**	**甘草、杂类草型**		**SOM 指数**
中文名	拉丁学名		中文名	拉丁学名	
草螽斯	*Conocephalus percaudatus*	0.65	草螽斯	*Conocephalus percaudatus*	0.65
短星翅蝗	*Calliptamus abbreviatus*	0.61	短星翅蝗	*Calliptamus abbreviatus*	0.61
钝齿琵甲	*Blaps medusula*	0.49	亚洲小车蝗	*Oedaleus decorusasiaticus*	0.54
甘肃齿足象	*Deracanthus potanini*	0.47	钝齿琵甲	*Blaps medusula*	0.49
宽翅曲背蝗	*Pararcyptera microptera*	0.46	宽翅曲背蝗	*Pararcyptera microptera*	0.46
红翅皱膝蝗	*Angaracris rhodopa*	0.42	赤翅皱膝蝗	*Angaracris rhodopa*	0.42
扁长琵甲	*Blaps variolaris*	0.42	扁长琵甲	*Blaps variolaris*	0.42
平原东鳖甲	*Anatolica ebenina*	0.41	黑腿星翅蝗	*Calliptamus barbarus*	0.38
甜菜象甲	*Bothynoderes punctiventris*	0.39	裴氏短鼻蝗	*Filchnerella beicki*	0.38
裴氏短鼻蝗	*Filchnerella beicki*	0.38	华北雏蝗	*Chorthippus brunneus*	0.37

续表

刺旋花、红砂型		SOM 指数	刺旋花、短花针茅型		SOM 指数
中文名	拉丁学名		中文名	拉丁学名	
草螽斯	*Conocephalus percaudatus*	0.65	白纹雏蝗	*Chorthippus albonemus*	0.84
钝齿琵甲	*Blaps medusula*	0.57	短星翅蝗	*Calliptamus abbreviatus*	0.61
甘肃齿足象	*Deracanthus potanini*	0.55	亚洲小车蝗	*Oedaleus decorusasiaticus*	0.54
小垫尖翅蝗	*Epacromius tergestinus*	0.48	钝齿琵甲	*Blaps medusula*	0.49
甜菜象甲	*Bothynoderes punctiventris*	0.45	宽翅曲背蝗	*Pararcyptera microptera*	0.46
裴氏短鼻蝗	*Filchnerella beicki*	0.45	赤翅皱膝蝗	*Angaracris rhodopa*	0.42
白星花金龟	*Protaetia brevitarsis*	0.45	小垫尖翅蝗	*Epacromius tergestinus*	0.42
宽翅曲背蝗	*Pararcyptera microptera*	0.44	扁长琵甲	*Blaps variolaris*	0.42
红翅皱膝蝗	*Angaracris rhodopa*	0.44	甜菜象甲	*Bothynoderes punctiventris*	0.39
平原东鳖甲	*Anatolica ebenina*	0.41	黑腿星翅蝗	*Calliptamus barbarus*	0.38
金露梅、风毛菊型		**SOM 指数**	**异穗薹、杂类草型**		**SOM 指数**
中文名	拉丁学名		中文名	拉丁学名	
弯齿琵甲	*Blaps femoralis*	0.74	亚洲小车蝗	*Oedaleus decorusasiaticus*	0.59
草螽斯	*Conocephalus percaudatus*	0.65	钝齿琵甲	*Blaps medusula*	0.57
短星翅蝗	*Calliptamus abbreviatus*	0.61	阿小鳖甲	*Microdera kraatzi*	0.48
亚洲小车蝗	*Oedaleus decorusasiaticus*	0.54	扁长琵甲	*Blaps variolaris*	0.48

续表

金露梅、风毛菊型		SOM 指数	异穗苔、杂类草型		SOM 指数
中文名	拉丁学名		中文名	拉丁学名	
钝齿琵甲	*Blaps medusula*	0.49	甘肃齿足象	*Deracanthus potanini*	0.44
甘肃齿足象	*Deracanthus potanini*	0.47	裴氏短鼻蝗	*Filchnerella beicki*	0.42
宽翅曲背蝗	*Pararcyptera microptera*	0.46	甜菜象甲	*Bothynoderes punctiventris*	0.41
红翅皱膝蝗	*Angaracris rhodopa*	0.42	小垫尖翅蝗	*Epacromius tergestinus*	0.38
扁长琵甲	*Blaps variolaris*	0.42	平原东鳖甲	*Anatolica ebenina*	0.38
盐池束颈蝗	*Sphingonotus yenchihensis*	0.41	黑腿星翅蝗	*Calliptamus barbarus*	0.35
大针茅、杂类草型		**SOM 指数**	**大针茅、长芒草型**		**SOM 指数**
中文名	拉丁学名		中文名	拉丁学名	
阿小鳖甲	*Microdera kraatzi*	0.48	甘肃齿足象	*Deracanthus potanini*	0.53
甘肃齿足象	*Deracanthus potanini*	0.44	华北雏蝗	*Chorthippus brunneus*	0.50
甜菜象甲	*Bothynoderes punctiventris*	0.41	裴氏短鼻蝗	*Filchnerella beicki*	0.49
小垫尖翅蝗	*Epacromius tergestinus*	0.38	阿小鳖甲	*Microdera kraatzi*	0.49
平原东鳖甲	*Anatolica ebenina*	0.38	黑腿星翅蝗	*Calliptamus barbarus*	0.42
黑腿星翅蝗	*Calliptamus barbarus*	0.35	宁夏束颈蝗	*Sphingonotus ningsianus*	0.39
大牙土天牛	*Dorysthenes paradoxus*	0.34	中华剑角蝗	*Acrida cinerea*	0.39
盐池束颈蝗	*Sphingonotus yenchihensis*	0.32	红缘短鼻蝗	*Filchnerella rubimargina*	0.39

续表

大针茅、杂类草型		SOM 指数	大针茅、长芒草型		SOM 指数
中文名	拉丁学名		中文名	拉丁学名	
黄胫小车蝗	*Oedaleus infernalis*	0.31	平原东鳖甲	*Anatolica ebenina*	0.38
苹斑芫菁	*Mylabris calida*	0.30	北京侧琵甲	*Prosodes pekinensis*	0.37
茭蒿、长芒草型		SOM 指数	冷蒿、长芒草型		SOM 指数
中文名	拉丁学名		中文名	拉丁学名	
亚洲小车蝗	*Oedaleus decorusasiaticus*	0.59	弯齿琵甲	*Blaps femoralis*	0.73
红翅皱膝蝗	*Angaracris rhodopa*	0.49	扁长琵甲	*Blaps variolaris*	0.48
阿小鳖甲	*Microdera kraatzi*	0.48	甘肃齿足象	*Deracanthus potanini*	0.44
甘肃齿足象	*Deracanthus potanini*	0.44	白星花金龟	*Protaetia brevitarsis*	0.42
白星花金龟	*Protaetia brevitarsis*	0.42	甜菜象甲	*Bothynoderes punctiventris*	0.41
裴氏短鼻蝗	*Filchnerella beicki*	0.42	小垫尖翅蝗	*Epacromius tergestinus*	0.38
小垫尖翅蝗	*Epacromius tergestinus*	0.38	平原东鳖甲	*Anatolica ebenina*	0.38
中华剑角蝗	*Acrida cinerea*	0.37	中华剑角蝗	*Acrida cinerea*	0.37
黑腿星翅蝗	*Calliptamus barbarus*	0.35	黑腿星翅蝗	*Calliptamus barbarus*	0.35
盐池束颈蝗	*Sphingonotus yenchihensis*	0.32	盐池束颈蝗	*Sphingonotus yenchihensis*	0.32

续表

白莲蒿、冷蒿型		SOM 指数	牛尾蒿、风毛菊型		SOM 指数
中文名	拉丁学名		中文名	拉丁学名	
扁长琵甲	*Blaps variolaris*	0.52	白纹雏蝗	*Chorthippus albonemus*	0.86
阿小鳖甲	*Microdera kraatzi*	0.49	弯齿琵甲	*Blaps femoralis*	0.73
甜菜象甲	*Bothynoderes punctiventris*	0.48	草螽斯	*Conocephalus percaudatus*	0.68
大垫尖翅蝗	*Epacromius coerulipes*	0.44	短星翅蝗	*Calliptamus abbreviatus*	0.68
北京侧琵甲	*Prosodes pekinensis*	0.37	阿小鳖甲	*Microdera kraatzi*	0.48
大牙土天牛	*Dorysthenes paradoxus*	0.37	甘肃齿足象	*Deracanthus potanini*	0.44
步行琵甲	*Blaps gressoria*	0.35	白星花金龟	*Protaetia brevitarsis*	0.42
扁长琵甲	*Blaps variolaris*	0.35	裴氏短鼻蝗	*Filchnerella beicki*	0.42
黑皱鳃金龟	*Trematodes tenebrioides*	0.35	宽须蚁蝗	*Myrmeleotettix palpalis*	0.41
苹斑芫菁	*Mylabris calida*	0.34	甜菜象甲	*Bothynoderes punctiventris*	0.41
藏青锦鸡儿、蓍状亚菊型		SOM 指数	长芒草、星毛委陵菜型		SOM 指数
中文名	拉丁学名		中文名	拉丁学名	
草螽斯	*Conocephalus percaudatus*	0.68	亚洲小车蝗	*Oedaleus decorusasiaticus*	0.59
宽翅曲背蝗	*Pararcyptera microptera*	0.55	红翅皱膝蝗	*Angaracris rhodopa*	0.49
红翅皱膝蝗	*Angaracris rhodopa*	0.51	阿小鳖甲	*Microdera kraatzi*	0.48
小垫尖翅蝗	*Epacromius tergestinus*	0.45	甘肃齿足象	*Deracanthus potanini*	0.44

续表

藏青锦鸡儿、蓍状亚菊型		SOM 指数	长芒草、星毛委陵菜型		SOM 指数
中文名	拉丁学名		中文名	拉丁学名	
大垫尖翅蝗	*Epacromius coerulipes*	0.44	白星花金龟	*Protaetia brevitarsis*	0.42
黑腿星翅蝗	*Calliptamus barbarus*	0.42	甜菜象甲	*Bothynoderes punctiventris*	0.41
宽须蚁蝗	*Myrmeleotettix palpalis*	0.41	小垫尖翅蝗	*Epacromius tergestinus*	0.38
中华剑角蝗	*Acrida cinerea*	0.39	黑腿星翅蝗	*Calliptamus barbarus*	0.35
平原东鳖甲	*Anatolica ebenina*	0.38	盐池束颈蝗	*Sphingonotus yenchihensis*	0.32
北京侧琵甲	*Prosodes pekinensis*	0.37	扁长琵甲	*Blaps variolaris*	0.31

长芒草、杂类草型		SOM 指数	长芒草、早熟禾型		SOM 指数
中文名	拉丁学名		中文名	拉丁学名	
弯齿琵甲	*Blaps femoralis*	0.73	阿小鳖甲	*Microdera kraatzi*	0.49
阿小鳖甲	*Microdera kraatzi*	0.48	小垫尖翅蝗	*Epacromius tergestinus*	0.45
甘肃齿足象	*Deracanthus potanini*	0.44	黑腿星翅蝗	*Calliptamus barbarus*	0.42
甜菜象甲	*Bothynoderes punctiventris*	0.41	宁夏束颈蝗	*Sphingonotus ningsianus*	0.39
小垫尖翅蝗	*Epacromius tergestinus*	0.38	红缘短鼻蝗	*Filchnerella rubimargina*	0.39
平原东鳖甲	*Anatolica ebenina*	0.38	平原东鳖甲	*Anatolica ebenina*	0.38
中华剑角蝗	*Acrida cinerea*	0.37	步行琵甲	*Blaps gressoria*	0.35
黑腿星翅蝗	*Calliptamus barbarus*	0.35	扁长琵甲	*Blaps variolaris*	0.35
北京侧琵甲	*Prosodes pekinensis*	0.34	盐池束颈蝗	*Sphingonotus yenchihensis*	0.32
盐池束颈蝗	*Sphingonotus yenchihensis*	0.32	黄胫异痂蝗	*Bryodemella holdereri*	0.32

枝子型、具灌木的枸子+薹草型、刺叶柄棘豆+短花针茅型、甘草+杂类草型、刺旋花+短花针茅型、异穗薹草+杂类草型、大针茅+杂类草型、大针茅+长芒草型、茭蒿+长芒草型、冷蒿+长芒草型、藏青锦鸡儿+蓍状亚菊型、长芒草+星毛委陵菜型、长芒草+杂类草型及长芒草+早熟禾型 15 个草原型上目前尚未分布，但其定殖概率均排在前十。因此,黑腿星翅蝗在宁夏草原上具有较高潜在风险。

本研究进一步验证了 SOM 对草原型聚类的情况，聚在一类的草原型则具有最为相似的草原害虫集合体,本研究中 30 个草原型被聚类在 6 个神经元中,同一神经元中的草原型的草原害虫集合体最为相似，研究发现在 SOM 分析中聚在一类的草原型在植被上也很接近(表 9-7 和图 9-6),其中,同属于同一草原类下的草原型聚类在一起。

表 9-7　SOM中聚在一个神经元中的草原型(这些草原型拥有最相似的害虫集合体)

SOM 神经元 SOM labels	草原型 Steppe types
一类	红砂、珍珠猪毛菜型
二类	具灌木的薹草型
三类	短花针茅、隐子草型、百里香、星毛委陵菜型、大针茅、长芒草型、白莲蒿、冷蒿型、藏青锦鸡儿、蓍状亚菊型和长芒草、早熟禾型
四类	短花针茅、红砂型、刺叶柄棘豆、短花针茅型、刺叶柄棘豆、杂类草型、黑沙蒿、杂类草型和刺旋花、红砂型
五类	具红砂的短花针茅、蓍状亚菊型、具红砂的珍珠猪毛菜、多根葱型、具锦鸡儿的牛枝子型、具沙冬青的黑沙蒿、杂类草型、具蓍状亚菊的麻黄、短花针茅型、黑沙蒿、苦豆子型、甘草、杂类草型、刺旋花、短花针茅型和金露梅、风毛菊型
六类	具灌木的枸子、薹草型、异穗苔、杂类草型、大针茅、杂类草型、茭蒿、长芒草型、冷蒿、长芒草型、牛尾蒿、风毛菊型、长芒草、星毛委陵菜型和长芒草、杂类草型

9.3.1.2　小结

本研究运用 SOM Toolbox2.0 搭载 MATLAB R2015b 有害生物定殖风险分析软件工具对 170 种草原害虫在宁夏 30 个草原型的定殖风险进行了研究。结果表明,一些草原害虫虽然目前尚未在大多数草原型上分布,但其具有较高的定殖概率,如黑腿星翅蝗,在本研究的 30 个草原型中的 18 个草原型上目前尚未分布,并在其中 15 个尚未分布草原型上定殖概率均排在前十。因此,黑腿星翅蝗在宁夏草原危害发生的潜在风险较高,需加强监测和做好防控准备,在 SOM 分析中聚在一类的草原型在植被上有相似之处或者地理位置比较近,其中,同属于同一草原类下的草原型容易聚

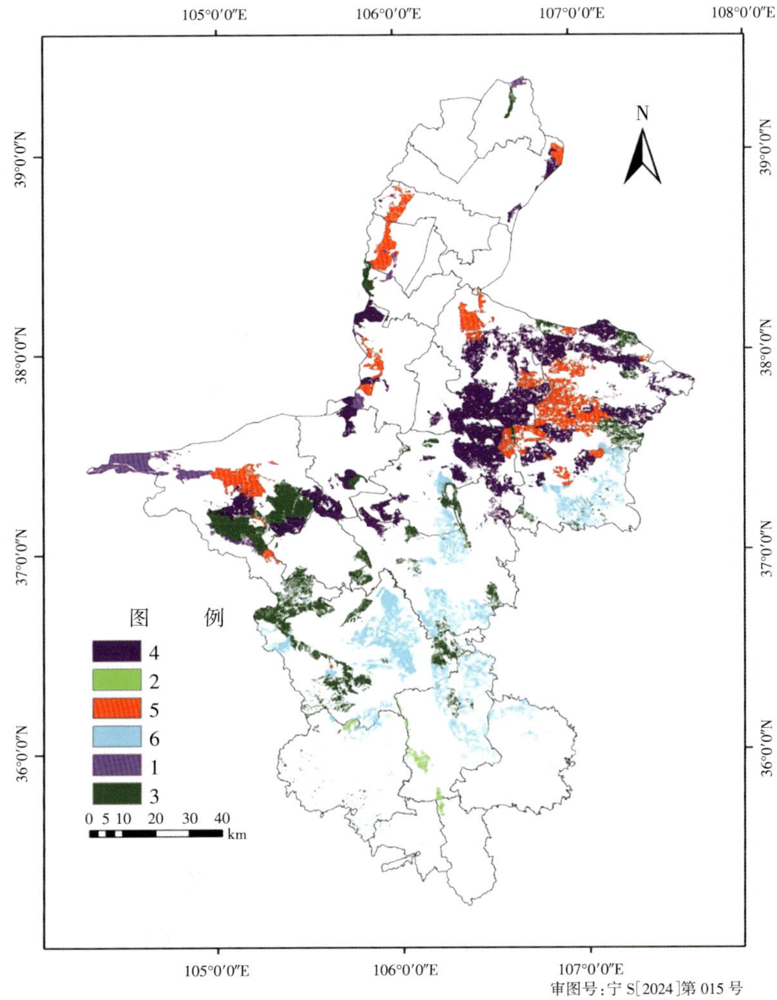

图 9-6　根据草原害虫集合体的草原型聚类图

类在一起。

9.3.2　基于 CLIMEX 的不同气候条件下草原害虫适生性分析

9.3.2.1　草原害虫基础资料

查阅国际有害生物分布数据库 CABI http://www.cabi.org/cpc/dabesheet/17685 及相关文献和名录可知，黑腿星翅蝗目前主要分布在欧洲、中亚及我国西北部地区（图 9-7）。根据有关黑腿星翅蝗、白纹雏蝗、沙蒿金叶甲等重大草原害虫生物学特性报道，结合其实际分布地区气象数据，得出黑腿星翅蝗、白纹雏蝗、沙蒿金叶甲适生性分析所需的基础生物学数据（表 9-8 至表 9-10）。

9.3.2.2　当前气候条件下黑腿星翅蝗在我国及宁夏适生性分析结果

由图 9-8 可知，在当前气候条件下，黑腿星翅蝗在我国的潜在地理分布主要集中

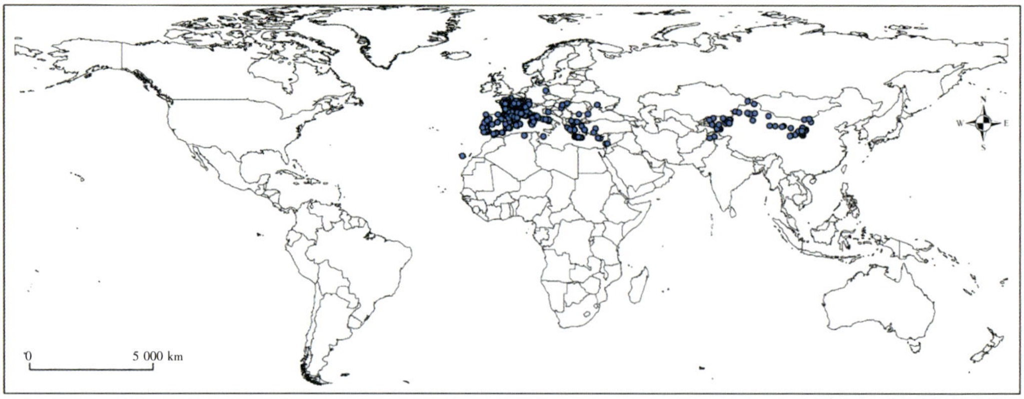

审图号:GS(2012)1601 号

图 9-7 黑腿星翅蝗当前在全球实际分布情况

表 9-8 黑腿星翅蝗基础生物学参数

CLIMEX 参数描述	参数值
发育起点温度 DV0 Lower threshold temperature	17.20
发育最适温度下限 DV1 Lower optimum temperature	18.00
发育适宜温度上限 DV2 Upper optimum temperature	28.00
发育温度上限 DV3 Upper threshold temperature	33.00
发育所需土壤湿度下限 SM0 Lower threshold of soil moisture	0.10
发育最适土壤湿度下限 SM1 Lower limit of optimum soil moisture	0.20
发育最适土壤湿度上限 SM2 Upper limit of optimum soil moisture	0.40
发育所需土壤湿度上限 SM3 Upper threshold of soil moisture	0.70
滞育诱导日照长度 DPD0 Diapause induction day length	11.0
滞育诱导温度 DPT0 Diapause induction temperature(arerage weekly minimum)	11.0
滞育终止温度 DPD1 Diapause termination temperature(arerage weekly minimum)	9.0
滞育发生天数 DPD Diapause development days	120
DPSW Summer or winter diapause (0 为冬季滞育,1 为夏季滞育)	0
冷胁迫积累开始的阈值 TTCS Cold stress temperature threshold	-18.00
冷胁迫积累速率 THCS Cold stress accumulation rate	-0.000 4
热胁迫积累开始的阈值 TTHS Heat stress temperature threshold	35.00
热胁迫积累速率 THHS Heat stress accumulation rate	0.000 5
干胁迫积累开始的阈值 SMDS Dry stress soilmoisture threshold	0.10
干胁迫积累速率 HDS Dry stress accumulation rate	-0.001
湿胁迫积累开始的阈值 SMWS Wet stress soilmoisture threshold	0.70
湿胁迫积累速率 HWS Wet stress accumulation rate	0.001

表 9-9 白纹雏蝗生物学参数

CLIMEX 参数描述	参数值
DV0 发育起点温度 Lower threshold temperature	14.43
DV1 适宜温度下限 Lower optimum temperature	24.00
DV2 适宜温度上限 Upper optimum temperature	28.00
DV3 发育最高温度 Upper threshold temperature	36.00
SM0 发育需要的最低土壤湿度 Lower threshold of soil moisture	0.02
SM1 适宜发育需要的土壤湿度下限 Lower limit of optimum soil moisture	0.20
SM2 适宜发育需要的土壤湿度上限 Upper limit of optimum soil moisture	0.60
SM3 发育需要的土壤最高湿度 Upper threshold of soil moisture	0.80
DPD0 滞育诱导日照长度 Diapause induction day length	10.0
DPT0 滞育诱导温度 Diapause induction temperature（average weekly minimum）	8.0
DPD1 滞育终止温度 Diapause termination temperature（average weekly minimum）	8.0
DPD 滞育发生天数 Diapause development days	150
DPSW Summer or winter diapause（0 为冬季滞育，1 为夏季滞育）	0
TTCS 冷胁迫开始积累的阈值 Cold stress temperature threshold	–30.02
THCS 冷胁迫积累速率 Cold stress accumulation rate	–0.001
TTHS 热胁迫开始积累的阈值 Heat stress temperature threshold	42.00
THHS 热胁迫积累速率 Heat stress accumulation rate	0.005
SMDS 干胁迫开始积累的阈值 Dry stress soil moisture threshold	0.01
HDS 干胁迫积累速率 Dry stress accumulation rate	–0.01
SMWS 湿胁迫开始积累的阈值 Wet stress soil moisture threshold	1.20
HWS 湿胁迫积累速率 Wet stress accumulation rate	0.02

表 9-10 沙蒿金叶甲生物学参数

CLIMEX 参数描述	参数值
DV0 发育起点温度 Lower threshold temperature	10.00
DV1 适宜温度下限 Lower optimum temperature	15.00
DV2 适宜温度上限 Upper optimum temperature	26.00
DV3 发育最高温度 Upper threshold temperature	36.00
SM0 发育需要的最低土壤湿度 Lower threshold of soil moisture	0.00

续表

CLIMEX 参数描述	参数值
SM1 适宜发育需要的土壤湿度下限 Lower limit of op timum soil moisture	0.02
SM2 适宜发育需要的土壤湿度上限 Upper limit of optimum soil moisture	0.50
SM3 发育需要的土壤最高湿度 Upper threshold of soil moisture	0.70
TTCS 冷胁迫开始积累的阈值 Cold stress temperature threshold	–20.00
THCS 冷胁迫积累速率 Cold stress accumulation rate	–0.00001
TTHS 热胁迫开始积累的阈值 Heat stress temperature threshold	36.00
THHS 热胁迫积累速率 Heat stress accumulation rate	0.02
SMDS 干胁迫开始积累的阈值 Dry stress soilmoisture threshold	0.00
HDS 干胁迫积累速率 Dry stress accumulation rate	–0.02
SMWS 湿胁迫开始积累的阈值 Wet stress soil moisture threshold	0.70
HWS 湿胁迫积累速率 Wet stress accumulation rate	0.80

在西北、东北和西南的部分地区。高度适生区有宁夏、陕西、新疆、内蒙古等省(自治区)局部地区以及甘肃、青海、山西、吉林等省零星地区,中度适生区有宁夏、陕西、甘肃、新

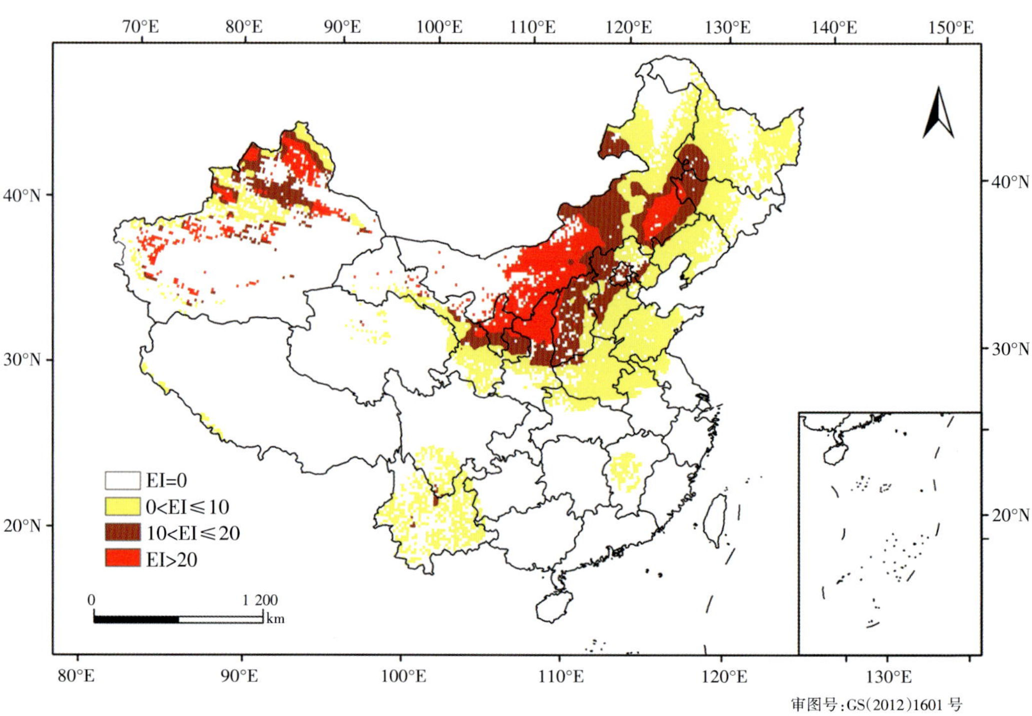

审图号:GS(2012)1601 号

图 9-8 目前气候条件下黑腿星翅蝗在我国的潜在地理分布

疆、内蒙古、山西、河北、天津、北京、黑龙江、吉林等省(自治区或直辖市)局部地区以及青海、辽宁、河南、四川、云南等省零星地区,低度适生区有黑龙江、吉林、辽宁、新疆、甘肃、陕西、宁夏、内蒙古、山西、河北、天津、河南、山东、江苏、安徽、湖北、江西、云南、四川等省(自治区或直辖市)局部地区以及青海、西藏、广西、贵州等省(自治区)零星地区,非适生区有青海、西藏、四川、贵州、广西、湖北、安徽、江苏、江西等大部分地区和新疆、内蒙古、甘肃、陕西等局部地区,以及其他省份(自治区或直辖市)全部地区。

由图 9–9 可知,在当前气候条件下,黑腿星翅蝗在宁夏全区均适生。其中,在宁夏同心县、中宁县、沙坡头区、盐池县、利通区、灵武市、永宁县、贺兰县、银川市、平罗县、惠农区、大武口区等中北部地区高度适生,在海原县、彭阳县、西吉县、原州区等南部山区中度适生,而在最南端隆德县和泾源县低度适生。

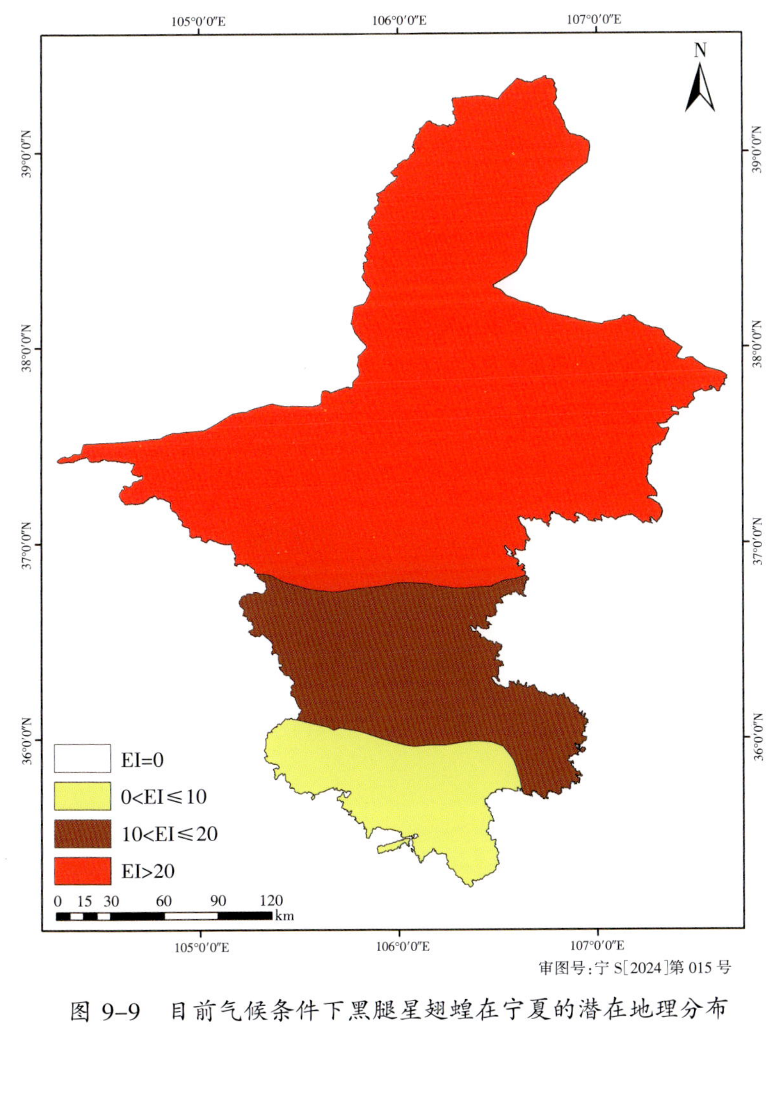

审图号:宁 S[2024]第 015 号

图 9–9　目前气候条件下黑腿星翅蝗在宁夏的潜在地理分布

9.3.2.3　未来气候条件下黑腿星翅蝗在我国及宁夏适生性分析结果

2030 年在 A1B 和 A2 两种排放情景下，黑腿星翅蝗在我国的适生区范围总体均在增加，主要体现在湖南、四川、青海、江苏、江西、山东等省(自治区)，适生程度也发生变化，在内蒙古东部、河北北部、山西西部、甘肃中部、云南中部适生程度增加(图 9-10a 和 b)；在宁夏其适生程度整体增加，尤其是高度适生区和中度适生区均向南部山区扩大，而其低度适生区在减少(图 9-11a 和 b)。

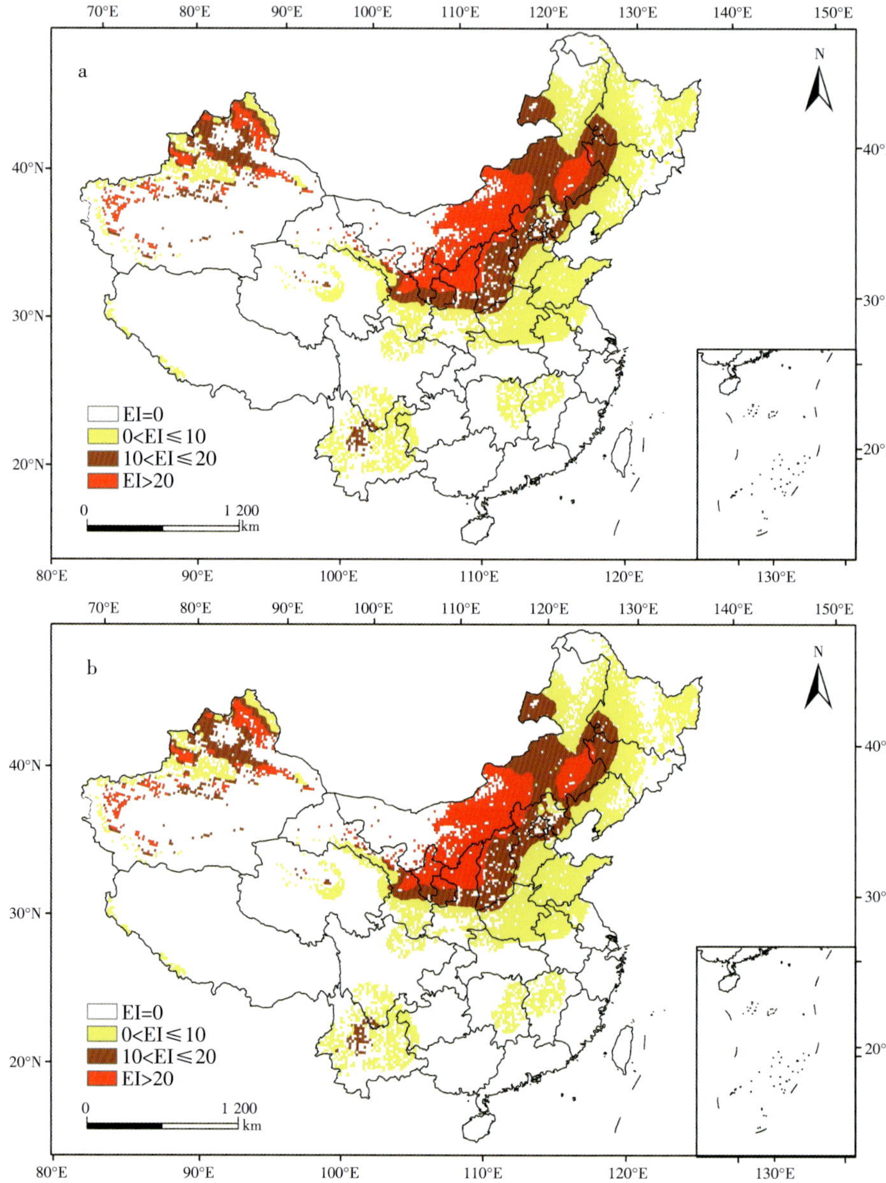

审图号:GS(2012)1601 号

图 9-10　2030 年黑腿星翅蝗在我国潜在地理分布情况

注:a:A1B 排放背景;b:A2 排放背景;下同。

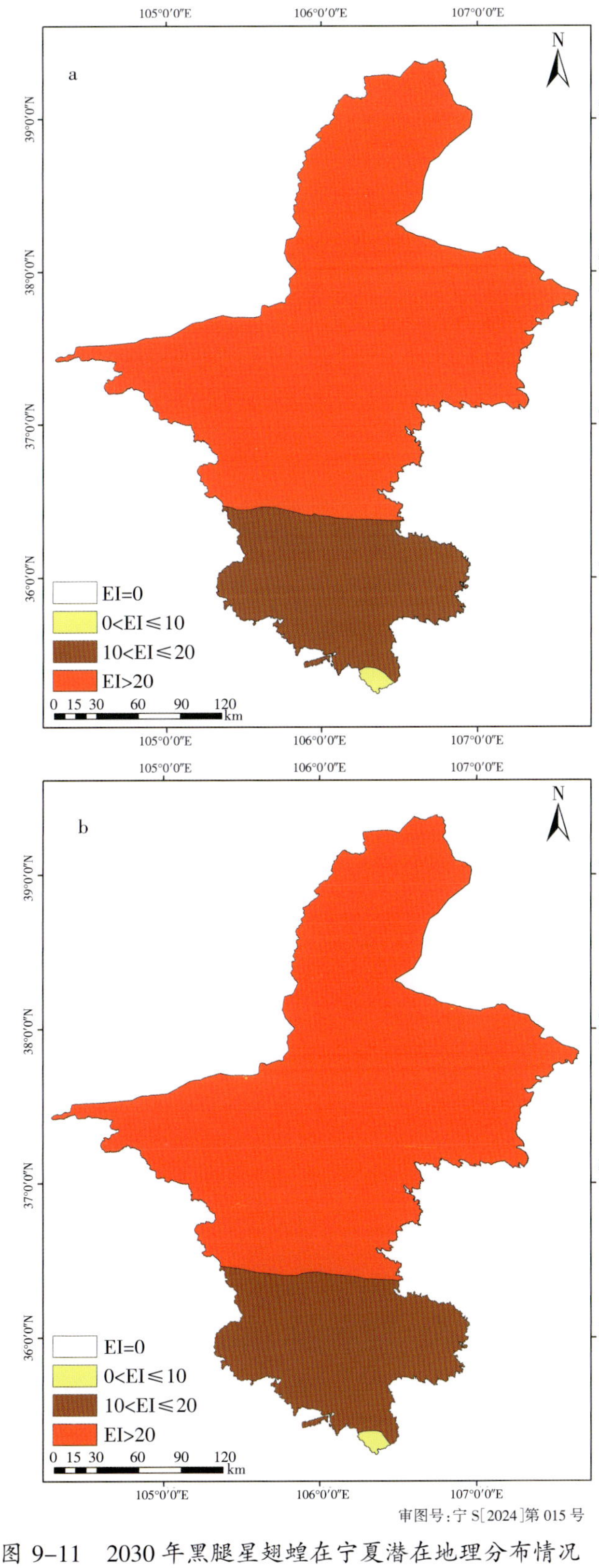

审图号：宁 S[2024]第 015 号

图 9-11　2030 年黑腿星翅蝗在宁夏潜在地理分布情况

2080年在A1B和A2两种排放情景下，黑腿星翅蝗在我国的适生区范围总体均在进一步增加，主要体现在青海、西藏、四川、湖北、湖南等省(自治区)，适生程度也发生变化，在内蒙古东部、河北北部、山西西部、甘肃中部、云南北部、辽宁西部、黑龙江东部适生程度增加，新疆北部和陕西东部适生程度降低(图9-12a和b)；在宁夏的适生程度整体进一步在增加，高度适生区和中度适生区均进一步向南部山区扩大，均为高度适生区和中度适生区，没有低度适生区(图9-13a和b)。

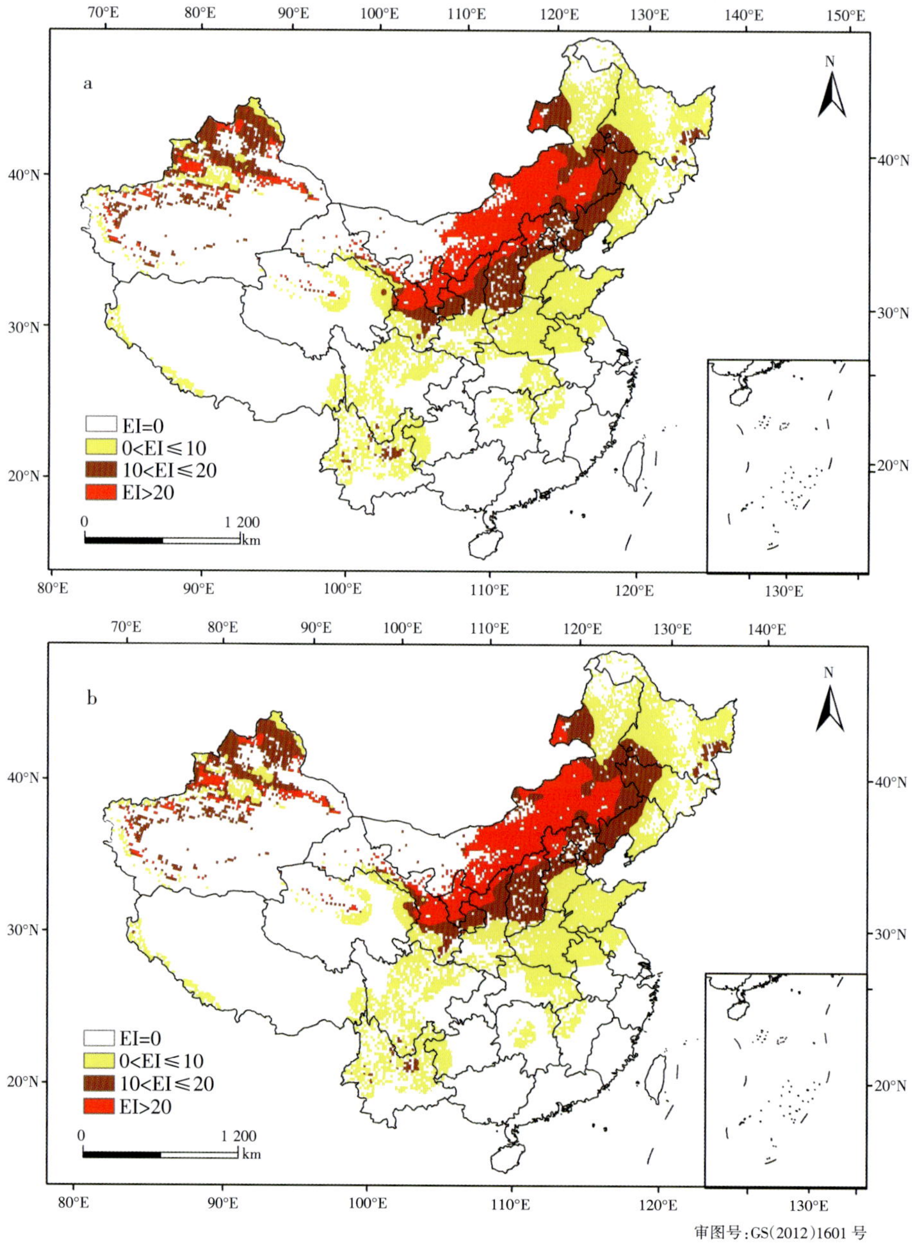

图 9-12　2080年黑腿星翅蝗在中国潜在地理分布情况

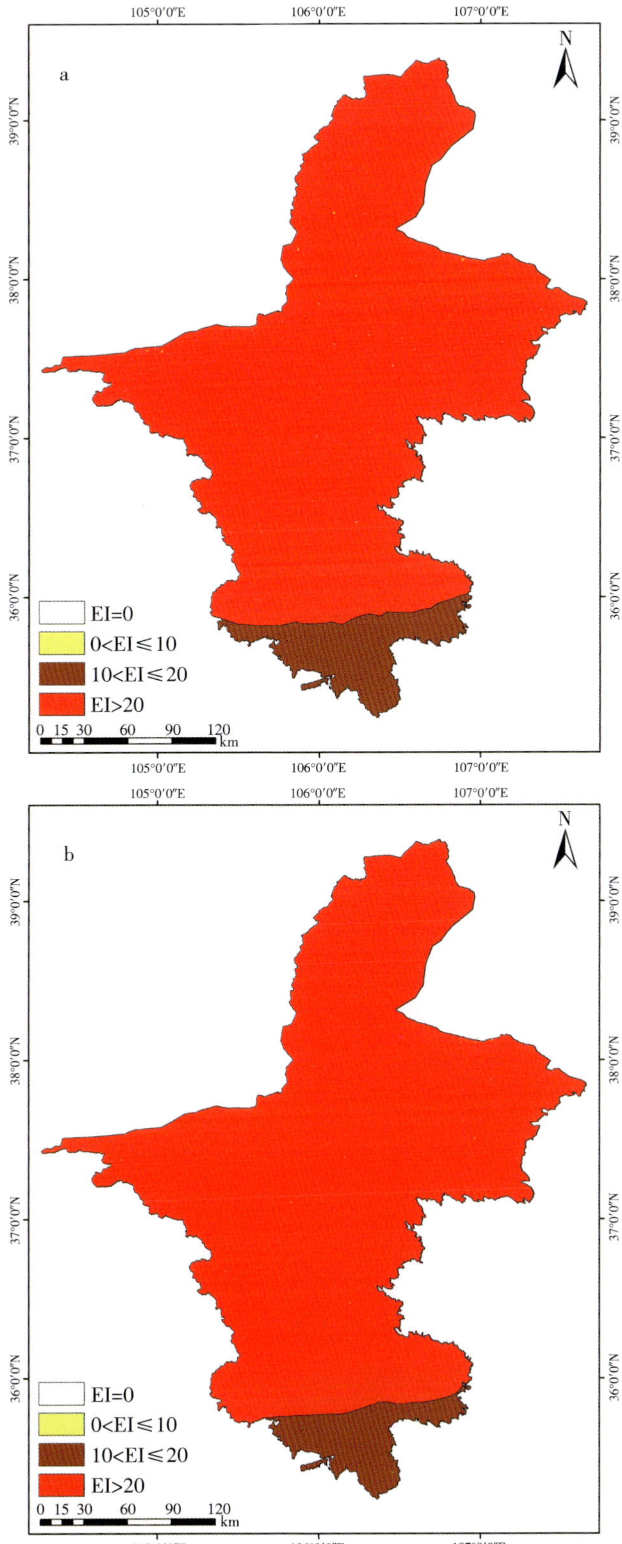

审图号：宁 S[2024]第 015 号

图 9-13　2080 年黑腿星翅蝗在宁夏潜在地理分布情况

9.3.2.4 不同气候条件下黑腿星翅蝗在我国及宁夏适生面积比较

在 2030 年 A1B 排放情景下黑腿星翅蝗在我国的适生区面积会增加 20.29 万 km^2，低度适生区面积会减少 2.96 万 km^2，中度适生区和高度适生区面积分别会增加 9.46 万 km^2 和 13.79 万 km^2，A2 排放情景下黑腿星翅蝗在我国的适生区面积增加与 A1B 排放情景下情况相似；在 2080 年 A1B 排放情景下黑腿星翅蝗在我国的适生区面积继续扩大，共会增加 44.43 万 km^2，低度适生区、中度适生区及高度适生区面积均在扩大，分别会增加 3.00 万 km^2、20.50 万 km^2 和 20.93 万 km^2，A2 排放情景下黑腿星翅蝗在我国的适生区面积会增加 48.82 万 km^2，低度适生区、中度适生区及高度适生区面积均在扩大，分别会增加 5.46 万 km^2、22.39 万 km^2 和 20.96 万 km^2（图 9-14）。

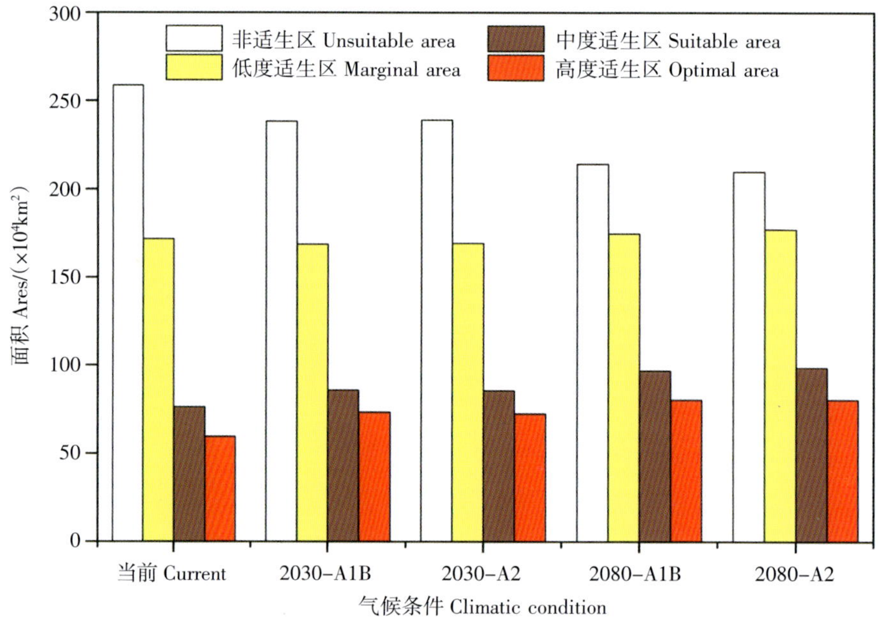

图 9-14 不同气候条件下黑腿星翅蝗在中国的潜在地理分布比较图

在宁夏，黑腿星翅蝗在 2030 年 A1B 排放背景下整个适生面积变化较小，但低度适生区和中度适生区面积均在减少，而高度适生区面积会增加 0.53 万 km^2，在 A2 排放背景下，低度适生区面积在减少，中度适生区和高度适生区面积均在增加；在 2080 年两种排放背景下，黑腿星翅蝗在宁夏的适生程度均增加，低度适生区面积均减少为 0，中度适生区面积分别会减少 0.63 万 km^2 和 0.69 万 km^2，而高度适生区面积分别会增加1.21 万 km^2 和 1.27 万 km^2（图 9-15）。

9.3.2.5 目前及未来气候条件下白纹雏蝗在我国的潜在地理分布区面积比较

由表 9-11 可知，随着气候的变化，白纹雏蝗在未来气候条件下，其低度适生区和

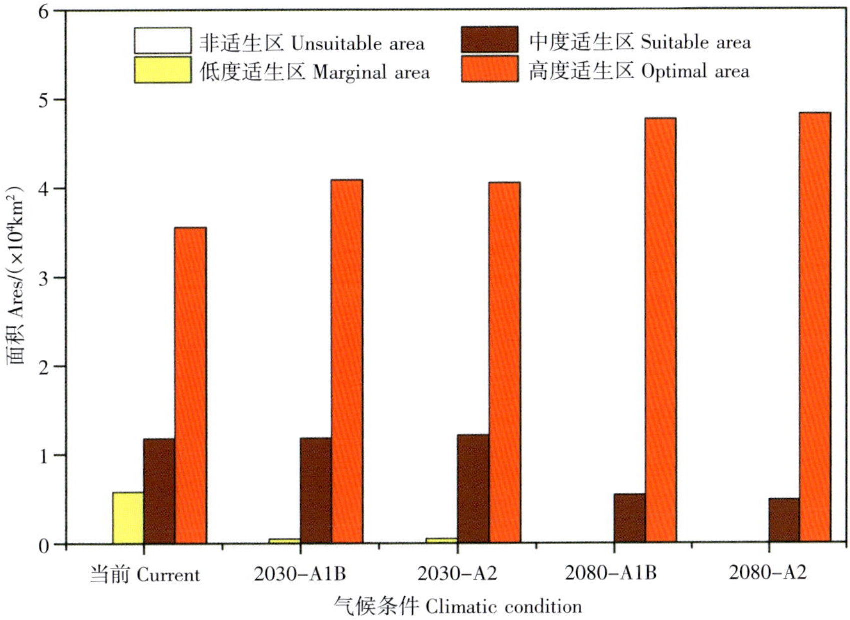

图 9–15　不同气候条件下黑腿星翅蝗在宁夏的潜在地理分布比较

中度适生区均在扩大，而高度适生区在缩减，说明未来气候条件不利于白纹雏蝗的发生。

表 9–11　目前及未来气候条件下白纹雏蝗的潜在地理分布区面积比较

单位：万 km^2

	目前	2030 年	2080 年
非适生区	761.756 852	761.395 537	760.295 599
低度适生区	115.140 010	119.656 480	135.181 200
中度适生区	41.130 032	49.761 517	44.394 001
高度适生区	41.973 106	29.186 466	20.129 200

由表 9–12 可知，随着气候的变化，沙蒿金叶甲在未来气候条件下，其低度适生区和中度适生区在缩减，而中度适生区和高度适生区均在扩大，说明未来气候条件有利于沙蒿金叶甲的发生。

9.3.3　小结

9.3.3.1　基于 SOM 的宁夏草原主要害虫定殖风险评估

本研究运用 SOM Toolbox2.0 搭载 MATLAB R2015b 有害生物定殖风险分析软件工具对 170 种草原害虫在宁夏 30 个草原型的定殖风险进行了研究。结果表明，一些

表 9-12 目前及未来气候条件下沙蒿金叶甲的潜在地理分布区面积比较

单位：万km²

	目前	2030 年	2080 年
非适生区	859.981 066	866.183 691	812.965 5
低度适生区	12.104 153	11.943 567	5.981 820
中度适生区	16.680 847	10.177 124	26.817 825
高度适生区	31.233 934	31.695 618	49.038 883

草原害虫虽然目前尚未在大多数草原型上分布，但其具有较高的定殖概率，如黑腿星翅蝗，在本研究的 30 个草原型中的 18 个草原型上目前尚未分布，并在其中 15 个尚未分布草原型上定殖概率均排在前十。因此，黑腿星翅蝗在宁夏草原危害发生的潜在风险较高，需加强监测和做好防控准备。在 SOM 分析中聚在一类的草原型在植被上有相似之处或者地理位置比较近，其中，同属于同一草原类下的草原型容易聚类在一起。

9.3.3.2 基于 CLIMEX 的不同气候条件下草原害虫适生性分析

运用 CLIMEX+ArcGIS 有害生物潜在地理分布综合模式分析评估了白纹雏蝗、沙蒿金叶甲及黑腿星翅蝗等草原重大害虫目前及未来气候条件下在我区及全国的适生情况，其中，随着气候的变化，白纹雏蝗在未来气候条件下，其在全国的适生范围增加不显著，从当前气候条件下的 198.24 万 km² 增加到未来 2080 年的 199.70 万 km²，仅增加了 1.46 万 km²，适生程度在降低，低度适生区和中度适生区均在扩大，而高度适生区在缩减，说明未来气候条件不利于白纹雏蝗的扩散发生；沙蒿金叶甲在未来气候条件下，其在全国的适生范围显著增加，从当前气候条件下的 60.02 万 km² 增加到未来 2080 年的 81.84 万 km²，适生范围增加了 21.82 万 km²，适生程度也在显著加强，低度适生区在缩减，而中度和高度适生区显著扩大，说明未来气候条件有利于沙蒿金叶甲的扩散发生；黑腿星翅蝗在当前及未来气候条件下，黑腿星翅蝗在宁夏及我国适生范围均较广，当前气候条件下的适生面积分别为 5.31 万 km² 和 307.50 万 km²，中、高度适生面积所占适生面积比例超过 50%。随着全球气候变化，在未来气候条件下，其适生面积和适生程度均在增加，在整个宁夏区域均适生，随着气候变化，其适生程度均增加，2080 年 A1B 和 A2 两种排放情景下，其高度适生区面积分别会增加 1.21 万km² 和 1.27 万 km²；在全国范围内，2030 年和 2080 年两种排放情景下适生区面积分别会增加 20.29 万 km²、19.68 万 km²、44.43 万 km² 和 48.82 万 km²，其中，高度适生面积分别会增加 13.78 万 km^2、12.93 万 km^2、20.93 万 km^2 和 20.96 万 km^2，由此可见，未来气候条件下两种排放背景均有利于黑腿星翅蝗的扩散。因此，加大对沙蒿金叶甲和黑腿星翅蝗的监测，以便为有效防治提供技术支撑。

9.4 主要草原植被结构与昆虫群落的关系

9.4.1 草原主要害虫蝗虫发生与植被关系研究

由图 9–16 可知，三种蝗虫的发生与不同植被直接相关性不同。其中，白纹雏蝗的发生与菊科植被物丰富度和生物量显著正相关（图 9–16c），与禾本科和豆科植被不相关（图 9–16a 和 b），亚洲小车蝗发生仅与禾本科植物丰富度显著正相关（图 9–16a），短星翅蝗发生与禾本科植物频度、盖度和丰富度显著正相关（图 9–16a）。豆科植物对三种蝗虫的发生没有影响（图 9–16b）。

9.4.2 宁夏草原地表甲虫发生与植被群落关系

由图 9–17 可知，宁夏草原地表甲虫发生数量及丰富度均与禾本科植物盖度、生物多样性及物种数正相关，与豆科、菊科、小灌木及杂草类相关性不大，究其原因还需进一步分析。

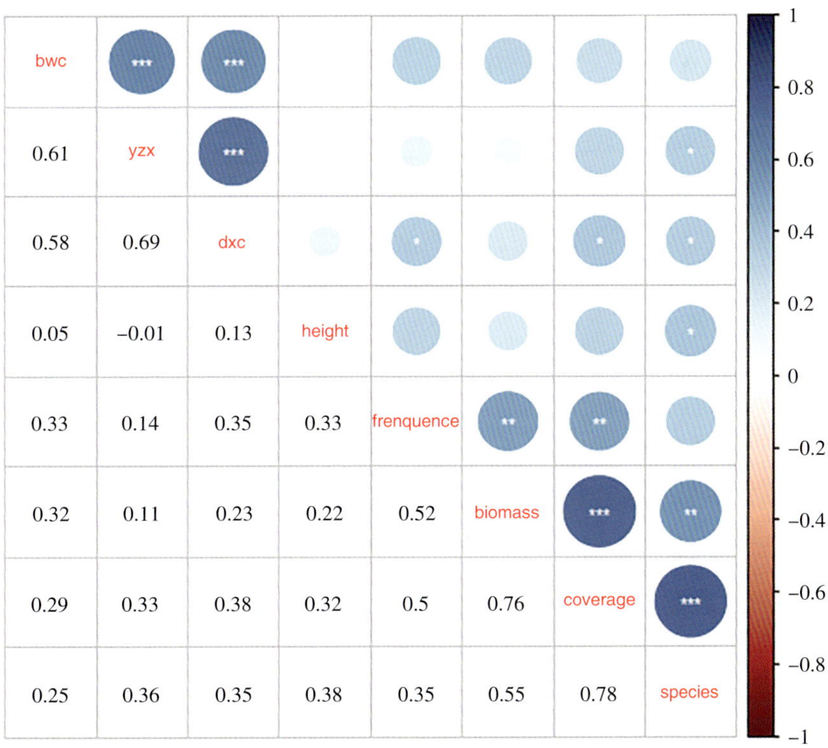

图 9–16a 草原蝗虫发生与禾本科植物关系

图 9-16b 草原蝗虫发生与豆科植物关系

图 9-16c 草原蝗虫发生与菊科植物关系

注：图中，bwc 为白纹雏蝗，yzx 亚洲小车蝗，dxc 为短星翅蝗，height 为高度，species 为物种数，frenquence 为频度，coverage 为盖度，biomass 为生物量。

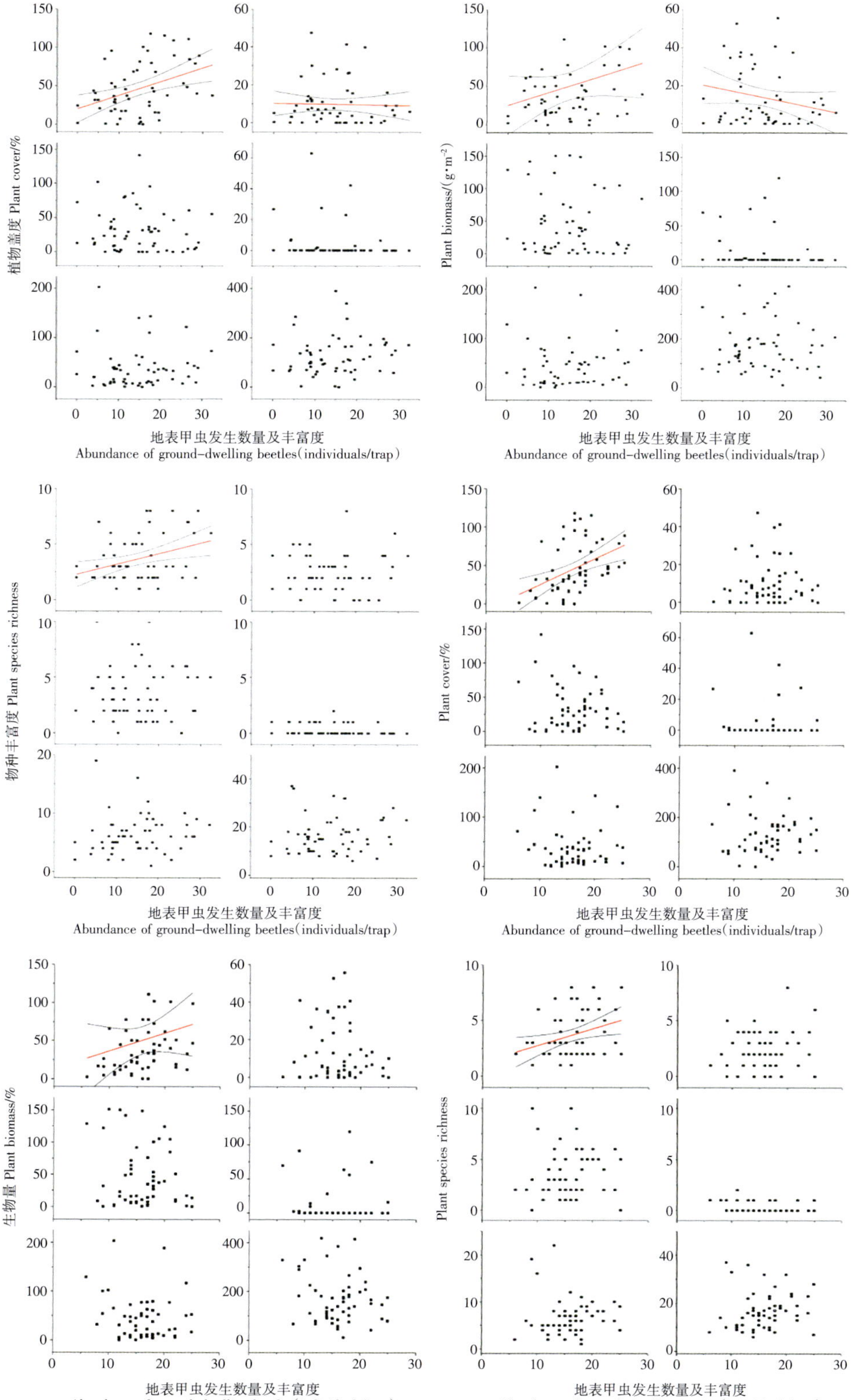

图 9-17　宁夏草原地表甲虫发生与优势科直接的关系

9.4.3 小结

本研究通过植物群落与昆虫群落的整合分析，发现植被盖度能够显著地影响昆虫多样性，随着植物盖度的增加，昆虫多样性随之增加，呈现明显的线性关系，而个体数也同样随着植物盖度的增加而增加，丰富度（科数量）也同样被植被盖度所驱动，表明植被盖度是驱动昆虫群落变化的重要因子，对整个昆虫群落有着结构性的影响。植物生物量是植被盖度的协变量，采用的协变量分析结果表明，植物生物量与昆虫群落多样性、丰富度以及个体数等变量的关系均不显著，也没有显著的线性回归关系。同样植物含水量也是植物高度的协变量，植物含水量对昆虫群落也无显著性影响。对植物盖度和昆虫群落变量之间的数量关系进行了回归分析，发现昆虫多样性指数与植被盖度之间的回归系数为 0.000 8，AIC 参数-328.71，回归模型显著，为最优模型。同样，昆虫个体数与植被盖度之间的回归系数为 0.9642，AIC 参数为 391.04，为最优模型。昆虫群落科的数量与植被盖度之间的回归系数为 0.188 6，模型极为显著。

草原蝗虫的发生与植被间存在显著相关性。其中，禾本科植物丰富度、禾本科植物频度、禾本科植物盖度、禾本科植物生物量、菊科植物频度、菊科植物盖度、植被总丰富度及降水量等环境因子对草原蝗虫种群及优势种的发生具有一定正影响，而灌木频度、灌木高度、灌木植物盖度、其他植物频度、其他植物生物量、其他植物高度等对草原蝗虫种群及优势种的发生具有一定负影响。对草原蝗虫危害产生影响较大的植被因子有禾本科植物盖度、禾本科植物丰富度、禾本科植物频度、灌木高度及菊科植物丰富度等。

9.5 结论与讨论

9.5.1 宁夏不同草原类型昆虫群落组成和结构特征研究

生物多样性作为生态学研究热点，近年来，受到政府、科学家以及社会大众的普遍关注，天然草原作为一种重要的自然资源，是生物多样性和生态系统功能的载体。昆虫作为草地生态系统的重要组成部分，对维持草地生态系统生物多样性和生态系统稳定起着重要作用，宁夏作为我国主要牧区之一，具有多种多样的草原生态景观，物种多样性较高，相应昆虫资源十分丰富。掌握不同草原生态系统中昆虫发生现状，是研究比较其生物多样性状况和保护生物多样性的基础。本研究在宁夏五类草原上确定49 个监测样区及田间监测的基础上，开展了宁夏 5 类草原昆虫组成、群落结构特征及主要害虫分布研究。5 类草原昆虫组成分析结果表明，共采集鉴定昆虫 36 182

头，分属 267 种 56 科，温性草原上所发生的昆虫物种数、科数及个体数均显著高于其他 4 类草原(P<0.05)。根据昆虫取食特性，将 56 科昆虫分为中性昆虫、害虫和天敌三类，其中，中性昆虫有地鳖科、金龟科及埋葬甲科等 6 科 27 种，优势科为埋葬甲科，害虫有拟步甲科、斑腿蝗科、斑翅蝗科及叶甲科等 36 科 170 种，优势科有拟步甲科、叶甲科、斑翅蝗科等 10 科，天敌有步甲科、瓢虫科等 14 科 70 种，优势科为步甲科。

昆虫群落多样性分析表明，温性草甸草原和温性草原具有较高的多样性、物种数和均匀性，较低的优势度，表明两类草原具有稳定的昆虫群落结构，温性荒漠草原和温性草原化荒漠两类草原均具有较高优势度，而其多样性、物种数及均匀性均较低，表明两类草原具有明显的优势种群，山地草甸类具有较高在多样性、优势度、均匀性且物种数均处于中间，说明山地草甸类草原昆虫群落结构相对稳定，优势种不明显。

主要害虫分布分析表明，不同类草原上虫害发生程度不同，其中，温性草原、温性荒漠草原和温性草原化荒漠三类草原上害虫危害发生较重，山地草甸类草原和温性草甸草原两类草原上害虫危害发生较轻。

在草地害虫生态治理方面，相关研究表明，生物多样性越高，生态系统中生物之间的相互制约关系就越明显，物种多样性的提高能够改善生态系统功能和增强生态系统对外来入侵物种的抵抗能力。因此，在宁夏 5 类草原中，温性草甸草原、温性草原及山地草甸草原 3 类草原生态系统中生物多样性及昆虫之间的制约关系较温性荒漠草原和温性草原化荒漠明显，昆虫群落结构相对较稳定，本研究结果将为宁夏草原害虫治理、不同草原生态系统稳定维护和生物多样性保护提供依据。

9.5.2　主要类型草原指示性昆虫研究

利用昆虫作为生物指示类群研究物种多样性的变化与空间格局，已成为生物多样性研究的一个重要方面，因其从昆虫学方面为草原植被恢复、脆弱植被类型的保护及整个自然生境的保护提供支持。本研究结果明确了草原昆虫对不同草原类型的指示作用，建立了草原昆虫生态指示指标体系。在系统监测和普查的基础上，运用指示值法分析确定了宁夏草原 21 个不同型的指示昆虫和监测昆虫，其中，黄唇虎甲 *Cephalota chiloleuca* 和中华砚甲 *Cyphogenia chinensis* 分别可作为短花针茅型和红砂+禾草型的指示类群，指示值大小分别是 80.00%、78.18%，直角通缘步甲和钝齿琵甲两个种可作为长芒草型的监测昆虫。植被的不同导致生活在其中的昆虫类群存在差异，而这种差异一方面反映了昆虫对生境变化的响应，也反映了生物群落中物种之间相互关系的变化。

9.5.3 草原虫害风险性评估

随着国际社会对全球气候变化趋势的认可,定量分析评估全球气候变化背景下有害生物潜在扩散定殖地区、潜在地理分布预测和对农业生产、生态系统及社会等方面造成的潜在损失,为掌握昆虫种群扩散蔓延和发生趋势、加强害虫的监测预警及防控策略提出等方面具有重要的理论和实践意义。为此,本研究在定量分析评估了宁夏草原主要害虫定殖风险、适生性及其造成的潜在损失等潜在风险基础上,建立了宁夏草原害虫风险评估体系。运用 SOM Toolbox2.0 搭载 MATLAB 有害生物定殖风险分析综合模式,分析了 170 种草原害虫在我区 30 种主要草原型上的定殖风险,其中,在 30 个草原型目前未发生而又排在前十的草原害虫大多为草原蝗虫,说明草原蝗虫在宁夏草原上依然是潜在风险最高的类群;根据草原害虫定殖风险分析结果和田间实际发生情况,筛选确定重大草原害虫,通过室内试验、田间监测和文献查阅掌握白纹雏蝗、黑腿星翅蝗及沙蒿金叶甲等重大草原害虫生物生态学基础上,运用 CLIMEX+ArcGIS 有害生物潜在地理分布综合模式分析评估了重大害虫目前及未来气候条件下在我区及全国的适生情况,在全球气候变化下,重大害虫在我区及全国的适生范围和适生程度均在扩大和增强。

因此,应加大对沙蒿金叶甲、白纹雏蝗及黑腿星翅蝗等草原主要害虫的监测和防控,以便为草原害虫的有效治理提供技术支撑。

9.5.4 草原昆虫发生与环境互作关系研究

国内外不少研究者对蝗虫与天敌、蝗虫与寄主植物、蝗虫与环境演变之间的相互关系进行了大量研究,探究蝗虫种群变动的生态影响因素,其中地形地貌、土壤以及植被都是重要的生境因子,不仅影响蝗虫产卵、蝗卵发育、孵化及天敌数量,而且植被因子还直接影响蝗虫的行为和取食。早在 20 世纪五六十年代相关学者就开始研究土壤性质与蝗虫的关系,发现土壤含水量对蝗虫产卵有显著影响,土壤含水量对东亚飞蝗产卵、定殖方面的影响。利用地形特征的差异性来揭示群落空间分布规律以及了解自然因素对群落分布的影响已经在景观和群落尺度的格局分析中广泛应用。相关学者认为地形不仅决定光、热、水、土壤等植被生境中其他要素的空间分布,而且还直接影响动植物群落分布以及种群格局的形成,地形因子也是蝗虫空间分布格局分析中不可缺少的预测变量。本研究表明,植被盖度是驱动昆虫群落变化的重要因子,对整个昆虫群落有着结构性的影响,植物盖度和昆虫群落变量之间的数量关系进行回归分析发现,昆虫多样性指数与植被盖度之间的回归系数为 0.000 8,AIC 参数-328.71,回归模型显著，为最优模型；昆虫个体数与植被盖度之间的回归系数为 0.964 2，AIC 参数为 391.04，为最优模型；草原蝗虫种群物种数和个体数及优势种的发生与天敌步甲物种数、个体数、优势种、植被、土壤及气象等生物与非生物环境因子间存在显著相关性。草原昆虫发生与环境互作研究将为改变环境因子来控制草原害虫提供新的思路和方法。

第 10 章
宁夏草地生态系统服务评价研究

10.1 防风固沙服务

10.1.1 防风固沙服务概念

防风固沙是干旱与半干旱气候区生态系统提供的重要生态系统服务。防风固沙物质量通常通过风蚀模型进行计算，目前已有的研究模型包括 Bangnold 等提出的输沙方程，风蚀方程（Wind Erosion Equation, WEQ）[122]、得克萨斯侵蚀分析模型(Texas Erosion Analysis Model, TEAM)[123]、Bocharov 提出的描述模型、修正风蚀方程模型(Revised Wind Erosion Equation, RWEQ)[124]、风蚀预报系统（Wind Erosion Prediction System, WEPS)[125]以及风蚀随机仿真模型(Wind Erosion Stochastic Simulator, WESS)[126]等。不同学者应用不同的模型对不同地区进行了风蚀和防风固沙的研究，Mandakh 等[127]基于 WEQ 模型评价了内蒙古土壤风蚀，对得克萨斯州伯克市长期尘埃预测和加利福尼亚州的 5 号州际公路沙尘暴模拟的实证分析中证明 TEAM 模型是模拟和分析风蚀的合理工具；Coen 等基于 WEPS 模型评估了加拿大阿尔伯塔地区土壤的风蚀风险[128]。在国内，陈莉等基于 WEPS 模型估算了天津郊区土壤风蚀起尘量及在中心城区迁移量[129]，王燕和王萍利用 WEPS 预测了民勤荒漠地区的风蚀量[130]。此外，董治宝基于野外实测数据以及模拟试验数据建立了风蚀量经验估算模型，韩永伟利用该模型计算了黑河下游重要生态功能区的防风固沙量[131]。丁国栋基于风沙物理学原理建立了土壤风蚀模型[132]，高君亮等利用该模型计算了乌兰布和荒漠生态系统防风固沙量[133]。巩国丽等对 RWEQ 模型相关参数进行调整，将其应用于中国北方草地的风蚀评估，分析了内蒙古地区风蚀状况及其影响因素[134]。江凌等利用 RWEQ 模型对青海省风蚀模数进行了估算，还分析了内蒙古地区防风固沙对土地利用变化的响应[135]。申陆则将 RWEQ 模型应用到浑善达克沙漠化防治并探讨了防风固沙功能变化的驱动力[136]。

可以看出,RWEQ 模型是目前风蚀量模拟的主要方法,而且经过参数改进的 RWEQ 模型能较好地模拟我国北方植被防风固沙功能。

宁夏属于我国西北沙尘源区，生态系统在防风固沙以及抑制区域沙尘天气中发挥着至关重要的作用。但是,目前有关宁夏植被防风固沙的研究多集中在部分区域固沙树种的研究上,例如崔强研究了毛乌素沙地 3 种常用固沙植物的种群点格局[137],王博等基于水分动态研究了盐池县人工固沙植被的稳定性[138]。而对于整个区域的植被防风固沙服务研究较为少见,特别是草地生态系统防风固沙服务研究就更少。因此,明确宁夏草地在区域防风固沙中的重要作用,有助于促进全区草地资源保护与建设,实现草地资源可持续发展。

10.1.2　研究方法与数据处理

本研究使用的 RWEQ 模型采用下式评估土壤风蚀量和防风固沙物质量：

$$SL=\frac{2z}{s^2}\times Q_{\max}\times e^{-\left(\frac{z}{s}\right)^2}$$

$$Q_{\max}=109.8\times(WF\times EF\times SCF\times K'\times C)$$

$$s=150.71\times(WF\times EF\times SCF\times K'\times C)^{-0.371\,1}$$

$$SL_r=\frac{2z}{s_r^2}\times Q_{r\max}\times e^{-\left(\frac{z}{s_r}\right)^2}$$

$$Q_{r\max}=109.8\times(WF\times EF\times SCF\times K')$$

$$s_r=150.71\times(WF\times EF\times SCF\times K')^{0.371\,1}$$

$$G=SL_r-SL$$

式中,SL 表示风蚀量,kg/m^2;z 表示所计算的下风向距离,m,本次计算取 50 m;s 表示关键地块长度,m;$Q_{\max}$ 表示风力的最大输沙能力,kg/m;WF 表示气候因子,kg/m^2;EF 表示土壤可蚀性成分(无量纲);SCF 表示土壤结皮因子(无量纲);K'表示土壤糙度因子(无量纲);C 表示植被因子(无量纲);SLr 表示潜在风蚀量,kg/m^2;s_r 表示潜在关键地块长度,m;$Q_{r\max}$ 表示潜在风力的最大输沙能力,kg/m^2;G 表示防风固沙物质量,kg/m^2。

(1)气候因子(WF)表征了在考虑降水、温度、日照及雪盖等因素的条件下风力对土壤颗粒的搬运能力,其表达式如下：

$$WF=Wf\times\frac{\rho}{g}\times SW\times SD$$

$$Wf=u_2\times(u_2-u_1)^2\times N_d$$

式中，WF 为气候因子，kg/m^2；Wf 为风力因子，m/s^3；g 为重力加速度，m/s^2；ρ 为空气密度，kg/m^2；SW 为土壤湿度因子；SD 为雪盖因子（无积雪覆盖天数/研究总天数，定义雪盖深度$<$25.4 mm 为无积雪覆盖）；u_1 为起沙风速，本次计算取 5 m/s；u_2 为气象站月均风速值，m/s；N_d 为各月风速大于 5 m/s 的天数。

（2）土壤可蚀性因子（EF）指一定土壤理化条件下土壤受风蚀影响大小，其表达式如下：

$$EF=29.09+0.31sa+0.17si+0.33\left(\frac{sa}{cl}\right)-2.59OM-0.95CaCO_3$$

式中，sa 为土壤砂粒含量，%；si 为土壤粉砂含量，%；cl 为土壤黏粒含量，%；OM 为土壤有机质含量，%；$CaCO_3$ 为碳酸钙含量，%；本次取 0。

（3）土壤结皮因子（SCF）指土壤表层的坚硬结皮能有效防止风蚀的发生。土壤结皮因子 SCF 即在一定土壤理化条件下土壤结皮抵抗风蚀能力的大小，其表达式如下：

$$SCF=\frac{1}{1+0.006\,6\times cl^2+0.021\times OM^2}$$

式中，cl 为土壤黏粒含量，%；OM 为土壤有机质含量，%。

（4）地表糙度因子（K'）指地形所引起的地表粗糙程度对风蚀影响的反映，其表达式如下：

$$K'=\cos\alpha$$

式中，α 为坡度，由 1 km 的 DEM 数据经过 ArcGIS 的 slope 模块进行计算得到。

（5）植被因子（C）表示一定植被条件对风蚀的抑制程度，其表达式如下：

$$C=e^{-0.0438\times SC}$$

$$SC=\frac{NDVI-NDVI_{min}}{NDVI_{max}-NDVI_{min}}$$

式中，SC 为植被覆盖度，%；$NDVI$、$NDVI_{max}$、$NDVI_{min}$ 分别代表 $NDVI$ 实际值、最大值及最小值。

防风固沙量计算需要的数据主要包括土壤、雪盖、气象、土地覆被、DEM、$NDVI$ 数据。气象数据的选取存在一定差异，用于计算土壤湿度和气象因子的气象数据包括日均风速、最大风速、降水、平均温度、最高温度、最低温度、平均相对湿度和日照时数等。雪盖数据来源于寒区旱区科学数据中心(http://westdc.westgis.ac.cn)的“中国雪深长时间序列数据集(1979—2016 年)”,该数据集提供 1979 年 1 月 1 日到 2016 年 12 月 31 日逐日的中国范围的积雪厚度分布数据,空间分辨率为 0.25°。

10.1.3 结果与分析

宁夏北部灌区和中部干旱区温性荒漠草原和温性草原化荒漠主要发挥了防风固沙生态服务功能。本研究计算并统计了 2000—2015 年温性荒漠草原、温性草原和温性草原化荒漠防风固沙物质量(图 10-1,表 10-1)。结果表明,2000—2015 年,温性荒漠草原防风固沙量为 $0.66×10^9$~$12.93×10^9$ kg/a,总体呈“降低—升高—降低”的趋势,温性荒漠草原防风固沙总量占宁夏草地防风固沙总量的 61.58%~79.88%。2000—2015 年,温性草原化荒漠防风固沙量为 $0.01×10^9$~$1.52×10^9$ kg/a,总体呈“降低—升高—降低”的趋势,占宁夏草地防风固沙总量的 0.92%~9.40%。2000—2015 年,温性草原防风固沙量为 $0.29×10^9$~$1.48×10^9$ kg/a,总体呈“降低—升高—降低”趋势,占宁夏草地防风固沙总量的 9.15%~33.05%。

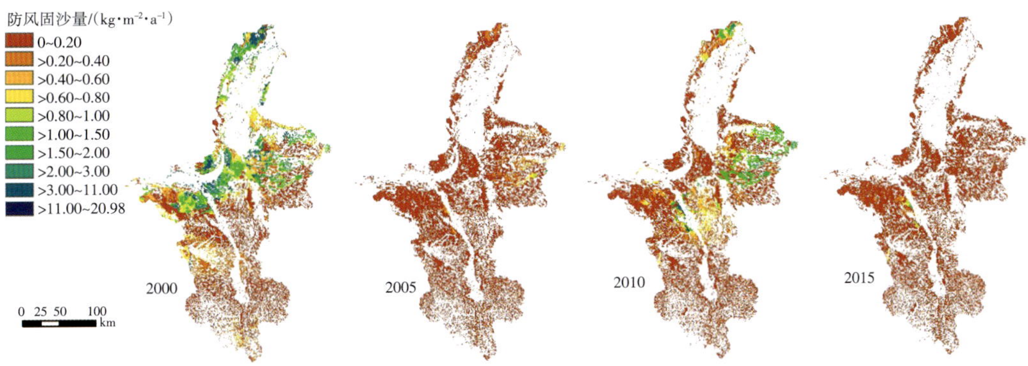

审图号:宁 S[2024]第 015 号

图 10-1 温性荒漠草原、温性草原化荒漠和温性草原单位面积防风固沙量空间格局

表 10-1 温性荒漠草原、温性草原化荒漠和温性草原防风固沙量

年份	项目	单位	温性荒漠草原	温性草原化荒漠	温性草原
2000	单位面积最大值	$kg·m^{-2}·a^{-1}$	0.41	16.34	3.91
	单位面积最小值	$kg·m^{-2}·a^{-1}$	0.00	0.00	0.00
	单位面积平均值	$kg·m^{-2}·a^{-1}$	0.01	1.25	0.20
	防风固沙物质量	10^9 kg	12.93	1.52	1.48
	占比	%	77.39	9.11	9.15

续表

年份	项目	单位	温性荒漠草原	温性草原化荒漠	温性草原
2005	单位面积最大值	$kg·m^{-2}·a^{-1}$	1.82	0.41	1.73
	单位面积最小值	$kg·m^{-2}·a^{-1}$	0.00	0.00	0.00
	单位面积平均值	$kg·m^{-2}·a^{-1}$	0.06	0.01	0.06
	防风固沙物质量	10^9 kg	0.83	0.01	0.45
	占比	%	64.89	1.28	33.05
2010	单位面积最大值	$kg·m^{-2}·a^{-1}$	11.81	2.67	2.32
	单位面积最小值	$kg·m^{-2}·a^{-1}$	0.00	0.00	0.00
	单位面积平均值	$kg·m^{-2}·a^{-1}$	0.34	0.07	0.15
	防风固沙物质量	10^9 kg	4.64	0.09	1.10
	占比	%	80.56	1.49	18.63
2015	单位面积最大值	$kg·m^{-2}·a^{-1}$	2.06	0.33	0.61
	单位面积最小值	$kg·m^{-2}·a^{-1}$	0.00	0.00	0.00
	单位面积平均值	$kg·m^{-2}·a^{-1}$	0.05	0.01	0.04
	防风固沙物质量	10^9 kg	0.66	0.01	0.29
	占比	%	64.47	1.13	28.39

10.2 水源涵养服务

10.2.1 水源涵养服务概念

水源涵养服务是指一定时空范围内，生态系统保持水分的过程与能力，是生态系统中植被、土壤与水分之间共同作用产生的综合能力的表征，其主要功能包括净化水质、减少土壤侵蚀、调节径流和增加可利用水资源，对于下垫面不同的生态系统，其水源涵养服务功能侧重点有所不同，如下垫面为水体的生态系统水源涵养服务主要指径流调节功能；下垫面为土壤的生态系统的水源涵养服务则主要指拦截降水、过滤、储蓄和保持水分的功能。目前水源涵养评估的基本原理是水量平衡原理，传统方法主要有土壤蓄水法、分布式蓄水法、降水储存量法、径流系数法等，模型方法则主要有美国农业部水土保持局于 1954 年开发的土壤保持服务模型（soil conservation service，SCS）和温度植被干旱指数（temperature vegetation dryness index，TVDI）经验模型，以及由美国斯坦福大学、世界自然基金和大自然保护协会于 2007 年联合开发的生态系统服务权衡综合评估模型(the integrate valuation of ecosystem services and tradeoffs tool, INVEST)、TerrainLab 模型以及土壤和水评估模型（soil and water assessment tool, SWAT)模型等物理模型。

水源涵养服务是草地生态系统重要的生态系统服务功能之一,在维持、存储和增加草地植被可利用水量方面发挥了重要的作用。不同学者利用不同方法对草地生态系统水源涵养服务功能进行了研究。吴丹[139]等基于降水贮存量法,利用草地植被覆盖度确定水分调节参数,估算了 20 世纪 80 年代末至 2000 年的中国草地生态系统的水源涵养量为 116.166×10^9 m^3/a,2000—2010 年平均水源涵养量为 118.38×10^9 m^3/a。张雪峰[140]等采用 InVEST 模型估算了锡林河流域草地生态系统多年平均水源涵养总量为 39.8×10^6 m^3/a。李士美等利用土壤蓄水估算法研究了青海海北高寒草甸生态系统的有效水源涵养量、潜在水源涵养量和剩余水源涵养量服务的时空异质性[141]。

近代以来,由于人类活动的干扰和气候变化,宁夏草地出现了不同程度的退化,导致宁夏草地面积锐减、草地植被发生逆行演替、草地各项服务功能受到严重影响,在实行退耕还草、围牧和封育等措施之后,草地状况得到改善。因此,本研究拟采用最基本的水量平衡法结合土地覆被及气候数据计算宁夏草地生态系统的水源涵养量,研究结果有助于明确宁夏草地生态系统功能变化的状况和原因，进而为区域草地资源保护和管理提供科学依据和参考。

10.2.2　研究方法与数据处理

10.2.2.1　研究方法

本文采用水量平衡方程来计算水源涵养量,主要与降水量、蒸散发、地表径流量和植被覆盖类型等因素密切相关的量:

$$TQ=\sum_{i=1}^{j}(P_i-R_i-ET_i)\times A_i$$

式中,TQ 为总水源涵养量,m^3;P_i 为降水量,mm;R_i 为地表径流量,mm;ET_i 为蒸散发,mm;A_i 为 i 类生态系统的面积;i 为研究区第 i 类生态系统类型;j 为研究区生态系统类型数。其中,地表径流(R_i)由降水量乘以地表径流系数获得,计算公式如下:

$$R=P\times\alpha$$

式中,R 为地表径流量,mm;P 为降水量,mm;α 为平均地表径流系数,《资源环境承载能力监测预警技术方法（试行)》报告给出的草甸和草原径流系数的平均值6.49作为宁夏草地的平均径流系数。

本研究应用彭曼公式(FAO Penman-Monteith)计算潜在蒸散发量:

$$ET_0=0.408\times\Delta(R_n-G)+[900/(T+273)]\times U_2(e_s-e_a)/\Delta+\gamma\times(1+0.34\times U_2)$$

式中,R_n 参考作物表面净辐射,MJ/(m^2·d);G 为土壤热通量密度,MJ/(m^2·d);T 为月平均温度,℃;U_2 为 2 m 处风速 (m/s);e_s 饱和水汽压 (kPa);e_a 实际水汽压(kPa);Δ 为饱和水汽压温度曲线的斜率(kPa·$℃^{-1}$);γ 为干湿表常数(kPa·$℃^{-1}$)。

$$R_n=R_{ns}-R_{n1}$$

$$R_{ns}=0.77\times(0.25+0.50\times n/N)\times R_a$$

式中,R_n 为净辐射,MJ/(m^2·d);R_{ns} 为净短波辐射,MJ/(m^2·d);n 为日照时数,h;N 为最大日照时数,h;R_a 为总辐射,MJ/(m^2·d)。

$$N=(24\times\omega_s)/3.141\ 592\ 6$$

$$\omega_s=\cos^{-1}(-\tan\varphi\times\tan\delta)$$

$$R_a=37.6\times dr\times(\omega_s\times\sin\varphi\times\sin\delta+\cos\varphi\times\cos\varphi\times\sin\omega_s)$$

$$dr=1+0.033\times\cos(0.017\ 2\times d)$$

$$\delta=0.409\times\sin(0.017\ 2\times d-1.39)$$

$$R_{nl}=2.45\times10^{-9}\times(0.6\times n/N)\times(0.34-0.14\times\sqrt{e_d})\times(T_{kx}{}^4+T_{kn}{}^4)$$

式中,d 为累计天数;φ 为纬度;R_{nl} 为净长波辐射,MJ/(m^2·d);T_{kx}、T_{kn} 分别为最高气温、最低气温对应的热力学温度(K)。

$$G=0.14\times(T_{\mathrm{month,n}}-T_{\mathrm{month,n}})\approx0$$

$$U_2=4.87\times Uz/\ln(67.8\times z-5.42)$$

$$e_a=0.611\times\exp(17.27\times T/T+237.3)$$

$$\Delta=4\ 098\times e_a/(T+237.3)^2$$

$$\gamma=0.001\ 63\times P/\lambda$$

$$P=101.3\times[(293-0.006\ 5\times z)/293]^{5.26}$$

$$\lambda=2.501-2.361\times10^{-3}\times T$$

式中,U_2 为 2 m 处风速,m/s;Uz 为 z 高度处测得的风速,m/s;z 取 10 m;e_a 为实际水汽压,kPa;Δ 为水汽压曲线斜率;γ 为湿度计算常量;P 为气压,kPa;λ 为汽化潜热,MJ/kg;z 为海拔,m;T 为平均温度,℃。

10.2.2.2　数据处理

水源涵养量计算需要的数据有气象和土地利用数据。对从国家台站的日均风速、降水、温度、日照时数和纬度等数据中提取的宁夏及周边 24 个台站的气象科学数据，经过 Kriging 插值后代入水分平衡模型中进行运算，将 2000 年、2005 年、2010 年和 2015 年 4 期土地利用数据中的草地覆被数据提取出来作为掩膜进行结果的剪裁。所有数据在 ArcGIS 中进行运算时的投影坐标系统一为 Krasovsky_1940_Albers，空间分辨率为 30 m。

10.2.3　结果与分析

宁夏温性草原和温性草甸草原发挥了主要的水源涵养服务功能，温性荒漠草原和温性草原化荒漠水源涵养量均为负值，表明其不具备水源涵养功能。因此，我们分别统计了这两种草原类型水源涵养量（表 10–2，图 10–2）。结果表明，温性草原 2000—2015 年水源涵养量为 0.84×10^8~2.70×10^8 m^3，占宁夏草地水源涵养服务总量的 61.12%~65.60%，15 年间总体表现为先升高后降低的趋势。温性草甸 2000—2015 年水源涵养量为 0.45×10^8~1.23×10^8 m^3，占宁夏草地水源涵养总量的 29.85%~38.88%，总体表现为2000—2010 年逐渐升高，到 2015 年有所降低。单位面积水源涵养量，温性草原2010 年单位面积水源涵养量平均值最高，为 36.98 mm，2015 年单位面积水源涵养量平均值最低，为 11.59 mm；温性草甸草原 2010 年单位面积水源涵养平均值最

图 10–2　温性草原和温性草甸草原水源涵养量格局

表 10–2　温性草原和温性草甸水源涵养量

年份	项目	单位	温性草原	温性草甸
2000	最大值	mm	149.30	160.30
	最小值	mm	–28.17	–21.05
	平均值	mm	17.19	48.67
	水源涵养量	10^8 m^3	1.27	0.72
	占比	%	63.63	36.36

续表

年份	项目	单位	温性草原	温性草甸
2005	最大值	mm	215.85	224.98
	最小值	mm	−35.42	−22.00
	平均值	mm	22.11	69.66
	水源涵养量	10^8 m^3	1.64	1.05
	占比	%	61.12	38.88
2010	最大值	mm	230.33	242.46
	最小值	mm	−18.18	−13.90
	平均值	mm	36.98	82.56
	水源涵养量	10^8 m^3	2.70	1.23
	占比	%	65.60	29.85
2015	最大值	mm	133.46	158.23
	最小值	mm	−17.55	−16.84
	平均值	mm	11.59	30.06
	水源涵养量	10^8 m^3	0.84	0.45
	占比	%	65.39	34.61

高,为82.56 mm,2015 年水源涵养平均值最低,为 30.06 mm。

10.3 生产力供给服务

10.3.1 生产力供给服务概念

供给服务是生态系统服务中重要的组成成分,与人类直接消费密切相关。生态系统净初级生产力(Net Primary Productivity,NPP)是指绿色植被在单位面积、单位时间内所累积的有机物数量,是由光合作用所产生的有机物质总量(GPP)中扣除自养呼吸消耗的部分后剩余的部分,草地生态系统 NPP 则反映了草地植被在自然环境条件下的供给能力[8,10,142]。测定草地 NPP 的传统研究方法主要是基于站点实测数据的直接收获法,但这种方法具有破坏性且在大尺度范围内实施难度较大。目前广泛应用的 NPP 估算方法主要是基于数学模型的统计方法,包括陆地生态系统模型(Terrestrial Ecosystem Model,TEM)[143]、Forest−BGE 模型[144]、CENTURY 模型[145]和简单生物圈模型(Simple biosphere model,SIB)[146] 等机理模型和CASA 模型 (Carnegie−Ames−stanford

Approach)[147]和GLO-PEM 模型(Global production efficiency modeling)[148]等遥感模型。其中,CASA 模型应用较为广泛,且在中国北方地区取得了比较好的模拟效果[149-151],因此本研究采用 CASA 模型计算宁夏草地生态系统净初级生产力分析其时空格局,为宁夏草地资源管理及可持续发展提供科学参考。

10.3.2 研究方法与数据处理

NPP 可根据 CASA 光能利用率模型进行计算[152]。该模型认为 *NPP* 是由植物光合作用与其对光能利用率的大小共同决定，目前已被广泛应用于陆地生态系统 *NPP* 的估算。其公式为:

$$NPP(x,t)=APAR(x,t)\times\varepsilon(x,t)$$

式中,$NPP(x,t)$表示像元 x 在 t 月的植被净初级生产力,gC/m²;$APAR(x,t)$是像元 x 在 t 月吸收的光合有效辐射,MJ/m²;$\varepsilon(x,t)$表示像元 x 在 t 月的实际光能利用率,gC/MJ。光合有效辐射($APAR$)是由太阳总辐射和植物自身的特征决定,计算公式为:

$$APAR(x,t)=SOL(x,t)\times FPAR(x,t)\times 0.5$$

式中,$SOL(x,t)$为 t 月在像元 x 处的太阳总辐射量,MJ/m²;$FPAR(x,t)$为植被对入射光合有效辐射的吸收比例;常数 0.5 表示植被所能利用的太阳有效辐射占太阳总辐射的比例。

太阳总辐射 $SOL(x,t)$的计算参考适宜于黄土高原地区的计算公式:

$$SOL(x,t)=SOL_o\times(0.167\ 74+0.579\ 45\times S/S_0)$$

式中,SOL_o 为最大晴天总辐射量,可由 Penman-Monteith(P-M)公式中太阳总辐射的公式求得;S/S_o 为日照百分比,即实际日照时数与理论日照时数之比。

$FPAR(x,t)$取决于植被类型和植被状况,与比值植被指数 SR 存在较好的线性关系[153],计算公式为:

$$FPAR(x,t)=FPAR_{max}+\{(SR-SR_{i,min})\times[FPAR(x,t)-FPAR_{min}]/(SR_{i,max}-SR_{i,min})\}$$

$$SR=[1+NDVI(x,t)]/[1-NDVI(x,t)]$$

式中,$FPAR_{max}$=0.95、$FPAR_{min}$=0.001,且二者不随植被类型变化;SR_{min}、SR_{max} 参考朱文泉等[152]所得结果。

光能利用率 ε 表示植被将吸收的光合有效辐射转化为有机碳的效率(gC/MJ²)。

$$\varepsilon(x,t)=T_{\varepsilon1}(x,t)\times T_{\varepsilon2}(x,t)\times W_{\varepsilon}(x,t)\times\varepsilon_{max}$$

式中,$T_{\varepsilon1}(x,t)$和 $T_{\varepsilon2}(x,t)$分别表示低温和高温对光能利用率的影响系数;$W_{\varepsilon}(x,t)$为水分胁迫影响系数,反映水分条件的影响;ε_{max} 是理想条件下的最大光能利用率(取

0.389 gC/MJ。

$T_{\varepsilon1}(x,t)$表示低温和高温情况下植物内在生化作用对光合的限制。即与最适温度相比较，当月平均气温对植物光合作用的限制情况。

$$T_{\varepsilon1}(x,t)=0.8+0.02\times T_{opt}(x)-0.0005\times T_{opt}(x)^2$$

式中，$T_{opt}(x)$为植物生长的最适温度，定义为某一区域一年内 *NDVI* 值达到最高时的当月平均气温，℃；取站点 8 月份的温度作为 $T_{opt}(x)$。

$T_{\varepsilon2}(x,t)$表示环境温度由最适温度向高温和低温变化时植被光能利用率逐渐变小的趋势[147]。

$$T_{\varepsilon2}(x,t)=1.1814/(1+\exp\{0.2\times[T_{opt}(x)-10-T(x,t)]\})$$
$$\times 1/(1+\exp\{0.3\times[-T_{opt}(x)-10+T(x,t)]\})$$

$W_{\varepsilon}(x,t)$为水分胁迫影响系数，反映了水分条件对植物光能利用率的影响，其取值范围为 0.5（极端干旱条件）~1（非常湿润条件），计算式为：

$$W_{\varepsilon}(x,t)=0.5+0.5\times ET(x,t)/PET(x,t)$$

式中，$ET(x,t)$为实际蒸散量，mm；$PET(x,t)$为潜在蒸散量，mm；可根据区域实际蒸散模型和互补关系求取[154]。

10.3.3 结果与分析

10.3.3.1 不同年份 NPP 及其时空格局

2000—2015 年宁夏草地生态系统 NPP 平均值在 74.38~94.71 $gC\cdot m^{-2}\cdot a^{-1}$ 之间（表 10–3），最高值出现在 2010 年，最低值则出现在 2015 年。年 NPP 总量在 1.79×10^{12}~2.25×10^{12} gC/a 之间。在整体空间分布上，宁夏南部草地 NPP 较高，宁夏中北部草地 NPP 较低（图 10–3），由于宁夏南部水热条件较好，草地生产力较高。中部和北部较为干旱，草地生产地较低。在年际变化上，2000—2015 年，宁夏草地生态系统生产力呈“降低—升高—降低”的波动变化，尽管 15 年间宁夏草地 NPP 有所增加，但是局部草

表 10–3 不同年份宁夏草地生态系统净初级生产力（*NPP*）

年份	最大值/（$gC\cdot m^{-2}\cdot a^{-1}$）	最小值/（$gC\cdot m^{-2}\cdot a^{-1}$）	平均值/（$gC\cdot m^{-2}\cdot a^{-1}$）	总量/（10^{12} $gC\cdot a^{-1}$）
2000	779.00	0.00	88.65	2.11
2005	667.68	0.00	74.38	1.79
2010	665.36	0.00	94.71	2.25
2015	677.23	0.00	92.41	2.15

地依然呈退化趋势，尤其是中部干旱区草地生态系统受干扰程度较大，仍需要积极采取措施来提高草地生态系统生产力，实现草地资源可持续发展。

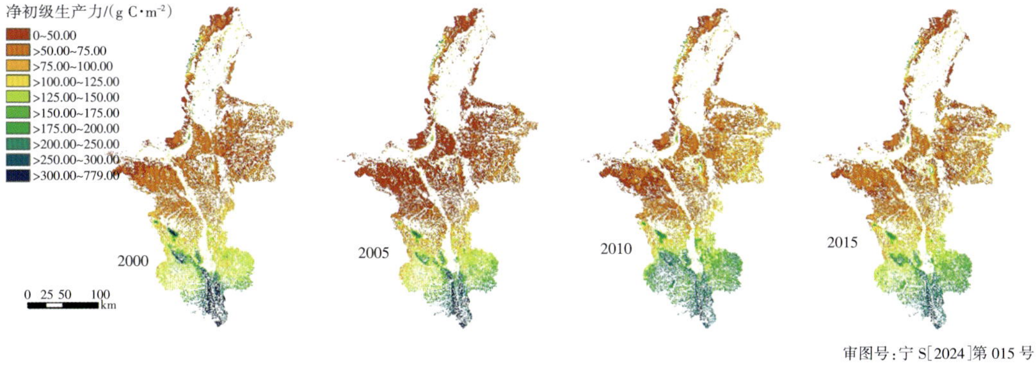

图 10-3　宁夏草地生态系统 *NPP*

10.3.3.2　模型验证与数据对比

利用 2015 年宁夏草原站监测的草地地上生物量（地上产草量干重）的样方数据，计算地面实测净初级生产力（$NPP_{observed}$），利用监测样点的地理坐标提取 2015 年基于 CASA 模型模拟的净初级生产力数据（$NPP_{simulated}$），通过两者的相关性分析进行精度验证，建立 *NPP* 实测值与模拟值之间的线性回归关系，实测数据样本点个数为799 个。结果表明，本文研究结果与 *NPP* 实测值呈极显著相关（图 10-4，R^2=0.307，P<0.000 01），表明模型的模拟精度满足研究需求。

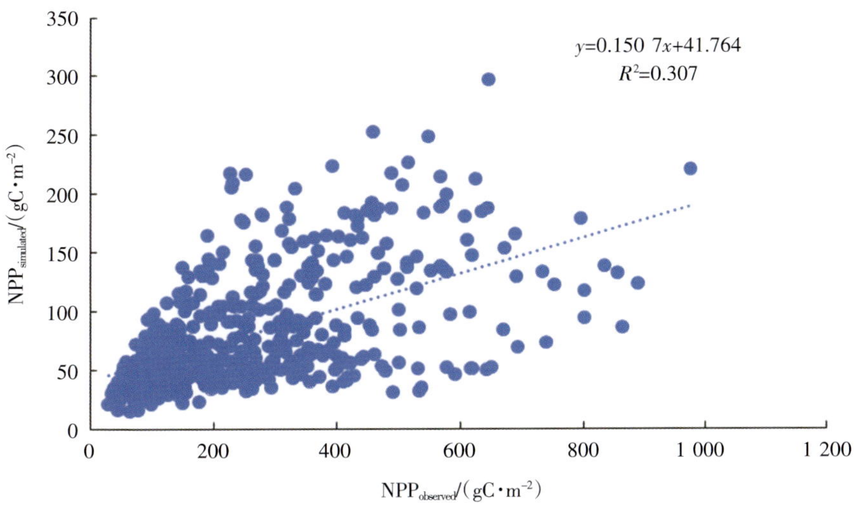

图 10-4　2015 年 CASA 模型结果与实测 *NPP* 数据对比

10.3.3.1　主要类型草原 *NPP* 及其时空格局

表 10-4 分别统计了宁夏主要类型草原（温性草甸、温性草原、温性荒漠草原和温

性草原化荒漠)*NPP*。2000—2015 年,宁夏草地单位面积平均 *NPP* 由大到小依次为温性草甸>温性草原>温性荒漠草原>温性草原化荒漠,温性草甸单位面积 *NPP* 是温性草原的 1.79~2.35 倍,是温性荒漠草原 *NPP* 的 3.57~4.87 倍。4 种类型草原年 *NPP* 总量由大到小依次为温性草原>温性荒漠草原>温性草甸>温性草原化荒漠,4 种类型草地 *NPP* 分别占宁夏草地 *NPP* 总量的 38.87%~43.98%、35.06%~39.56%、15.75%~18.53% 和 2.44%~3.09%。造成各区域草地 *NPP* 存在差异的主要原因是降水量的分布及气候差异,因此降水量较多的温性草甸和温性草原生产力较高,而温性荒漠草原和温性草原化荒漠区降水较少,草地净初级生产力较低。

表 10-4　宁夏不同区域草地生态系统 *NPP*

年份	项目	单位	温性草甸	温性草原	温性荒漠草原	温性草原化荒漠
2000	最大值	$gC\cdot m^{-2}\cdot a^{-1}$	725.21	517.21	282.65	213.63
	最小值	$gC\cdot m^{-2}\cdot a^{-1}$	0.00	0.00	0.00	0.00
	平均值	$gC\cdot m^{-2}\cdot a^{-1}$	242.43	103.14	57.14	49.90
	NPP 年总量	$10^{11}gC\cdot a^{-1}$	3.62	7.64	7.78	0.61
	占比	%	18.44	38.87	39.60	3.09
2005	最大值	$gC\cdot m^{-2}\cdot a^{-1}$	551.90	517.21	202.84	164.11
	最小值	$gC\cdot m^{-2}\cdot a^{-1}$	0.00	0.00	0.00	0.00
	平均值	$gC\cdot m^{-2}\cdot a^{-1}$	206.97	103.14	42.44	32.99
	NPP 年总量	$10^{11}gC\cdot a^{-1}$	3.11	7.37	5.88	0.41
	占比	%	18.53	43.98	35.06	2.44
2010	最大值	$gC\cdot m^{-2}\cdot a^{-1}$	553.18	390.01	228.30	188.84
	最小值	$gC\cdot m^{-2}\cdot a^{-1}$	0.00	0.00	0.00	0.00
	平均值	$gC\cdot m^{-2}\cdot a^{-1}$	227.57	126.81	59.04	47.61
	NPP 年总量	$10^{11}gC\cdot a^{-1}$	3.39	9.26	8.06	0.58
	占比	%	15.91	43.50	37.85	2.74
2015	最大值	$gC\cdot m^{-2}\cdot a^{-1}$	588.25	427.61	227.62	210.35
	最小值	$gC\cdot m^{-2}\cdot a^{-1}$	0.00	0.00	0.00	0.00
	平均值	$gC\cdot m^{-2}\cdot a^{-1}$	215.11	116.97	60.19	51.24
	NPP 年总量	$10^{11}gC\cdot a^{-1}$	3.20	8.52	7.99	0.60
	占比	%	15.75	41.96	39.35	2.93

2000—2015 年，温性草甸单位面积 NPP 平均值为 206.97~242.43 gC/(m^2·a)，年 NPP 总量在 3.11×10^{11}~3.62×10^{11} gC/a，15 年间温性草甸 NPP 总量呈“降低-升高-降低”的波动变化趋势，2015 年 NPP 较 2005 年减少了 11.1%。

2000—2015 年，温性草原单位面积 NPP 平均值为 99.18~126.81 gC/(m^2·a)，年 NPP 总量为 7.37×10^{11}~9.26×10^{11} gC/a，15 年间温性草原 NPP 总量呈“降低-升高-降低”的变化趋势，但是相较于 2000 年，2015 年温性草原 NPP 总量仍增加了 11.84%。

2000—2015 年，温性荒漠草原单位面积 NPP 平均值为 42.44~60.19 gC/(m^2·a)，年 NPP 总量在 5.88×10^{11}~8.06×10^{11} gC/a 之间，15 年间 NPP 总量呈“降低—升高—降低”趋势，2015 年 NPP 总量较 2000 年增加了 2.70%。

2000—2015 年，温性草原化荒漠单位面积 NPP 平均值为 32.99~51.24 gC/(m^2·a)，年 NPP 总量在 0.41×10^{11}~0.61×10^{11} gC/a，15 年间温性草原化荒漠 NPP 总量呈先降低再升高的趋势，2015 年 NPP 总量较 2000 年减少 3.28%。

10.4　土壤保持服务

10.4.1　研究方法与数据处理

采用修正的通用土壤流失方程（Revised Universal Soil Loss Equation，RUSLE）估算研究区不同生态系统的土壤保持量，即潜在土壤水蚀量与实际土壤水蚀量之差。潜在土壤水蚀量为没有植被覆盖和任何水土保持措施时的土壤水蚀量；实际土壤水蚀量为考虑地表植被覆盖和水土保持措施下的土壤水蚀量。土壤保持量计算公式为：

$$A_c=A_p-A_r$$

$$A_p=R\times K\times L\times S$$

$$A_p=R\times K\times L\times S\times C\times P$$

式中，A_c 为土壤保持量，t/(hm^2·a)；A_p 为潜在土壤水蚀量［t，t/(hm^2·a］；C=1，P=1；A_r 表示实际土壤水蚀量，t/(hm^2·a)；R 为降水侵蚀力，(MJ·mm)/(hm^2·h·a)；K 为土壤可蚀性，(t·h)/(hm^2·MJ·mm)；L 为坡长因子；S 为坡度因子；C 为植被覆盖因子；P 为管理因子（水土保持措施因子）。L、S、C、P 无量纲。

（1）降水侵蚀力因子 R　采用基于月平均降水量和年平均降水量的 Wischmeier公式[155]：

$$R=\sum_{i=1}^{12}\left(1.735\times10^{[1.51g(P_i^2/P)-0.818\,8]}\right)$$

式中，P_i、P 分别为第 i 个月的降水量、年降水量，mm。计算出的 R 单位为 100ft·t·in·acre^{-1}·h^{-1}·a^{-1}，换算为国际单位(MJ·mm)/(hm^2·h·a)需乘以系数 17.02。

(2)土壤可蚀性因子 K　本文采用 Willianms 等[156]的侵蚀生产力评价模型 EPIC，其土壤可蚀性因子仅与土壤砂粒、粉粒、黏粒含量和土壤有机质有关，计算公式为：

$$K=\left\{0.2+0.3\exp\left[-0.0256SAN\frac{(1-SIL)}{100}\right]\right\}\left(\frac{SIL}{CLA+SIL}\right)^{0.3}$$

$$\times\left[1.0-\frac{0.25C}{C+\exp(3.72-2.95C)}\right]\left[1.0-\frac{0.7SNI}{SNI+\exp(-5.51+22.9SNI)}\right]\times0.1317$$

其中，SAN、SIL 和 CLA 分别为砂粒、粉粒、黏粒含量（%）；C 为土壤有机碳含量(%)；$SNI=1-SAN/100$；0.131 7 为美制向公制的转化系数。

(3)坡长度坡度因子 LS　通过下述模型从 DEM 数据中提取[157]，坡长因子 L 计算公式为：

$$L=(\lambda/22.13)^m$$

式中，λ 为坡长(m)，常数项 $m=\begin{cases}0.2 & \theta\leqslant1° \\ 0.3 & 1°<\theta\leqslant3° \\ 0.4 & 3°<\theta\leqslant5° \\ 0.5 & \theta\geqslant5°\end{cases}$，$\theta$ 为坡度(°)；

坡度因子 S 计算公式为：$S=\begin{cases}10.8\sin\theta+0.03 & \theta<5° \\ 16.8\sin\theta-0.50 & 5°\leqslant\theta\leqslant10° \\ 21.91\sin\theta-0.96 & \theta\geqslant10°\end{cases}$

式中，θ 为坡度(°)。

(4)植被覆盖因子 C　植被是影响土壤侵蚀最敏感的因子，植被覆盖因子与植被盖度有直接的关系。本文中 C 因子采用蔡崇法等[158]基于植被覆盖度得出的公式，并参考相关文献成果得到(表 10–13)。

(5)水土保持措施因子 P　水土保持措施因子是指采取水土保持措施后土壤流失量与顺坡种植时土壤流失量之比。本研究根据相关参考文献[159–161]对不同土地利用类型赋予 P 值(表 10–5)。

土壤保持的计算需要土地覆被数据、气象数据、土壤数据、DEM 数据等。土地覆被数据为 2000 年、2005 年、2010 年、2015 年 4 期(空间分辨率 30 m)，来源于中国科学院资源环境数据中心。气象数据来源于中国气象科学数据共享服务网，对应土地覆被

表 10-5 宁夏植被覆盖因子 C 与水土保持措施因子 P 取值

因子	水田	旱地	有林地	疏林地	其他林地	高覆盖草地	中覆盖草地	低覆盖草地	水域	人工用地	裸岩
C	0.12	0.31	0.006	0.02	0.05	0.02	0.03	0.04	0	0	0
P	0.01	0.40	1	1	0.60	1	0.90	0.80	0	0.35	0

的时间，宁夏及周边 24 个国家气象站点的气象日值数据（包括气温、降水、辐射、风速和日照时数等）。土壤数据来源于联合国粮农组织（Food and Agriculture Organization of the United Nations，FAO）构建的世界土壤数据库（Harmonized World Soil Database version，HWSD），其中中国境内的数据源为第二次全国土地调查南京土壤所提供的 1 ∶ 100 万土壤数据（包括不同土壤类型质地的比例、容重、电导率等）。DEM（空间分辨率 30 m）源于中国科学院资源环境数据中心。

10.4.2 结果与分析

土壤保持服务主要在宁夏南部地区发挥着作用，故主要统计了温性草原和温性草甸土壤保持服务量（表 10-6）。2000—2015 年，宁夏草地土壤保持总量在 64.10×10^{10}~146.99×10^{10} kg/a，2000 年土壤保持量最高，2005 年显著降低后在 2010 年有小幅上升，但是在 2015 年又开始大幅度下降，呈现“下降—上升—下降”的波动变化特征，2015 年土壤保持总量最低。与 2000 年相比，土壤保持总量在 2005 年下降了 23.29%，2010 年下降了 15.12%，2015 年下降了 56.39%，15 年间宁夏草地平均单位面积土壤保持量呈明显降低趋势。2000—2015 年，平均单位面积土壤保持量为27.53~61.73 kg/(m^2·a)，在空间分布上总体表现为由北向南土壤保持量逐渐升高（图 10-5）。

表 10-6 不同年份宁夏温性草原和温性草甸土壤保持量

年份	最大值/（kg·m^2·a^{-1}）	最小值（kg·m^2·a^{-1}）	平均值/（kg·m^2·a^{-1}）	总量/（10^{10} kg·a^{-1}）
2000	471.99	0	61.73	146.99
2005	564.08	0	46.82	112.75
2010	753.40	0	52.57	124.76
2015	203.09	0	27.53	64.10

我们分别统计了温性草甸和温性草原土壤保持量（表 10-7）。2000—2015 年，温性草原土壤保持量在 18.85×10^{10}~40.33×10^{10} kg/a，占草原土壤保持总量的 95.95%~97.15%，15 年间呈现“下降—上升—下降”的波动变化趋势，2000 年为土壤保持量最

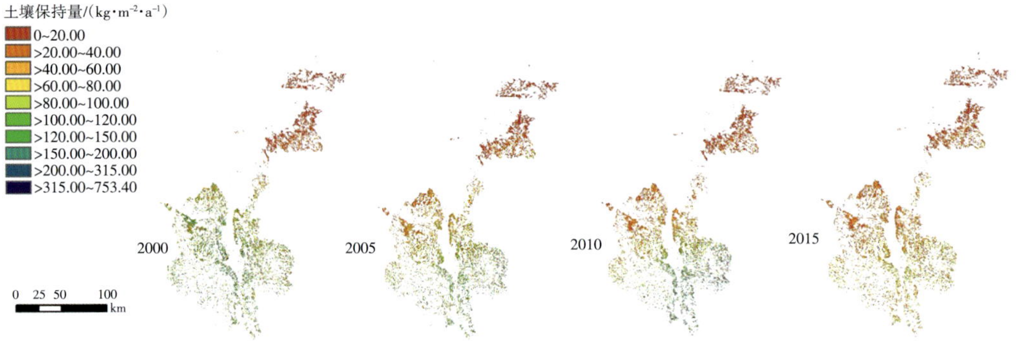

审图号：宁 S[2024]第 015 号

图 10-5　宁夏温性草原和温性草甸土壤保持物质量

表 10-7　宁夏温性草原和温性草甸土壤保持量

年份	项目	单位	温性草甸	温性草原
2000	最大值	$kg \cdot m^2 \cdot a^{-1}$	471.99	456.70
	最小值	$kg \cdot m^2 \cdot a^{-1}$	0.00	0.00
	平均值	$kg \cdot m^2 \cdot a^{-1}$	103.54	54.47
	总量	10^{10} $kg \cdot a^{-1}$	1.55	40.33
	占比	%	3.69	96.31
2005	最大值	$kg \cdot m^2 \cdot a^{-1}$	564.08	460.42
	最小值	$kg \cdot m^2 \cdot a^{-1}$	0.00	0.00
	平均值	$kg \cdot m^2 \cdot a^{-1}$	73.09	42.26
	总量	10^{10} $kg \cdot a^{-1}$	1.10	31.40
	占比	%	3.37	96.63
2010	最大值	$kg \cdot m^2 \cdot a^{-1}$	753.40	720.31
	最小值	$kg \cdot m^2 \cdot a^{-1}$	0.00	0.00
	平均值	$kg \cdot m^2 \cdot a^{-1}$	94.09	45.40
	总量	10^{10} $kg \cdot a^{-1}$	1.40	33.16
	占比	%	4.05	95.95
2015	最大值	$kg \cdot m^2 \cdot a^{-1}$	197.19	203.09
	最小值	$kg \cdot m^2 \cdot a^{-1}$	0.00	0.00
	平均值	$kg \cdot m^2 \cdot a^{-1}$	37.13	25.87
	总量	10^{10} $kg \cdot a^{-1}$	0.55	18.85
	占比	%	2.85	97.15

高值，2015 年土壤保持量急剧下降达到最低，较 2000 年减少了 53.26%。2000—2015 年，温性草甸土壤保持量在 0.55×10^{10}~1.55×10^{10} kg/a，占草原土壤保持总量的 2.85%~4.05%，15 年间呈现“下降—上升—下降”的波动变化趋势，2015 年温性草甸土壤保持量同样急剧降低，较 2000 年减少了 64.52%。

10.5　固碳释氧服务

10.5.1　研究方法与数据处理

固碳释氧服务是指生态系统通过光合作用和呼吸作用对大气 CO_2 和 O_2 的调节。生态系统固碳分为植物固碳和土壤固碳两部分。释氧服务由植被提供，植物固碳释氧量可以通过光合作用方程根据 NPP 估算得到。

$$6nCO_2 + 6nH_2O \rightarrow nC_6H_{12}O_6 + 6nO_2 \rightarrow nC_6H_{10}O_5$$

植物体生长 162 g 多糖有机物质，释放 192 g O_2，固定 264 g CO_2，即植物体每积累 1 g 干物质，释放 1.19 g O_2，固定 1.63 g CO_2。由此可反推出宁夏生态系统在光合作用过程中释放 O_2 和固定 CO_2 的量，所以植被固碳释氧量的计算公式如下：

$$Q_{vcf} = NPP/0.44\times1.63$$

$$Q_{vo} = NPP/0.44\times1.19$$

式中，Q_{vcf} 为植被固碳量，g/(m²·a)，0.44 为 *NPP* 转换为有机质的换算系数，Q_{vo} 为植被释氧量，g/(m²·a)。

10.5.2　结果与分析

10.5.2.1　固碳服务

2000—2015 年，宁夏草地单位面积植被固碳量与植被固碳总量均呈现“下降–上升–下降”的趋势（表 10–8），平均单位面积植被固碳量与植被固碳总量以 2010 年最高，2005 年最低。宁夏草地平均单位面积植被固碳量为 272.72~347.27 g/(m²·a)，植被固碳总量在 6.56×10^{12}~8.24×10^{12} g/a。在空间分布上，植被固碳的高值区主要位于宁夏南部地区和西北部贺兰山一带，低值区主要位于中部干旱带（图 10–6）。主要由于宁夏南部山区水热条件较好，草原植被生产力较高，植被固碳量相应较高。宁夏中部和北部地区气候相对干旱，沙地广布，植被生产力较低，植被固碳量较低。

表 10–9 分别统计了宁夏主要类型草原（温性草甸、温性草原、温性荒漠草原和温性草原化荒漠）植被固碳量。2000—2015 年，温性草甸平均单位面积植被固碳量为 758.90~888.92 g/(m²·a)，植被固碳总量在 1.14×10^{12}~1.33×10^{12} g/a，15 年间植被固碳总量

表 10-8 不同年份宁夏草地植被固碳量

年份	最大值/（$g·m^{-2}·a^{-1}$）	最小值/（$g·m^{-2}·a^{-1}$）	平均值/（$g·m^{-2}·a^{-1}$）	总量/（10^{12} $g·a^{-1}$）
2000	2 856.35	0	325.06	7.74
2005	2 448.17	0	272.72	6.56
2010	2 439.64	0	347.27	8.24
2015	2 483.19	0	338.85	7.89

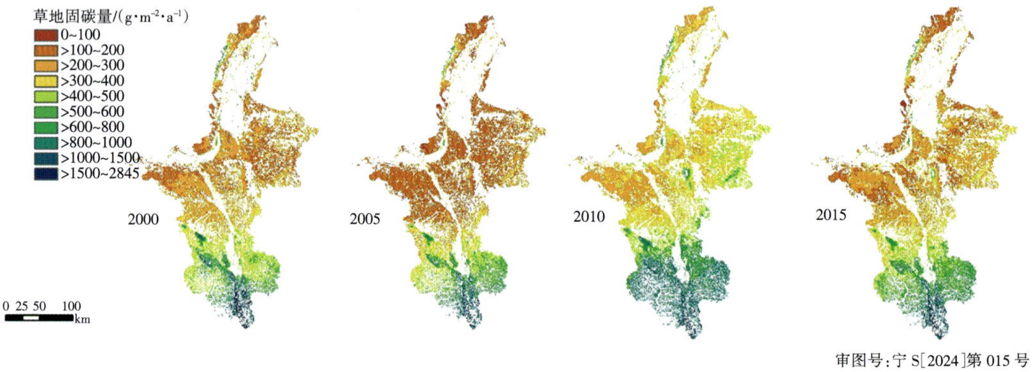

图 10-6 宁夏草地生态系统植被固碳量

整体呈减少趋势，尽管 2010 年植被固碳量有所上升，但是 2015 年植被固碳量较2000 年减少 $1.6×10^{11}$ g/a，下降比例为 12.03%。2000—2015 年，温性草原平均单位面积植被固碳量为 363.67~464.97 g/（$m^2·a$），植被固碳总量在 $2.80×10^{12}$~$3.40×10^{12}$，15 年间植被固硫总量先上升后降低，2010 年达到最高，2015 年植被固碳总量较 2000 年增长 $3.3×10^{11}$ g/a，增加比例为 11.79%。2000—2015 年，温性荒漠草原单位面积植被固碳量为 155.61~220.69 g/（$m^2·a$），植被固碳总量在 $2.15×10^{12}$~$2.95×10^{12}$ g/a，15 年间植被固碳总量整体呈先减少后增加趋势，2010 年达到最高，2015 年植被固碳量较 2000 年增加 $0.8×10^{11}$ g/a，增加比例为 2.81%。2000—2015 年，温性草原化荒漠平均单位面积植被固碳量为 120.98~187.89 g/（$m^2·a$），植被固碳总量为 $1.50×10^{11}$~$2.22×10^{11}$ g/a，15 年间植被固碳总量呈先下降后升高的趋势；尽管如此，2015 年植被固碳量仍较 2000 年减少 $0.4×10^{10}$ g/a，减少比例为 1.79%。2000—2015 年，温性草甸、温性草原、温性荒漠草原和温性草原化荒漠植被固碳总量分别占宁夏草原固碳总量的 15.75%~18.59%、38.87%~43.98%、34.70%~39.19%和 2.41%~3.06%。不同类型草原植被固碳差异的主要原因是气候的南北差异，温性草甸和温性草原主要分布于宁夏南部，该区域降水量较多，植被覆盖度和生产力相应较高，单位面积植被固碳量较高，而主要分布于宁夏中北部地区的温性荒漠草原和温性草原化荒漠降水量较少，植被生产力较低，单位面积植被固碳量相对较低。

表 10-9　宁夏不同区域草地植被固碳量

年份	项目	单位	温性草甸	温性草原	温性荒漠草原	温性草原化荒漠
2000	最大值	$g \cdot m^{-2} \cdot a^{-1}$	2 659.09	1 896.45	1 036.38	783.22
	最小值	$g \cdot m^{-2} \cdot a^{-1}$	0.00	0.00	0.00	0.00
	平均值	$g \cdot m^{-2} \cdot a^{-1}$	888.92	378.21	209.50	182.98
	固碳总量	10^{12} $g \cdot a^{-1}$	1.33	2.80	2.85	0.22
	占比	%	18.25	38.87	39.19	3.06
2005	最大值	$g \cdot m^{-2} \cdot a^{-1}$	2 023.64	1386.19	743.76	601.74
	最小值	$g \cdot m^{-2} \cdot a^{-1}$	0.00	0.00	0.00	0.00
	平均值	$g \cdot m^{-2} \cdot a^{-1}$	758.90	363.67	156.61	120.98
	固碳总量	10^{12} $g \cdot a^{-1}$	1.14	2.70	2.15	0.15
	占比	%	18.34	43.98	34.70	2.41
2010	最大值	$g \cdot m^{-2} \cdot a^{-1}$	2 028.32	1430.04	837.09	692.40
	最小值	$g \cdot m^{-2} \cdot a^{-1}$	0.00	0.00	0.00	0.00
	平均值	$g \cdot m^{-2} \cdot a^{-1}$	834.42	464.97	216.47	174.57
	固碳总量	10^{12} $g \cdot a^{-1}$	1.24	3.40	2.95	0.21
	占比	%	15.75	43.50	37.46	2.71
2015	最大值	$g \cdot m^{-2} \cdot a^{-1}$	2 156.93	1 567.92	834.60	771.28
	最小值	$g \cdot m^{-2} \cdot a^{-1}$	0.00	0.00	0.00	0.00
	平均值	$g \cdot m^{-2} \cdot a^{-1}$	788.73	428.89	220.69	187.89
	固碳总量	10^{12} $g \cdot a^{-1}$	1.17	3.12	2.93	0.22
	占比	%	15.59	41.96	38.95	2.90

10.5.2.2　释氧服务

2000—2015 年，宁夏草地平均单位面积植被释氧量与植被释氧总量均呈现“下降—上升—下降”的趋势，平均单位植被释氧量为 198.34~252.56 $g/(m^2 \cdot a)$，植被释氧总量为 4.78×10^{12}~5.99×10^{12} $g/(m^2 \cdot a)$，两者均在 2010 年达到最大，2005 年最小（表 10-10）。在空间分布上，植被释氧的高值区主要在宁夏南部和西北部贺兰山一带，低值区主要位于中部和北部地区（图 10-7）。由于宁夏自北向南水热条件逐渐转好，南部草地覆盖度和生产力较高，植被释氧量相应较高。中部和北部地区相对干旱，沙地广布，植被生产力较低，释氧量相应较低。

表 10–10 不同年份宁夏草地植被释氧量

年份	最大值/($g \cdot m^{-2} \cdot a^{-1}$)	最小值/($g \cdot m^{-2} \cdot a^{-1}$)	平均值/($g \cdot m^{-2} \cdot a^{-1}$)	总量/(10^{12} $g \cdot a^{-1}$)
2000	2 077.34	0.00	236.41	5.63
2005	1 780.49	0.00	198.34	4.78
2010	1 774.28	0.00	252.56	5.99
2015	1 805.96	0.00	246.43	5.74

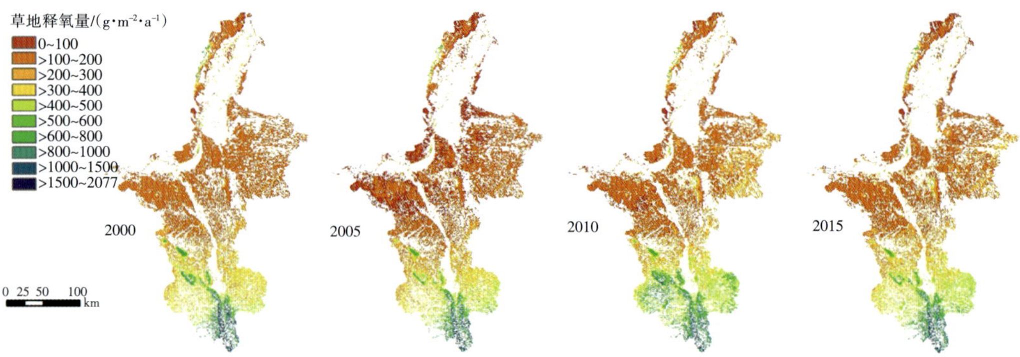

审图号：宁 S[2024]第 015 号

图 10–7 宁夏草地生态系统植被释氧量

统计了宁夏主要类型草原（温性草甸、温性草原、温性荒漠草原和温性草原化荒漠）植被释氧量（表 10–11）。结果表明，2000—2005 年，宁夏主要类型草原平均植被释氧总量由高到低排序为温性草原>温性荒漠草原>温性草甸>温性草原化荒漠，温性草甸、温性草原、温性荒漠草原和温性草原化荒漠植被释氧总量分别占宁夏草地植被释氧总量的 15.75%~18.52%、38.87%~43.98%、37.85%~39.59%和 2.44%~3.09%。2000~2015 年，温性草甸平均单位面积释氧量为 551.93~646.49 g/($m^2 \cdot a$)，植被释氧总量为 8.28×10^{11}~9.66×10^{11} g/a，总体呈“下降—升高—下降”趋势，2015 年温性草甸植被释氧量较 2000 年减少 1.13×10^{11} g/a，减少比例为 11.70%。2000—2015 年，温性草原平均单位面积释氧量为 264.49~388.16 g/($m^2 \cdot a$)，植被释氧总量为 1.97×10^{12}~2.47×10^{12} g/a，总体表现为先下降后上升趋势，2010 年达到最大值；温性草原 2015 年释氧量较 2000 年增加 2.03×10^{12} g/a，增加比例为 11.76%。2000—2015 年，温性荒漠草原平均单位面积植被释氧量为 113.17~160.50 g/($m^2 \cdot a$)，植被释氧总量为 1.57×10^{12}~2.15×10^{12} g/a，15 年间总体表现为先下降后上升的趋势，2010 年植被释氧量达到最大，2000—2005 年下降幅度较大，这期间植被释氧量减少了 0.5×10^{12} g/a，2015 年温性荒漠草原植被固碳释氧量较2005 年增加了 0.6×10^{11} g/a，增加比例为 2.90%。2000—2015 年，温性草原化荒漠平均单位面积植被释氧量为 87.98~136.64 g/($m^2\cdot a$)，植被释氧总量为 1.09×10^{11}~1.62×10^{11} g/a，15 年间植被释氧总量呈总体下降趋势，2015 年温性草原化荒漠植被释氧量较 2000 年减少 0.3×10^{10} g/a，减少比例为 1.89%。

表 10-11　宁夏不同区域草地植被释氧量

年份	项目	单位	温性草甸	温性草原	温性荒漠草原	温性草原化荒漠
2000	最大值	$g\cdot m^{-2}\cdot a^{-1}$	1 933.86	1 379.24	753.73	569.68
	最小值	$g\cdot m^{-2}\cdot a^{-1}$	0.00	0.00	0.00	0.00
	平均值	$g\cdot m^{-2}\cdot a^{-1}$	646.49	275.06	152.37	133.08
	释氧总量	10^{12} $g\cdot a^{-1}$	0.97	2.04	2.07	0.16
	占比	%	18.44	38.87	39.59	3.09
2005	最大值	$g\cdot m^{-2}\cdot a^{-1}$	1 471.74	1 008.14	540.92	437.63
	最小值	$g\cdot m^{-2}\cdot a^{-1}$	0.00	0.00	0.00	0.00
	平均值	$g\cdot m^{-2}\cdot a^{-1}$	551.93	264.49	113.17	87.98
	释氧总量	10^{12} $g\cdot a^{-1}$	0.83	1.97	1.57	4.47
	占比	%	18.53	43.98	35.06	2.44
2010	最大值	$g\cdot m^{-2}\cdot a^{-1}$	1 475.14	1 040.03	608.79	503.57
	最小值	$g\cdot m^{-2}\cdot a^{-1}$	0.00	0.00	0.00	0.00
	平均值	$g\cdot m^{-2}\cdot a^{-1}$	606.85	338.16	157.43	126.96
	释氧总量	10^{12} $g\cdot a^{-1}$	0.90	2.46	2.15	0.16
	占比	%	15.91	43.50	37.85	2.93
2015	最大值	$g\cdot m^{-2}\cdot a^{-1}$	1 568.68	1 140.30	606.98	560.93
	最小值	$g\cdot m^{-2}\cdot a^{-1}$	0.00	0.00	0.00	0.00
	平均值	$g\cdot m^{-2}\cdot a^{-1}$	573.62	311.92	160.50	136.64
	释氧总量	10^{12} $g\cdot a^{-1}$	0.85	2.27	2.13	0.16
	占比	%	15.75	41.96	39.35	2.93

10.6　宁夏草地生态系统服务价值量

10.6.1　研究方法

10.6.1.1　防风固沙价值量计算

草地生态系统防风固沙服务主要通过减少表土损失量，保护土壤肥力，减轻泥沙淤积灾害等生态过程来实现其经济价值，计算公式如下：

$$V_g = V_{g1} + V_{g2} + V_{g3}$$

式中，V_g 为防风固沙价值量，元/a；V_{g1} 为保护土壤肥力的价值，元/a；V_{g2} 为保护土壤肥力的价值，元/a；V_{g3} 为减少泥沙淤积的价值，元/a。

（1）保持土壤肥力的经济价值　主要为保持土壤中 N、P、K 的价值，可由化肥的价格、土壤保持量和土壤养分含量计算得到，计算公式如下：

$$V_{g1} = \sum (G \times C_i \times n_i \times P_i)$$

式中，G 为单位面积防风固沙量，kg/m²；C_i 为土壤中养分（N、P、K）平均含量，根据土壤数据测定宁夏土壤中氮含量均值为 0.283%，磷含量为 0.147%，钾含量为 2.07%；n_i 为土壤保持的氮、磷、钾，折算为尿素、过磷酸钙和氯化钾折算系数，分别为 2.164、4.065、1.923[162]；P_i 为化肥的市场价格，元/t。本研究以 2016 年尿素、过磷酸钙和氯化钾全国平均零售价格作为 P_i 取值的参考依据，分别取 1 640 元/t、890 元/t、2 815 元/t。

（2）减少废弃土地的经济价值　土壤侵蚀导致表土的损失，最终使其成为废弃土地。根据牧业的机会成本对草地生态系统保护土壤的经济价值进行估算，计算公式如下：

$$V_{g2} = \sum [G \times P_0 / (d \times h)]$$

式中，P_0 为单位面积的机会成本或年均效益，元/m²，利用 2016 宁夏国民经济和社会发展统计公报中畜牧业产值 131.16×10^8 元除以 2017 年宁夏统计年鉴中的 2016 年牧草地面积数据 20.9×10^9 m²，得到 P_0 值为 0.63 元/m²；d 为土壤容重，取中国陆地生态系统土壤容重均值 1.35 t/m³；h 为土壤厚度，取 1 m 计算。

（3）减少泥沙淤积的经济价值　采用蓄水成本法计算，依据中国主要流域泥沙运动规律，土壤流失的泥沙有 24%淤积在江河、湖泊。减少泥沙淤积的经济价值计算公式如下：

$$V_{g3} = \sum (0.24 \times G \times C / d)$$

式中，C 为水库的工程费用，元/m³，单位库容造价取值为 6.9 元/m³[163]；d 为土壤容重，1.35 t/m³）。

10.6.1.2　水源涵养价值量计算

本研究采用影子工程法计算草地生态系统水源涵养价值量。生态系统涵养水源类似于水库蓄水，通过建立蓄水量 1 t 水库影子工程的费用来估算涵养水源的价值，计算公式如下：

$$V_{uc}=\sum(W\times C/d)$$

式中，V_{uc} 为保护土壤肥力的价值，元/a；W 为水源涵养量，m；C 为水库的工程费用 6.9 元/m^3，单位库容造价取值为 6.9 元/m^3 [163]；d 为土壤容重（1.35 t/m^3）。

10.6.1.3　土壤碳累积价值量计算

土壤碳累积价值量采用边界损害成本法进行计算，计算公式如下：

$$V_{mc}=\sum(M_c\times P_m)$$

式中，V_{mc} 为土壤碳累积的价值，元/a；M_c 为单位面积草地土壤碳累积量，kg/m^2；P_m 为草地土壤对二氧化碳气体调节效益，是指采用草地土壤进行农业利用而引起的 C 的释放的价值，因为 C 的释放总值取 0.02 USD/m^3，美元兑换率取 2018 年3 月平均值 6.33，由于土壤碳累积物质量是对现有存量进行的计算，为了方便对价值量进行加和统计，假定宁夏草地资产长期存在且草地的结构和功能以及生态和经济环境能够保持相对稳定，草地资产为宁夏提供的生态服务和产品能持续存在且价值大致恒定，在此基础上对宁夏草地土壤碳累积服务价值进行贴现，计算出现值，计算方法如下：

$$TV=\{V\times[1+r-(1-r)^{-n}]\}/r$$

式中，TV 为宁夏草地生态系统土壤碳累积总价值，元；V 为土壤碳累积每年的价值，元/a)；r 为贴现率；n 为年限且被认为是无穷大。贴现率一般取值为 5%~8%，当贴现率 r 为 5%时，得到存量价值量向流量价值量的转换系数取 21，由此得到 P_m 的值为 6.028×10^{-3} 元/（kg·a）。

10.6.1.4　有机物生产价值量计算

有机物质生产的价值可以通过净第一性生产力 NPP 和有机物质的单位质量价值估算得到。本文采用能量替代法，采用标煤的价值来替代[164]，1 gC=1.474 g 标煤，标煤的市场价格取 2017 年 12 月 12 日平均标煤价格 634 元/t，计算公式如下：

$$V_{np}=\sum NPP(x)\times1.474\times0.634/1\ 000$$

式中，V_{np} 是有机物生产价值，元/（m^2·a）；$NPP(x)$是每年生产的有机物质量，gC/（m^2·a）。

10.6.1.5　土壤保持服务价值量计算

生态系统保护土壤主要通过减少表土损失量，减轻泥沙淤积灾害等生态过程来实现其经济价值。在有些研究中也计算了土壤保持带来的保护土壤肥力的价值，由于侵蚀土壤是下游冲积平原形成的土壤及其养分来源，土壤侵蚀在保持土壤肥力方面是对不同人群产生的效益或损害不尽相同，因此本研究暂不计算土壤保持带来的持留土壤肥力的价值。本研究根据土壤保持量来评价生态系统在表土损失和减轻泥沙淤积灾害两方面的价值：

10.6.2 结果分析

10.6.2.1 防风固沙价值量

我们分别统计了温性荒漠草原、温性草原化荒漠和温性草原的防风固沙价值量（图 10-8，表 10-12），温性荒漠草原和温性草原发挥着重要的防风固沙服务功能。结果表明，2000—2015 年，温性荒漠草原平均单位面积防风固沙价值在 0.01~0.04 元/(m^2·a)，呈现“降低—升高—降低”的趋势，防风固沙价值总量在 1.33×10^8~13.61×10^8 元/a，总体呈降低趋势，15 年来温性荒漠草原防风固沙价值量占宁夏草原防风固沙价值总量的 68.73%~79.76%。2000—2015 年，温性草原化荒漠平均单位面积防风固沙价值量在 0.01~0.14 元/(m^2·a)之间，总体表现为先降低后平稳的趋势，防风固沙价值总量在 0.12×10^8~1.71×10^8 元/a 之间，总体呈现先降低后平稳的变化趋势，15 年来温性草原化荒漠防风固沙价值量占宁夏草原防风固沙价值总量的 1.73%~9.99%。2000—2015 年，温性草原平均单位面积防风固沙价值在 0.004~0.020 元/(m^2·a)，总体表现为“降低—上升—降低”波动变化态势，防风固沙价值总量在 0.29×10^8~1.48×10^8 元/a，总体呈现先升高后降低的趋势，15 年来温性草原防风固沙价值量占宁夏草原防风固沙价值总量的 8.68%~22.14%。

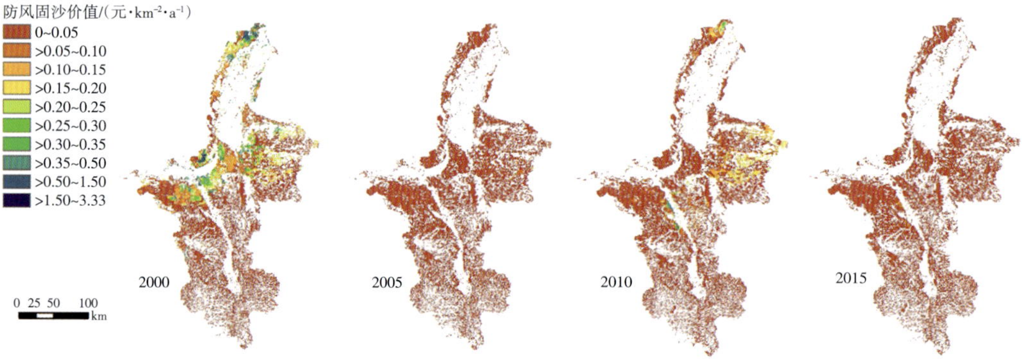

图 10-8 温性荒漠草原、温性草原化荒漠和温性草原防风固沙价值量空间格局

表 10-12 温性荒漠草原、温性草原化荒漠和温性草原防风固沙价值量

年份	项目	单位	温性荒漠草原	温性草原化荒漠	温性草原
2000	单位面积最大值	元·m^{-2}·a^{-1}	1.89	1.83	0.43
	单位面积最小值	元·m^{-2}·a^{-1}	0.00	0.00	0.00
	单位面积平均值	元·m^{-2}·a^{-1}	0.10	0.14	0.02
	防风固沙价值量	10^8 元·a^{-1}	13.61	1.71	1.48
	占比	%	79.76	9.99	8.68
2005	单位面积最大值	元·m^{-2}·a^{-1}	0.19	0.05	0.19
	单位面积最小值	元·m^{-2}·a^{-1}	0.00	0.00	0.00
	单位面积平均值	元·m^{-2}·a^{-1}	0.01	0.01	0.006
	防风固沙价值量	10^8 元·a^{-1}	1.38	0.12	2.01
	占比	%	68.73	6.15	22.14
2010	单位面积最大值	元·m^{-2}·a^{-1}	1.28	0.30	0.26
	单位面积最小值	元·m^{-2}·a^{-1}	0.00	0.00	0.00
	单位面积平均值	元·m^{-2}·a^{-1}	0.04	0.01	0.02
	防风固沙价值量	10^8 元·a^{-1}	5.45	0.12	1.46
	占比	%	76.87	1.73	20.57
2015	单位面积最大值	元·m^{-2}·a^{-1}	0.22	0.04	0.07
	单位面积最小值	元·m^{-2}·a^{-1}	0.00	0.00	0.00
	单位面积平均值	元·m^{-2}·a^{-1}	0.01	0.01	0.004
	防风固沙价值量	10^8 元·a^{-1}	1.33	0.12	0.29
	占比	%	73.97	6.48	16.24

10.6.2.2 水源涵养价值量

分别统计了温性草甸和温性草原水源涵养价值量(表 10-13)。结果表明,2000—2015 年温性草原和温性草甸水源涵养价值量总体呈先上升后有所降低的趋势,2010 年两种草原类型水源涵养价值量最高。在空间格局上,由北向南单位面积草原水源涵养价值量逐渐升高,2000—2015 年单位面积水源涵养价值量较高的区域有所减少(图 10-9)。在单位面积水源涵养价值量方面(表 10-13),温性草甸水源涵养价值量高于温性草原。其中,温性草原和温性草甸 2010 年平均单位面积水源涵养价值量最高,分别为0.29 元/(m^2·a)和 0.65 元/(m^2·a),2000 年平均单位面积水源涵养价值量最低,分别

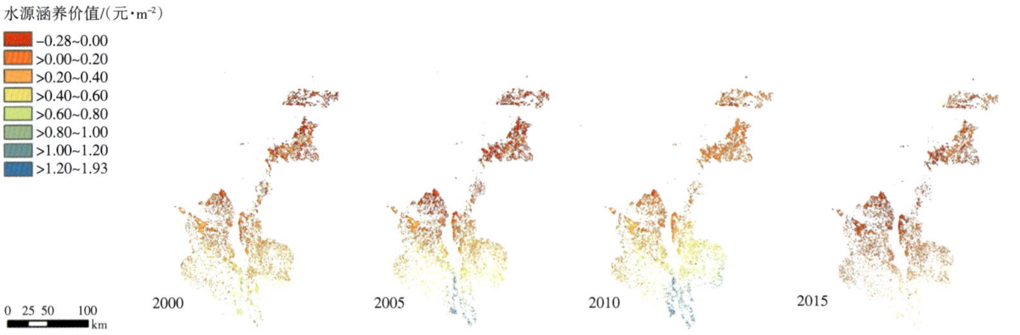

审图号：宁S[2024]第015号

图 10-9　不同年份宁夏草地生态系统水源涵养价值量分布图

表 10-13　温性草原和温性草甸水源涵养价值量

年份	项目	单位	温性草原	温性草甸
2000	单位面积最大值	元·m^{-2}·a^{-1}	1.18	1.27
	单位面积最小值	元·m^{-2}·a^{-1}	0.00	0.00
	单位面积平均值	元·m^{-2}·a^{-1}	0.14	0.39
	水源涵养价值量	亿元·m^{-2}·a^{-1}	10.36	5.83
	占比	%	64.01	35.99
2005	单位面积最大值	元·m^{-2}·a^{-1}	1.71	1.78
	单位面积最小值	元·m^{-2}·a^{-1}	0.00	0.00
	单位面积平均值	元·m^{-2}·a^{-1}	0.18	0.55
	水源涵养量	亿元·m^{-2}·a^{-1}	13.38	8.25
	占比	%	61.85	38.15
2010	单位面积最大值	元·m^{-2}·a^{-1}	1.83	1.92
	单位面积最小值	元·m^{-2}·a^{-1}	0.00	0.00
	单位面积平均值	元·m^{-2}·a^{-1}	0.29	0.65
	水源涵养价值量	亿元·m^{-2}·a^{-1}	21.18	9.67
	占比	%	65.73	30.03
2015	单位面积最大值	元·m^{-2}·a^{-1}	1.06	1.25
	单位面积最小值	元·m^{-2}·a^{-1}	0.00	0.00
	单位面积平均值	元·m^{-2}·a^{-1}	0.09	0.24
	水源涵养价值量	亿元·m^{-2}·a^{-1}	6.56	3.57
	占比	%	64.75	35.25

为 0.14 元/(m^2·a)和 0.39 元/(m^2·a)。在水源涵养总量方面，2000—2015 年，温性草原水源涵养价值量为 6.56 亿~21.18 亿元/(m^2·a)，温性草甸水源涵养价值量为3.57 亿~9.67 亿元/(m^2·a)。

10.6.2.3　有机物生产价值量

2000—2015 年，宁夏草地生态系统有机物质生产的价值总量为 28.15~36.84 亿元/a(表 10–14)，最高值出现在 2010 年，最低值则出现在 2005 年，单位面积有机物质生产价值量为 0.01~0.80 元/(m^2·a)，平均值为 0.13~0.16 元/(m^2·a)。在整体空间分布上，单位面积有机物质生产价值量较高的草地生态系统主要分布在南部，与NPP 高值分布区一致；单位面积有机物质生产价值量较低的草地生态系统则主要分布在中部和北部(图 10–10)。在年际变化上，2000—2015 年有机物质生产总价值量呈现出“降低–增加–降低”的波动趋势，2000—2005 年宁夏草地有机物质生产总价值量减少了 1.93 亿元/a，2005—2010 年增加了 8.69 亿元/a，2010—2015 年减少了 2.94 亿元/a，近 15 年间共增加了 3.82 亿元/a。草地单位面积有机物质生产价值量平均值波动趋势与有机物质生产价值总量波动趋势一致。因此近 15 年间有机物质生产价值量波动最显著的时间段是 2005—2010 年，说明此阶段草地生产力有较大幅度提升。

表 10–14　不同年份宁夏草地生态系统有机物生产价值量

年份	单位面积最大值/(元·m^{-2}·a^{-1})	单位面积最小值/(元·m^{-2}·a^{-1})	单位面积平均值/(元·m^{-2}·a^{-1})	总量/(亿元/a)
2000	0.73	0.00	0.08	19.05
2005	0.62	0.00	0.07	16.86
2010	0.62	0.00	0.09	21.36
2015	0.63	0.00	0.09	20.95

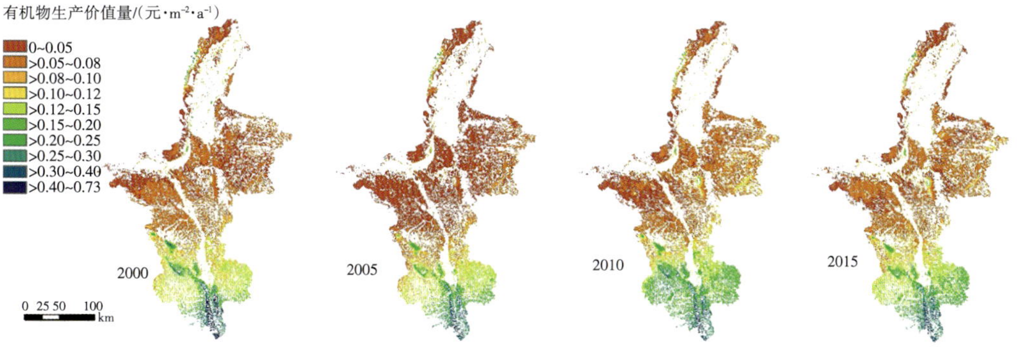

审图号：宁 S[2024]第 015 号

图 10–10　不同年份宁夏草地生态系统有机物生产价值量分布图

分别统计了宁夏主要类型草原（温性草甸、温性草原、温性荒漠草原和温性草原化荒漠）生产力供给价值量（表 10-15）。2000—2015 年，4 种类型草原生产力供给价值量占比由高到低依次为温性草原>温性荒漠草原>温性草甸>温性草原化荒漠，温性草原、温性荒漠草原、温性草甸和温性草原化荒漠生产力价值量分别为 6.69 亿~8.01 亿元/a、5.54 亿~8.19 亿元/a、2.85 亿~3.43 亿元/a 和 0.37 亿~0.61 亿元/a，分别占草原生产力价值总量的 40.55%~43.29%、35.84%~10.78%、15.20%~18.45%和 2.39%~3.34%。2000—2015 年，温性草原生产力价值量呈先上升后下降的趋势，温性荒漠草原和温性草原化荒漠生产力价值量先下降后上升，温性草甸生产力价值持续下降。可以

表 10-15　宁夏不同区域草地生态系统生产力供给价值量

年份	项目	单位	温性草甸	温性草原	温性荒漠草原	温性草原化荒漠
2000	最大值	元·m^{-2}·a^{-1}	0.68	0.48	0.26	0.20
	最小值	元·m^{-2}·a^{-1}	0.00	0.00	0.00	0.00
	平均值	元·m^{-2}·a^{-1}	0.23	0.10	0.05	0.05
	年价值总量	亿元·a^{-1}	3.43	7.40	6.81	0.61
	占比	%	18.83	40.55	37.28	3.34
2005	最大值	元·m^{-2}·a^{-1}	0.52	0.35	0.19	0.15
	最小值	元·m^{-2}·a^{-1}	0.00	0.00	0.00	0.00
	平均值	元·m^{-2}·a^{-1}	0.19	0.09	0.04	0.03
	年价值总量	亿元·a^{-1}	2.85	6.69	5.54	0.37
	占比	%	18.45	43.29	35.84	2.41
2010	最大值	元·m^{-2}·a^{-1}	0.52	0.36	0.21	0.18
	最小值	元·m^{-2}·a^{-1}	0.00	0.00	0.00	0.00
	平均值	元·m^{-2}·a^{-1}	0.21	0.09	0.06	0.05
	年价值总量	亿元·a^{-1}	3.13	6.69	8.19	0.49
	占比	%	15.20	43.29	39.81	2.39
2015	最大值	元·m^{-2}·a^{-1}	0.55	0.40	0.21	0.20
	最小值	元·m^{-2}·a^{-1}	0.00	0.00	0.00	0.00
	平均值	元·m^{-2}·a^{-1}	0.20	0.11	0.06	0.05
	年价值总量	亿元·a^{-1}	2.97	8.01	7.97	0.58
	占比	%	15.22	41.02	40.78	2.98

看出，15 年来随着温性草原生产力价值量总体减少，温性荒漠草原生产力价值量有所升高，两者差距在逐渐缩小。

10.6.2.4　土壤保持价值量

2000—2015 年，宁夏温性草原和温性草甸土壤保持服务价值总量为 13.97×10^{10}~30.85×10^{10} 元/a，平均单位面积土壤保持服务价值在 0.06~0.13 元/($m^2\cdot a$)(表 10–16)，土壤保持服务价值总量与单位面积平均值均表现为“下降—上升—下降”的波动变化趋势。在空间分布上与土壤保持服务相同，南部山区的单位面积土壤保持服务价值量相对较高，整体呈现由南向北递减的趋势(图 10–11)。

表 10–16　不同年份宁夏温性草原和温性草甸土壤保持价值

年份	最大值/(元·m^2·a^{-1})	最小值/(元·m^2·a^{-1})	平均值/(元·m^2·a^{-1})	总价值/(1 010 元·a^{-1})
2000	0.76	0.00	0.10	23.81
2005	0.99	0.00	0.08	19.26
2010	1.88	0.00	0.13	30.85
2015	0.45	0.00	0.06	13.97

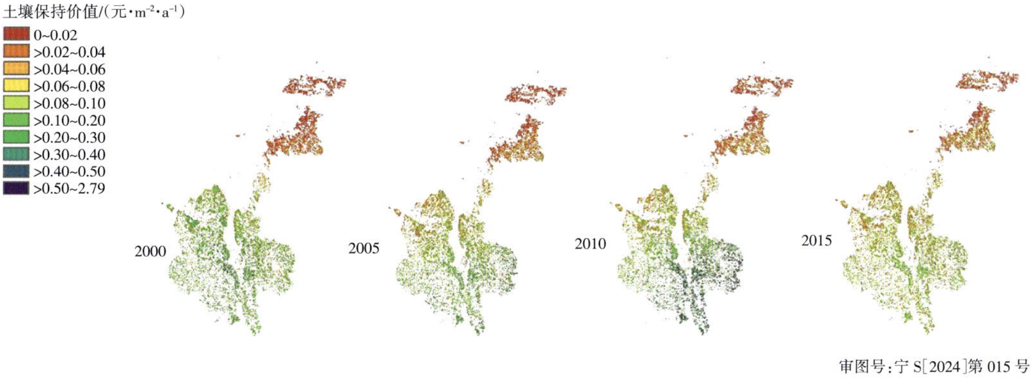

图 10–11　不同年份温性草原和温性草甸土壤保持价值

表 10–17 分别统计了宁夏温性草甸和温性草原土壤保持价值。2000—2015 年，温性草甸和温性草原土壤保持总价值分别为 1.19×10^8~3.57×10^8 元/a、4.37×10^8~5.94×10^8 元/a，分别占两种类型草原土壤保持总价值的 21.39%~28.96%和 71.04%~78.61%。15 年来，温性草甸土壤保持价值总体呈现“降低—升高—降低”的趋势，2010 年达到最高，然而 2015 年土壤保持价值最低；2015 年土壤保持价值较 2000 年减少了19%。2000—2015 年，温性草原土壤保持价值总体呈现“上升—降低—上升”的变化趋势，2015 年达到最高，2015 年土壤保持价值较 2000 年增长 6.82%。

表 10-17 宁夏温性草原和温性草甸土壤保持价值

年份	项目	单位	温性草甸	温性草原
2000	最大值	元·m^2·a^{-1}	0.76	0.76
	最小值	元·m^2·a^{-1}	0.00	0.00
	平均值	元·m^2·a^{-1}	0.16	0.09
	总价值	10^8 元/a	2.39	9.05
	占比	%	26.41	73.59
2005	最大值	元·m^2·a^{-1}	0.99	0.79
	最小值	元·m^2·a^{-1}	0.00	0.00
	平均值	元·m^2·a^{-1}	0.13	0.08
	总价值	10^8 元/a	1.95	5.94
	占比	%	24.70	75.30
2010	最大值	元·m^2·a^{-1}	1.88	1.79
	最小值	元·m^2·a^{-1}	0.00	0.00
	平均值	元·m^2·a^{-1}	0.24	0.12
	总价值	10^8 元/a	3.57	8.76
	占比	%	28.96	71.04
2015	最大值	元·m^2·a^{-1}	0.43	0.45
	最小值	元·m^2·a^{-1}	0.00	0.00
	平均值	元·m^2·a^{-1}	0.08	0.06
	总价值	10^8 元/a	1.19	4.37
	占比	%	21.39	78.61

10.6.2.5 固碳释氧价值量

2000—2015 年，宁夏草地植被固碳服务价值总量在 139.67×10^8~175.62×10^8 元/a（表10-18，图 10-12），其中植被固碳价值占比 56.52%~56.94%，在 79.47×10^8~99.67×10^8 元/a，植被释氧价值在 60.20×10^8~75.94×10^8 元/a；单位面积植被固碳释氧服务价值量为 0.29~0.37 元/(m^2·a)。2000—2015 年，植被固碳服务价值总量呈“上升—下降—上升”趋势，最高值均在 2010 年，最低值在 2005 年，2015 年宁夏草地植被固碳和释氧价值量较 2000 年分别增加了 2.59×10^8 元/a 和 0.74×10^8 元/a，增加比例分别为 2.79% 和 1.04%。

表 10–18　不同年份宁夏草地生态系统固碳释氧价值量

指标类型	年份	单位面积最大值/（元·m^{-2}·a^{-1}）	单位面积最小值/（元·m^{-2}·a^{-1}）	单位面积平均值/（元·m^{-2}·a^{-1}）	总量/（10^8 元·a^{-1}）
植被固碳价值	2000	3.43	0.00	0.39	92.87
	2005	2.94	0.00	0.33	79.47
	2010	2.93	0.00	0.42	99.67
	2015	2.98	0.00	0.41	95.46
植被释氧价值	2000	2.59	0.00	0.30	71.44
	2005	2.22	0.00	0.25	60.20
	2010	2.22	0.00	0.32	75.94
	2015	2.26	0.00	0.31	72.18

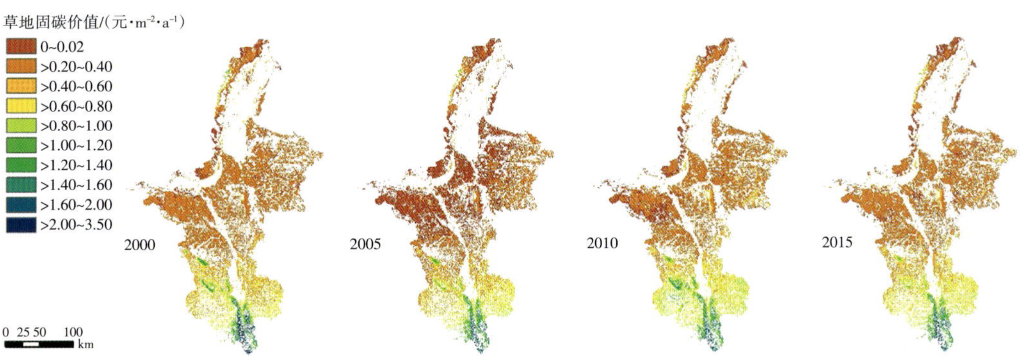

审图号：宁 S[2024]第 015 号

图 10–12　宁夏不同区域草地生态系统固碳价值量

分别统计了宁夏主要类型草原植被固碳价值量（表 10–19）。2000—2015 年，宁夏草原植被固碳服务价值量由高到低依次为温性草原>温性荒漠草原>温性草甸>温性草原化荒漠，植被固碳价值量分别为 32.70×10^8~40.90×10^8 元/a、26.30×10^8~35.49×10^8 元/a，13.65×10^8~15.99×10^8 元/a 和 1.86×10^8~2.68×10^8 元/a。2000—2015 年，温性草原植被固碳价值总量呈现先上升后下降趋势，温性荒漠草原、温性草甸和温性草原化荒漠植被固碳价值总量均呈现先下降后升高的趋势。

表 10–20 分别统计了宁夏主要类型草原植被释氧服务价值量。2000—2015 年，宁夏草原植被释氧价值量由高到低依次为温性草原>温性荒漠草原>温性草甸>温性草原化荒漠，植被释氧价值量分别为 24.52×10^8~30.67×10^8 元/a、19.05×10^8~27.30×10^8 元/a、10.35×10^8~11.95×10^8 元/a 和 1.36×10^8~2.07×10^8 元/a。2000—2015 年，温性草原、温性草甸植被释氧价值呈现“下降—上升—下降”趋势，温性荒漠草原植被释氧价值量呈现

先上升后降低趋势，温性草原化荒漠植被释氧价值量呈先降低后上升趋势。

表 10–19　不同年份宁夏草地生态系统固碳价值量

年份	项目	单位	温性草甸	温性草原	温性荒漠草原	温性草原化荒漠
2000	最大值	元·m^{-2}·a^{-1}	3.19	2.28	1.24	0.94
	最小值	元·m^{-2}·a^{-1}	0.00	0.00	0.00	0.00
	平均值	元·m^{-2}·a^{-1}	1.07	0.45	0.25	0.00
	年价值总量	10^8 元·a^{-1}	15.99	32.70	34.03	2.68
	占比	%	18.59	43.88	39.57	3.11
2005	最大值	元·m^{-2}·a^{-1}	2.43	1.66	0.89	0.72
	最小值	元·m^{-2}·a^{-1}	0.00	0.00	0.00	0.00
	平均值	元·m^{-2}·a^{-1}	0.91	0.44	0.19	0.15
	年价值总量	10^8 元·a^{-1}	13.65	32.70	26.30	1.86
	占比	%	18.32	43.88	35.30	2.49
2010	最大值	元·m^{-2}·a^{-1}	2.43	1.72	1.00	0.83
	最小值	元·m^{-2}·a^{-1}	0.00	0.00	0.00	0.00
	平均值	元·m^{-2}·a^{-1}	1.00	0.56	0.26	0.21
	年价值总量	10^8 元·a^{-1}	14.89	40.90	35.49	2.58
	占比	%	15.86	43.58	37.81	2.74
2015	最大值	元·m^{-2}·a^{-1}	2.59	1.88	1.00	0.93
	最小值	元·m^{-2}·a^{-1}	0.00	0.00	0.00	0.00
	平均值	元·m^{-2}·a^{-1}	0.95	0.51	0.26	0.23
	年价值总量	10^8 元·a^{-1}	14.13	37.17	34.53	2.68
	占比	%	15.97	41.99	39.01	3.02

表 10–20　宁夏不同区域草地生态系统释氧价值量

年份	项目	单位	温性草甸	温性草原	温性荒漠草原	温性草原化荒漠
2000	最大值	元·m^{-2}·a^{-1}	2.41	1.72	0.68	0.71
	最小值	元·m^{-2}·a^{-1}	0.00	0.00	0.00	0.00
	平均值	元·m^{-2}·a^{-1}	0.80	0.34	0.14	0.17
	年价值总量	10^8 元·a^{-1}	11.95	25.17	19.06	2.07
	占比	%	20.52	43.21	32.72	3.55

续表

年份	项目	单位	温性草甸	温性草原	温性荒漠草原	温性草原化荒漠
2005	最大值	元·m^{-2}·a^{-1}	1.84	1.26	0.68	0.55
	最小值	元·m^{-2}·a^{-1}	0.00	0.00	0.00	0.00
	平均值	元·m^{-2}·a^{-1}	0.69	0.33	0.14	0.11
	年价值总量	10^8 元·a^{-1}	10.35	24.52	19.38	1.36
	占比	%	18.61	44.09	34.85	2.45
2010	最大值	元·m^{-2}·a^{-1}	1.84	1.30	0.76	0.63
	最小值	元·m^{-2}·a^{-1}	0.00	0.00	0.00	0.00
	平均值	元·m^{-2}·a^{-1}	0.76	0.42	0.20	0.16
	年价值总量	10^8 元·a^{-1}	11.31	30.67	27.30	1.96
	占比	%	15.88	43.05	38.31	2.75
2015	最大值	元·m^{-2}·a^{-1}	1.96	1.42	0.76	0.70
	最小值	元·m^{-2}·a^{-1}	0.00	0.00	0.00	0.00
	平均值	元·m^{-2}·a^{-1}	0.72	0.39	0.20	0.17
	年价值总量	10^8 元·a^{-1}	10.71	28.42	26.56	1.98
	占比	%	15.83	42.00	39.25	2.92

10.7 结论与讨论

本章通过模拟分析宁夏草地生态系统防风固沙、水源涵养、生产力供给、土壤保持和固碳释氧的物质量和价值量，阐明了宁夏草地生态系统服务功能的时空动态。主要研究结果如下：

（1）2000—2015 年，宁夏草原单位面积防风固沙量为 0.04~0.71 kg/(m^2·a)，15 年间单位面积防风固沙能力明显降低；草原防风固沙总量为 0.93×10^9~16.9×10^9 kg/a，15 年间整体呈降低趋势。2000—2015 年，温性荒漠草原和温性草原防风固沙物质量分别占宁夏草地防风固沙总量的 61.58%~79.88% 和 9.15%~33.05%，温性荒漠草原是风蚀及沙化治理的重点区域。

（2）宁夏温性草原和温性草甸发挥了主要水源涵养服务功能。2000—2015 年，温性草原和温性草甸水源涵养物质量分别为 0.84×10^8~2.70×10^8 m^3 和 0.45×10^8~1.23×10^8 m^3，分别占宁夏草地水源涵养总量的 61.12%~65.60% 和 29.85%~38.88%，两种类型草原的水源涵养量均在 2010 年达到最高，到 2015 降低为 15 年间最低值。

(3)2000—2015 年，宁夏草地 NPP 平均值在 74.38~94.71 gC/(m^2·a)，最高值为 2010 年，最低值为 2015 年。NPP 总量在 1.79×10^{12}~2.25×10^{12} gC/a，宁夏南部草地 NPP 较高，中北部草地 NPP 较低。15 年间尽管草地生产力有所增加，但是局部草地依然呈退化趋势。

(4)温性草原和温性草甸主要发挥土壤保持功能。2000—2015 年，宁夏草地土壤保持总量在 64.10×10^{10}~146.99×10^{10} kg/a，2000 年土壤保持量最高，2005 年显著降低后在 2010 年有小幅上升，2015 年开始大幅度下降。温性草原土壤保持量占草原土壤保持总量的 95.95%~97.15%，温性草甸土壤保持量占草原土壤保持总量的2.85%~4.05%，两种类型草原土壤保持量 15 年间均呈现“下降—上升—下降”的波动变化趋势。

(5)2000—2015 年，宁夏草地单位面积植被固碳量与植被固碳总量均呈现“下降—上升—下降”的趋势，宁夏草地平均单位面积植被固碳量为 272.72~347.27 g/(m^2·a)，植被固碳总量在 6.56×10^{12}~8.24×10^{12} g/a。温性草甸、温性草原、温性荒漠草原和温性草原化荒漠植被固碳总量分别占宁夏草原固碳总量的 15.75%~18.59%、38.87%~43.98%、34.70%~39.19%和 2.41%~3.06%；温性草甸、温性草原、温性荒漠草原和温性草原化荒漠植被释氧总量分别占宁夏草地植被释氧总量的 15.75%~18.52%、38.87%~43.98%、37.85%~39.59%和 2.44%~3.09%。

(6)在防风固沙价值总量方面，2000—2015 年，温性荒漠草原防风固沙价值总量占宁夏草原防风固沙价值总量的 68.73%~79.76%，温性草原化荒漠防风固沙价值总量为1.73%~9.99%，温性草原防风固沙总量为 8.68%~22.14%。在水源涵养价值量方面，温性草原水源涵养价值量占总量的 61.85%~65.73%，温性草甸水源涵养价值量占总量的30.03%~35.99%。有机物生产价值量方面，2000—2015 年，宁夏草地生态系统有机物质生产的价值总量在 28.15 亿~36.84 亿元/a，2005—2015 年草地有机物质生产价值增长最多。2000—2015 年，温性草原、温性荒漠草原、温性草甸和温性草原化荒漠生产力价值量分别占草原生产力价值总量的 40.55%~43.29%、35.84%~10.78%、15.20%~18.45%和 2.39%~3.34%。在土壤保持价值量方面，2000—2015 年，宁夏温性草原和温性草甸土壤保持服务价值总量为 13.97×10^{10}~30.85×10^{10} 元/a，南部山区土壤保持服务价值量相对较高。温性草甸和温性草原土壤保持价值量分别占土壤保持价值总量的21.39%~28.96%和 71.04%~78.61%。宁夏草地植被固碳服务价值总量在 139.67×10^{8}~175.62×10^{8} 元/a，其中植被固碳价值占比 56.52%~56.94%；植被释氧价值在 60.20×10^{8}~

75.94×10^8 元/a。

2000—2015 年，草原固碳释氧量由高到低依次为温性草原、温性荒漠草原、温性草甸和温性草原化荒漠。其中，温性草原植被固碳价值总量呈现先上升后下降趋势，温性荒漠草原、温性草甸和温性草原化荒漠植被固碳价值总量均呈现先下降后升高的趋势。温性草原、温性草甸植被释氧价值呈现“下降—上升—下降”趋势，温性荒漠草原植被释氧价值量呈现先上升后降低趋势，温性草原化荒漠植被释氧价值量呈先降低后上升趋势。

第 11 章 基于多元指标的宁夏草原健康状况综合评价

草原生态系统是陆地植被生态系统的重要组成部分，对草原健康进行综合评价，识别草原生长状况较好或较差的区域是探究草地退化、草地生态系统健康诊断、生态系统服务功能评价和碳汇研究的基础和前提之一，也可对维护草原生态平衡、正确指导畜牧业发展等具有重要的理论与现实意义。本文以宁夏天然草原为研究对象，在选取干扰条件、植被状况、土壤状况、草原昆虫和生态系统服务 5 个一级指标和 22 个二级指标的基础上，利用野外调查数据、遥感数据及其他辅助数据，结合 GIS 和遥感技术手段，构建了集气候、植被、土壤、草原昆虫、草原生态系统服务等于一体的宁夏草原健康综合评价指标体系和评价模型，对宁夏天然草原健康状况进行了分级和分区评价。

11.1 指标体系

确定合适的指标体系是开展宁夏草原状况综合评价的关键问题。已有草原综合评价中，研究者们对于如何选择并使用评价指标尚缺乏统一认识，使得评价指标的建立成为草原状况综合评价难点之一。草地生态系统涉及气候、物理、生物、人类活动和社会经济等多方面影响，既有直接因素，也有间接因素，选择草地生态系统评价草地综合状况的指标应遵循以下要求。

(1)指标的代表性　评价指标应能代表草地生态环境本身固有的自然属性、草地生态系统特征和牧区社会经济状况，并能反映生态环境的变化趋势及受干扰和破坏的敏感性。

(2)指标的科学性　评价指标应能反映草地生态环境的本质特征及其发展发生规律，指标的物理及生物意义必须明确，测算方法准确，统计方法规范。

(3)指标的系统性　评价指标要求全面、系统地反映草地生态环境的各个方面，指标间应相互补充，充分体现草地生态环境的一体性和协调性。

(4)指标的独立性　评价指标应相互独立，不应存在相互包含和交叉关系及大同小异现象。

(5)指标的实用性　评价指标数据易获取，其计算和测量方法简便，可操作性强，实现理论科学性和现实可行性的合理统一。

根据以上原则建立了宁夏草原健康综合评价指标体系(表 11–1)。

表 11–1　宁夏草原健康综合评价指标体系

目标层	准则层	指标层	权重	指标性质
宁夏草原状况综合指数	干扰条件	干湿指数	0.076	+
		年均降水量	0.076	+
		人口密度	0.013	−
		年牲畜存栏数	0.015	−
		畜牧养殖收入比重	0.020	−
	植被状况	单位面积干草产量	0.016	+
		优良牧草比例	0.111	+
		植被覆盖度	0.030	+
		物种多样性指数	0.043	+
	土壤状况	土壤有机质	0.075	+
		土壤容重	0.013	−
		土壤全氮	0.053	+
		土壤有机碳	0.059	+
	草原昆虫状况	昆虫丰富度	0.083	+
		昆虫多样性	0.073	+
		昆虫优势度	0.013	−
		昆虫均匀度	0.031	+
	生态系统服务	防风固沙量	0.021	+
		水源涵养量	0.065	+
		植被固碳量	0.046	+
		植被释氧量	0.030	+
		土壤保持量	0.039	+

11.1.1 干扰状况指标

（1）干湿指数　利用宁夏及周边24个气象站数据，计算干燥度表征研究区域的干湿特征。年干燥度为年潜在蒸散量与年降水量的比值，计算公式为：

$$D=\frac{PE}{R}$$

式中，D为年干燥度，mm/mm；PE为年潜在蒸散量，mm；R为年降水量，mm。其中，采用FAO Penman–Monteith方法计算各气象站潜在蒸散量，计算公式为：

$$PE=\frac{0.408\,\Delta(R_n-G)+\gamma\frac{900}{T+273}\mu_2(e_s-e_a)}{\Delta+\gamma(1+0.34\,\mu_2)}$$

式中，PE为潜在蒸散量，mm/d（即参考作物蒸散量）；Δ为饱和水汽压曲线斜率，k/（Pa·℃）；R_n为作物表层净辐射，MJ/（m^2·d）；G为土壤热通量，MJ/（m^2·d）；γ为干湿表常数，k/（Pa·℃）；μ_2为2 m高度处风速，m/s；e_s为饱和水汽压，kPa；e_a为实际水汽压，kPa。

（2）年降水量（mm）　利用宁夏及周边气象站记录的降水量数据，利用克里金插值获得年降水量空间栅格图层。

（3）人口密度（人/km^2）　即人口数量与县域行政面积的比值。查阅宁夏统计年鉴获得人口数量及县域行政面积数据，在ArcGIS中对各行政区数据进行矢量赋值，再转为栅格数据格。

（4）牲畜存栏数　指羊只总数（牛、马等大牲畜按5个羊单位进行换算）与县域行政面积之比。该数据由统计年鉴查得并计算，结果在ArcGIS中对行政区矢量数据赋值，再转为栅格数据。

（5）畜牧养殖收入比重（%）　指畜牧养殖所得收入在全年收入的比重。通过统计年鉴查阅各县区年人均增长收入及畜牧养殖收入。计算结果在ArcGIS中对行政区矢量数据赋值，再转为栅格数据。

11.1.2 植被状况指标

（1）单位面积干产草量　干草产量指某地域某一段时间内生产的牧草干物质总量。单位面积产草量可以利用草地NPP计算得到。计算公式如下：

$$B_g=\frac{NPP}{S_{bn}(1+S_{ug})}$$

式中，B_g为年总单位面积干草产量，g/（m^2·a）；NPP为草地年总NPP，gC/（m^2·a）；S_{bn}

为草地生物量换算成 *NPP* 的转换系数，数值取 0.45；S_{ug} 为地下部分与地上部分生物量比例系数。

（2）优良牧草比例　优良牧草所占比重大小一定程度上反映草地的质量高低。基于野外调查样点的优良牧草比例，将样点数据进行空间插值。

（3）植被覆盖度　反映植被的茂密程度和植物进行光合作用面积的大小。本研究使用空间分辨率为 500 的 MODIS-NDVI 数据表征研究区植被盖度。为消除异常影响，采用最大合成法（Maximum Value Composite，MVC）合成年 NDVI 数据。植被覆盖度的计算公式为：

$$f_g=\frac{NDVI-NDVI_{soil}}{NDVI_{wg}-NDVI_{soil}}$$

式中，f_g 为植被覆盖度，*NDVI* 为归一化植被指数，$NDVI_{soil}$ 为归一化植被指数中的低值，即水体、裸地和不透水层等区域，$NDVI_{wg}$ 表示归一化植被指数中的高值。$NDVI_{soil}$ 和 $NDVI_{wg}$ 取值采用置信区间的最小值和最大值。

（4）植物多样性指数　根据各监测样点香农维纳指数，进行空间插值。

11.1.3　土壤状况指标

根据已有研究成果，以及宁夏天然草原土壤本地情况和一般规律，选择土壤有机质、土壤全氮、土壤有机碳和土壤容重四个指标，数据均为草原监测点实地取样并带回实验室测试，数据结果利用克里金插值进行数值的栅格化处理。

11.1.4　草原昆虫指标

根据 49 个监测点昆虫调查数据，昆虫多样性的计算公式为：

（1）Margalef 丰富度指数（*d*）

$$d=(S-1)/\ln N$$

式中，*S* 为物种数；*N* 为所有物种的个体数之和。

（2）Shannon-Wienner 多样性指数（*H'*）

$$H'=-\sum_{i=1}^{S}P_i\ln P_i$$

其中，为某个监测区内第种个体占该监测区内总个体数的比例。

（3）Simpson 优势度指数（λ）

$$\lambda=\sum\frac{N_i(N_i-1)}{N(N-1)}$$

式中，N_i 为第 i 监测区物种个体数之和。λ 值越大，说明昆虫群落集中性越高，多样性越低。

（4）均匀性指数 E

$$E=H'/H'_{max}=H'/\ln S$$

11.1.5 生态系统服务指标

（1）防风固沙量 利用修正的土壤风蚀方程（revised wind erosion eguation，RWEQ）模型计算宁夏草原土壤风蚀量。RWEQ 模型充分考虑气候条件、植被覆盖状况、土壤可蚀性、土壤结皮、地表粗糙度等因素，定量评估研究区土壤风蚀量的动态变化。其中，植被防风固沙功能的变化量即防风固沙量用潜在土壤风蚀量与实际土壤风蚀量的差值表示。

（2）水源涵养量 水源涵养服务是指一定时间范围内，生态系统保持水分的过程与能力，是生态系统中植被、土壤与水分之间共同作用产生的综合能力的表征。水源涵养量的计算方法有多种，其中水量平衡法计算方法相对简单，计算所需参数少，适用于所有时间和空间尺度。本研究采用水量平衡模型方程（InVEST 模型）计算水源涵养量，主要与降水量、蒸散发、地表径流量和植被覆盖类型等因素密切相关量。

（3）土壤保持量 采用修正的通用土壤流失方程 RUSLE 估算宁夏不同生态系统的土壤保持量，即潜在土壤水蚀量与实际土壤水蚀量之差。潜在土壤水蚀量为没有植被覆盖和任何水土保持措施时的土壤水蚀量；实际土壤水蚀量为考虑地表植被覆盖和水土保持措施下的土壤水蚀量。

（4）固碳释氧量 指生态系统通过光合作用和呼吸作用对大气 CO_2 和 O_2 的调节。生态系统固碳分为植物固碳和土壤固碳两部分，由于土壤固碳机制复杂，本研究仅考虑植物的固碳服务。释氧服务由植被提供，植物固碳释氧量可以通过光合作用方程根据 NPP 估算得到。

以上各指标图层属性参数统一为：大地坐标系，Krasovsky-1940-Albers 投影，南北标准纬度分别为 25°N 和 27°N，中央经线 105°E，栅格大小为 500 m。所有图层的空间分析和处理在 ArcGIS10.4 和 ENVI5.3 中完成。

11.2 评价模型

11.2.1 数据标准化

基于已有研究成果，确定评价指标的正负向关系。正向指标越大，则表明草原状况越好或该因素有利于草原向好的方向发展；负向指标越大，则表明草原状况越不好或该因素不利于草原向好的方向发展。

由于各指标性质不同量纲各异，不能直接进行草原状况综合评价。为消除各原始变量的量纲差异，在综合评价前对所有参评指标进行标准化处理。采用极差标准化对原始数据进行标准化处理。计算公式为：

$$P_i=(x_i-x_{min})/(x_{max}-x_{min})$$

$$P_i=(x_{max}-x_i)/(x_{max}-x_{min})$$

式中，P_i 表示第 i 个栅格指标的标准化值；x_i 表示第 i 个栅格指标的实际值；x_{max} 和 x_{min} 分别表示第 i 个栅格指标的最大值和最小值。

11.2.2　指标权重的确定

本研究采用层次分析法（the analytic hierarchy process，AHP）确定各评价指标的权重。层次分析法（*AHP*）是一种定性和定量相结合、系统化、层次化和决策分析方法，是一个将决策者对复杂系统的决策思维过程模型化、数量化的过程。通过建立层次结构模型，构造判断矩阵，对层次进行单排序，并通过一致性检验（$CR<0.1$），最后进行层次总排序。本研究利用 yaahp10.3 软件计算各评价指标的权重值，指标层各要素权重值见表 1，其中准则层要素为等值权重。

11.2.3　草原状况综合指数（*GI*）

使用综合指数法计算草原状况各准则层的指数，计算公式如下：

$$I=\sum_{i=1}^{n}(e_i w_i)$$

式中，I 为准则层指数；e_i 为目标层第 i 个指标的标准化值；w_i 表示第 i 个指标的权重；n 为指标个数。

$$GI=D+V+S+K+E$$

式中，GI 为草原状况综合指数，D 为草原干扰状况，V 为草原植被状况，S 为草原土壤状况，K 为草原昆虫状况，E 为草原生态服务功能。

由于草原状况等级划分尚无统一标准，自然断点法作为一种基于数据分布特征的客观分级方法，能使平均离散方差组间最大而组内最小，常用于生态敏感性等研究的分级。因此，本研究借助这一方法对宁夏天然草原状况综合指数进行分级，将评价结果划分为五个等级（表 11–2）。

表 11-2　宁夏草原状况等级及其综合指数范围

草原状况等级	草原状况综合指数范围
不健康	0.12~0.25
较不健康	0.26~0.33
亚健康	0.34~0.44
较健康	0.45~0.57
健康	0.58~0.78

11.3　结果分析

11.3.1　干扰状况指数

由干扰指数分布图可知(图 11-1),宁夏天然草原干扰状况指数为 0.049~0.174,空间分布上呈现出由北向南干扰指数逐渐升高。其中,干扰状况指数最低的区县为石嘴山惠农区、吴忠利通区,指数较高的区县为泾源县、隆德县、彭阳县和原州区。表明宁夏中北北部气候、社会经济等自然条件和人为干扰对草原生长状况产生更多不利影响,而宁夏南部这种不利影响较弱。

11.3.2　植被状况指数

由植被状况指数可知,宁夏天然草原植被状况指数为 0.020~0.181,总体呈现出由北向南逐渐升高的特征。其中,植被状况指数较低的区域主要分布在惠农区、大武口区和平罗县,指数较高的区域主要分布于海原、西吉、隆德、原州区和彭阳县。植被状况指数越高表明草原综合状况越好。

11.3.3　土壤状况指数

土壤状况指数宁夏中北部指数较低,南部指数较低,范围在 0.005~0.200。北部土壤状况指数较高的区县为青铜峡市、灵武市东南部、盐池县西部;南部指数较高的区县为海原县和原州区。土壤状况指数越高,表明土壤有机质、有机碳、全氮等土壤养分含量越高,对天然草原综合状况的影响越有利。

11.3.4　草原昆虫指数

宁夏天然草原昆虫指数为 0.009~0.181,空间上表现为由北向南逐渐升高。其中,草原昆虫指数较低的区县为灵武市、平罗县,草原昆虫指数较高的区县为西吉县、原州区、隆德县、泾源县和彭阳县。草原昆虫指数越高,表明该区域昆虫丰富度、多样性和均匀度越高,同时昆虫优势度越低。

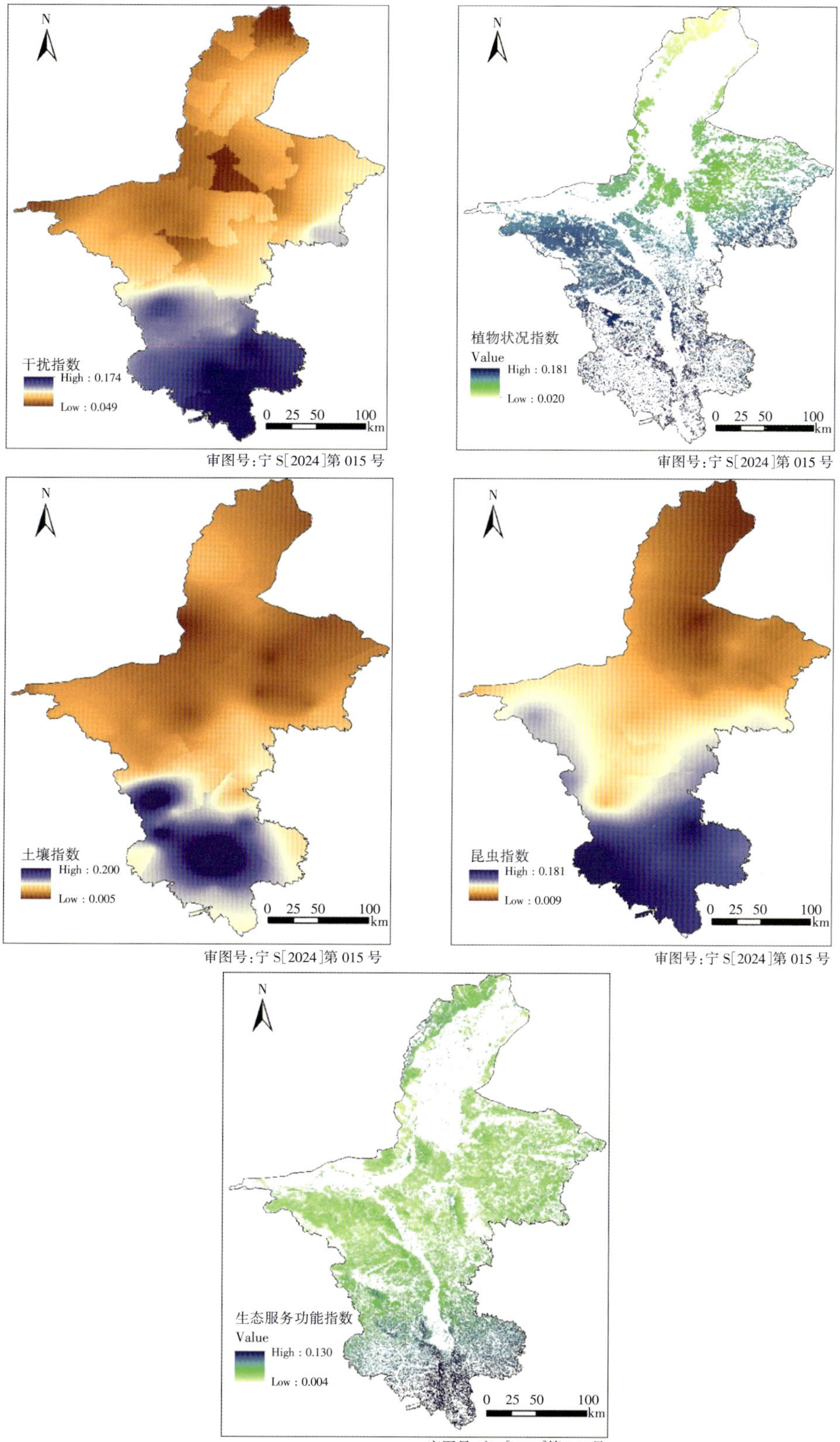

图 11-1　宁夏草原准则层各指标的指数分布特征

11.3.5 生态服务功能指数

宁夏草原生态服务功能指数为 0.004~0.130，空间上表现为由北向南逐渐升高的趋势。其中，宁夏中北部指数分布较为均匀，而指数较高的区域集中在宁夏南部，泾源县、隆德县和彭阳县，其次为西吉县、原州区和海原县。生态服务功能指数越高表明草原综合状况越好，发挥的生态服务功能作用越大。

11.3.6 草原健康综合指数

图 11–2 为宁夏天然草原健康综合指数分布特征。草原健康综合指数为 0.120~0.769。空间分布上，草原健康综合指数呈现由北向南逐渐升高的趋势，草原等级北部较低、南部较高。对不同草原健康等级的面积进行统计可知（表 11–3），宁夏草原以亚健康、较不健康和不健康三个等级为主，三者面积之和占 79.62%。其中，亚健康面积最大，为 1 156.96 万亩，占草原总面积的 31.71%；其次为不健康等级，面积为 1 016.95万亩，占草原总面积的 27.87%；较不健康面积 731.43 万亩，占草原总面积的 20.04%。此外，健康和较健康面积分别为 378.78 万亩和 364.32 万亩，仅占草原总面积的 10.38% 和 9.99%。

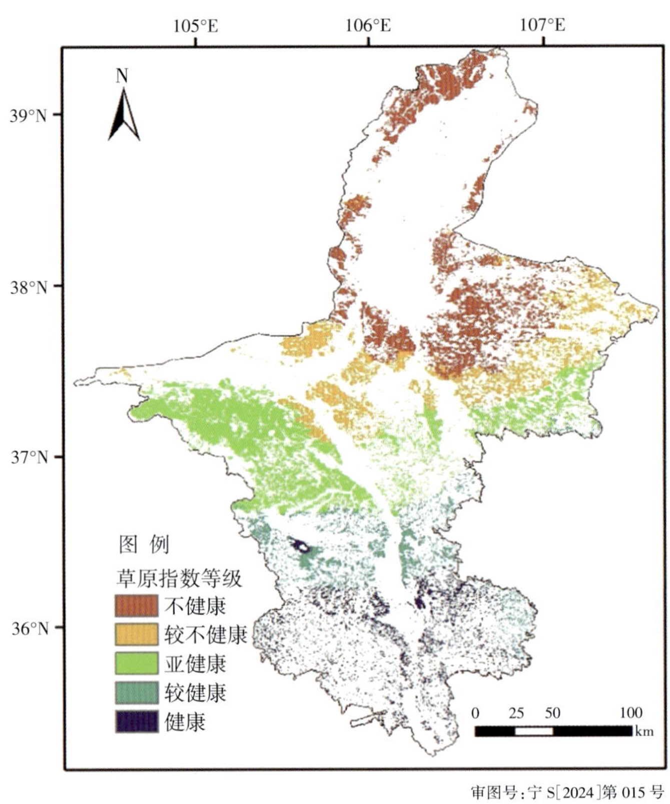

图 11–2 宁夏天然草原状况综合指数分布特征

表 11–3　不同草原健康等级面积和百分比

健康等级	面积/万亩	百分比/%
不健康	1 016.95	27.87
较不健康	731.43	20.04
亚健康	1 156.96	31.71
较健康	364.32	9.99
健康	378.78	10.38

表 11–4 为宁夏各行政区不同草原状况面积及占比。可知草原不健康的状态，灵武市面积最大，为 285.06 万亩，占天然草原总面积的 7.81%，其次为盐池县 141.67 万亩，占天然草原总面积的 3.88%。草地状况较不健康的等级中，盐池县面积最大，为 279.29 万亩，占天然草原总面积的 7.66%，其次为中宁县 187.63 万亩，占草原总面积的 5.14%，红寺堡区较不健康面积为 152.02 万亩，占草原总面积的 4.17%。在草原状况为亚健康的等级中，沙坡头区面积最大，为 536.3 万亩，占草原总面积的 14.7%，其次是盐池县 170.85 万亩，占草原总面积的 4.68%，中宁县面积为 169.66 万亩，占草原总面积的 4.65%。在草原状况较健康的等级中，海原县面积最大，为 234.06 万亩，占草原总面积的 6.42%，其次为彭阳县，面积为 41.65 万亩，占草原总面积的 1.14%。在草原状况健康的等级中，原州区和西吉县面积最大，分别为 112.15 万亩和 106.72 万亩，占草原总面积的 3.07%和 2.92%。

按照行政区来看，草原面积前五位依次为盐池县>沙坡头区>海原县>中宁县>灵武市。盐池县草原面积最大，为 602.69 万亩，占全区天然草原面积的 16.52%，但是不健康、较不健康和亚健康状态的草地占到了 16.22%，表明盐池县草原健康水平较低。沙坡头区草原面积为 560.57 万亩，占全区天然草原总面积的 15.37%，其中较不健康和亚健康状态的草地占 15.3%；海原县草原面积为 366.24 万亩，占全区天然草原总面积的 10.04%，其中较健康和健康状态草原占 7.17%，草原健康状态相对好于其他区县。中宁县草原面积 359.68 万亩，占全区天然草原面积的 9.86%，但是均处于不健康、较不健康或者亚健康状态。灵武市草原面积为 292.55 万亩，占全区草原总面积的 8.02%，但是全部处于不健康和较不健康状态，因此总体草原健康水平较低。

表 11-4　宁夏各行政区草原健康等级及面积

地区	不健康		较不健康		亚健康		较健康		健康		合计	
	面积/万亩	占比/%	面积/万亩	占比/%	面积/万亩	占比/%	面积/万亩	占比/%	面积/万亩	占比/%	面积/万亩	占比/%
银川市	78.06	2.14	7.36	0.20	0	0	0	0	0	0	85.42	2.34
大武口区	112.42	3.08	0	0	0	0	0	0	0	0	112.42	3.08
盐池县	141.67	3.88	279.29	7.66	170.85	4.68	10.88	0.30	0	0	602.69	16.52
同心县	0	0	53.26	1.46	159.11	4.36	36.15	0.99	0	0	248.52	6.81
惠农区	78.20	2.14	0	0	0	0	0	0	0	0	78.20	2.14
平罗县	56.04	1.54	0	0	0	0	0	0	0	0	56.04	1.54
利通区	79.39	2.18	0.8	0.02	0	0	0	0	0	0	80.19	2.20
红寺堡区	71.43	1.96	152.02	4.17	16.25	0.45	0	0	0	0	239.70	6.58
灵武市	285.06	7.81	7.49	0.21	0	0	0	0	0	0	292.55	8.02
青铜峡市	112.29	3.08	21.75	0.60	0	0	0	0	0	0	134.04	3.68
原州区	0	0	0	0	0	0	36.94	1.01	112.15	3.07	149.09	4.08
西吉县	0	0	0	0	0	0	2.19	0.06	106.72	2.92	108.91	2.98
泾源县	0	0	0	0	0	0	0	0	34.49	0.95	34.49	0.95
彭阳县	0	0	0	0	0	0	41.65	1.14	74.61	2.05	116.26	3.19
沙坡头区	0	0	21.82	0.60	536.30	14.70	2.45	0.07	0	0	560.57	15.37
中宁县	2.39	0.07	187.63	5.14	169.66	4.65	0	0	0	0	359.68	9.86
海原县	0	0	0	0	104.79	2.87	234.06	6.42	27.39	0.75	366.24	10.04
隆德县	0	0	0	0	0	0	0	0	23.41	0.64	23.41	0.64

11.4　结论与讨论

本研究以宁夏天然草原为研究区域，综合运用 GIS 和遥感手段，结合野外调查数据、遥感数据及其他辅助数据，构建了集气候、植被、土壤、昆虫、草原生态服务功能于一体的宁夏草原状况指标体系和评价模型，对宁夏天然草原状况进行了分级和分区评价，主要结论如下：

（1）结合宁夏天然草地资源本底情况，遵循代表性、科学性、系统性、独立性和实用性的指标选取原则，本研究从干扰条件、植被状况、土壤状况、草原昆虫状况和生态服务功能五方面共选取 22 个指标构建了宁夏草原状况综合评价体系。

（2）将 22 个指标的数据进行空间栅格化，采用极差标准化法对不同指标图层进行归一化计算，采用层次分析法确定每个指标的权重，使用综合指数法计算宁夏草原状况综合指数（*GI*），借助自然断点法对宁夏天然草原状况进行分级，共划分为 5 个等级，分别为不健康（0.12~0.25）、较不健康（0.26~0.33）、亚健康（0.34~0.44）、较健康（0.45~0.57）、健康（0.58~0.78）。

（3）草原干扰状况指数为 0.049~0.174，空间分布上呈现出由北向南干扰指数逐渐升高，表明宁夏中北北部气候、社会经济等自然条件和人为干扰对草原生长状况产生更多不利影响，而宁夏南部这种不利影响较弱。草原植被状况指数为 0.020~0.181，总体呈现出由北向南逐渐升高的特征，植被状况指数越高表明草原综合状况越好。土壤状况宁夏中北部指数较低，南部指数较低，范围在 0.005~0.200，土壤状况指数越高，表明土壤有机质、有机碳、全氮等土壤养分含量越高，对天然草原综合状况的影响越有利。天然草原昆虫指数为 0.009~0.181，空间上表现为由北向南逐渐升高。草原生态服务功能指数为 0.004~0.130，空间上表现为由北向南逐渐升高的趋势，生态服务功能指数越高表明草原综合状况越好，发挥的生物服务功能作用越大。

（4）草原状况综合指数为 0.120~0.769。空间分布上，草原状况综合指数呈现由北向南逐渐升高的趋势，草原等级北部较低、南部较高，草原等级越高则草原综合状况越好。草原亚健康状态的面积最多，为 1 156.96 万亩，占天然草原总面积的 31.71%，其次为草原不健康状态，面积为 1 016.95 万亩，占天然草原总面积的 27.87%。健康和较健康草原面积分别为 378.78 和 364.32 万亩，仅占天然草原总面积的 10.38% 和 9.99%。从行政区划上看，草原不健康等级中，灵武市面积最大，其次为盐池；草原状况较不健康等级中，盐池县面积最大，其次为中宁县。草原状况亚健康的等级中，沙坡头区面积最大，其次是盐池县；草原状况较健康的等级中，海原县面积最大，其次为彭阳县；草原状况健康等级中，原州区和西吉县面积最大。

参考文献

[1] 杨发林，李克昌，于钊. 试论草原生态服务功能的重要地位[C]. //中国草学会. 中国草业可持续发展战略论坛论文集，2004:231-235.

[2] 周蕾，王微. 宁夏草原生态保护与管理政策认知调研分析[J]. 资源开发与市场，2020, 36(4):389-394.

[3] 赵勇，于钊. 宁夏草原监测[M]. 银川：阳光出版社，2016.

[4] 许鹏. 草地资源调查规划学[M]. 北京：中国农业出版社，1994.

[5] HUMPHREY R R. Some fundamentals of the classification of range condition [J]. Journal of Forestry, 1945, 43(9): 646-647.

[6] DYKSTERHUIS E J. Condition and management of range land based on quantitative ecology[J]. Journal of Range Management, 1949, 2(3): 104-115.

[7] HOLM A M, BURNSIDE D G, MITCHELL A A. The development of a system for monitoring trend in range condition in the arid shrublands of Western Australia[J]. The Australian Rangeland Journal, 1987, 9(1): 14-20.

[8] RUPPERT J C, HARMONEY K R, HENKIN Z, et al. Quantifying drylands´ drought resistance and recovery: the importance of drought intensity, dominant life history and grazing regime[J]. Global Change Biology, 2015, 21(3): 1258-1270.

[9] HIGGINBOTTOM T P, SYMEONAKIS E. Assessing land degradation and desertification using vegetation index data: current frameworks and future directions[J]. Remote Sensing, 2014, 6(10): 9552-9575.

[10] FIELD C B, BEHRENFELD M J, RANDERSON J T, et al. Primary production of the biophere: Integrating terrestrial and oceanic components[J]. Science, 1998, 281

(5374): 237–240.

[11] MATSUSHITA B, TAMURA M. Integrating remotely sensed data with an ecosystem model to estimate net primary productivity in East Asia[J]. Remote Sensing of Environment, 2002, 81(1): 58–66.

[12] 王正兴，刘闯，ALFREDO H. 植被指数研究进展：从 AVHRR–NDVI 到 MODIS–EVI [J]. 生态学报，2003，23(5)：979–987.

[13] GRAETZ R D, PECH R P, GENTLE M R, et al. The application of Landsat image data to rangland assessment and monitoring the development and demonstration of a land image–based resource information system (LIBRIS)[J]. Journal of Arid Enironments, 1986, 10(1): 53–80.

[14] MCNULTY S G, VOSE J M, SWANK W T, et al. Regional–scale forest ecosystem modeling: Database development, model predictions and validation using a Geographic Information System[J]. Climate Research, 1994, 4(3): 223–231.

[15] PICKUP G, BASTIN G N, CHEWINGS V H. Remote–sensing–based condition assessment for nonequilibrium rangelands under large–scale commercial grazing[J]. Ecological Applications, 1994, 4(3): 497–517.

[16] JOHNSON A K, EBERT S P, MURRAY A E. Land cover change and its environmental significance in the Herbert River catchment, north–east Queensland[J]. Australian Geographer, 2000, 31(1): 75–86.

[17] PATILLO B C, HONORATO P R, COVACEVIC C N, et al. Application of remote sensing and GIS to the evaluation of rangeland resources in the Magallanes region[J]. Cienciae Investigacion Agraria, 1997, 24:103–111.

[18] VETTER L. GIS–based analyses of salt grassland biotope at the Baltic coast to find optimal location conditions for extensive cattle grazing[M]. Folia Universitatis Agriculturae Stetinensis, 1999, Agricultura(80): 5–10.

[19] 樊锦沼，张传道，吕玉华. 应用气象卫星资料估算草场产草量方法的研究[J]. 干旱区资源与环境，1990，4(8)：76–83.

[20] 王鹏新，陈晓玲，李飞鹏. 典型干草原退化草地的时空分布特征及其动态监测[J]. 干旱地区农业研究，2002，20(1)：92–94.

[21] 许鹏新，朱进忠，安沙舟. 利用遥感图象解译草地类型的探讨[J]. 中国草地，1988(6)：61–67.

[22] 李文和. 应用遥感技术进行天然草地资源调查的探讨[J]. 中国草地，1989(2):74-76.

[23] 任继周，胡自治，陈全功. 草地遥感应用动态与研究进展[J]. 草业科学，1996，13(1)：55-60.

[24] 苏莹，李月飞，陈林，等. 土壤类型和降雨变化对猪毛蒿种群动态的影响[J]. 干旱区研究，2019，36(5)：1175-1185.

[25] 许冬梅，刘彩凤，谢应忠，等. 盐池县草地沙化演替过程中土壤理化特性的变化[J]. 水土保持研究，2009，16(4)：85-88.

[26] 朱玉果，杜灵通，谢应忠，等. 2000—2015 年宁夏草地净初级生产力时空特征及其气候响应[J]. 生态学报，2019，39(2)：518-529.

[27] 沈彦. 宁夏盐池沙化草地植被动态特征及围封效应研究 [D]. 北京：北京林业大学，2008.

[28] WILLEMEN L，BURKHARD B，CROSSMAN N，et al. Editorial：Best practices for mapping ecosystem services[J]. Ecosystem Services，2015，13：1-5.

[29] WILSON C L，MATTHEWS W H. Man's impact on the global environmengt：assessment and recommendations for action[M]. Massachussetts：The MIT Press，1970.

[30] 谢高地，肖玉，鲁春霞. 生态系统服务研究：进展、局限和基本范式[J]. 植物生态学报，2006，30(2)：191-199.

[31] DAILY G C. Nture´s services：societal dependence on natural ecosystems[M]. The future of nature. Washington D C：Island Press，1997.

[32] COSTANZA R，D'ARGE R，GROOT R，et al. The value of the world´s ecosystem services and natural capital[J]. Nature，1997，387：253-260.

[33] Millennium Ecosystem Assessment Board. Millenium ecosystem assessment：Ecosystems and human well-being [M]. A report of the conceptual frameword working group of the millennium ecosystem assessment，Washington D C：Island Press，2003.

[34] HAINES-YOUNG R，POTSCHIN M. The links between biodiversity，ecosystem services and human well-being[M]. Ecosystem Services：A new synthesis. UK：Cambridge University Press，2010：110-139.

[35] GROOT R S，ALKEMADE R，BRAAT L，et al. Challenges in integrating the concept of ecosystem services and values in landscape planning，management and decision making[J]. Ecological Complexity，2010，7(3)：260-272.

[36] 欧阳志云，王如松. 生态系统服务功能、生态价值与可持续发展[J]. 世界科技研究与发展，2000，1(5)：45–50.

[37] 谢高地，鲁春霞，成升魁. 全球生态系统服务价值评估研究进展[J]. 资源科学，2001，23(6)：5–9.

[38] 李双成. 生态系统服务地理学[M]. 北京：科学出版社，2014.

[39] 谢高地，甄霖，鲁春霞，等. 生态系统服务的供给、消费和价值化[J]. 资源科学，2008，30(1)：93–99.

[40] 张伟，张宏业，张义丰. 生态系统服务功能价值核算与地理学综合研究[J]. 地理科学进展，2009，28(3)：465–470.

[41] 李双成，刘金龙，张才玉，等. 生态系统服务研究动态及地理学研究范式[J]. 地理学报，2011，66(12)：1618–1630.

[42] 李双成，王珏，朱文博，等. 基于空间与区域视角的生态系统服务地理学框架[J]. 地理学报，2014，69(11)：1628–1639.

[43] 李双成，张才玉，刘金龙，等. 生态系统服务权衡与协同研究进展及地理学研究议题[J]. 地理研究，2013，32(8)：1379–1390.

[44] 张宏锋，欧阳志云，郑华. 生态系统服务功能的空间尺度特征[J]. 生态学杂志，2007，26(9)：1432–1437.

[45] 张立伟，傅伯杰. 生态系统服务制图研究进展[J]. 生态学报，2014，34 (2)：316–325.

[46] ODUM H T，ODUM E P. The energetic basis for valation of ecosystem services[J]. Ecosystems，2000，3：21–23.

[47] 赵景柱，肖寒，吴刚，等. 生态系统服务的物质量与价值量评价方法的比较分析[J]. 应用生态学报，2000，11(2)：290–292.

[48] RECOUS S，AITA C. In situ changes in gross N transformations in bare soil after addition ⊖ of straw[J]. Soil Biology & Biochemistry,1999,31(1):119–133.

[49] 单贵莲，徐柱，宁发. 草地生态系统健康评价的研究进展与发展趋势[J]. 中国草地学报，2008，30(2)：98–103.

[50] 孟林. 草地资源综合评价研究进展[J]. 草原与牧草，1998，4(83)：1–8.

[51] HUMPHREY R R，MEHRHOFF L A. Vegetation changes on a southern Arizona grassland range[J]. Ecology，1958，39(4)：720–726.

[52] PELLANT M，SHAVER P，PYKE D，et al. Interprinting indicators of rangeland health

(version 4) [M]. Colorado: Division of Science Integration Branch of Publishing Services, 2005.

[53] 李博. 中国北方草地退化及其防治对策[M]. 中国农业科学, 1997, 30(6):1-9.

[54] 任继周. 草地资源的属性、结构与健康评价[C]. //中国草原学会.中国草地科学进展：第四届第二次年会暨学术讨论会文集, 1996: 3-7.

[55] 侯扶江，于应文，傅华，等. 阿拉善草地健康评价的 CVOR 指数[J]. 草业学报，2004. 13(4): 117-126.

[56] 高安社. 羊草草原放牧地生态系统健康评价[D]. 呼和浩特：内蒙古农业大学，2005.

[57] 赵玉婷. 近 13 年甘南州草地生态系统健康动态评价[D]. 兰州：兰州大学，2016.

[58] 梁燕，韩国栋，赵萌莉，等. 草地生态系统健康评价的内容与实施方法[J]. 畜牧与饲料科学，2004(6): 107-109.

[59] 郝璐，王静爱，张化. 北方草地畜牧业生态系统健康综合评价与诊断[J]. 生态学报，2008，28(4): 1456-1465.

[60] 赵有益，龙瑞军，林慧龙，等. 草地生态系统安全及其评价研究[J]. 草业学报，2008，17(2): 143-150.

[61] 叶鑫，周华坤，赵新全. 草地生态系统健康研究述评[J]. 草业科学，2011，28(4): 549-560.

[62] 孔红梅，赵景柱，马克明，等. 生态系统健康评价方法初探[J]. 应用生态学报，2002，13(4): 486-490.

[63] 戴纪翠，倪晋仁. 底栖动物在水生生态系统健康评价中的作用分析[J]. 生态环境，2008，17(5): 2107-2111.

[64] 张红玉，欧晓红. 以昆虫为指示物种监测和评价森林生态系统健康初探[J]. 世界林业研究，2006，19(4): 22-25.

[65] 萨依拉木姑丽·阿布杜木萨. 基于指示生物（蜻蜓）的河流生态修复效果评价研究[D]. 吉林：东北师范大学，2014.

[66] 武晶. 应用鱼类完整性指数（F-IBI）评价小清河健康状况[D]. 济南：山东大学，2015.

[67] 汤春梅，蔡继增，杨庆森. 以蝴蝶为指示物评价小陇山林区森林生态系统健康初探[J]. 林业实用技术，2014(5): 5-7.

[68] 彭建，王仰麟，吴健生，等. 区域生态系统健康评价——研究方法与进展[J]. 生态学报，2007，11(11): 4877-4885.

[69] 崔保山，杨志峰. 湿地生态系统健康评价指标体系Ⅱ. 方法与案例[J]. 生态学报，2002，22(8)：1231–1239.

[70] 官冬杰，苏维词. 城市生态系统健康评价方法及其应用研究[J]. 环境科学学报，2006，26(10)：1716–1722.

[71] 戴全厚，刘国彬，田均良，等. 侵蚀环境小流域生态经济系统健康定量评价[J]. 生态学报，2006，26(7)：2219–2228.

[72] 陈铭，张树清，王志强，等. 基于GIS的蛟流河流域湿地生态系统健康评价[J]. 农业系统科学与综合研究，2006，22(3)：165–168.

[73] 谭鹏. 应用聚类分析及判别分析对宁夏天然草地分类的探讨 [J]. 宁夏农林科技，2015，56(8)：58–60.

[74] 周梦华. 宁夏云雾山天然草地根系分布特征的研究[D]. 杨凌：西北农林科技大学，2008.

[75] 陈云云. 宁夏东部干旱风沙区退化柠条灌丛草地恢复过程中植被与土壤动态特征研究[D]. 银川：宁夏大学，2004.

[76] 李克昌，陈宏，吴新宁，等. 四合木在宁夏草地的分布、群落类型和经济价值[J]. 草地学报，2015，3(1)：75–84.

[77] 饶丽仙，沈艳，聂明鹤，等. 宁夏典型草原不同退耕年限草地植物—土壤生态化学计量特征[J]. 草业学报，2017，26(4)：43–52.

[78] 马超，石云，李梦华，等. 基于NDVI的黄土丘陵沟壑区草地生物量模型研究—以宁夏彭阳县为例[J]. 宁夏工程技术，2017，16(1)：19–23.

[79] 杨君珑，李小伟. 宁夏不同草地类型土壤有机碳组分特征[J]. 生态环境学报，2017，26(1)：55–61.

[80] 张义凡，陈林，杨新国，等. 围封与放牧对荒漠草原土壤理化性质的影响[J]. 北方园艺，2017(1)：171–176.

[81] 陈晶，兰剑，俞鸿千. 气候因子对宁夏干旱、半干旱区天然草地第一性生产力的影响[J]. 广东农业科学，2014，16：45–49.

[82] 马甜，王俊波，张治华，等. 宁夏中部干旱带天然草地气候生产潜力研究[J]. 草地学报，2013，21(2)：236–242.

[83] 施新民，黄峰，陈晓光，等. 气候变化对宁夏草地生态系统的影响分析[J]. 干旱区资源与环境，2008，22(2)：65–69.

[84] 苏占胜，陈晓光，黄峰，等. 宁夏农牧交错区(盐池)草地生产力对气候变化的响应

[J]. 中国沙漠, 2007, 27(3): 430–435.

[85] 侯光良, 陈沈斌, 刘允芬. 宁夏天然草场产量与气候因子关系及人工草地产量估算[J]. 自然资源学报, 1989, 4(1): 54–59.

[86] 杜庆, 李美君, 边振, 等. 不同土地利用方式下草地植被动态变化特征——以宁夏盐池县为例[J]. 干旱区研究, 2016,33(3): 569–576.

[87] 王冠琪, 张克斌, 王志述. 不同封育条件下荒漠草原生态系统健康评价[J]. 中国水土保持科学, 2014, 12(2): 40–46.

[88] 黄文广, 刘晓东, 于钊, 等. 禁牧对草地覆盖度的影响——以宁夏盐池县为例[J]. 草业科学, 2011, 28(8): 1502–1506.

[89] 李帅, 顾艳文, 陈锦平, 等. 宁夏黄河流域土地利用时空变化特征分析[J]. 西南大学学报(自然科学版), 2016, 38(4): 42–49.

[90] LI JINYA, ZHAO LINA, XU BIN, et al. Spatiotemporal variations in grassland desertification based on landsat images and spectral mixture analysis in Yanchi county of Ningxia, China [J]. IEEE Journal of Selected Topics in Applied Earth Observations and Remote Sensing, 2015, 7(11): 4393–4402.

[91] 喻小倩. 基于最大似然分类的宁夏红寺堡灌区的景观变化[D]. 重庆: 西南大学, 2010.

[92] 张学俭. 基于遥感和GIS的宁夏盐池县土地利用/覆被变化研究[D]. 北京: 北京林业大学, 2005.

[93] 王秀兰, 包玉海. 土地利用动态变化研究方法探讨[J]. 地理科学进展, 1999, 18(1): 81–87.

[94] DENG XIANGZHENG, HUANG JIKUN, HUANG QIUQIONG, et al., Do roads lead to grassland degradation or restoration? A case study in Inner Mongolia, China [J]. Enviroment and Development Economics, 2011, 16(6): 751–773.

[95] 陆晴, 吴绍洪, 赵东升. 1982—2013年青藏高原高寒草地覆盖变化及与气候之间的关系[J]. 地理科学, 2017, 37(2): 292–300.

[96] EMERSON B C, GILLESPIE R G. Phylogenetic analysis of community assembly and structure over space and time[J]. Trends in Ecology and Evolution, 2008, 23(11): 619–630.

[97] 吴征镒. 种子植物分布区类型及其起源和分化[M]. 昆明:云南科技出版社, 2006.

[98] 张明理. 中国西北干旱区和中亚植物区系地理研究[J]. 生物多样性, 2017, 25(2):

147–155.

[99] LI RONG, QIAN LISHEN, SUN HANG. Current progress and future prospects in phylofloristics[J]. Plant Diversity, 2018, 40(4): 141–146..

[100]王荷生. 植物区系地理[M]. 北京:科学出版社, 1992.

[101]中国科学院植物志编辑委员会. 中国植物志[M]. 北京:科学出版社, 1993.

[102]马德滋, 刘惠兰, 胡福秀, 等. 宁夏植物志(第二版)[M]. 银川:宁夏人民出版社, 2007.

[103]高正中, 戴法和. 宁夏植被[M]. 银川:宁夏人民出版社, 1988.

[104]李克昌, 郭思加. 宁夏主要饲用及有毒有害植物[M]. 银川:阳光出版社, 2012.

[105]蒋齐, 王占军, 俞鸿千, 等. 宁夏草原主要植物图谱[M]. 银川:阳光出版社, 2019.

[106]李锡文. 中国种子植物区系统计分析[J]. 云南植物研究, 1996, 18(4): 363–384.

[107]吴征镒. 中国种子植物属的分布区类型[J]. 云南植物研究, 1991(增刊Ⅳ): 1–139.

[108]国家林业和草原局农业农村部. 国家重点保护野生植物名录[EB/OL]. 2021–9–8. http://www.forestry.gov.cn/main/5461/20210908/162515850572900.html.

[109]赵杏花, 任雅涛, 赵宏胜, 等. 乌拉特荒漠草原木本植物区系分析[J]. 干旱区研究, 2020, 37(6): 1537–1543.

[110]史静. 甘肃省草地植物区系及植物资源调查研究[D]. 兰州: 甘肃农业大学, 2014.

[111]马全林, 张锦春, 李得禄, 等. 腾格里沙漠植物区系特征分析[J]. 草业学报, 2020, 29(3): 16–26.

[112]李秉成. 一万年来灵武水洞沟遗址古气候的新认识[J]. 干旱区资源与环境, 2006, 20(4): 25–29.

[113]吴征镒, 孙航, 周浙昆, 等. 中国植物区系中的特有型及其起源和分化[J]. 云南植物研究, 2005, 27(6): 577–604.

[114]石晓丽, 史文娇. 北方农牧交错带界限的变迁及其驱动力研究进展[J]. 农业工程学报, 2018, 34(20): 1–11.

[115]党荣理, 潘晓玲. 西北干旱荒漠区植物区系的特有现象分析[J]. 植物研究, 2001, 21(4): 519–526.

[116]史生晶, 高军, 王春霞, 等. 甘肃多儿国家及自然保护区维管植物区系分析[J]. 草业学报, 2021, 30(4): 140–149.

[117]马克平. 生物群落多样性的测度方法Ⅰα多样性的测度方法(下)[J]. 生物多样性, 1994, 2(4): 231–239.

[118]马克平. 生物群落多样性的测度方法 I α 多样性的测度方法(上)[J]. 生物多样性，1994，2(3)：162–168.

[119]劳家柽. 土壤农化分析手册[M]. 北京:农学出版社，1988.

[120]付鑫，王俊，刘全全，等. 不同覆盖材料及旱作方式土壤团聚体和有机碳含量的变化[J]. 植物营养与肥料学报，2015，21(6)：1423–1430.

[121]李柏桥，付玉，李光录，等. 退耕年限与方式对土壤团聚体稳定性及有机碳分布的影响[J]. 干旱地区农业研究，2017，35(3)：238–244.

[122]WOODRUFF N P，SIDDOWAY F H. A wind erosion equation[J]. Soil Science Society of America Journal，1965，29(5)：602–608.

[123]GREGORY J M，WILSON G R，SINGH U B，et al. TEAM：integrated，process–based wind–erosion model[J]. Environmental Modelling & Software，2004，19(2)：205–215.

[124]FRYRCAR D W，CHEN W N，LESTER C. Revised wind erosion equation[J]. Annals of arid zone，2001，40(3)：265–279.

[125]HAGEN L J. Evaluation of the Wind Erosion Prediction System （WEPS） erosion submodel on cropland fields[J]. Environment Modelling & Software，2004，19(2)：171–176.

[126]PELT R S V，ZOBECK T M，POTTER K N，et al. Validation of the wind erosion stochastic simulator （WESS） and the revised wind erosion equation for single events[J]. Environment Modelling & Software，2004，19(2)：191–198.

[127]MANDAKH N，TSOGTBAATAR J， DASH D，et al. Spatial assessment of soil wind erosion using WEQ approach in Mongolia[J]. Journal of Geographical Sciences，2016，26(4)：473–483.

[128]COEN G M，TATARKO J，MARTIN T C，et al. A method for using WEPS to map wind erosion risk of Alberta soils[J]. Environment Modelling & Software，2004，19(2)：185–189.

[129]陈莉，韩婷婷，李涛，等. 基于 WEPS 模型的天津郊区土壤风蚀起尘及对中心城区迁移量估算[J]. 环境科学，2012，33(7)：2197–2203.

[130]王燕，王萍. 风蚀预报系统(WEPS)在民勤荒漠地区的应用分析研究[J]. 干旱区地理，2013，36(1)：109–117.

[131]董治宝. 建立小流域风蚀量统计模型初探[J]. 水土保持通报，1998，18(5)：56–63.

[132]丁国栋，风沙物理学中两个焦点问题研究现状与未来研究思路刍议[J]. 中国沙漠，

2008，28(3)：395–398.

[133]高君亮，郝玉光，丁国栋，等. 乌兰布和荒漠生态系统防风固沙功能价值初步评估[J]. 干旱区资源与环境，2013，27(12)：41–46.

[134]巩国丽，刘纪远，邵全琴. 草地覆盖度变化对生态系统防风固沙服务的影响分析——以内蒙古典型草原区为例[J]. 地球信息科学学报，2014，16(3)：426–434.

[135]江陵，肖燚，欧阳志云，等，基于RWEQ模型的青海省土壤风蚀模数估算[J]. 水土保持研究，2015，22(1)：21–25.

[136]申陆，田美荣，高吉喜，等. 浑善达克沙漠化防治生态功能区防风固沙功能的时空变化及驱动力[J]. 应用生态学报，2016，27(1)：73–82.

[137]王博. 基于水分动态的毛乌素沙地人工固沙植被稳定性评价——以宁夏盐池县为例[D]. 北京：北京林业大学，2007.

[138]崔强，高甲荣，李柏，等. 宁夏毛乌素沙地3种常用固沙植物种群点格局分析[J]. 生态与农村环境学报，2011，27(3)：58–63.

[139]吴丹，邵全琴，刘纪远，等. 中国草地生态系统水源涵养服务时空变化[J]. 水土保持研究，2016，23(5)：256–260.

[140]张雪峰，牛建民，张庆，等. 内蒙古锡林河流域草地生态系统水源涵养功能空间格局[J]. 干旱区研究，2016，33(04)：814–821.

[141]李士美，谢高地. 草甸生态系统水源涵养服务功能的时空异质性[J]. 中国草地学报，2015，37(02)：88–93.

[142]LIU J，CHEN M，CIHLAR J，et al. Net primary productivity distribution in the BOREAS region from a process model using satellite and surface data[J]. Jounal of Geophysical Research Atmospheres，1999，104(D22)：27735–27754.

[143]RAICH J W，RASTETTER E B，MELILLO J M，et al. Potential net primary productivity in South America：Application of a Global Model[J]. Ecological Applications，1991，1(4)：399–429.

[144]RUNNING S W，HUNT E R. 8–Generalization of a forest ecosystem process model for other biomes，Biome–BGC，and an application for Global–Scale Model–Scaling Physiological processes[J]. Scaling Physiological Process，1993：141–158.

[145]PARTON W J，RASMUSSEN P E. Long–term effects of crop management in wheat–fallow II. CENTURY model simulations[J]. Soil Science Society of America Journal，1994，58(2)：530–536.

[146]SELLERS P J, MINTZ Y, SUD Y C, et al. A simple biosphere model (SIB) for use within general circulation models[J]. Journal of Atmospheric Siences, 1986, 43(6): 505–531.

[147]POTTER C S, RANDERSON J T, FIELD C B, et al. Terrestrial ecosystem production: a process model based on global satellite and surface data[J]. Global Biogeochemical Cycles, 1993, 7(4): 811–841.

[148]PRICE S D, GOWARD S N. Global primary production: a remote sensing approach[J]. Journal of Biogeography, 1995, 22(4/5): 815–835.

[149]赵芬. 基于CASA模型的锡林郭勒盟草地净初级生产力遥感估算与验证[D]. 北京: 中国农业科学院, 2015.

[150]邹德富. 基于CASA模型的青藏高原NPP时空分布动态研究[D]. 兰州: 兰州大学, 2012.

[151]张美玲, 蒋文兰, 陈全功, 等. 基于CSCS改进CASA模型的中国草地净初级生产力模拟[J]. 中国沙漠, 2014, 34(4): 1150–1160.

[152]朱文泉, 潘耀忠, 张锦水, 等. 中国陆地植被净初级生产力遥感估算[J]. 植物生态学报, 2007, 31(3): 413–424.

[153]FIELD C B, RANDERSON J T, MALMSTRÖM C M. Global net primary pronduction: Combining ecology and remote sensing[J]. Remote Sensing of Environment, 1995, 51(1): 74–88.

[154]周广胜, 张新时. 全球变化的中国气候–植被分类研究[J]. 植物学报, 1996, 38(1): 8–17.

[155]ANGULO–MARTÍNEZ M, BEGUERÍA S. Estimating rainfall erosivity from daily precipitation records: A comparison among methods using data from the Ebro Basin (NE Spain)[J]. Journal of hydrology, 2009, 379(1–2): 111–121.

[156]WILLIAMS J R, JONES C A, DYKE P T. A modeling approach to determining the relationship between erosion and soil productivity[J]. Transactions of the American Society of Agricultural Engineers, 1984, 27(1): 129–144.

[157]刘宝元, 张科利, 焦菊英, 等. 土壤可蚀性及其在侵蚀预报中的应用[J]. 自然资源学报, 1999, 14(4): 345–350.

[158]蔡崇法, 丁树文, 史志华, 等. 应用USLE模型与地理信息系统IDRISI预测小流域土壤侵蚀量的研究[J]. 水土保持学报, 2000, 14(2): 19–24.

[159]汪明冲，赵军，李玉琳. 陇东黄土高原典型区域土壤侵蚀变化定量监测[J]. 淮海工学院学报(自然科学版)，2006，15(2)：63–67.

[160]王晓慧，陈永富，陈尔学. 基于遥感和GIS的黄土高原中阳县土壤侵蚀评价[J]. 山地学报，2011，29(4)：442–448.

[161]刘爱霞，王静，刘正军. 三峡库区土壤侵蚀遥感定量监测——基于GIS和修正通用的土壤流失方程的研究[J]. 自然灾害学报，2009，18(4)：25–30.

[162]韩永信，拓学森，高吉喜，等. 黑河下游重要生态功能区植被防风固沙功能及其价值初步评估[J]. 自然资源学报，2011，26(1)：58–65.

[163]郭伟. 北京地区生态系统服务价值遥感估算与景观格局优化预测[D]. 北京：北京林业大学，2012.

[164]任志远，李晶. 陕南秦巴山区植被生态功能的价值测评[J]. 地理学报，2003,58(4)：503–511.